电力系统广域测量与控制应用技术

张 放 著

科学出版社

北 京

内 容 简 介

本书围绕电力系统广域同步相量测量与控制应用技术展开，主要分为三部分内容：同步相量测量数据的压缩、基于同步相量的电力系统次同步振荡参数辨识和广域闭环控制系统中的时延处理及工程应用技术。本书通过数字仿真、硬件在环仿真、实际系统测试等方式验证了所提方法和技术的可行性和工程应用价值。

本书适于电力系统广域测量与控制系统方向的相关科研人员、研究生及工程师，通过阅读本书，读者将了解到实际电力系统中的广域测量与控制应用技术方法，掌握在实际工程中解决广域测量与控制问题的能力。

图书在版编目(CIP)数据

电力系统广域测量与控制应用技术/张放著. —北京：科学出版社，2024.3

ISBN 978-7-03-072475-5

Ⅰ.①电… Ⅱ.①张… Ⅲ.①电力系统-测量 Ⅳ.①TM711

中国版本图书馆 CIP 数据核字(2022) 第 099719 号

责任编辑：范运年／责任校对：任苗苗

责任印制：师艳茹／封面设计：陈　敬

科学出版社 出版

北京东黄城根北街 16 号

邮政编码: 100717

http://www.sciencep.com

北京中科印刷有限公司印刷

科学出版社发行　各地新华书店经销

*

2024 年 3 月第　一　版　开本: 720 × 1000　1/16

2024 年 3 月第一次印刷　印张: 18

字数: 360 000

定价: 168.00 元

(如有印装质量问题，我社负责调换)

前 言

广域测量系统作为新一代电力系统监测系统，为跨区域互联大电网的安全监测与运行带来新机遇。以严重影响广域互联电力系统安全稳定运行的电网低频振荡和次同步振荡问题为例，广域测量系统可提供有效的监测与控制手段。以同步相量测量与应用技术为核心的广域测量系统在输电网中的应用证实了其可有效提高电网安全运行水平和效率，具有显著的经济效益和社会效益。当代电力系统，尤其是主动配电网，出现大量分散灵活资源、随机时变双向能流、混合多样通讯方式的新场景、新特征，而适应这些特征的低成本化、高实时性的同步相量测量与应用技术广泛应用将是提高当代电力系统运行水平与经济效益的必然趋势。但是同步相量测量与应用技术在低电压等级的大范围应用面临着海量数据负面影响难以克服、基波同步相量隐含的振荡和扰动信息难以挖掘、随机性分布时延导致广域闭环控制系统控制性能难以保证等技术难题。

本书汇集整合了作者针对上述问题的多年研究成果，分别从测量系统的终端数据实时压缩、站端数据压缩，次同步与超同步振荡辨识，广域闭环控制系统的时延测量、仿真和补偿，广域闭环控制系统在贵州电网的工程应用等方面详细阐述了技术方案及实际电网测试分析结果。本书部分技术方法已经发表在业内 *IEEE Transaction on Power Systems* 和 *IEEE Transaction on Smart Grid* 上，且作者在国内期刊《中国电机工程学报》上连载刊发论文、在国际顶级国际会议 IEEE PES General Meeting 上连续多年发表论文及口头汇报。至此，本书涵盖的方法形成了一整套广域测量与控制应用技术，并通过数字仿真、硬件在环仿真、实际系统测试等方法验证了本书技术内容的可行性和工程应用价值。本书的研究内容分别得到了国家自然科学基金的青年基金、面上基金的资助，以及 2019 年度中国科协“青年人才托举工程”项目的资助，相关成果获 2015 年度湖北省技术发明一等奖。

作为电力系统广域测量与应用技术方面的专业书籍，本书的读者应已具备足够的电气工程基础知识及电力系统分析等电力系统研究方向、同步相量测量研究方向的专业知识。本书适于以下读者阅读或使用：电气工程方向对广域测量与控制系统感兴趣的师生，以本书作为研究生课程参考书目的电力系统自动化方向的研究生，研究课题为广域测量与控制方向的教师、研究生，电力系统广域闭环控制系统的开发工程师、应用工程师等。通过对本书的阅读及研究，读者将获得详细的广域测量与控制应用技术方法，了解实际电力系统中的广域测量与控制系统，掌握在实际工程中解决广域测量与控制问题的能力。

本书的内容分为三部分。

第一部分为以同步相量为主的同步测量数据的压缩，包括第 1~4 章。第 1 章在目前广泛应用的小波变换基础上进行改进得到通用化同步相量小波变换压缩方法；第 2 章阐述一种利用同步相量数据的时间连续性以适应相量测量单元终端的实时压缩及相应的改进数据帧技术；第 3 章阐述一种利用动态同步相量椭圆轨迹内插值和外插值的实时同步相量数据压缩技术；第 4 章阐述一种利用同步相量数据的空间相关性以适应广域数据集中器的相量主成分分析数据压缩技术。

第二部分为电力系统次同步振荡参数辨识，包括第 5~7 章。第 5 章通过建立标准参考波形实现基于同步相量测量的电力系统次同步振荡参数辨识；第 6 章通过复频谱的插值分析实现基于同步相量复频谱的次同步和超同步振荡辨识方法；第 7 章阐述一种利用同步相量轨迹拟合的次同步/超同步振荡参数辨识方法。

第三部分为广域闭环控制系统中的时延处理及工程应用，包括第 8~11 章。第 8 章针对广域闭环控制系统中的随机性分布时延阐述其测量及精细建模方法；第 9 章针对仿真系统中的时延模拟问题提出广域闭环控制系统时延的数字仿真方法；第 10 章阐述广域闭环控制系统中随机性分布时延的分层预测补偿。第 11 章以贵州电网基于广域测量信息的同步发电机电力系统稳定器为广域测量与闭环控制系统的应用实例，描述广域闭环控制的关键技术细节及实际试验结果。

同步相量测量与应用技术将进一步推动同步测量与控制在当代电力系统，尤其是主动配电网中的广泛应用，并为未来电力系统的高灵活性、高经济性、高兼容性提供坚实的数据基础。尽管作者尽可能将更多相关技术细节及思考融合进本书的技术内容中，但篇幅及主旨所限，仍有部分取舍而难以覆盖所有研究热点。作者意在通过本书为读者提供同步相量测量技术的核心理念、解决思路和应用技术三方面的基础，使本书内容成为读者后续深入学习、研究电力系统工程中其他复杂应用场景的起点。

仅以此书献给我的女儿张茉一。

作者谨识
2023 年 5 月于红果园

目 录

第三部分 时延处理及工程应用

第0章 绪 言

0.1 电力系统测量与监控系统的发展历程

19 世纪 70 年代开始的第二次工业革命将人类带入了电气化时代，电能成为人类最重要的能源流通途径之一，电力系统已经成为人类建造的最庞大、最复杂的系统。电力系统与社会的生产生活密不可分，电力系统发展也成为社会发展的必要基础。数据采集与监控系统是电力系统的数据基础，也是电力系统运行的重要环节，其发展可大致划分为如图 0.1 所示的三个阶段。

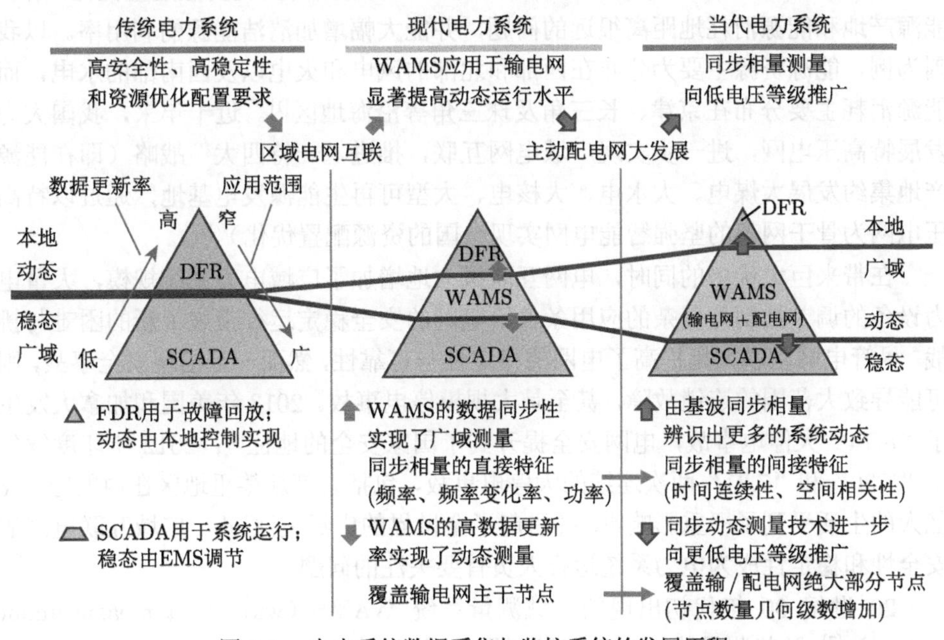

图 0.1 电力系统数据采集与监控系统的发展历程

第一阶段的传统电力系统以安全、稳定、可靠供电为首要目标，其监控和运行通过数据采集与监视控制系统（supervisory control and data acquisition，SCADA）和能量管理系统（energy management system，EMS）实现。SCADA 和 EMS 系统及其测量终端——远动终端 RTU（remote terminal unit）的技术已相当成熟。传统电力系统中的 SCADA 数据更新频率为分钟级，对动态过程的记录仅限于数据采样率更高的故障录波器（digital fault recorder，DFR)。SCADA 数据主要面向广域电力系统的稳态运行，而系统动态过程主要通过本地控制系统实现。因此，对于传统电力系统的数据采集与监控而言，本地与广域间的界线、稳态与动态间的界线是一致的。尽管现代 SCADA 数据更新率可达到秒级，但其测量数据仍满足不了现代电力系统的动态测量和控制需求。

第二阶段的现代电力系统由传统电力系统的多个区域电网独立运行逐渐发展为广域的区域互联电网，实现了电能远距离、大容量输送。现代电力系统面临更高的安全性与稳定性要求，同时，负荷快速增加导致仅靠负荷中心区域的发电资源难以满足用电需求，不同区域电网独立运行限制了系统容量而难以进一步提高安全性和稳定性，急需跨区域的发电资源配置优化。因此，广域互联电网成为解决能源资源配置优化、提高电网安全稳定运行水平的必然手段。一方面，广域互联大幅提高了电网的容量，并提高电力系统的抗扰动能力，也增强了对电网的调节、控制能力。另一方面，广域互联电网将在广域范围内实现资源配置优化，解决能源产地和能源消耗地距离很远的问题，并能大幅增加清洁能源的利用率。以我国为例，能源资源主要为分布在西部和北部的风电和火电以及西南部的水电，而能源消耗主要分布在京津、长三角及珠三角等沿海地区[1]。近十年来，我国大力发展特高压电网，进一步实现广域电网互联，推进“一特四大”战略（即在能源产地集约发展大煤电、大水电、大核电、大型可再生能源发电基地，通过以特高压电网为骨干网架的坚强智能电网实现全国的资源配置优化）[2]。

在带来巨大优势的同时，电网互联极大地增加了广域电力系统规模，大量电力设备的调节控制与复杂的应用条件给电网的安全稳定运行带来了新的困难与挑战。尽管电网互联大幅提高了电网的稳定性与可靠性，然而一旦出现安全事故，则可能导致大范围的连锁故障，甚至是大规模停电事故。2013 年美国和加拿大发生了“8.14”大停电事故，电网安全提升到了国家安全的地位[3]；2012 年印度发生了“7.30”和“7.31”两次连续的大停电事故，包括首都新德里地区在内的超过 6 亿人的生活受到了严重影响[4]，并引起了全世界的广泛关注[5,6]。广域互联电网的安全性和稳定性成为电力系统运行人员首要关注的问题。

20 世纪 90 年代初出现的广域测量系统 WAMS（wide area measurement system）[7] 及其测量终端——相量测量单元 PMU（phasor measurement unit）通过卫星对时实现了相量的精确同步测量，应用于电力系统的新一代动态测量系统[8,9]。目前 WAMS 对电力系统动态测量与控制的积极作用被学术界普遍认可，WAMS 已经在世界范围内广泛工程应用[10-13]。与电力系统中传统的能量管理系统 EMS 及数据采集与监视控制系统 SCADA 相比，WAMS 的优势主要表现在两点[8,9,14]，如图 0.1 所示。一方面，WAMS 可提供来自广域互联电网中重要节点的具有同步时标的测量数据，其数据同步性实现了动态数据由本地测量向广域测量的扩展，即数据采集与监控的本地与广域间界线扩展了广域部分；另一方面，WAMS 的高数据更新率（通常为 10 ~ 100 Hz，目前国内以 50 Hz 和 100 Hz 为主）实现了全局的动态测控，即数据采集与监控的动态与稳态间的界线扩展了动态部分。因此，广域测量系统 WAMS 精准同步且高实时性的测量数据实现了广域动态的数据采集，有效保证了广域互联电网的高水平运行，即对于电力系统数据采集与监控而言，本地与广域间的界线和稳态与动态间的界线分离，WAMS 实现了广域与动态的数据交集。

在过去十几年间，WAMS 数据被用于电力系统动态监测、系统建模和评估、闭环控制以及广域保护等方面 [15-18]，取得的成效证明了 WAMS 具有重要应用价值。2011 年美国发生了“9.8”亚利桑那州和南加州大停电事故，事故分析中大量应用了 WAMS 同步量测数据 [19]。2008 年 11 月 9 日贵州主网与重庆黔江发生低频振荡事故，贵州电网 WAMS 记录了事故全过程并为事故分析提供了重要数据 [20,21]。另外，2010~2013 年，贵州电网 WAMS 记录到了多次低频振荡事故，其中既包括贵州电网与其他电网间的区域模式低频振荡，也包括贵州电网内部的省内模式低频振荡。由此可见，WAMS 数据的引入使得电力系统广域闭环控制系统（wide-area closed-loop control system，WACS）在实际系统中的应用成为可能 [22-24]。表 0.1 列出了世界各国目前已经完成的广域控制系统，其中国外的控制系统以开环控制及闭环离散控制为主，而中国南方电网的多直流广域自适应阻尼控制工程是我国首个正式闭环运行的广域控制系统。

表 0.1 国内外广域闭环控制的工程实践 [33]

国家或地区	系统名称	实现方案	应用情况
美国	BPA 电网 WACS 系统 [34]	基于广域信息调节发电机励磁电压参考值、调整电容投切、负荷投切、变压器分接头，实现无功综合控制	2003 年 3 月实验室试运行，2004 年 6 月完成实际电力系统中的大扰动试验
挪威	NiP 工程 [35]	基于广域信息调整多个 SVC 电压参考值，实现二次电压协调控制	2002 年完成原型系统的现场试验，2004 年春正式商业运行
法国	EDF 工程 [36]	基于广域信息实现失步检测和解列控制	2000 年闭环运行，现动作指令闭锁，改为开环运行
华东电网 江苏电网	大电网广域监测分析保护控制系统 [27,28,37]	WARMAP 系统，电网安全稳定的全方位、时空协调与优化的综合防御	2006 年 12 月投入华东电网运行，江苏电网在 2007 年 6 月正式投入实时控制子系统
南方电网	多直流广域自适应阻尼控制工程 [33]	利用广域信息实施多回直流的自适应协调阻尼控制	2009 年正式投运
贵州电网	广域电力系统稳定器的应用 [38]	用于同步发电机的广域电力系统稳定器附加阻尼控制	2013 年完成硬件在环测试并在实际电力系统中开环运行，2014 年 3 月完成闭环试验并投运

我国在广域测量与控制的研究及工程应用方面处于比较领先的水平。目前，我国 WAMS 的测量点已经覆盖了 500kV 及以上电压等级节点、重要 220 kV 节点及重要发电机组。基于 WAMS 的输电网动态监测与控制技术研发受多个国家自然科学基金重大项目、国家重点研发计划等重要项目支持，并取得多项工程应用成果。在广域电力系统阻尼控制方面，韩英铎院士团队在低频振荡模式的类噪声辨识、多直流自适应协调阻尼控制器设计及应用等方面取得突破，相关成果应用于南方电网 [25,26]；在暂态稳定及安全防御方面，薛禹胜院士团队在基于广域信息的大电网暂态稳定和广域安全防御基础理论等方面取得突破，相关成果应用于国调、南网总调等 23 个省级调度中心 [27,28]；在高比例新能源接入控制方面，孙元章教授团队在基于广域同步量测的含可再生能源孤立电网运行控制以及同步发电机附加励磁阻尼控制方面取得突破，相关成果应用于中电投蒙东孤立电网和贵州电网 [29,30]；在次同步振荡辨识及抑制方面，毕天姝教授团队[31]、谢小荣教授团队[32] 分别在直流送端及新能源发电低频振荡机理分析、振荡辨识及抑制等方面取得突破，相关成果应用于冀北电网和新疆电网。除以上以典型工程应用实例外，还有大量相关工作和成果，篇幅所限不再一一列举。同步相量技术在输电网中的应用，主要利用了功率、频率、功角等系统动态的直接特征，有效提高了电网安全运行水平、运行效率以及新能源消纳能力，具有显著的国民经济和社会效益。

第三阶段的当代电力系统更侧重用户侧能源供给灵活性及环境友好性，并大幅提高可再生能源消纳能力，提高用户用电质量和供电可靠性。主动配电网成为当代电力系统的重要环节。安全、稳定、可靠已经成为当代电力系统的基本要求，经济性、环境友好、用户友好的更高要求给当代电力系统带来新场景新特征。首先，物理对象从传统源荷到灵活资源。各类储能设备和电动汽车等设备是当代电力系统中的重要灵活资源，强随机性的可再生能源发电设备也属此类，它们均由电力电子设备接入，从而加深了电力系统电力电子化，进而使系统动态过程显著变快且可控性大幅提高，并大幅增加了电网中必要的动态测量与控制节点。其次，能量流向从单向到双向能流。分布式新能源发电及灵活资源接入低电压等级电网后，电网运行方式将时刻变化，能量流向不再单一而是在不同时刻方向不同，须根据整个区域大量节点的同步量测制定系统运行的协调控制策略以保证高经济性。最后，监控系统的通讯方式从单一到多样。随着 5G 技术的发展，无线通信的传输速度及可靠性大幅提高，输电网的光纤通信向高可靠性发展，而配电网的通信将发展为主干节点光纤连接、其他节点采用以 5G 为主的多种无线通信，这将导致量测和控制数据的时效性差异非常大，因而需要所有量测和控制数据的精准同步对时。随着主动配电网的发展及输电网 WAMS 技术的成熟，输电网的广域测量系统同步与实时动态测量技术逐渐向更低电压等级的配电网推广。在北美，Yilu Liu 教授团队开发了以

FDR（frequency disturbance recorders）为终端的 FNET（frequency monitoring network）系统 [39]，可同步测量配电网频率并用于配网动态安全评估；UC Berkeley 大学的 PSL 团队成功开发了 PQube 系列 microPMU 配网同步相量测量装置并应用于低电压等级 [40]。我国在同步测量技术向配电网推广方面也起步较早 [41]。近几年来，2017 年度国家重点研发计划项目“基于微型同步相量测量的智能配电网运行关键技术研究”开发了低成本的微型 PMU，并展开高精度同步测量算法 [42]、基于同步相量的配电网优化运行 [43] 等关键技术攻关，相关成果已开始示范应用。由此可见，同步测量与应用技术在当代电力系统中的应用将进一步扩大广域动态测量范围，进而带来同步测量与应用技术的两方面显著变化和挑战：一方面同步测量与应用技术将向更低电压等级推广而面临数据量几何级数增加的难题，另一方面需要进一步挖掘基波同步相量的时空间接特征以辨识更多系统动态信息，如图 0.1 所示。

我国正处在能源供给革命、能源技术革命的关键时期，大幅提高电网运行灵活性、消纳高比例分布式清洁能源、显著提高用户供电质量的能源转型是推动我国国民经济和社会发展、破解能源资源和环境因素限制的关键 [44]，而主动配电网的高水平运行将是我国能源转型的重要抓手之一。主动配电网具有节点数量庞大、动态特性复杂、通讯方式多样的特点，而适应这些特点的低成本化、高实时性的同步相量测量与应用技术广泛应用将是提高当代电力系统及主动配电网运行水平与经济效益的必然趋势。

0.2 电力系统广域测量与控制的新问题和新挑战

在当代电力系统具有大量分散的清洁能源和灵活资源节点、随机时变双向能流、混合多样通信方式等新场景新特征的背景下，同步相量测量与应用技术的应用趋势体现如下。首先，同步测量与控制技术将向低电压等级推广并覆盖更多节点，尤其将在主动配电网中大范围应用；其次，仅靠同步相量的频率、功率等直接特征难以满足电力电子化电力系统的实时动态状态监测，将扩展同步相量时空间接特征的应用；最后，需要百毫秒到秒级的实时性更强的测量与应用技术应对电网复杂动态特性。因此，现有同步测量技术将面临如下三方面技术瓶颈：第一，低电压等级的大范围应用将导致同步相量数据量呈几何级数增长，对通信、存储、分析系统造成巨大负担并导致应用成本显著增加；第二，电网复杂动态的监测与控制要求除功率、频率等同步相量的直接特征外，必须进一步挖掘基波同步相量的时空间接特征，以提供更多更准确的系统振荡、扰动的动态信息；第三，广域闭环控制系统的时延随机变化且特征不详，集中式闭环控制系统的下行时延未知，直接在控制策略中补偿时延将导致控制器设计复杂不可靠。

由此可见，基于同步相量的测量与应用仍存在以下应用挑战和关键技术难题，并由此引出本书的立意。

（1）如何实现高效的同步相量数据实时压缩以克服海量数据的负面影响？

该问题的重要性体现如下。一方面，动态测量向低电压等级推广必然导致数据更新频率大幅提高、测控节点数量大幅增加，这两个因素将导致同步量测数据量呈几何级数剧增。一方面，以 5G 为代表的先进通信技术大幅提升了通信带宽和速度，实现了数据流的“开源”；另一方面，同步相量数据的实时压缩可实现数据流的“节流”，两者协同将是同步测量显著降低布点成本、扩大测量范围并保证动态数据流畅通的关键。该问题的难点在于：数据压缩既要使用足够小的数据窗以保证同步相量数据压缩不会影响动态测量数据的实时性，又要保证在数据窗中提取足够多的同步相量数据特征以保证高压缩率。同时，数据压缩的计算量应足够小以保证不影响后续数据应用的实时性。因此，如何在保留海量数据的有效动态信息前提下，在测量端和重要汇流节点实现高效的实时数据压缩，以减轻海量同步量测数据对通信、存储及处理系统的巨大压力，具有重要研究意义。

（2）如何仅利用基波同步相量精准实时地辨识各振荡分量？

该问题的重要性体现在：振荡过程是电力系统重要的动态过程，将显著降低输电线传输功率而影响经济性，甚至可能引起系统失稳。当代电力系统中大量可再生能源以电力电子设备接入电网，尤其是分布式能源接入低电压等级电网，使得当代电力系统深度电力电子化，导致设备间耦合效应引起的振荡时有发生。由于需要更精细的电压、电流振荡参数监测，尤其是新能源接入后引发的次同步振荡将包含多个 2 倍额定频率（100 Hz）以内的振荡分量，传统电力系统中利用有功功率、频率、相角等同步相量直接特征解决低频、超低频振荡的方法将不再适用。因此，必须及时有效地辨识出次同步和超同步振荡分量的频率、幅值、相位、衰减等参数以明确振荡模式并调整阻尼控制输出，以抑制振荡的持续和发展，这是同步相量测量与应用技术在振荡辨识场景下能否替代故障录波而实现同步化实时性系统动态监测和故障分析的关键。该问题的难点在于：同步测量数据仅为基波同步相量而不包含其他频率分量，当电力系统发生次同步和超同步振荡且伴随基波偏离额定频率时，基波同步相量将丢掉绝大部分各振荡分量的信息，依赖基波同步相量的波动仅能有效辨识振荡频率而难以直接分析出实际的频移基波及各个次同步和超同步分量。因此，如何仅利用基波同步相量数据，实时地提取其波动特性并进一步精准地计算出各个振荡分量瞬时值的幅值、相位、频率、衰减等参数将是巨大的挑战。

（3）如何以实用化的工程技术测量、建模、仿真、补偿广域闭环控制系统中的时延？

该问题的重要性体现如下。广域闭环控制系统中的测量数据上传及控制数据下传均由网络传输，这将不可避免地导致闭环控制系统中时延的产生，进而这些时延将影响广域闭环控制系统的控制性能甚至起反作用。针对广域闭环控制系统中的时延，已有的各类研究由于研究条件及测试设备的不同而差别很大，绝大部分研究均只测量了通信时延而没有对时延进行分类研究，且提出的通信时延模型过于概括且并未给出模型参数的获取方法。而在时延补偿方面，目前针对广域闭环控制系统的时延补偿研究主要以在设计控制器的同时考虑时延影响的方法为主，这就要求在控制器设计时必须考虑时延的影响，使得控制器变得很复杂且对系统运行状态变化的适应性不强。该问题的难点在于：实际的广域闭环控制系统中除了通信时延还有由各设备引起的操作时延，两者共同组成了闭环时延，导致时延的测量和建模更加复杂；同时，集中式控制系统在计算控制规律时，控制指令的下行时延还是随机未知的，故难以精确地自适应补偿时延。因此，如何以实用化的、具有可操作性的工程技术对广域闭环控制系统中的时延进行测量、建模、仿真，并在广域闭环控制系统的架构层实现对随机的未知下行时延进行补偿将是巨大挑战。

0.3 同步相量测量与控制的国内外研究现状及技术发展动态

0.3.1 广域测量数据的压缩技术

同步测量数据的几何级数增长是限制同步测量与应用技术向低电压等级推广的重要因素之一。基波同步相量数据的压缩将直接影响同步测量数据的压缩率和重构数据准确度这两个数据压缩性能的主要指标。同步相量数据的数据压缩方式分为有损压缩和无损压缩两种。

有损数据压缩以重构数据的有限误差为代价来获得更高的压缩率，适用于重建数据存在的误差不会显著影响数据应用的场景下。电力系统中应用的 PMU 在测量数据时即存在测量误差，因而除某些特定应用场景外，有损数据压缩方式适用于绝大多数 PMU。目前已有的电力系统测量数据有损压缩方法主要有三类，包括特性提取法 [45-51]，趋势提取法 [52,53] 和参数编码法 [54,55]。第一类特性提取方法是目前研究最多的类型，尤其是基于小波变换的数据压缩技术 [45-48]。小波分析是一种通过多分辨率分解提取信号特征的数学变换，已有基于小波变换的数据压缩方法（wavelet-based data compression，WDC）主要有三个分支，即离散小波变换 [45,56-58]（discrete wavelet transform，DWT）、小波包变换 [47]（wavelet packet transform，WPT）和嵌入式零树小波编码 [48]（embedded zero-tree wavelet，EZW）。文献 [45] 较早提出使用 WDC 技术进行同步相量数据压缩并实现了 3~6 的压缩率。优化小波函数和小波变换参数可提高压缩性能，文

献 [46] 提出了一种根据振荡信号频率自适应选取小波基及变换层数的数据压缩方法。主成分分析（principal component analysis，PCA）是另一种广泛使用的特性提取方法 [49]，主成分分析的优势在于可以利用不同节点之间数据的相关性。此外，矩阵分解法也可用于特性提取 [50,51]。第一类方法的主要缺点是需要足够长的数据窗以实现特性提取而显著降低了实时性。第二类趋势提取方法从原始数据中挑选出更少的数据点代表原始数据的趋势以实现数据压缩。典型的趋势提取数据压缩方法是旋转门压缩法 [52,53]（swing door trending，SDT）。SDT 使用由原始数据中选择部分数据点并依次连接成分段的线段以代表连续的原始数据点。第三类参数编码方法通过对原始数据参数建模并根据实测数据拟合模型参数以实现压缩，如将原始数据建模为时域的阻尼正弦曲线 [54] 或频域的频谱形状 [55]。

无损数据压缩以显著低于有损压缩的压缩比为代价实现了绝对准确的重建数据，因而无损压缩适用于需要绝对准确的重建数据的场景，以及在有损压缩的基础上进一步提高压缩率的场景。电力系统测量数据的无损数据压缩技术通常从通用数据压缩改进得到，包括 Golomb-Rice 编码 [59]、Gaussian 近似编码 [60]、LZW 编码 [61] 及 Huffman 编码 [62] 等，例如，适用于广域测量系统数据存储的改进 LZW（Lemple-Ziv-Welch）在线无损压缩算法 [61,63] 等。文献 [47] 和 [64] 分别使用算术编码、Huffman 无损编码技术实现了对小波变换压缩结果的优化编码以进一步提高压缩率。

这些研究的主要不足在于两方面：一方面，这些压缩方法均需要较大的数据窗（20s~1min 不等），从而显著降低了同步测量数据的实时性；另一方面，上述所有方法的压缩处理对象都是实数，即将一个电压或电流相量的幅值与相位视为两个不相关的数据序列分别处理。特别地，文献 [46]、[49]、[52]~[55]、[61]、[62] 尤其强调其研究对象为适用于 PMU 的数据压缩技术，但其中的电压和电流相量仍分别被作为幅值和相位独立地按实数进行压缩。一个相量的幅值和相位分别压缩的缺点是，一方面，这将忽略相量的幅值与相位之间的一对一对应关系而没有利用两者耦合的信息；另一方面，由于重建的幅值与相位的对应关系被破坏，难以减小重建相量数据的误差。

综合已有其他研究，同步相量数据压缩的突破点在于，将同步相量的幅值和相位作为统一整体进行复数域的实时压缩技术。① 扩展已有 SDT 方法至复数域可实现高实时性相量数据压缩；② 尽管主成分分析 PCA 方法也存在与小波变换同样的缺点且计算量大，但由于 PCA 利用了多节点之间的相关性而可寻求这些缺点的解决方案；③ 可针对复数域的同步相量数据的时间连续和空间相关性设计数据压缩方法以提高压缩性能和实时性。

0.3.2 基于同步相量测量的次同步振荡辨识

基于广域测量信息（WAMS）的电力系统振荡和动态监测是 WAMS 的研究重点。虽然针对低频振荡辨识已有大量研究 [65]，但通常低频振荡问题关注惯性中心转子角和区间功率振荡且振荡频率低，仅对同步的转子角或功率辨识即可获得振荡模式。而次同步振荡的关注重点是电压和电流中的振荡分量。文献 [65] 研究了交流系统中次同步分量导致基波相量的次同步振荡，证实了次同步振荡在基波同步相量测量中的可观性。目前世界范围内广泛应用的 WAMS 系统已经记录了大量次同步振荡事件 [66-69]。例如，文献 [66] 提出了一种基于基波同步相量的次同步振荡拼检测技术并应用于芬兰 400 kV 电网。

此前，针对次同步振荡中如何精准测量同步相量测量的相关研究主要分为两种技术路线。第一种技术路线着重于偏离额定频率的基波同步相量计算，以解决非整周期采样引起的频谱泄漏误差，目前已有大量相关研究 [70-72]，如动态相量模型法 [70]、基于频率跟踪的 DFT 补偿算法 [72] 等。第二种技术路线是文献 [67]、[68]、[73] 中提出的多分量相量算法，对瞬时值进行滤波预处理分离不同分量后，分别计算不同分量的相量并同时上传，实现了次同步振荡的广域动态监控。上述方法的原始数据均为瞬时信号的采样值，只能由故障录波器或特殊的 PMU 设备获得，因而不能用于基于基波同步相量的次同步振荡辨识。

针对基于同步相量的次同步振荡辨识问题的研究建立在上述大量研究的基础上。文献 [72] 尝试通过对基波同步相量的幅值进行频谱分析辨识出次同步振荡频率，但其得到的幅值实际仅为频谱泄露幅值而非实际次同步分量的幅值。近年来，随着我国风力发电和光伏发电大量接入电网，次同步振荡时有发生，国内以毕天姝教授团队、谢小荣教授团队为代表，针对基于 WAMS 的次同步振荡分析及研究走在世界前列。毕天姝教授团队在研究 [69] 中指出，一对耦合的次同步和超同步分量将导致基波同步相量额外叠加一对正/负频率相量分量，通过傅里叶变换补零法可提高频率分辨率；进而在研究 [74,75] 中指出复数域频谱分析可同时分辨出次同步和超同步振荡的频率，通过同步相量数据点的时序序列构造方程组并求解，有效辨识出次同步振荡和超同步振荡的频率，但由于该研究根据复频谱幅值和相位对次同步振荡信号建模，所以其辨识结果仍为复频谱幅值和相位，而非实际的次同步和超同步分量的幅值和相位。但该研究中的复数域频谱分析方法启发了后续研究。与此同时，作者的前期研究 [76] 仍对基波同步相量幅值的实数序列进行频谱分析，利用同步相量算法与频谱分析均为线性变换的特性，建立与实际波形成正比的参数已知标准模型，进而实现可准确计算次同步分量的频率和幅值。该研究探索并验证了仅靠基波同步相量的次同步波动即可辨识出次同步分量参数的技术路线的可行性。但该项研究不能有效解决与次同步耦合的超同步分量、振荡衰减的参数辨识问题。谢小荣教授团队的研究 [77] 在上述两项研究 [75,76] 的基础上，利用复数域频谱的差分分析方法提高频谱分辨率，并辨识出多个次同步振荡的频率、幅值、相位和衰减，但整个方法的前提是仅存在次同步分量而没有超同步分量，且并未考虑 100 Hz 更新率下的基波同步相量存在相位翻转问题，若存在超同步分量则将推翻该研究的推导结果。事实上，目前已有多项针对次同步振荡机理的研究表明，由于机理不同，实际电网中的次同步振荡事件可能仅包含次同步分量 [78]，也可能同时包含多个次同步和超同步分量 [79]。可见，上述研究的不足之处有两点：一是仅可辨识出部分参数而非同时辨识出所有次同步与超同步分量的幅值、相位、频率和衰减；二是尚未很好解决实时性与辨识精度的矛盾。

综上所述，基于基波同步相量的次同步振荡辨识的突破点在于，仅基于基波同步相量即可高实时性地准确辨识所有次同步与超同步分量的辨识技术。① 文献 [69]、[75] 的研究启发了利用基波同步相量所具有时间连续性构造基波同步相量轨迹拟合方程从而可极大提高实时性的思路，但需要更精确的瞬时值参数理论推导及简化拟合方程求解方法；② 文献 [76] 和 [77] 启发了基于复频谱分析及频谱差分化可实现所有 100 Hz 以内分量的秒级高精度辨识思路，但需额外考虑基波相量相位翻转及与次同步分量频谱混叠的超同步分量，并提出新求解方法。

0.3.3 广域闭环控制系统的时延处理及工程应用

广域闭环控制系统中的信息（即上行测量数据及下行控制指令）均通过通信网络传输，网络化控制设备和通信传输产生的时延是影响控制性能的重要因素 [80]。因此，需要根据时延的特性制定闭环控制系统的实现方式及控制策略，以增强闭环控制系统对时延的鲁棒性。

实际电力系统中的通信网络特性受通信协议、传送距离、通道带宽、线路负载等不同因素的影响，导致 WAMS 中的通信时延从几毫秒到几百毫秒不等 [34]。文献 [81] 估计了极端情况下的时延，但该结果过于保守。文献 [82] 实测了美国 BPA 电力系统的 WAMS 通信时延，采用光纤通信时的通信时延约为 38 ms，采用微波通信时的通信时延约为 80 ms。文献 [83] 在实验室条件下，实测了基于 Ethernet 和 ATM 技术的实时电网监测系统中的通信时延；文献 [84] 给出了实际电网 WAMS 中 TCP 与 UDP 协议传输的对比结果，但两者都缺乏对通信时延特征的分析。文献 [85] 对江苏电网 WAMS 工程的通信时延进行了实测，基于国家电力调度网络 SPDnet（state power dispatching network）三级网络下的 WAMS 通信时延在 20 ~ 80 ms，且主要分布在 20 ~ 40 ms；同时还提出了通信时延的单端测量方法以及重要的 WAMS 通信时延的估计模型。但是，文献 [85] 中并没有严格考虑 PMU 发送数据的时延抖动，而这恰恰是影响 WACS 时延的重要影响因素之一。另外，上述测试均局限于对数据上行的通信时延的测试，而没有对包括控制下行时延等其他时延的测试。

作为信息网络化传输影响控制性能的主要因素之一，闭环控制系统的时延具有显著的随机分布性 [85]，若得不到有效处理，则极有可能恶化控制性能，甚至导致系统不稳。补偿广域闭环控制系统时延最简单的办法是在已有的控制器基础上增加一个额外的相位超前环节 [86]。这种方法简单可行，但其缺点也非常明显，即仅能补偿特定频率点的固定时延，而在其他情况下有偏差，因而这种方法的适应性很差。因此有相关研究在此基础上改进得到了自适应时延分段补偿方法 [87-89]，即设定多个相位超前环节以分别针对不同的时间区间，根据前一时段的时延统计值选择下一时段的相位超前环节。这种自适应时延分段补偿方法虽然增加了时延补偿的适应性，但还是避免不了相位超前环节的固有缺陷。本书的时延补偿方法研究中，以上述自适应时延分段补偿方法作为对比进行了研究分析。除了增加相位超前补偿环节外，另一类解决时延影响问题的方法是在设计广域控制器时增加对时延影响的考虑。这类方法首先需要建立电力系统时滞模型 [90,91]，包括基于 Hamilton 理论的建模方法 [92]。在此基础上，使用线性矩阵不等式（linear matrix inequality，LMI）理论判定时滞模型的稳定性并进一步设计控制器 [93-95]，或使用自由权矩阵方法判定时滞系统稳定性 [96]。另外，采用 Padé 逼近法 [97,98] 或 Smith 预测 [23] 可将系统近似转换为不显含时延项的线性模型，进而可设计控制器。同时，H∞ 控制器 [99] 也可增加时延鲁棒性。上述方法的一个典型特征是，控制规律需要同时考虑控制效果及信息传输的非实时性，导致这类控制器设计方法需要考虑控制系统中多个层面的影响而很复杂。文献 [100]、[101] 在辨识系统模型的基础上实现预测负荷频率控制，将预测控制引入电力系统中，但依赖系统模型的预测方法不适用于广域闭环控制。

电力系统广域闭环控制是典型的网络控制系统（networked control system，NCS）。在 NCS 理论中，解决网络对数据的影响问题主要有两种途径 [102]：一种是在已知网络特性的条件下，通过设计时延鲁棒性强的控制策略以减小影响；另一种是不考虑网络影响而直接设计闭环控制策略，然后通过合理设计网络控制系统的实现方法（包括架构、通信规约 [103]、底层方法等）以减小影响。上文列举的时延处理方法均为第一种途径，而目前广域闭环控制中对第二种途径的研究较少。广域闭环控制对实时性要求极高，为减小时延的分布性，WNCS 及 NCU 应使用实时操作系统以精确控制操作周期，同时信息流采用 UDP 协议进行通信，这些均为第二种途径。此外还需要对整个闭环时延进行详细分析并具体估测。

综上所述，广域闭环控制系统中的时延补偿及工程应用的突破点在于，随机变化且下行未知的时延特性建模及补偿技术。① 除此通信时延以外，在 WACS 中，各种设备（包括传感器、控制器、执行器）在执行相应操作的时候均会产生相应的时延，这些时延与通信时延一样，是闭环时延的重要组成部分，也需要研究其特性以进一步研究闭环时延，并在仿真系统中真实准确地模拟时延特性；

② 集中式广域闭环控制系统中的下行时延未知，且整个系统中的时延随机性强难以预测，这导致直接在控制逻辑中增加时延补偿将大幅增加控制器设计难度并降低其可靠性，需要一种结合广域闭环控制系统架构的随机时延补偿技术，以解决这一实际工程难题。

0.4 本书的章节导读

本书汇集整合了作者针对上述三方面问题的多年研究成果，分别从同步相量测量系统的终端数据实时压缩和站端数据压缩，基于同步相量的次同步与超同步振荡参数辨识，广域闭环控制系统的时延测量、仿真、补偿和工程应用三方面详细阐述了技术方案及实际电网测试分析结果。因此，本书的章节内容对应上述三方面问题分为三个部分。

（1）第一部分主要阐述的是以同步相量为主的同步测量数据压缩问题。

第一部分首先从最基本、应用最广泛的小波变换方法入手，分析了小波变换的局限性进而提出了综合考虑压缩率和重建精度的改进方案；其次利用旋转门压缩的基本思想阐述了一种针对测量终端的实时数据压缩方法及压缩数据传输协议，但这一方法由于将同步相量的幅值和相位分别独立压缩而存在一定弊端；再次，基于上述思想，利用同步相量的时间连续性，提出了一种基于同步相量动态轨迹内插值和外插值的实时数据压缩，实现了测量终端的零时延数据压缩；最后，利用同步相量的空间相关性和时间连续性，提出了一种迭代相量主成分分析方法，利用下层的同时相量主成分分量迭代选择和上层的迭代计算过程，实现了较高的压缩率和重建数据精度。

第 1 章提出了一种基于小波变换的数据压缩方法。该方法用于对电力系统的广域测量系统测得的振荡信号进行数据压缩。采用该方法，分别对实测振荡信号和模拟振荡信号进行压缩和重构，其中根据最小压缩失真综合指数准则来选择最佳小波基和分解层数，从而得到均衡的压缩性能和重构精度性能。基于所选择的结果，对振荡信号的频率和对应的最佳小波基和分解层数之间的关系进行讨论，并建立了一个关于振荡频率以 2 为底的对数和小波基阶数的分段线性模型，该模型可根据振荡信号的频率选择小波基和分解层数。该方法还与另外两种方法进行了对比，一种是采用了固定小波基和分解层数的针对电力系统突变信号的数据压缩方法，另一种是基于异常点压缩和旋转门压缩的针对电力系统振荡信号的实时数据压缩方法。比较结果表明所提出的方法可以得到较高压缩比和较低失真率。

第 2 章提出了一种适用于广域测量数据的实时数据压缩算法及改进规约技术。首先，提出的实时数据压缩算法结合了过滤压缩和旋转门压缩，针对实时应用设计了实现逻辑，并同时介绍了压缩参数选择和数据重建方法。其次，在 IEEE C37.118 标准的数据帧基础上改进得到了适于传输压缩数据的数据帧格式。最后，这种实时数据压缩算法和改进规约技术在贵州电网中一个水电站的 WAMS 子站中以一次电网低频振荡事故的实际测量数据进行了测试。结果分析中对比了事故的压缩数据和原始数据，并将压缩率与小波压缩算法、过滤算法和旋转门算法的压缩率进行了对比。分析结果表明，这种实时数据压缩算法的压缩率可达到 6 至 11，在高精度压缩的同时，在系统动态过程中的压缩性能仍能保持与稳态相似的水平而没有显著下降，且传输的压缩数据包大小与不压缩相比下降了近四分之三。

为了获得更高的存储压缩比，彻底消除同步相量测量通信中压缩引起的时延，第 3 章提出了一种实时同步相量数据压缩（real-time synchrophasor data compression，RSDC）。首先介绍了动态同步相量的双向旋转特性和椭圆轨迹，以增强压缩效果，并给出了椭圆轨迹拟合方程的快速求解方法。然后，通过将内插压缩和外推压缩结合起来，提出了用于相量数据压缩和重构的 RSDC。用两相短路事件和次同步振荡事件中记录的实际相量测量数据验证了所提出的 RSDC。最后，与之前的两种实时相量数据压缩技术，即 PSDT 和 ESDC 进行了比较。验证结果表明，得益于内插值和外插值相结合的特性，基于插值的 RSDC 可在实现零延迟数据压缩同时获得更高压缩比。

在以往的同步相量数据压缩技术中，相量数据被压缩为分离的幅值和相位，为了在数据压缩时充分利用同步相量的空间相关性和时间连续性，第 4 章提出了一种复数域的相量主成分分析（phasor principal component analysis，PPCA）方法，该方法将同步相量作为一个整体进行压缩。由于现有的基于特征值的准则不适用于数据压缩，本章提出了一种迭代相量主成分选择方法，用以实现 PPCA 并且能够确保重构数据的精度。此外，本章通过基于迭代的过程增强了 PPCA，减少了 PPCA 的计算量。利用低频振荡事件和两相短路事件下 PMU 的实测数据，将 PPCA 与现有的基于 PCA 的数据压缩方法进行比较验证了 PPCA 的性能。验证结果表明，在这两种条件下，本章提出的 PPCA 能够实现更高的压缩率和重构数据精度，显著减少计算量，具有更好的实时性。

（2）第二部分主要阐述的是基于同步相量的次同步振荡参数辨识问题。

第二部分首先探索了基于同步相量的基波分量幅值和次同步分量幅值的可行性，利用同步相量计算和频谱分析的线性特性，通过构建标准参考波形对同步相量幅值的频谱进行修正，并最终实现参数辨识。但这一方法的局限性也很明显，必须使用 10s 长度的数据窗大幅降低了其实用性。其次，为改进上述缺陷，针对同步相量进行复数域频谱分析，并结合插值 DFT 和汉宁窗 DFT 实现基波分量和次同步分量的参数辨识，将数据窗缩短至 2s，大幅提升该方法的实用性，然而 2s

数据窗相对于快速变化的次同步振荡过程仍然过长，且仍不能辨识与次同步分量耦合的超同步分量；最后，为进一步缩短所需数据窗，提出了一种基于同步相量轨迹拟合的次同步/超同步振荡参数辨识方法，在辨识精度略有提升的同时将数据窗大幅缩短 20 倍至 100ms，实现了对次同步振荡过程的高实时性参数辨识，可准确捕获次同步振荡的快速演变过程。

第 5 章提出了一种基于广域测量数据的电力系统次同步振荡模式辨识方法，可有效获取次同步振荡中电流、电压的基波分量和次同步分量的振荡频率和幅值。该方法考虑了离散傅里叶变换同步相量算法对频谱分析的影响，通过对广域测量数据的频谱分析实现了对次同步振荡电流、电压的振荡频率的监测，并通过与基准测试波形对比的校正算法实现了对次同步振荡电流、电压的振荡幅值的监测。数值仿真与电网实测数据的算例验证了本章所提方法的正确性和可行性，该方法具有重要的工程应用价值。

针对次同步振荡（sub-synchronous oscillation，SSO）中同时出现的基本分量及频率耦合的次/超同步分量，第 6 章在原有插值 DFT 和汉宁窗算法的基础上，提出了一种改进的参数辨识算法。作为对原有算法的补充，本章将所提出的算法与原始插值 DFT 和 Prony 分析算法进行比较，并且使用合成的数据以及仿真的 PMU 数据来验证其正确性和有效性。在改进算法中，对超同步分量的进一步分析和额外的参数辨识显著提高了插值 DFT 算法的实用价值。

第 7 章提出了一种基于同步相量轨迹拟合的电力系统次同步/超同步振荡的实时参数辨识方法。通过求解超定非线性的同步相量轨迹拟合方程组，能准确得到频移基波、次同步和超同步分量的频率、幅值和相位。该方法利用了各分量对应的同步相量的正负频率部分耦合旋转的轨迹特性，仅依据 100 ms 的同步相量数据序列即可进行高实时性的参数辨识。本章相比现有算法的优势在于，一方面可辨识与次同步分量耦合的超同步分量参数，另一方面超短数据窗大幅提升了算法实时性并克服了频谱分析法的频率分辨率受限问题。模拟 PMU 数据和实际仿真数据的对比分析结果表明，本章所提方法可准确获取基波和次同步/超同步振荡参数，并有效实现次同步振荡的动态实时监测。

（3）第三部分主要阐述的是广域闭环控制系统中的时延处理及工程应用技术问题。

第三部分为了解决 MIMO 广域闭环控制系统在实际电力系统中应用时海量 WAMS 数据的压缩处理、受网络传输影响导致的时延的特性建模及时延补偿等问题，以贵州电网 WPSS 系统的工程应用为背景开展研究。首先，系统地研究了 WACS 中的时延组成，在贵州电网实际 WACS 及硬件在环测试平台中测量了通信时延、操作时延及闭环时延，并给出了精细建模方法；其次，研究了受网络传输影响的 WACS 仿真方法并搭建了基于实际设备的 WACS 硬件在环测试平台；再次，提出了补偿分布性时延的分层预测补偿方法，有效解决了集中式广域控制中补偿未知的控制下行时延的问题；最后，在上述研究的基础上，最终实现了 WPSS 闭环控制系统在贵州电网的工程应用。

第 8 章分别针对广域闭环控制系统中的通信时延、操作时延和闭环时延提出了建模方法，进行了实测并总结了特性。首先根据 WACS 的结构及信息流分析了闭环时延的产生过程；然后，研究了通信时延，提出了通信时延的线性估计模型，实测并分析了贵州电网 WAMS 的通信时延；其次，研究了操作时延，提出了操作时延的 RTDS（real time digital simulator）硬件在环测量方法，用此方法在实验室条件下实测了 WACS 的操作时延并进行了分析；最后，研究了闭环时延，提出了实际电力系统中 WACS 闭环时延的建模方法和测量方法，实测了贵州电网 WPSS 系统的闭环时延，并对比分析了实测结果与建模结果。最终，得出了 WACS 闭环时延符合正态分布的结论，并给出这一正态分布的参数获得方法。

现有的电力系统仿真系统难以准确地模拟广域测量系统 WAMS 的时延，第 9 章根据对 WAMS 中时延产生原因及实测统计结果的分析，提出一种 WAMS 时延的数字仿真方法并给出实现步骤。仿真过程将基于 WAMS 的电力系统任务分为软实时任务和硬实时任务，分别采用小步长子流程与大步长子流程同时进行模拟。小步长子流程以单位仿真步长间隔实时输出受时延影响的测量值；大步长子流程以 WAMS 测量步长输出量测受时延影响的测量值及其时标。本章提出的 WAMS 时延仿真方法的最大优点是既可以模拟按照特定分布生成的随机时延，也可以依据实测时延数据序列模拟时延；在此基础上还能够模拟数据丢包、粘包、通信失败等各种异常网络状态。最后，本章在 RTDS 中实现了该时延仿真方法，并分别采用随机时延和实测时延进行 RTDS 试验，仿真结果验证了该方法的有效性。该方法非常适用于广域控制器受时延影响的理论仿真校验。

第 10 章提出了一种 WACS 闭环时延的分层预测补偿方法。首先对 WACS 依据功能进行分层并设定时延补偿的处理机制，进而提出一种分层预测补偿方法，该方法将时延补偿与闭环控制系统的实现相结合，使用预测方法为控制策略提供近似的实时数据，使时延的影响与闭环控制策略隔离以保证控制效果。分层预测补偿方法中使用了增量自回归预测算法，时延补偿特性分析结果表明这种分层预测补偿方法与理想补偿特性非常相近。在实测时延和随机时延条件下的 RTDS 仿真测试、硬件在环测试以及现场试验结果表明，所提出的分层预测补偿方法能有效补偿固定的或随机分布性的闭环时延，减小了时延对控制性能的影响。

第 11 章在上述研究的基础上，首先阐述了贵州电网 WPSS 系统的实现细节，包括控制器的设计方法、控制下行通道的设计、NCU 在电厂的安装、WPSS 的投运条件等，然后提出了一种 WACS 时延的数字仿真方法，以适于广域闭环控制系统的仿真研究，其次搭建了贵州电网 WPSS 的硬件在环测试平台，最终实现了贵州电网 WPSS 的实际工程应用，现场闭环时延结果验证了整套 WPSS 系统的正确性和有效性。

第一部分
广域同步测量数据的压缩

第 1 章 基于小波变换的广域测量振荡信号数据压缩方法

本章致力于对同步相量测量数据在数据存储场景下的数据压缩进行研究，数据存储场景的数据将应用于离线应用，所以要求较高的压缩比和数据重建精度而实时性能要求不高 [104]。因此，基于小波变换的数据压缩方法适合于数据存储的场景。文献 [105]、[106] 中，最基本的多分辨率分析（multi-resolution analysis，MRA）算法被应用于电力系统数据压缩中。利用该算法，原信号可以被分解为尺度系数（scaling coefficient，SC）和分层的小波系数（wavelet coefficient，WC），其中不重要的数据点可以通过阈值方法删除。最近许多研究主要关注如何根据不同的准则来选择最佳小波基和分解层数，以及如何对基本的基于小波变换的数据压缩算法进行改进。文献 [45] 基于最大小波能量准则，通过对仿真生成的电力系统突变信号进行数据压缩，选择了 db2 小波和分解 5 层作为最佳。然而该固定小波基和分解层数并不适用于其他类型信号。文献 [107]、[108] 提出了一种基于小波包分解的数据压缩方法，小波包分解是对小波分解的扩展，该方法可以实现更高的重建精度，其中最佳小波基和分解层数也是根据最大小波能量准则得到的。然而在小波包分解中对信号高频分量的分解可能是无意义的，例如在对低频振荡信号进行数据压缩时。文献 [48] 提出了一种基于嵌入式零树小波变换（embedded zerotree wavelet transform，EZWT）的数据压缩方法，其中对无损的编码算法和有损的基于小波变换的方法进行了结合。类似地，在文献 [49] 中，对若干种有损和无损压缩方法进行了结合，包括 PCA、WT 和 LZMA 等，最终得到了一种压缩效率很高的数据压缩方法。此外，更早的研究中也提出了许多新的基于小波变换的数据压缩方法，例如提升模式方法，可以实现快速小波分解 [109-111]；直接构造适合于电力系统故障信号数据压缩的优化小波基 [72]；斜向型小波变换方法，可以在不同的分解层数选择不同的小波 [113]；多小波方法，相比传统小波性质更好 [57,114]；最小描述长度方法，只提取小波系数中的突变点来实现数据压缩 [115,116] 等。然而，以上研究主要存在以下两个问题。首先，难以选择最佳小波基和分解层数来实现均衡的压缩性能和重建精度性能；其次，以上方法主要适合对电力系统突变信号进行数据压缩，例如最小描述长度方法 [115,116] 是提取信号中的突变点，最大小波能量准则 [45,107,108] 也意味着尽可能保留突变信息。这些方法可能不适合对电力系统振荡信号进行数据压缩，包括低频振荡和次同步振荡等。

因此，本章提出了一种基于小波变换的通用数据压缩方法来解决上述问题。首先，提出压缩失真综合指标（compression distortion composite index，CDCI），利用最小 CDCI 准则可以选择最佳小波基和分解层数。实际信号的数据压缩表明，CDCI 适合于在对不同类型信号，包括振荡信号和突变信号的数据压缩中选择小波基和分解层数，从而得到均衡的压缩性能和重建精度。另一方面，信号需要在所有备选小波基和分解层数情况下进行数据压缩和重建，然后再对所有备选情况的 CDCI 进行计算从而得到最佳选择，这导致整个算法计算量很大。故而在此基础上分析了针对电力系统振荡信号的小波变换的特征，以实现根据振荡频率直接选择小波基和分解层数，可以极少的计算量实现对电力系统振荡信号的数据压缩。本章基于小波变换的广域测量振荡信号数据压缩方法的主要特性包括以下几点。

（1）首先提出了压缩失真综合指标 CDCI。利用最小 CDCI 准则可以用来选择最佳小波基和分解层数，适用于振荡信号和突变信号。

（2）其次分析了振荡频率和对应的最佳小波基和分解层数之间的定量关系。从实测振荡信号和模拟振荡信号作为样本进行了数据压缩和重建，根据最小 CDCI 准则 [117] 选择最佳小波基和分解层数。

（3）然后利用线性回归建立定量关系。建立了一个关于振荡频率以 2 为底的对数（$\log_2 f$）和小波基阶数（N）之间的分段线性模型，其中不同线段表示不同的分解层数。

（4）为了对所提方法进行评估，将其与另外两种方法进行对比。一种是采用固定小波基和分解层数的针对突变信号的数据压缩方法 [45]，另一种是基于 EC 和 SDT 数据压缩（EC and SDT data compression，ESDC）的针对振荡信号的实时数据压缩方法。

1.1 基于小波变换的通用数据压缩方法

1.1.1 基于小波变换的数据压缩

基于小波变换的多分辨率分析（multi-resolution analysis，MRA）算法的流程如图 1.1 所示。其中，原时间序列信号通过低通滤波器 g_i 和高通滤波器 h_i，可以被分解为尺度系数 a_i 和小波系数 d_i，分别代表信号的低频近似和高频细节。这些滤波器可通过尺度函数和小波函数构造，具体取决于小波基的选择，且均为有限冲激响应（finite impulse response，FIR）滤波器。MRA 意味着将得到的尺度系数逐层分解为尺度系数和小波系数，这些尺度系数和小波系数分别代表信号的低频和高频分量。信号的重建过程是分解过程的相反过程。

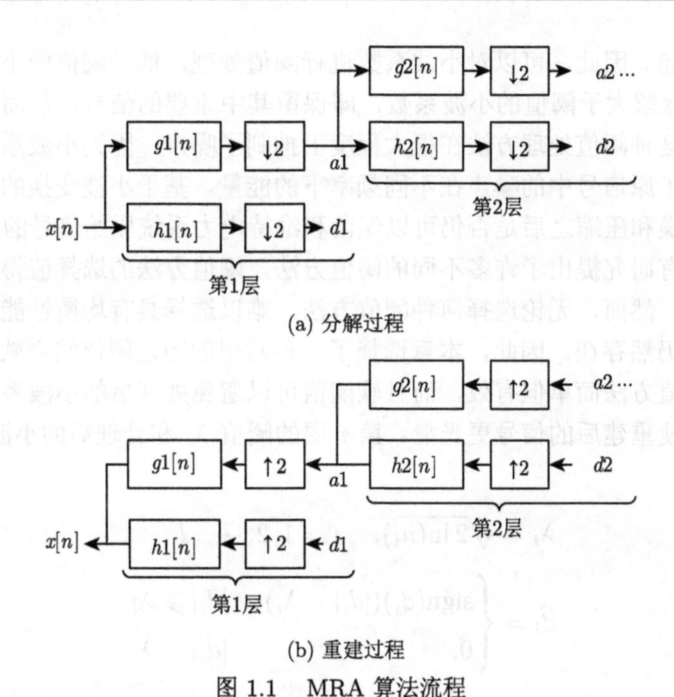

(a) 分解过程

(b) 重建过程

图 1.1 MRA 算法流程

若原信号的数据长度的 n_0 且滤波器的长度为 K，则经过第一层分解后，得到的尺度系数和小波系数的数据长度均为 n_0+K-1。因此，分解后的总数据量约为原数据量的两倍。其他层分解也类似。为了避免信息冗余，有必要在每一层分解后进行两倍降采样，如图 1.1(a) 中的"$\downarrow 2$"所示。类似地，在进行每一层重建时也必须进行两倍升采样，如图 1.1(b) 中的"$\uparrow 2$"所示。因此，若最高分解 I 层，第 i 层 a_i 和 d_i 的数据长度可写为

$$n_i=\frac{n_{i-1}+K-1}{2}\approx\frac{n_{i-1}}{2},\quad i=1,2,\cdots,I \tag{1-1}$$

其通用表达式为

$$n_i\approx 2^{-i}n_0,\quad i=0,1,\cdots,I \tag{1-2}$$

分解前和分解后的采样点总数 n_0 和 n 分别为

$$n\approx 2^{-I}n_0+\sum_{i=1}^{I}2^{-i}n_0=n_0 \tag{1-3}$$

如上文所述，尺度系数表示原信号的近似，通常是十分重要的。相反地，小波系数表示原信号的细节，其中值较大的数据点表示突变点而值较小的数据点主

要由噪声引起。因此，可以对小波系数进行阈值处理，低于阈值的小波系数将被置为 0；只保留大于阈值的小波系数，即保留其中重要的信息，从而实现数据压缩。同时，这种阈值处理方法在很大程度上抑制了噪声，因为小波系数中的较小值通常反映了原信号中的噪声在不同频率下的能量。基于小波变换的多分辨率分析问题是降噪和压缩之后是否仍可以保留和维持电力系统原始信号的重要信息。

目前已有研究提出了许多不同的阈值方法，阈值方法的选择值得在未来研究中仔细考虑。然而，无论选择何种阈值方法，难以选择具有均衡性能的小波基和层数的问题仍然存在。因此，本章选择了一种常用的固定阈值结合软阈值 [79] 的方法。该阈值方法简单但有效，而且软阈值可以避免处理后的小波系数存在不连续点，从而使重建后的信号更光滑。第 i 层的阈值 λ_i 和处理后的小波系数 $\hat{d}_i$ 则为

$$\lambda_i = \sqrt{2\ln(n_i)}, \quad i = 1, 2, \cdots, I \tag{1-4}$$

$$\hat{d}_i = \begin{cases} \operatorname{sign}(d_i)(|d_i| - \lambda_i), & |d_i| \geqslant \lambda_i \\ 0, & |d_i| < \lambda_i \end{cases} \tag{1-5}$$

式中，函数 sign( ) 表示根据输入为正或负取其符号为正或负。

在该基于小波变换的数据压缩方法中，主要的计算量是信号与小波滤波器进行卷积过程中的乘法。在第 i 层分解中，乘法次数约为 $2K(n_{i-1} + K - 1)$，因而 MRA 分解过程中总乘法次数为

$$\begin{aligned} \mathrm{C}(n_0, K, I) &= 2K\sum_{i=1}^{I}(n_{i-1} + K - 1) \\ &\approx 4Kn_0(1 - 2^{-I}) + 2KI(K - 1) \\ &\approx 4Kn_0(1 - 2^{-I}) \end{aligned} \tag{1-6}$$

类似地，重建过程中的总乘法次数与上述相同。

1.1.2 最佳小波基和分解层数的选择

为了得到均衡的压缩性能和重建精度性能，本章提出了最小压缩失真综合指标（CDCI）准则来选择最佳小波基和分解层数。

压缩比可以用来衡量压缩性能。假设所有非零数据点都占据相同的存储空间而零数据点不占存储空间，压缩比 λ_{CR} 可以计算为

$$\lambda_{\mathrm{CR}} = \frac{\operatorname{len}(a_I) + \operatorname{len}\left(\sum_{i=1}^{I}\hat{d}_i\right)}{\operatorname{len}(x)} \tag{1-7}$$

式中，x 表示原信号；函数 len( ) 表示数据点个数。

失真率可以用来衡量重建精度性能，通常用标准均方根误差进行计算。记重建后信号为 x'_n，L 为信号长度，失真率可以计算为

$$\lambda_{\mathrm{DR}} = \frac{||x'_n - x_n||}{||x_n||} = \frac{\sqrt{\sum_{n=1}^{L}(x'_n - x_n)^2}}{\sqrt{\sum_{n=1}^{L}(x_n)^2}} \tag{1-8}$$

基于压缩比和失真率可以构造 CDCI 来实现均衡的压缩性能和重建精度，如式 (1-9) 所示。

$$\begin{cases} \xi_{\mathrm{CDCI}} = a\dfrac{1}{\lambda_{\mathrm{CR}}} + b\lambda^*_{\mathrm{DR}} = \dfrac{a}{\lambda_{\mathrm{CR}}} + b\dfrac{\lambda_{\mathrm{DR}}}{2\times 10^{-3}} \\ a + b = 1 \end{cases} \tag{1-9}$$

式中，a 和 b 分别为压缩性能和重建精度性能的权重。由于数量级上的显著差距，$1/\lambda_{\mathrm{CR}}$ 和 λ_{DR} 都需要进行归一化处理。$1/\lambda_{\mathrm{CR}}$ 的取值范围为 $(0,1]$，因此可将其视为归一化后的结果。对 λ_{DR} 进行归一化，本章根据国家电网标准 [119] 对于测量精度的要求取基值为 2×10^{-3}。

值得注意的是，a 和 b 的值在不同的压缩比和失真率情况下应该不同。当压缩比和失真率很小时，a 的值应该更大，因为此时提升压缩比相比降低失真率更重要。相反情况下则 b 应该更大。为了简单起见，不妨假设权重随失真率线性变化，则 CDCI 可计算为

$$\xi_{\mathrm{CDCI}} = \frac{1-\lambda^*_{\mathrm{DR}}}{\lambda_{\mathrm{CR}}} + (\lambda^*_{\mathrm{DR}})^2 \tag{1-10}$$

很明显 CDCI 越小意味着性能越好越均衡。

在之前的研究 [117] 中，选择了 db2~db10 和 sym2~sym10 作为备选小波基，因为其具有正交性、紧支撑和正则性等优点。由于 db$N$ 和 sym$N$ 小波对应的滤波器长度均为 $2N$，根据文献 [120]，最高分解层数 I 受到如式 (1-11) 所示的限制，以保证分解后的小波系数长度大于滤波器长度。

$$I = \mathrm{floor}\left(\log_2 \frac{n_0}{2N-1}\right) \tag{1-11}$$

式中，函数 floor( ) 表示向下取整。

在我们之前的研究 [117] 中，对不同类型的实测信号在所有备选小波基和分解层数下进行了数据压缩和重建，并选出对应最小 CDCI 的情况作为最佳小波基和

分解层数。结果表明，在对不同类型信号包括振荡和突变信号进行数据压缩时，可以利用 CDCI 来选择最佳小波和层数。

最小 CDCI 准则所提方法的计算量主要包括分解和重建过程中的乘法，以及计算失真率过程中的乘法。由于备选小波基为 db2~db10 和 sym2~sym10，且在相同小波基而不同分解层数的情况下分解过程的计算可以重复利用，因而总计算量为

$$\begin{aligned} C_{\text{previous}} &\approx 2\sum_{N=2}^{10}\left[\mathrm{C}(n_0,2N,I)+\sum_{i=1}^{I}\mathrm{C}(n_0,2N,i)+2In_0\right] \\ &= 2\sum_{N=2}^{10}(8N+2)n_0 I = 900n_0 I \end{aligned} \tag{1-12}$$

由于最高分解层数 I 可计算为 5，所以总计算量为 $4500n_0$。

1.2 振荡频率与最佳小波基和分解层数之间的关系

如上文所述，一个信号可以被分解为低频分量和逐层的高频分量。因此，可以推测选择的最佳小波基和分解层数取决于振荡频率。本节对不同频率的振荡信号进行了压缩和重建，并基于 CDCI 选择最佳小波基和分解层数。根据结果，建立了关于振荡频率以 2 为底的对数（$\log_2 f$）和小波基阶数（N）的分段线性模型，其中不同线段表示不同分解层数。利用该模型可以根据振荡频率直接选择小波基和分解层数。

值得考虑的是，单次压缩的时间窗长度对算法性能存在影响。根据之前的研究 [117]，对于低频振荡和次同步振荡的数据压缩，时间窗长度可选为 10 s 以实现压缩性能和重建精度性能的折中。信号的采样频率为 100 Hz，因而单次压缩的数据长度为 1000。根据式 (1-11)，由于最大小波基阶数为 10，最高分解层数可计算为 5。

1.2.1 实测低频振荡信号的数据压缩

如图 1.2 所示是一个频率约为 0.9 Hz 的低频振荡信号，对该信号进行基于小波变换的数据压缩和重建，并根据 CDCI 选择最佳小波基和分解层数。该信号包含了低频振荡的全过程。

首先将该低频振荡信号随机截取为 200 个波形片段，每一段的长度为 10 s。对这些波形片段在备选小波基（db2~db10 和 sym2~sym10）和分解层数（1~5）下进行数据压缩和重建。然后计算不同小波基和分解层数下的压缩比和失真率，并计算对应的 CDCI。最终根据最小 CDCI 准则，选择不同波形片段对应的最佳小

波基和分解层数。结果如表 1.1 所示，不同波形片段的选择都十分接近。具体而言，最佳分解层数均为 4，而最佳小波基阶数 N 在 5 附近。因此可以得出结论，除了振荡频率外，信号的其他特征，例如振幅对选择的影响较小。

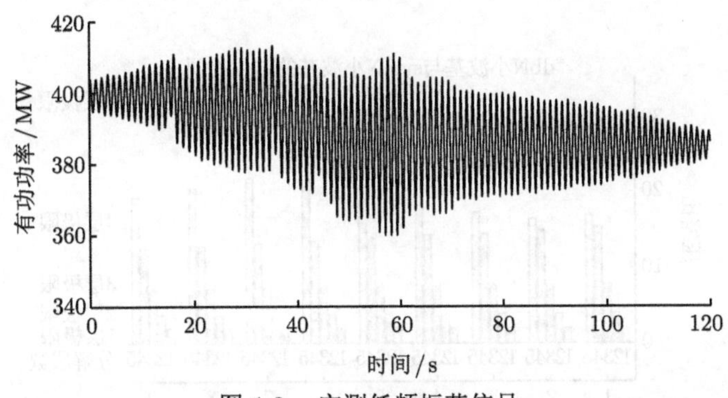

图 1.2 实测低频振荡信号

表 1.1 低频振荡信号压缩中不同小波基和分解层数被选中的次数

小波基	分解层数	次数
db4	scale 4	2
db5	scale 4	61
db6	scale 4	55
db7	scale 4	3
sym5	scale 4	52
sym6	scale 4	21
sym7	scale 4	6
总数		200

为了对上述结果进行进一步解释，对上述低频振荡信号 0 到 10 s 的压缩和重建进行详细分析。不同小波基和分解层数下的压缩比和失真率如图 1.3 所示。根据图 1.3，可以总结出以下结论。

（1）db$N$ 小波基和 sym$N$ 小波基在相同阶数和分解层数下的性能十分接近。这是因为根据小波理论，sym$N$ 是在 db$N$ 的基础上构造的。

（2）分解层数的选择对于压缩性能和重建精度性能更重要。当分解层数为从 1~4 时，压缩比近似按照 2 倍逐层增大，并且每层压缩比均接近极限值；且每层失真率的稳定值均很低。而当分解层数为 5 时，失真率的稳定值很高，且压缩比并没有比分解 4 层时高很多。这一结果与利用 CDCI 进行的选择是一致的，这一现象的解释如下。在分解层数为 1~4 时，可以认为小波系数中仅包含不重要的信息，可以通过阈值方法将其去除。而有价值的信息保留在尺度系数中，免于被破坏。然而，当分解层数为 5 时，有价值的信息被泄露到了小波系数当中，从而被阈值方法所破坏，导致高失真率。而且，这些有价值信息对应小波系数数据点的值很大，经过阈值处理后也无法置零。因此，在分解层数为 1~4 时，失真率很低且压缩比可以逼近极限值；二者分解层数为 5 时失真率较高且压缩比无法接近极限值。

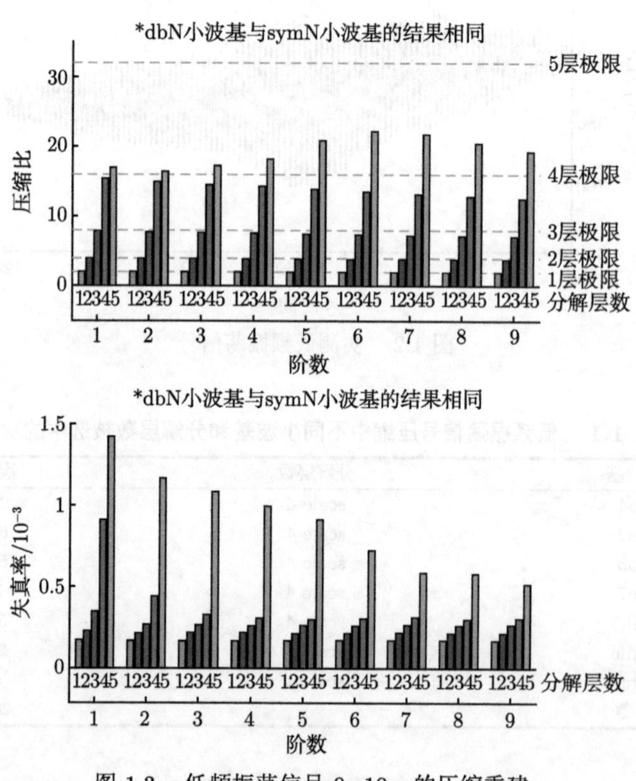

图 1.3 低频振荡信号 0~10 s 的压缩重建

（3）在大多数情况下，小波基的阶数对压缩性能和重建精度性能的影响很小。随着 N 逐渐增大，压缩比存在小幅下降趋势；失真率先减小然后达到稳定值。在分解层数为 4 时，失真率大约在阶数为 5 时达到稳定值。由于在阶数为 5 时的压缩比相比阶数为 6 或更大时的压缩比更高，所以最佳小波基阶数可以选为 5。然而值得注意的是，阶数为 5 和阶数为 6 之间的性能差别很小。在阶数为 6 时的压缩比更高，但在阶数为 5 时的失真率更小。因此最佳小波基阶数也可选为 6。这一结果与利用 CDCI 进行的选择是一致的，这一现象的解释如下。随着 N 的增大，小波滤波器的时频响应曲线越接近矩形形状，造成低频信息越难以泄露到小波系数中。而且随着 N 的增大，小波滤波器的正则性也越好，使重建波形越广泛。因此，随着 N 的增大，失真率先减小然后达到稳定值；而根据式 (1-1)，分解后的数据点数会缓慢增多，造成压缩比的下降。

1.2.2 实测次同步振荡信号的数据压缩

如图 1.4 所示是一个频率约为 7 Hz 的次同步振荡信号，对该信号进行基于小波变换的数据压缩和重建，并根据 CDCI 选择最佳小波基和分解层数。

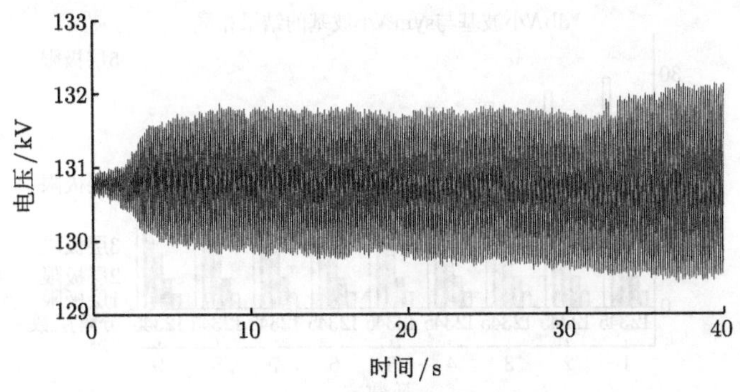

图 1.4 实测次同步振荡信号

与第 1.2.1 节的流程类似，从次同步振荡信号中随机截取 200 个长度为 10 s 的波形片段。对这些波形片段在备选小波基和分解层数下进行数据压缩和重建，并根据 CDCI，选择不同波形片段对应的最佳小波基和分解层数。结果如表 1.2 所示，最佳分解层数均为 2，而最佳小波基阶数 N 在 9 附近。这与低频振荡信号数据压缩中的选择结果完全不同。由此可见，振荡频率对于选择有显著影响。

表 1.2 次同步振荡信号压缩中不同小波基和分解层数被选中的次数

小波基	分解层数	次数
db7	2	1
db8	2	11
db9	2	87
db10	2	54
sym7	2	8
sym9	2	7
sym10	2	32
总数		200

与第 1.2.1 节类似，对上述次同步振荡信号 50~60 s 的压缩和重建进行详细分析。不同小波基和分解层数下的压缩比和失真率如图 1.5 所示。根据图 1.5 总结出的结论与图 1.3 类似。① db$N$ 和 sym$N$ 的性能十分接近。② 分解层数的

选择更重要。在分解层数为 3 到 5 时，失真率太高，无法接受。而在分解层数为 2 时，失真率很低，且压缩比足够高。这一结果与利用 CDCI 进行的选择一致。③ 当失真率达到稳定值时，小波基的阶数对性能的影响很小。在分解层数为 2 时，失真率大约在阶数为 8 时达到稳定值，但其实在阶数为 7 到 10 之间的性能差别都很小。这一结果与利用 CDCI 进行的选择一致。

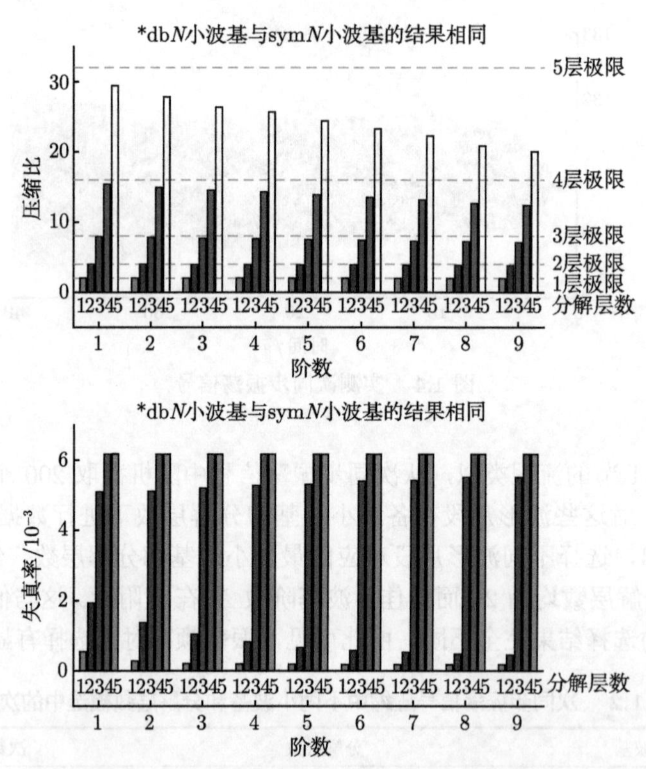

图 1.5 次同步振荡信号 50 到 60 s 的压缩重建

1.2.3 模拟振荡信号的数据压缩

如上文所述，振荡频率对于小波基和分解层数的选择具有显著影响，而信号的其他特征，如振幅的影响很小。此外，振荡的基值也可能对选择造成影响。通常情况下，一个时间窗内，振荡信号的基值近似不变。因此，实测振荡信号可以简化为不同频率和振幅的正弦信号叠加到不同直流偏置上，如图 1.6 所示。而且，由于小波滤波器均为线性滤波器，所以当处于最佳选择时通常所有的小波系数均可通过阈值处理置零，整个压缩过程可近似为线性变换。从而可以粗略证明当振幅与直流偏置之比相同时，最佳选择相同。这一推论可以通过数值实验进行验证。根据该命题，模拟振荡信号的直流偏置可设为一个固定值，不同的振幅表示不同的信号。

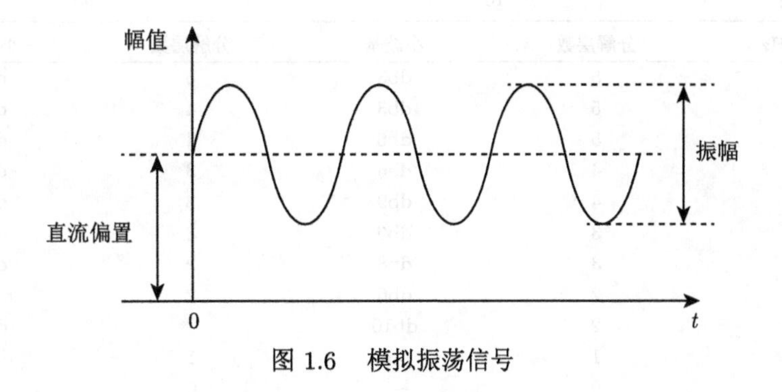

图 1.6 模拟振荡信号

与前文相同，信号的采样频率为 100 Hz，长度为 10 s，直流偏置为 400，振幅为 10~100，步长为 10。由于 db$N$ 小波基和 sym$N$ 小波基之间性能的差别很小，所以为了简化算法，只选择 db2~db10 作为备选小波基。备选分解层数可计算为 1 到 5。

接下来确定模拟振荡信号的频率。通常认为低频振荡的频率为 0.1~2.5 Hz [82]，而次同步振荡的频率位于低频振荡和工频之间。由于本章所采用信号的采样频率为 100 Hz，所以根据采样定理信号的最高频率为 50 Hz。为了避免有价值的低频信息泄露到小波系数中被破坏，则最高可以被压缩的振荡信号的频率应为 25 Hz。最终可以给出模拟振荡信号的频率区间为 0.1~25 Hz。由于每层分解后尺度系数对应的频率上界都会减半，所以振荡频率以 2 为底的对数（$\log_2 f$）应该近似均匀分布。模拟振荡信号的频率如表 1.3 所示。

表 1.3 模拟振荡信号的频率

频率区间 /Hz	步长/Hz
[0.1, 0.25]	0.01
[0.26,0.48]	0.02
[0.5, 0.95]	0.05
[1,1.9]	0.10
[2,4.8]	0.20
[5,7.5]	0.50
[8,24]	1.00

与第 1.2.1 和 1.2.2 节的流程类似，对模拟振荡信号在备选小波基和分解层数下进行数据压缩和重建，再根据 CDCI 从中选出最佳小波基和分解层数。部分选择结果如表 1.4所示，可得出以下结论。

表 1.4　部分模拟振荡信号数据压缩中选择的最佳小波基和分解层数

振幅	10		100	
频率/Hz	分解层数	小波基	分解层数	小波基
0.1	5	db3	5	db3
0.2	5	db3	4	db5
0.5	5	db6	4	db6
1	4	db6	3	db6
1.5	4	db9	3	db6
2	3	db6	3	db9
3	3	db8	2	db6
5	2	db6	2	db10
7	2	db10	1	db7
10	1	db5	1	db10
24	0	—	0	—

（1）当振荡信号的振幅相同时，频率越高选择的分解层数越低。这是因为频率越高，有价值的振荡信息会在更低的分解层数泄露到小波系数中。

（2）当振荡信息的振幅相同时，如果选择了相同的分解层数，频率越高选择的小波基阶数 N 越高。这是因为频率越高，有价值的振荡信息会更容易泄露到小波系数中。根据第 1.2.1 节中的解释，N 越大泄露越难。

（3）当振荡信号的频率相同时，如果选择了相同的分解层数，振幅越高选择的小波基阶数 N 越高。这是因为振幅越高，有价值的振荡信息会更容易泄露到小波系数中。前文已有相关解释，N 越大泄露越难。

1.2.4　分段线性模型

由于振荡频率与选择的分解层数和小波基阶数具有正相关关系，所以可以利用表 1.4 中的数据进行线性拟合。具体而言，对相同振幅且选择相同分解层数下的 $\log_2 f$ 和选择的阶数 N 进行线性拟合。如果线性相关系数 r 满足 $r > 0.6$ 以及 P 值满足 $P < 0.01$，可以认为 $\log_2 f$ 和选择的阶数 N 之间具有较强的线性相关关系。所有不同振幅和选择的分解层数下的拟合直线如图 1.7 所示。

根据图 1.7，可得出以下结论。① 在大多数情况下，当振幅相同且选择相同分解层数时，$\log_2 f$ 和 N 之间具有较强的线性关系。其他情况下也仍然存在正相关关系。② 对于相同频率且选择相同分解层数的信号，不同振幅的信号所选择的小波基阶数之间比较接近。由于小波基阶数本身对压缩性能和重建精度性能的影响就很小，所以对于不同振幅的信号，将其对应的所选阶数 N 进行平均也是可以接受的。

根据以上两点，对于选择相同分解层数的振荡信号，无论其振幅是否相同，直接对 $\log_2 f$ 和所选阶数 N 进行线性拟合是可以接受的。尽管可能无法选出最佳 N，但算法大幅简化，且所选 N 也是可以接受的。

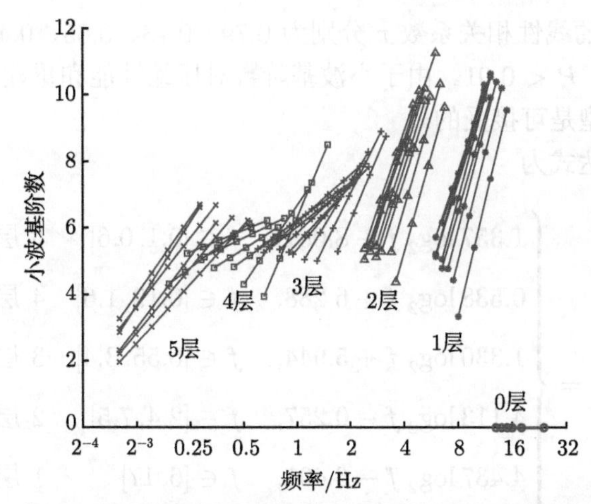

图 1.7　不同振幅和选择的分解层数下振荡频率与所选小波基阶数的关系

此外，需要注意到不同选择的分解层数对应的频率区间之间存在交叉混叠。在这些区域，更高的分解层数意味着高压缩比和高失真率，而更低的分解层数意味着低压缩比和低失真率。由此很难从二者之间判断孰优孰劣，故而可以同时保留两边的模型，实际应用时利用最小 CDCI 准则进行选择。

最后，对选择相同分解层数的振荡信号的 $\log_2 f$ 和所选小波基阶数 N 进行线性拟合，得到分段线性模型，其中不同线段对应的频率区间之间存在交叉混叠，不同线段代表不同的分解层数。该模型如图 1.8 所示。该模型在分解层数为从 1

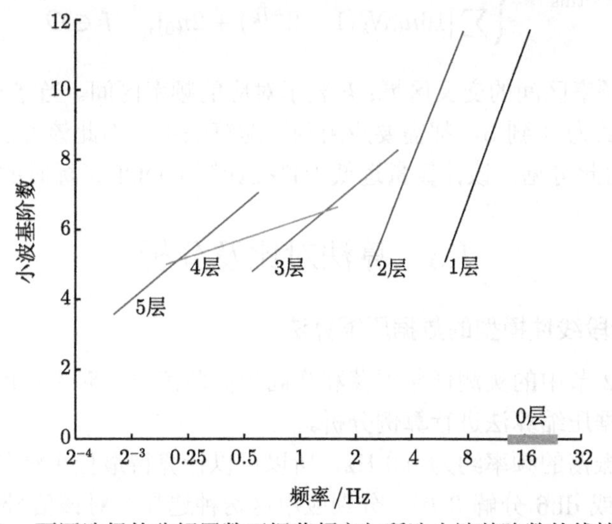

图 1.8　不同选择的分解层数下振荡频率与所选小波基阶数的线性关系

到 5 情况下对应的线性相关系数 r 分别为 0.79、0.73、0.65、0.48 和 0.58，且所有的 P 值均满足 $P < 0.01$。由于小波基阶数对压缩性能和重建精度性能的影响很小，所以该模型是可接受的。

该模型的表达式为

$$N = \begin{cases} 1.357\log_2 f + 8.081, & f \in [0.1, 0.6] \quad 5\text{ 层} \\ 0.538\log_2 f + 6.288, & f \in [0.19, 1.6] \quad 4\text{ 层} \\ 1.330\log_2 f + 5.944, & f \in [0.55, 3.4] \quad 3\text{ 层} \\ 4.113\log_2 f - 0.257, & f \in [2.4, 7.5] \quad 2\text{ 层} \\ 4.437\log_2 f - 6.401, & f \in [6, 17] \quad 1\text{ 层} \\ \text{Null}, & f \in [13, 24] \quad 0\text{ 层} \end{cases} \tag{1-13}$$

基于该表达式，可以根据振荡频率直接计算出对应的分解层数和小波基阶数。具体而言，首先根据频率区间选择分解层数，然后根据对应的公式计算小波基阶数，并进行四舍五入。如果计算得 $N > 10$，则直接选择小波基阶数为 10。如果频率位于不同的频率区间内，将对应的分解层数和小波基阶数都应用到压缩算法中，并根据 CDCI 从中选出更好的。

根据式 (1-6)，所提出的这个方法的计算量为

$$\text{C}_{\text{this}} = \begin{cases} 8n_0N(1 - 2^{-I}), & f \notin O \\ \sum [16n_0N_k(1 - 2^{-I_k}) + 2n_0], & f \in O \end{cases} \tag{1-14}$$

式中，O 表示频率区间的交叉区域；k 表示对应的频率区间。当 $f \in [0.55, 0.6]$ 时，对应的分解层数为 3 到 5，都需要应用到压缩算法中。因此该方法的最大计算量为 $274.5n_0$。由此可见，该计算量远低于直接计算 CDCI 指标时的 $4500n_0$。

1.3 算法对比及分析

1.3.1 基于分段线性模型的数据压缩算法

采用第 1.2 节中的实测低频振荡和次同步振荡信号，对本章所提的基于分段线性模型的数据压缩算法进行算例分析。

由于低频振荡的频率约为 0.9 Hz，所以可以计算得最佳小波基和分解层数为 db6 分解 4 层或 db6 分解 3 层。分别应用这两种选择，对该信号以 10 s 的时间窗依次进行压缩和重建。根据最小 CDCI 准则，对于不同时间窗内的波形，可以

选出最佳小波基和分解层数均为 db6 分解 4 层。这一结果与第 1.2.1 节中的选择十分接近。这一选择下，压缩比可以计算为 13.62，失真率为 3.609×10^{-4}。根据式 (1-14)，总计算量为 $178n_0$。该低频振荡信号 0 到 10 s 的原始波形和重建波形如图 1.9 所示。

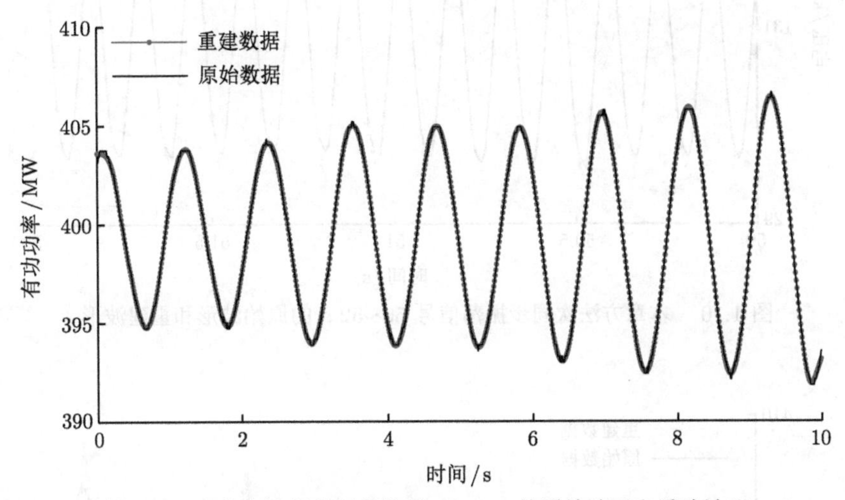

图 1.9 本章方法低频振荡信号 0~10 s 的原始波形和重建波形

类似地，由于次同步振荡信号的频率约为 7 Hz，所以可以计算得最佳小波基和分解层数为 db10 分解 2 层或 db6 分解 1 层。时间同样取 10 s。分别应用这两种选择进行数据压缩和重建，根据 CDCI 可选出其中最佳为 db10 分解 2 层。这一结果与第 1.2.2 节中的选择十分接近。这一选择下，压缩比为 3.773，失真率为 3.728×10^{-4}，总计算量为 $172n_0$。该次同步振荡信号 50~52 s 的原始波形和重建波形如图 1.10 所示。

1.3.2 固定小波基和分解层数的数据压缩方法

文献 [45] 基于最大小波能量准则，针对突变信号的数据压缩，选择了 db2 分解 5 层作为最佳小波基和分解层数。为了与本章所提基于分段线性模型的数据压缩方法进行比较，同样利用第 1.2 节中的实测低频振荡和次同步振荡信号，对该固定小波基和分解层数进行算例分析。根据式 (1-14)，该方法的计算量为 $15.5n_0$。

对低频振荡信号进行数据压缩和重建。压缩比为 11.09，失真率为 1.948×10^{-3}。该低频振荡信号 0 到 10 s 的原始波形和重建波形如图 1.11 所示。从图中可以看出，重建波形显著失真。而且，该方法的压缩比相比本章所提方法的更低。

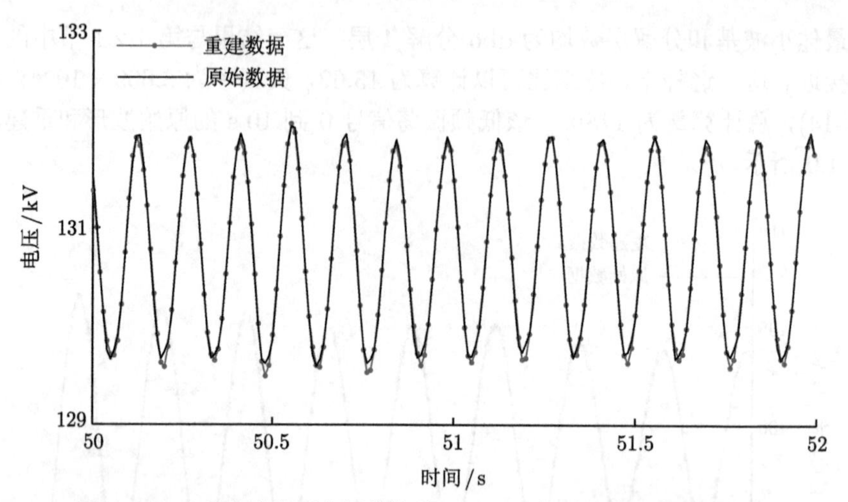

图 1.10　本章方法次同步振荡信号 50~52 s 的原始波形和重建波形

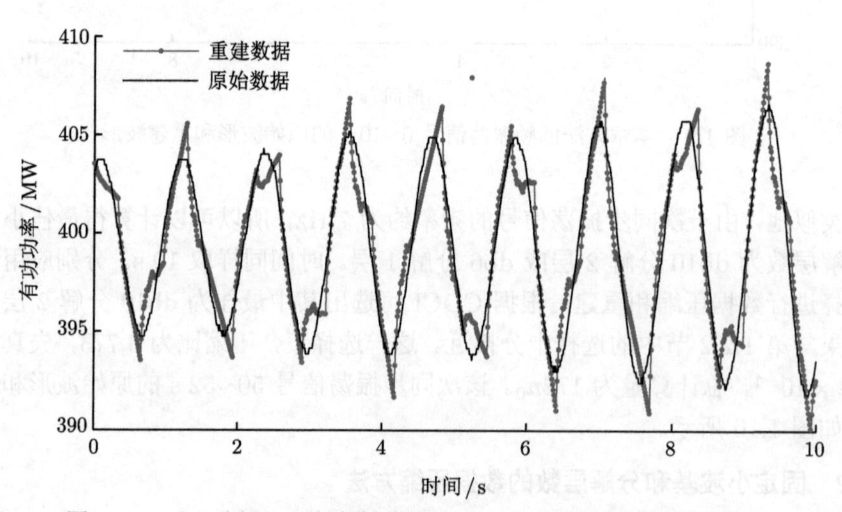

图 1.11　db2 分解 5 层低频振荡信号 0~10 s 的原始波形和重建波形

对次同步振荡信号进行数据压缩和重建。压缩比为 28.62，失真率为 5.277×10^{-3}。该次同步振荡信号 50~52 s 的原始波形和重建波形如图 1.12 所示。从图中可以看出，重建波形中完全没有有价值的振荡信息。

综上所述，固定的 db2 小波基和分解 5 层不适合对振荡信号进行数据压缩，尽管其计算量很小，但失真十分严重。对于大多数振荡信号的数据压缩，分解层数为 5 太高，导致有价值的振荡信息泄露到小波系数中，从而被阈值方法所破坏，造成重建波形的严重失真。而当小波基阶数为 2 时，振荡信息更容易泄露到小波系数中，同样会造成严重失真。且 db2 小波基的正则性也更差，使得重建波形不足够光滑。因此，db2 小波基也不适合对振荡信号的数据压缩。

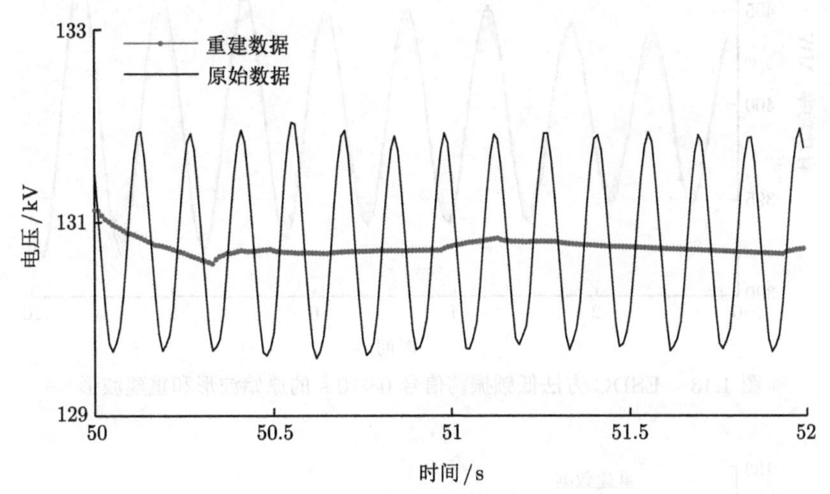

图 1.12 db2 分解 5 层次同步振荡信号 50~52 s 的原始波形和重建波形

1.3.3 ESDC 方法

文献 [52] 基于 EC 和 SDT 方法提出了一种实时数据压缩方法，并对低频振荡信号进行了数据压缩，取得了良好的压缩效果。为了与本章所提基于分段线性模型的数据压缩方法进行比较，同样利用第 1.2 节中的实测低频振荡和次同步振荡信号，对该 ESDC 方法进行算例分析。根据文献 [52]，该方法参数可设定为：$T_{\max} = 0.2$ s，$V_{\text{ExcDev}} = V_{\text{CompDev}} = 0.001V_{\text{base}}$。ESDC 方法中主要的计算是计算 SDT 准则时的乘法和除法，且计算量取决于信号本身。因此该方法的计算量只能实测而不能给出显式公式。

对低频振荡信号进行数据压缩和重建，有功功率的基值设为 686 MVA，即发电机容量。压缩比为 16.949，失真率为 2.267×10^{-3}，计算量测为约 $0.87n_0$ 次乘法和除法。该低频振荡信号 0~10 s 的原始波形和重建波形如图 1.13 所示。尽管该方法的压缩比略高于本章所提方法，但其失真率却远高于本章方法。

对次同步振荡信号进行数据压缩和重建，相电压基值设为 $230/\sqrt{3}\approx133$ kV。压缩比为 3.418，失真率为 7.318×10^{-4}，计算量测为约 $1.18n_0$ 次乘法和除法。该次同步振荡信号 50~52 s 的原始波形和重建波形如图 1.14 所示。该方法的压缩比略低于本章所提方法，且失真率也略高于本章方法。

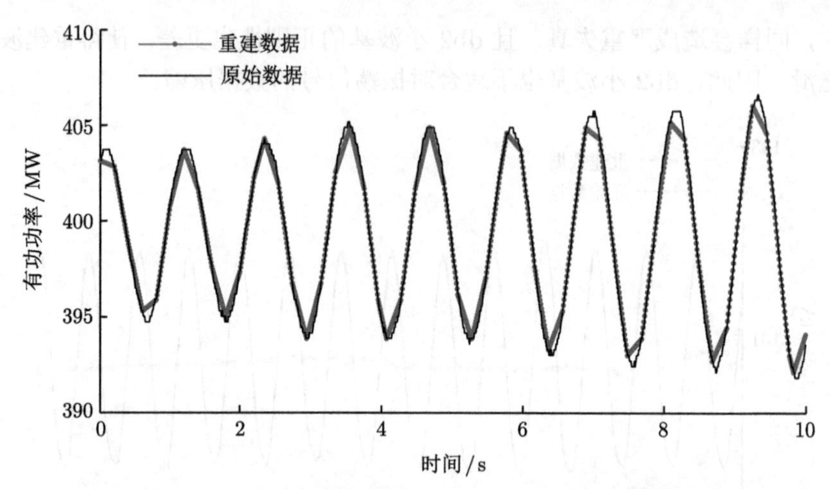

图 1.13　ESDC 方法低频振荡信号 0~10 s 的原始波形和重建波形

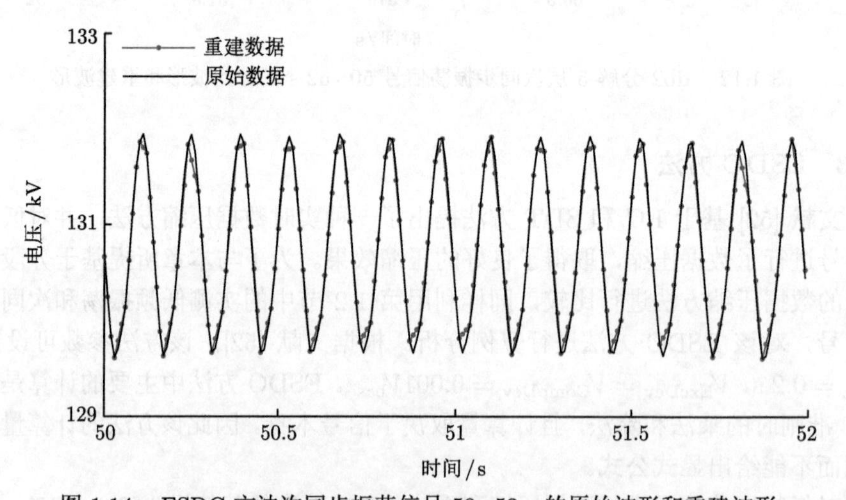

图 1.14　ESDC 方法次同步振荡信号 50~52 s 的原始波形和重建波形

综上所述，本章所提基于分段线性模型的数据压缩方法相比 ESDC 方法更适合在数据存储压缩中对振荡信号进行压缩。具体而言，尽管 ESDC 方法的计算量远低于本章所提方法，但本章方法的失真率更低，两种方法的压缩比相差不大。ESDC 方法的应用场景是实时应用，因而要求很低的计算量。相反地，本章所提方法用于数据存储，因而更高的计算量并不会成为显著缺陷。由于本章所提方法的失真率更低，所以在数据存储压缩中，本章所提方法的性能相比 ESDC 方法更好。而且，ESDC 方法中的参数需要根据经验事先设定，而本章方法中小波基和分解层数可在算法中直接选取。

第 2 章　适于广域测量数据的实时压缩及改进数据帧技术

针对 PMU 等同步测量终端的应用场景，本章提出一种适用于广域测量数据的实时压缩算法及以 IEEE C37.118 规约为基础的改进数据帧技术，其目的在于实现实时数据压缩，保持较高的重建数据精度，动态压缩性能不下降以及实现压缩数据的传输。这种实时数据压缩算法（exception and SDT data compression，ESDC）结合了过滤压缩和旋转门压缩的优点，并针对实时应用设计了实现逻辑、压缩参数选择和数据重建方法。同时，本章还在 IEEE C37.118 规约的数据帧基础上改进得到了适于传输压缩数据的数据帧格式，以保证压缩后的同步测量数据的传输。这种实时数据压缩算法及改进数据帧技术在贵州电网的洪家渡水电站 WAMS 子站中进行了测试，对一次电网低频振荡事故的实测数据进行回放，同时得到了原始数据和压缩数据。本章还将 ESDC 算法与小波压缩算法、过滤算法和旋转门算法进行对比，研究结果验证了 ESDC 算法具有以下特性。

（1）ESDC 算法结合了过滤压缩和旋转门压缩高压缩率的特性，其压缩率并未受实时操作影响而仍具保持较高水平，可达到 6~11。

（2）ESDC 算法所需的数据窗很小，可在测量端实现实时数据压缩，压缩数据的时延小于 200ms。

（3）ESDC 算法在维持压缩精度不变的前提下，在系统动态过程中的压缩性能仍能保持与稳态相似的水平而没有显著下降。

（4）与改进数据帧相结合可有效降低传输数据量，压缩后数据包大小与不压缩相比下降了近四分之三。

2.1　过滤压缩和旋转门压缩

2.1.1　过滤压缩算法

过滤压缩算法（EC）的目的是去掉原始数据中在可容忍范围内波动的稳态数据并控制两个压缩数据间的最大时间间隔 [122]。为了在实时压缩中避免压缩导致数据延迟过大，EC 算法设定了最大传输间隔（maximum transmission interval，MTI）$T_{\max}$，即两个压缩数据间的最大时间间隔，也是 PMU 发送压缩数据包的最大时间间隔。另外，最大传输间隔 $T_{\max}$ 还定义了最大压缩间隔。除最大传输间隔

$T_{\max}$ 外，EC 算法的另一个参数是过滤限值（exception deviation，ExcDev）V_{ExcDev}，V_{ExcDev} 定义了数据可容忍的波动范围。EC 算法的压缩判断标准是如图 2.1所示的一个过滤框，该过滤框的宽度为最大传输间隔 $T_{\max}$，高度是 $2V_{\text{ExcDev}}$。过滤框的位置由前一数据点决定，如果一个新数据点在当前过滤框外，则这个新数据点及其前一数据点被保留；然后，新的 EC 过滤框的位置由这个新数据点决定，继续判断后续数据点是否满足 EC 算法的判定标准。

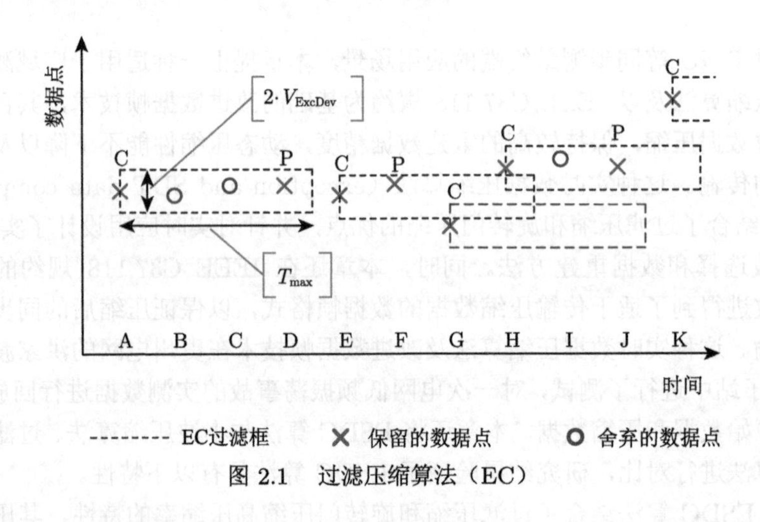

图 2.1　过滤压缩算法（EC）

2.1.2　旋转门压缩算法

旋转门压缩算法（SDT）的核心思想是使用一些由起点和终点定义的线段代替原始的连续数据点，而只保存这些起点和终点 [123-125]。SDT 压缩算法仅有一个参数，即压缩限值（compression deviation，CompDev）V_{CompDev} [126]。SDT 压缩数据重建后的准确性由压缩限值 V_{CompDev} 决定，更小的 V_{CompDev} 会得到更高的准确度。

SDT 算法的压缩判断标准是如图 2.2所示的一个 SDT 压缩框。SDT 压缩框是平行四边形，其位置和大小由 V_{CompDev}、当前数据点及保存的前一数据点决定。一个压缩区间的起点是保存的前一数据点，终点是当前的新数据点，当保存数据点与新数据点间有至少一个数据点落在 SDT 压缩框外时，则保存当前新数据点的前一数据点，同时压缩区间结束。新的压缩区间的起点是最新的保存数据点。例如图 2.2中，若 E 点是当前的新数据点，A 点是保存的数据点，由于 C 点和 D 点落在由 A 点和 E 点确定的 SDT 压缩框外，则保存 E 点的前一数据点 D 点；此时原始数据点 A、B、C、D 点由 A、D 两点间的线段代替。D、F 两点间是下一个压缩区间。

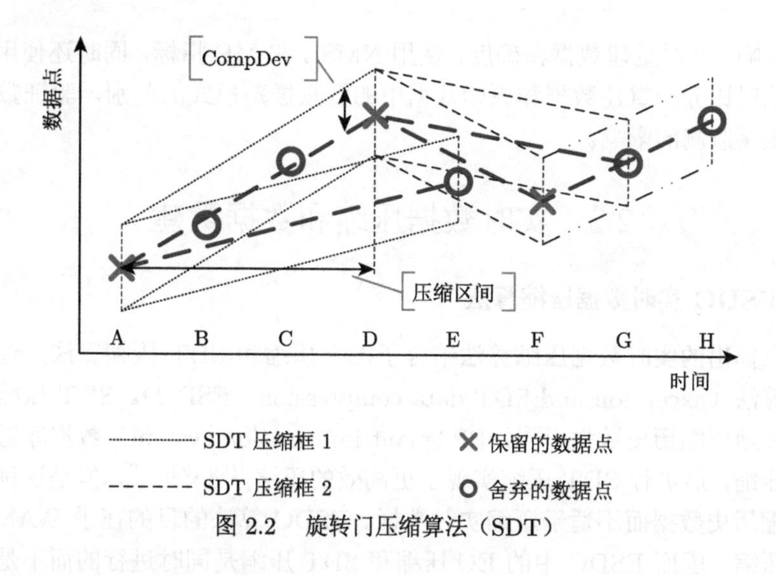

图 2.2 旋转门压缩算法（SDT）

2.1.3 压缩算法的评价方法

压缩性能和重建数据的准确度是评价一种压缩算法的两个重要性能指标。

一方面，压缩率 λ_{CR} 是一种广泛应用的评价压缩算法的压缩性能指标 [47,105,115,127]。设定单个压缩后的数据点所占的空间与单个原始数据点的所占空间相同，则有

$$\lambda_{\mathrm{CR}} = \frac{N_{\mathrm{RD}}}{N_{\mathrm{CD}}} \tag{2-1}$$

式中，N_{RD} 为原始的数据量；N_{CD} 为压缩的数据量。λ_{CR} 越大说明压缩效率越高。

另一方面，有很多指标可以评价重建数据与原始数据相比的准确度，其中归一化均方误差（normalized mean square error，NMSE）$\varepsilon_{\mathrm{NMSE}}$ [47,105,115,127] 和最大误差（maximum error，ME）$\varepsilon_{\mathrm{ME}}$ 是最广泛应用的两种重建数据准确度指标。$\varepsilon_{\mathrm{NMSE}}$ 和 $\varepsilon_{\mathrm{ME}}$ 的定义分别为

$$\varepsilon_{\mathrm{NMSE}} = \frac{\|y-\hat{y}\|}{\|y\|} = \frac{\sum_{i=1}^{N}(y_i-\hat{y}_i)^2}{\sum_{i=1}^{N}y_i^2} \tag{2-2}$$

$$\varepsilon_{\mathrm{ME}} = \max_{i=1}^{N}|y_i-\hat{y}_i| \tag{2-3}$$

式中，i 为原始数据在时间序列中的索引；y_i 为原始数据；$\hat{y}_i$ 为重建数据，其时标与 y_i 相同；N 为原始数据的数量。

本章对 ESDC 算法及改进数据帧格式的研究中，针对压缩性能，使用压缩率 λ_{CR} 指标，同时通过对比是否采用压缩算法的数据包大小来评价压缩算法对通信

系统的影响；针对重建数据精确度，使用 NMSE 和 ME 指标，同时还使用 Prony 分析方法对比分析重建数据和原始数据中的低频振荡模式的差别，验证数据压缩对低频振荡监测的影响。

2.2 实时数据压缩和数据重建

2.2.1 ESDC 实时数据压缩算法

本章提出的实时数据压缩算法结合了 EC 压缩和 SDT 压缩算法，过滤旋转门压缩算法（exception and SDT data compression，ESDC）。SDT 压缩算法能非常有效地压缩历史数据 [128]，PI（plant information system）数据库通过先进行 EC 压缩，后进行 SDT 压缩实现了更高效的压缩 [122,129,130]，但是这种方法仅限于压缩历史数据而不适于压缩实时数据。ESDC 算法的目的在于 WAMS 数据的实时压缩，因而 ESDC 中的 EC 压缩和 SDT 压缩是同时进行的而不是先后进行的。

ESDC 压缩算法中，共使用了 4 个变量以实现同时进行 EC 压缩和 SDT 压缩，这 4 个变量分别是 V_{curr}、V_{prev}、V_{temp} 和 V_{stor}。其中，V_{curr} 是当前新数据点；V_{prev} 是当前新数据点 V_{curr} 的前一数据点；V_{temp} 是一系列可能被保留的临时数据点的集合，也是相比于 SDT 算法新增的参数；V_{stor} 是最近保存的数据点。另外，这 4 个变量分别有对应的时标 t_{curr}、t_{prev}、t_{temp} 和 t_{stor}。

实时 ESDC 算法的流程图如图 2.3所示。当处理一个新数据 V_{curr} 时，首先进行一次 EC 压缩，然后再根据 EC 压缩的判断结果进行一次或两次 SDT 压缩判断。

EC 压缩用于排除不满足 EC 压缩条件的数据点，但是由于紧跟 EC 压缩之后还有 SDT 压缩，所以被 EC 保留的数据点成为可能被保留的临时数据点（即 V_{temp}）。设定 V_{temp} 中有 n 个元素 $V_{\text{temp}(i)}$，$i=1,\cdots,n$，ΔT 是 V_{curr} 点和 V_{stor} 点间的时间间隔，由式 (2-4) 计算得到，用于控制最大传输间隔 MTI。

$$\Delta T = t_{\text{curr}} - t_{\text{stor}} \tag{2-4}$$

进而此处 EC 压缩的判断标准是

$$\Delta T < T_{\max} \text{ 且 } \left|V_{\text{temp}(n)} - V_{\text{curr}}\right| < V_{\text{ExcDev}} \tag{2-5}$$

如果式 (2-5) 成立，则 EC 压缩的判断条件成立，判断结果为真（T）；否则判断条件不成立，判断结果为假（F）。需要注意的是，此处 EC 压缩判断标准与单独的 EC 压缩判断标准并不相同：此处 EC 压缩框的横向位置由 V_{stor} 点决定，而高

度位置由 $V_{\text{temp}(n)}$ 点决定；而单独 EC 的压缩框的横向和纵向位置均由 V_{stor} 点决定。

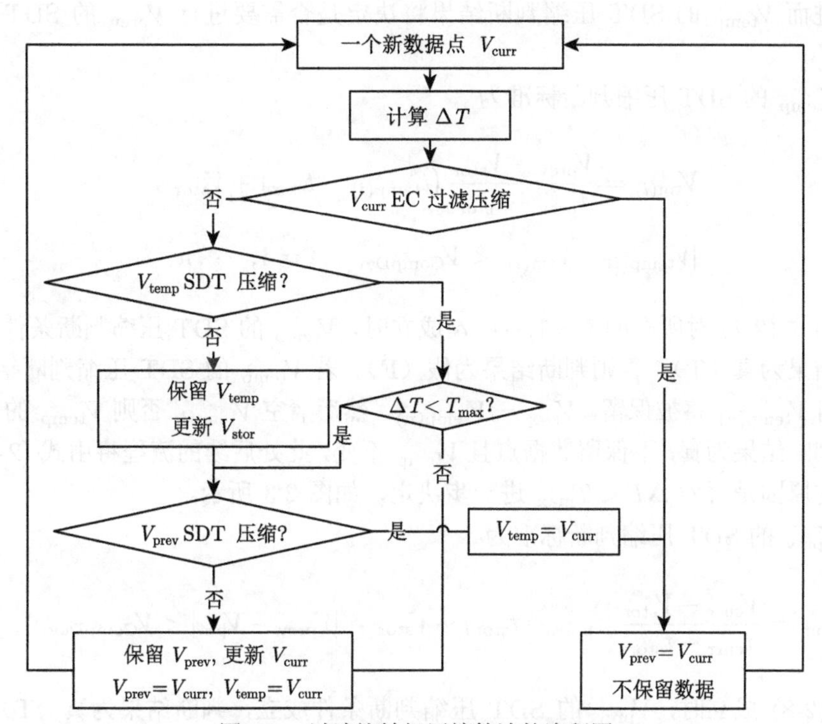

图 2.3 过滤旋转门压缩算法的流程图

尽管 ΔT 仅出现在 EC 压缩的判断条件式 (2-5) 中，但是 ΔT 仍然控制着全局的最大传输间隔 MTI，影响着 EC 压缩和 SDT 压缩。如果 $\Delta T > T_{\max}$ 刚满足，由于上一时刻仍有 $\Delta T < T_{\max}$，则 ΔT 仅比 $T_{\max}$ 大了一个单位时间间隔 Δt（即原始数据点间的时间间隔），有 $\Delta T > T_{\max}$ 且 $\Delta T < T_{\max} + \Delta t$，结合式 (2-4)，有 $t_{\text{curr}} - t_{\text{stor}} - \Delta t < T_{\max}$。此时的下一步骤是保留 V_{prev}，因而当前的压缩区间为 V_{prev} 至 V_{stor}，其中的原始数据点被压缩为 V_{prev} 与 V_{stor} 两点。另外，由于 $t_{\text{prev}} \leqslant t_{\text{curr}} - \Delta t$，有 $t_{\text{prev}} - t_{\text{stor}} \leqslant t_{\text{curr}} - t_{\text{stor}} - \Delta t < T_{\max}$，即得到 $t_{\text{prev}} - t_{\text{stor}} < T_{\max}$。也就是说，在任何情况下，压缩区间的长度都不会超过 $T_{\max}$。

根据式 (2-1)，ESDC 压缩可以达到的最高压缩率为

$$\lambda_{\text{CR\_max}} = \frac{N_{\text{RD}}}{N_{\text{CD}}} = \frac{T/\Delta t}{T/T_{\max}} = \frac{T_{\max}}{\Delta t} \tag{2-6}$$

式中，T 为原始数据的总时间；Δt 为原始数据单位时间间隔，即 WAMS 数据的

时间间隔。

如果 EC 压缩的判断条件不成立，则需要继续对 V_{temp} 进行 SDT 压缩判断，进而 V_{temp} 的 SDT 压缩判断结果将决定是否需要进行 V_{prev} 的 SDT 压缩判断。

V_{temp} 的 SDT 压缩判断标准为

$$V_{\text{tm}(i)} = \frac{V_{\text{prev}} - V_{\text{stor}}}{t_{\text{prev}} - t_{\text{stor}}}\left(t_{\text{temp}(i)} - t_{\text{stor}}\right) + V_{\text{stor}}\ ,$$
$$\left|V_{\text{temp}(i)} - V_{\text{tm}(i)}\right| < V_{\text{CompDev}}\ ,\ i = 1, \cdots, n \tag{2-7}$$

当式 (2-7) 对所有的 $i = 1, \cdots, n$ 成立时，V_{temp} 的 SDT 压缩判断条件成立，判断结果为真（T）；否则判断结果为假（F）。若 V_{temp} 的 SDT 压缩判断结果为假，则 $V_{\text{temp}(n)}$ 将被保留，$V_{\text{stor}} = V_{\text{temp}(n)}$，然后清空 V_{temp}；否则 V_{temp} 的 SDT 压缩判断结果为真，不保留数据点且 V_{temp} 不变，此处后续的流程将由式 (2-5) 不成立的原因是否为 $\Delta T < T_{\max}$ 进一步决定，如图 2.3 所示。

V_{prev} 的 SDT 压缩判断标准为

$$V_{\text{pm}} = \frac{V_{\text{curr}} - V_{\text{stor}}}{t_{\text{curr}} - t_{\text{stor}}}\left(t_{\text{prev}} - t_{\text{stor}}\right) + V_{\text{stor}}\ ,\ \left|V_{\text{prev}} - V_{\text{pm}}\right| < V_{\text{CompDev}} \tag{2-8}$$

当式 (2-8) 成立时，V_{prev} 的 SDT 压缩判断条件成立，判断结果为真（T）；否则判断结果为假（F）。若 V_{prev} 的 SDT 压缩判断结果为假，则 V_{prev} 将被保留，$V_{\text{stor}} = V_{\text{prev}}$；否则将不保留数据，且将 V_{prev} 增加为 V_{temp} 的最后一项。

新增的变量 V_{temp} 及其 SDT 压缩判断是为了处理如图 2.4所示的情况。这种情况在 EC 压缩与 SDT 压缩分别进行时是不会出现的，而在进行本章所提出的 ESDC 压缩时将出现这种情况。图 2.4中，A、B、C、D、E、F 是 6 个原始数据点。这种情况的处理过程如下。

步骤 1：A 点是第一个点，即 A 点是 V_{stor}。

步骤 2：由于 B 点的 EC 压缩判断结果为假，需要进一步判断 B 点的 SDT 压缩条件来决定是否保留 B 点，所以 B 点成为 $V_{\text{temp}(1)}$；同理，C 点成为 $V_{\text{temp}(2)}$。判断 SDT 压缩条件至少需要三个数据点，仍需要一个终点来确定 B、C 两点的 SDT 压缩条件。

步骤 3：D 点和 E 点不能用于判断 B、C 两点的 SDT 压缩条件，因为 D 点和 E 点的 EC 压缩判断结果为真。

步骤 4：由于 F 点（即 V_{curr}）的 EC 压缩判断结果为假，E 点成为 V_{prev}，D 点被舍弃。

步骤 5：根据式 (2-7)，B、C 两点的 SDT 判断条件由 A 点（V_{stor}）和 E 点（V_{prev}）决定，由于 B 点（$V_{temp(1)}$）的 SDT 判断结果为假，C 点（$V_{temp(2)}$）被保留，而 B 点被舍弃，C 点（$V_{temp(2)}$）变为 V_{stor}。

步骤 6：根据式 (2-8)，E 点（V_{prev}）的 SDT 判断框由 C 点（V_{stor}）与 F 点（V_{curr}）决定，判断结果为假，E 点（V_{prev}）被保留。

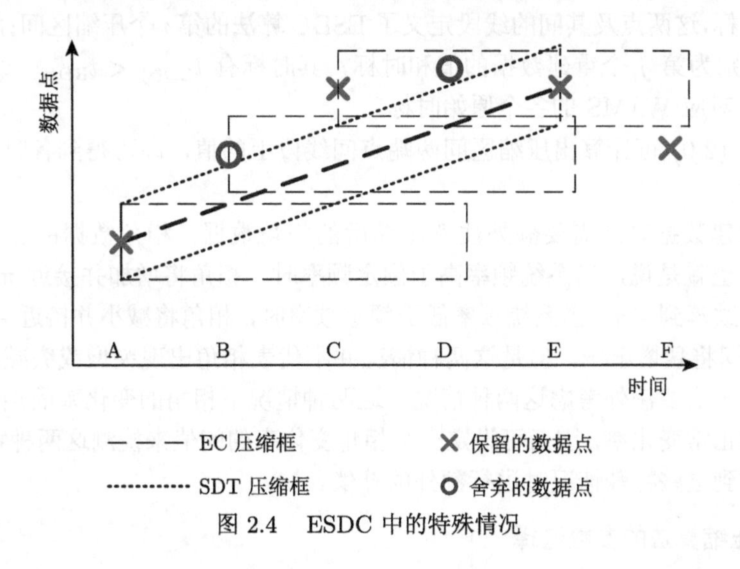

图 2.4　ESDC 中的特殊情况

在这种情况下，A、B、C、D、F 五点同时参与到了压缩条件的判断中，分别对应了 V_{stor}、$V_{temp(1)}$、$V_{temp(2)}$、V_{prev} 和 V_{curr}，通过设定这四个变量，ESDC 算法可以同时进行 EC 压缩和 SDT 压缩。

除此以外需要注意的重要一点是，ESDC 压缩算法是针对连续模拟信号数据的，而在 WAMS 数据中，除了模拟量数据外，还有相量数据这类特殊数据。每个相量数据由两个数据组成，分别是相量幅值和相量相角。当 ESDC 压缩相量数据时，以相量幅值为是否保留相量数据点的依据，即仅处理相量幅值，并保留压缩的相量幅值和对应的相量相角，而不是分别处理相量的幅值和相角，在第 2.4.3节将以实例继续讨论这样设定的理由。

2.2.2　数据重建方法

针对 ESDC 算法的压缩数据，需要使用线性插值方法（linear interpolation，LI）进行压缩数据的重建。选择线性插值方法的原因是，ESDC 算法的核心思路是使用一系列线段代替原始数据，其压缩条件也是原始数据是否接近一条直线，所以使用线性插值方法进行数据重建也会获得较好的准确度。使用线性插值重建数据时，设定重建的数据在每个压缩区间内是时间的线性函数，如式 (2-9)

所示。

$$V_{\mathrm{RD}(j)}=\frac{V_{\mathrm{CD}(i+1)}-V_{\mathrm{CD}(i)}}{t_{\mathrm{CD}(i+1)}-t_{\mathrm{CD}(i)}}\left(t_{\mathrm{RD}(j)}-t_{\mathrm{CD}(i)}\right)+V_{\mathrm{CD}(i)} \tag{2-9}$$

式中，$V_{\mathrm{CD}(i)}$、$t_{\mathrm{CD}(i)}$ 及 $V_{\mathrm{CD}(i+1)}$、$t_{\mathrm{CD}(i+1)}$ 分别为第 i 个和第 $i+1$ 个压缩数据压缩点的值和时标，这两点及其间的线段定义了 ESDC 算法的第 i 个压缩区间；而 $V_{\mathrm{RD}(j)}$、$t_{\mathrm{RD}(j)}$ 分别为第 j 个重建数据的值和时标，其时标有 $t_{\mathrm{CD}(i)}<t_{\mathrm{RD}(j)}<t_{\mathrm{CD}(i+1)}$，且 $t_{\mathrm{RD}(j)}$ 对应 WAMS 的各个原始时标。

由式 (2-9) 可计算出压缩区间两端点间线段上的值，即可得到各时标对应的重建数据。

在重建数据时，需要额外注意压缩后的相角数据。相角数据的变化区间是 $[-\pi,\pi)$。也就是说，当系统频率高于额定频率时，相角将增加并接近 π，超过 π 的瞬间将跌落到 $-\pi$；当系统频率低于额定频率时，相角将减小并接近 $-\pi$，超过 $-\pi$ 的瞬间将猛增至 π。但是这两种情况并不代表相角出现突增或突减，在重建相角数据时需要额外考虑这两种情况。这两种情况下相角的变化率的绝对值远大于相角的正常变化率，因而可设定一个相角变化率的阈值来检测这两种特殊情况，并在检测到这些特殊情况时进行额外的补偿。

2.2.3 压缩算法的参数选择

ESDC 算法的三个参数 $T_{\max}$、V_{ExcDev} 和 V_{CompDev} 控制着压缩性能（即压缩率）和重建数据的准确度。但是压缩率和重建数据准确度是互相影响的，较高的压缩率将降低重建数据准确度，反之较高的重建数据准确度将降低压缩率。因此，需要综合考虑各方面因素仔细选择 ESDC 算法的这三个参数。

尽管 ESDC 算法的三个参数选择可以看作是一个多目标优化问题，但是在 ESDC 算法进行实时压缩的同时优化三个参数是不合适的。对于一系列已知的原始数据，优化算法可以得到优化的 $T_{\max}$、V_{ExcDev} 和 V_{CompDev}，以同时达到较高的重建数据准确度和较高的压缩率。当原始数据变化时，优化得到的三个参数也将随之改变。如果在实时压缩的同时优化三个参数，将导致准确度和压缩率随时间变化而变化，而在电力系统实时监测和控制中，是不希望准确度和压缩率一直变化的。当然，根据一系列已知原始数据得到的优化参数可作为参数选择的重要参考值。

综合上述考虑，本节将 ESDC 算法的三个参数设为定值，这些定值的设定参考了电力系统对动态数据准确度的最低要求，以达到较高的压缩率。考虑一个 WAMS 的典型应用——低频振荡的在线监测与控制，设定低频振荡的频率最低为 0.5 Hz，WAMS 的采样率为这个振荡频率的 10 倍，那么可选择 $T_{\max}=200$ ms。

另外，V_{ExcDev} 和 V_{CompDev} 选择相同的值，设这个限值为 δ。压缩限值 δ 设定为相应数据基值的倍数，如表 2.1所示。

表 2.1 ESDC 压缩的参数选择

数据类型	描述	基值	建议参数 压缩限值 δ	备注
V	电压相量的幅值	V_0	$0.001V_0$	如果 $V_0 < 1$ kV，则 $\delta = 0.002V_0$
I	电流相量的幅值	I_0	$0.001I_0$	如果 $V_0 < 1$ kV，则 $\delta = 0.002I_0$
ϕ	角度（模拟量）	π	0.001 rad	ϕ 不是相量相角，如发电机功角
f	频率	f_0	$0.001f_0$	$f_0 = 50$ Hz 或 $f_0 = 60$ Hz
$\mathrm{d}f$	频率偏差	$\mathrm{d}f_0$①	$0.001\mathrm{d}f_0$②	$\mathrm{d}f$ 的测量精度通常为 0.01 Hz/s
P	有功功率	P_0	$0.001P_0$	—
Q	无功功率	Q_0	$0.001Q_0$	$Q_0 = P_0$

① 频率偏差这种测量数据实质上是没有基值的，但为了统一压缩参数的选择方法，此处额外设定了频率偏差基值，但该基值是没有实际物理意义的。

② 由于 $\mathrm{d}f$ 原始数据的精度不高，实际 $\mathrm{d}f$ 的波动较大，为保证足够的原始信息，其压缩限值 δ 的设定小于其精度。

表 2.1的备注栏列出了 ESDC 算法参数选择中的一些细节，包括如下几点。

（1）压缩限值 δ 通常为相应基值的 0.1 %。

（2）对于基值电压 V_0 小于 1 kV 的母线的电压和电流信号（如发电机励磁电压和励磁电流），这个倍数选为 0.2 %，这是因为这种低压信号的波动较大，选择较小的压缩限值会严重降低压缩率，而适当增大压缩限值仍能保证足够的精度。

（3）在 WAMS 的模拟量数据中，也有角度信号，如发电机功角，ESDC 算法把这种模拟量角度数据作为普通数据进行压缩。

（4）频率变化率 $\mathrm{d}f$ 的测量分辨率通常为 0.01 Hz/s，且由于实际的 $\mathrm{d}f$ 本身波动已经较大，需要将压缩限值 δ 设得足够小以保证足够的精度。本章设定 $\mathrm{d}f$ 的压缩限值 $\delta = 0.01$ Hz/s。

2.3 适于传输压缩数据的改进数据帧格式

本节介绍一种适于传输压缩数据的改进数据帧格式，在原有的 IEEE C37.118 规约 [131] 中定义的数据帧基础上进行了改进以传输压缩数据。另外，本节还研究了数据帧的上传速率对传输数据量的影响。

在全球通用的相量测量规约 IEEE C37.118 中，数据帧格式不能与压缩数据兼容。在原始的数据帧（date frame）格式中，不包含数据通道识别信息（channel

ID），因为所有的数据通道都是按照配置帧（configuration frame）中规定的顺序依次排序的。如果仍使用原始的数据帧格式传输压缩数据，则被舍弃的数据没有出现在数据帧中，导致数据帧格式错误而不能正确解析出数据，进而通信将由于长时间不能获得有效的数据帧而中断。为了使改进的数据帧格式更容易应用于已有的 WAMS，改进的数据帧格式应做尽可能少的改动，仅改动相关的数据块格式，而不改动 C37.118 中定义的其他帧格式或通信流程。

改进的数据帧格式为压缩数据额外增加了相应的数据通道识别信息（ID）和时标信息（time stamp，TS）。改进的数据帧格式如表 2.2 所示，仅对相量、频率、频率变化率和模拟量四种数据的格式进行了改进，分别增加了 ID 和 TS 信息，改动的域编号为 6~10。ESDC 压缩算法舍弃的数据点将不会出现在改进的数据帧中，而保留的数据点将和与其对应的 ID 和 TS 信息一同被打包在数据帧中。数据通道识别信息 ID 是配置帧中规定的次序，一个 ID 是占一个 Byte 位的整数。一个时标 TS 也是占一个 Byte 位的整数，其含义是压缩数据与当前数据包时标间的时间间隔，该时间间隔是 WAMS 单位时间间隔的整数倍，TS 即为这一倍数。另外，新增了一个域——压缩数据数量（compressed data number，CDN），CDN 是当前数据块中的压缩数据个数，CDN 占两个 Bytes 位，CDN 域紧跟数据块的 STAT 域。

表 2.2 适于传输压缩数据的改进数据帧格式

编号	原始帧格式		改进帧格式	
	域	所占空间/Bytes	域	所占空间/Bytes
1	SYNC	2	SYNC	2
2	FRAMESIZE	2	FRAMESIZE	2
3	IDCODE	2	IDCODE	2
4	SOC	4	SOC	4
5	FRACSEC	4	FRACSEC	4
6	STAT	2	STAT+CDN	2 + 2
7	PHASORS	4 或 8 × PHN	ID/TS+PHASORS	(1 + 1 + 4 或 8) × PHN
8	FREQ	2 或 4	ID/TS+FREQ	1 + 1 + 2 或 4
9	DFREQ	2 或 4	ID/TS+DFREQ	1 + 1 + 2 或 4
10	ANALOG	2 或 4 × ANN	ID/TS+ANALOG	(1 + 1 + 2 或 4) × ANN
11	DIGITAL	2 × DGN	DIGITAL	2 × DGN
12	重复域 6~11		重复域 6~11	
13	CHK	2	CHK	2

根据表 2.2所示的数据帧格式可见，一个包含了数据帧的数据包的总大小 b_{total} 可以由下式计算得到：

$$b_{\text{total}} = b_{\text{header}} + b_{\text{fixed}} + \sum n_i b_i \tag{2-10}$$

式中，b_{header} 为数据包头的大小，单位 Bytes，由采用 TCP 或 UDP 协议决定，采用 TCP 协议时 $b_{\text{header}} = 53$ Bytes，采用 UDP 协议时 $b_{\text{header}} = 42$ Bytes；b_{fixed} 是表 2.2中固定域（即不参与压缩的数据）所占的空间，单位 Bytes；n_i 和 b_i 对应于第 i 个通道，若第 i 个通道的数据点被舍弃，则 $n_i = 0$，若被保留，则 $n_i = 1$，b_i 是第 i 个通道的单个数据点所占的空间，单位 Bytes。

提高数据帧的上传频率将严重限制数据压缩的优势，因为数据包头 b_{header} 和固定域 b_{fixed} 将占整个传输数据总量的更大比例。为了在降低数据帧上传频率的同时保持重建数据精度，可以仍以原始速率采集数据并进行压缩，而使用表 2.2 所示的改进数据帧格式以更低的数据帧上传频率进行上传。这样，较低的上传频率将显著减少传输数据量但并不降低重建数据精度，而代价则是降低测量数据的实时性。因此，在牺牲一定的 WAMS 数据时效性情况下，更低的数据上传频率将更显著地减少传输的数据量。

2.4 贵州电网 WAMS 数据压缩的测试实例

本节介绍贵州电网的 WAMS 数据压缩测试实例。在这个测试实例中，本章提出的 ESDC 实时数据压缩算法和改进数据帧技术在贵州电网的洪家渡（HJD）水电厂的 WAMS 子站中进行了测试。洪家渡水电厂安装有三台 200 MW 的发电机，与位于贵阳市的调度控制中心距离 200 km。算例研究的数据来自洪家渡电厂 WAMS 子站记录到的一次低频振荡事故，在事故中，WAMS 子站记录了原始测量数据。在测试中，回放实测的原始数据并同时进行 ESDC 压缩，得到了同时记录的原始数据和压缩数据。

洪家渡电厂的 WAMS 子站连接方式和数据流如图 2.5 所示，该 WAMS 子站安装有 4 个 PMU 和 1 个相量数据集中器 PDC（phasor data concentrator）。PDC 汇集 4 个 PMU 的所有测量数据后，将所有数据打包上传至控制中心的 WAMS 主站。PMU1 测量 235 kV 母线，包括两个联络线 HS1L 和 HS2L。PMU2、PMU3 和 PMU4 分别测量三台发电机的机端母线。当低频振荡事故发生时，G1、G2 和 HS2L 处于运行状态，而 G3 和 HS1L 由于维修处于停运状态。WAMS 子站中，除 PMU4 处于停运状态外，其他设备均正常运行。

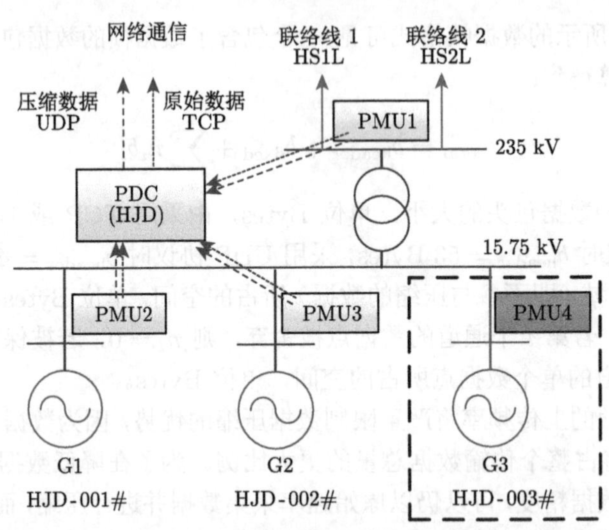

图 2.5 洪家渡（HJD）的 WAMS 子站连接方式和数据流

测试实例中，由于测量对象不同，PMU1 与 PMU2、PMU3、PMU4 的测量数据配置不同，PMU1 数据帧中的数据块如表 2.3所示，PMU2、PMU3、PMU4 数据帧中的数据块相同，如表 2.4所示。WAMS 的数据上传频率为 100 Hz，即 WAMS 的单位时间间隔 $\Delta t = 10$ ms，同时各 PMU 和 PDC 每隔 10 ms 发送一个数据帧。为了研究 ESDC 算法及改进数据帧技术的压缩性能和重建数据准确度，采用原始数据和压缩数据分别同时传输的方式进行 WAMS 数据采集。其中，WAMS 的原始测量数据仍采用 TCP 协议和未改进的数据帧传输，而压缩数据采用 UDP 协议和改进数据帧传输，两者均采用 GB/T 26865.2-2011 标准 [132]（即 C37.118 规约 [131] 的中国版本）中定义的传输方式但互不影响，在 WAMS 主站

表 2.3 高压母线 PMU —— PMU1 数据帧中的数据块

数据类型	通道名称	描述	基值	Bytes
Freq	FREQ	频率	50 Hz	1×4
dFreq	DFREQ	频率变化率	1 Hz/s	1×4
Phasor	U1V	正序电压	235 kV	2×4
	UAV/UBV/UCV	A/B/C 单相电压	136 kV	6×4
	I1V	正序电流	1685 A	2×4
	IAV/IBV/ICV	A/B/C 单相电流	1685 A	6×4
Analog	00P/00Q	有功/无功功率	686 MW	2×4
	0DF	频率	50 Hz	1×4
	DFT	频率变化率	1 Hz/s	1×4
Digital	数据状态/数据状态，等		–	16

表 2.4 发电机端 PMU —— PMU2、PMU3、PMU4 数据帧中的数据块

数据类型	通道名称	描述	基值	Bytes
Freq	FREQ	频率	50 Hz	1×4
dFreq	DFREQ	频率变化率	1 Hz/s	1×4
Phasor	U1V	正序电压	235 kV	2×4
	UAV/UBV/UCV	A/B/C 单相电压	136 kV	6×4
	I1V	正序电流	1685 A	2×4
	IAV/IBV/ICV	A/B/C 单相电流	1685 A	6×4
	EEV	计算内电势	9.09 kV	2×4
	DEV	计算功角	π rad	2×4
	EMV	实测内电势	9.09 kV	2×4
	DMV	实测功角	π rad	2×4
Analog	EFZ	励磁电压	300 V	1×4
	IFZ	励磁电流	1408 A	1×4
	00P/00Q	有功/无功功率	686 MW	2×4
	OMG	计算转速	100π rad/s	1×4
Digital	数据状态/数据状态，等		—	16

同时分别接收并解析两种数据，各 PMU 和 PDC 本地也保存了相关数据以供进一步研究。测试实例中 ESDC 算法针对各个通道的压缩参数根据表 2.1计算得到。

WAMS 原始测量数据中记录的联络线 HS2L 上的有功功率 P 如图 2.6所示。图中可见低频振荡事故的全过程，低频振荡事故持续了约 200 s。为了研究 ESDC 算法在低频振荡各个阶段的表现，将整个振荡过程分为稳态、开始、严重、减弱、平息五个阶段，每个阶段各持续 40 s。由于稳态阶段与平息阶段，开始阶段与减弱阶段分别相近，只是过程是相反的，所以选取前三个阶段分别进行研究，并将前三个阶段分别标记为 A、B 和 C，分别代表系统稳态、开始振荡和严重振荡状态。

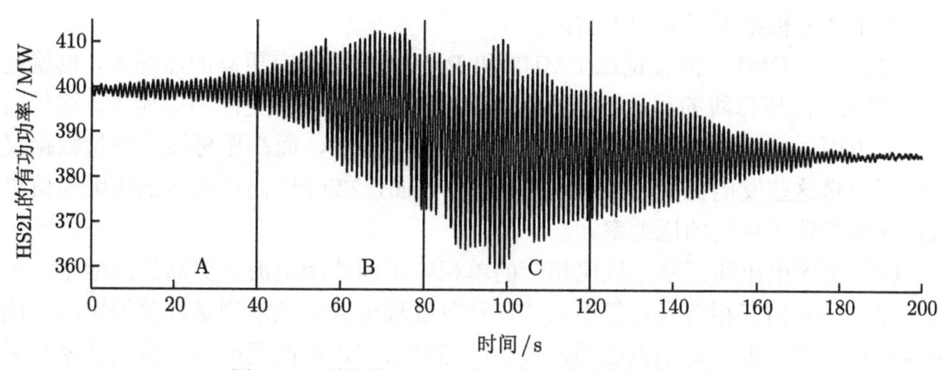

图 2.6 联络线 HS2L 有功功率的低频振荡曲线

2.4.1 低频振荡数据的压缩

为了研究 ESDC 算法的压缩性能，选择式(2-1)定义的 λ_{CR} 计算所有的压缩率。根据式(2-6)，及 $T_{\max}=200$ ms 和 $\Delta t=10$ ms，可计算得到本节所述的测试实例中的最大压缩率为

$$\lambda_{\mathrm{CR\_max}}=\frac{T_{\max}}{\Delta t}=20 \tag{2-11}$$

停运的联络线 HS1L 的测量数据由于没有变化而全部达到了最高的压缩率 $\lambda_{\mathrm{CR}}=20$。图 2.7 中列出了来自各个 PMU 的所有数据中，每种数据类型中压缩率最低的数据通道的压缩结果，代表了针对每种数据类型的最低压缩性能，而其他数据通道的压缩性能均好于图 2.7 中所列的结果。这些数据类型中，U_{A} 代表单相电压，U_1 代表正序电压，I_{A} 代表单相电流，I_1 代表正序电流，P 代表有功功率，Q 代表无功功率，f 代表频率，E_{f} 代表励磁电压。

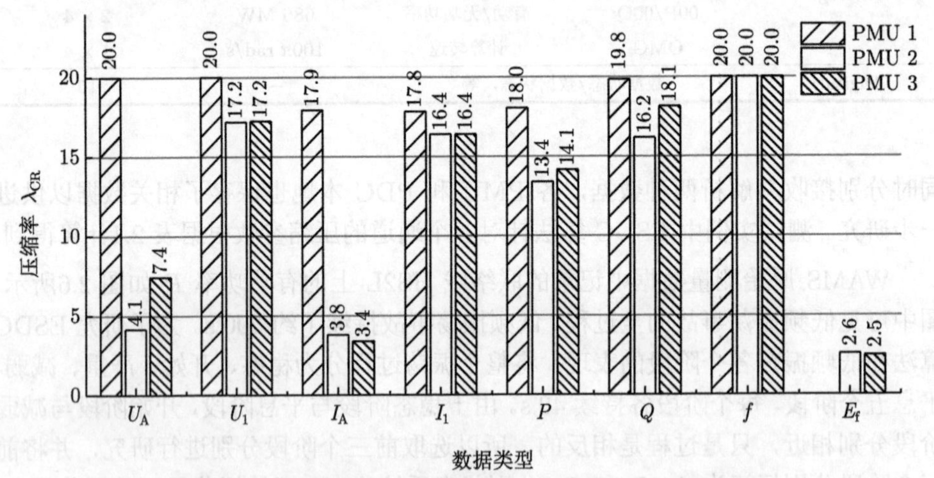

图 2.7 每种数据类型中压缩率最低的数据通道的压缩结果

从上述分析结果可见如下结论。

（1）来自 PMU1 的数据比 PMU2 和 PMU3 的数据有更高的压缩率，也就是说，235 kV 高压母线的测量数据比机端母线的测量数据有更高的压缩率。这是因为，一方面，发电机间的振荡频率更高而更难被压缩，而高压母线的测量数据仅包含了少量这些发电机间的振荡模式；另一方面，235 kV 高压母线的压缩限值更大，这也导致了更高的压缩率。

（2）正序电压和正序电流比相应的单相电压和单相电流有更高的压缩率。因为正序信号是由三相信号计算而来的，计算过程可大幅抵消测量误差的影响。测量误差由于频率很高而难以压缩，较小的测量误差将提高压缩率。有功功率和无功功率由于相同的原因也有很高的压缩率。

（3）单相电流的压缩率明显低于其他信号的压缩率。由于电流的测量精度相对较低，测量误差将导致较低的压缩率。而对于低压信号（如发电机励磁电压和励磁电流），测量误差的影响更加显著。

（4）当使用更大的 $T_{\max}$ 时，ESDC 算法还可以达到更高的压缩率，而代价是牺牲测量数据一定的实时性。

一种好的数据压缩算法在保持重建数据准确度的前提下，稳态数据的压缩率与动态数据的压缩率应该相近，而不是由稳态进入动态后压缩率显著降低。图 2.8中所示的是 ESDC 算法分别在电力系统稳态和动态中对各 PMU 数据和 PDC 数据的压缩率。这些数据在阶段 A（即稳态）时的压缩率最高；当系统由阶段 A 发展至阶段 B（开始振荡）时，压缩率降低；发展至阶段 C（严重振荡）时，压缩率降至最低。然而尽管在系统严重振荡时 ESDC 算法的压缩率有所降低，但压缩率降幅仅为 5 % 至 8 % 甚至更小，即压缩数据量轻微增加。这些对比结果可见，ESDC 算法无论是在系统稳态还是动态，均能有效进行数据压缩。

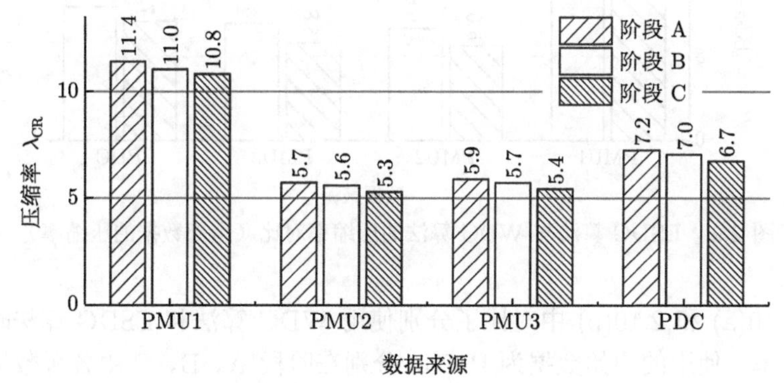

图 2.8 ESDC 算法分别在电力系统稳态和动态中的压缩率

2.4.2 与其他压缩算法的对比分析

为了评价 ESDC 算法的压缩性能，本节分别使用基于小波变换的数据压缩算法（WDC）、单独的 EC 算法和单独的 SDT 算法对记录的低频振荡原始数据进行压缩，并将得到的结果与 ESDC 算法的压缩结果进行对比分析。对比分析中，尤其分别对低频振荡的三个不同阶段的压缩率进行了研究，因为压缩算法在处理大幅扰动的数据时，必将增加压缩数据以保证与稳态时保留同样多的有效信息，这将导致在振荡状态下的压缩率下降。这种压缩率下降的程度将是压缩算法压缩性能的重要表现之一。

1. 与 WDC 算法的对比分析

本节使用的 WDC 算法由文献 [45] 提出，WDC 算法中用于多分辨率分析（multi-resolution analysis，MRA）的小波函数是 db2，分解层数是 5 层。这组 WDC 算法参数是文献 [45] 中对典型电力系统扰动数据的分析后的优化结果。

WDC 与 ESDC 算法的对比分析使用了 3 个 PMU 和 PDC 记录的低频振荡的 200 s 全过程数据，最终的压缩率对比结果如图 2.9所示。图中可见，两种压缩算法的压缩率很相近。其中，WDC 算法对 PMU2、PMU3 和 PDC 数据的压缩率要略高于 ESDC 算法，这是因为 WDC 算法不是实时数据压缩算法而不会受到最大传输间隔 MTI 参数 $T_{\max}$ 的限制，所以一些数据的压缩率甚至可以高于 ESDC 算法的最高压缩率。

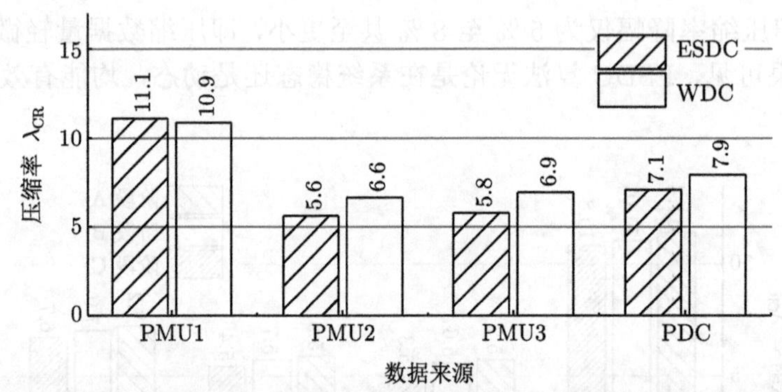

图 2.9 ESDC 算法与 WDC 算法的压缩率对比（全部数据的压缩率）

图 2.10(a) 和 2.10(b) 中对比了分别使用 WDC 算法和 ESDC 算法时得到的最低压缩率，使用的原始数据为 PMU2 分别在阶段 A、B、C 中各种数据类型的实测数据。根据对比结果可得到如下结论。

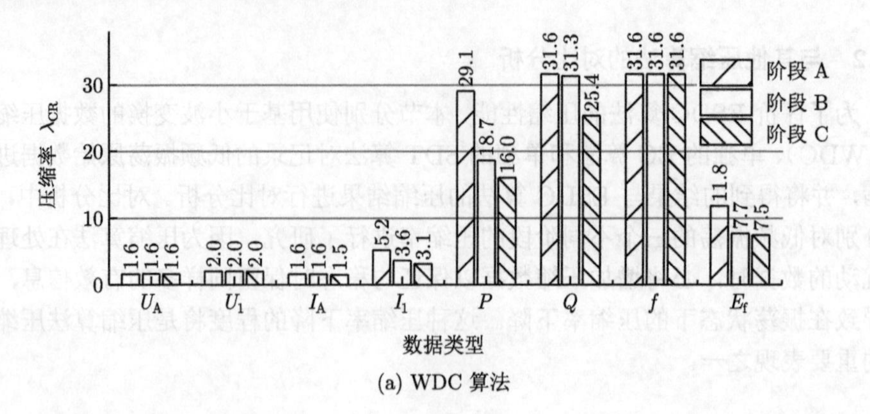

(a) WDC 算法

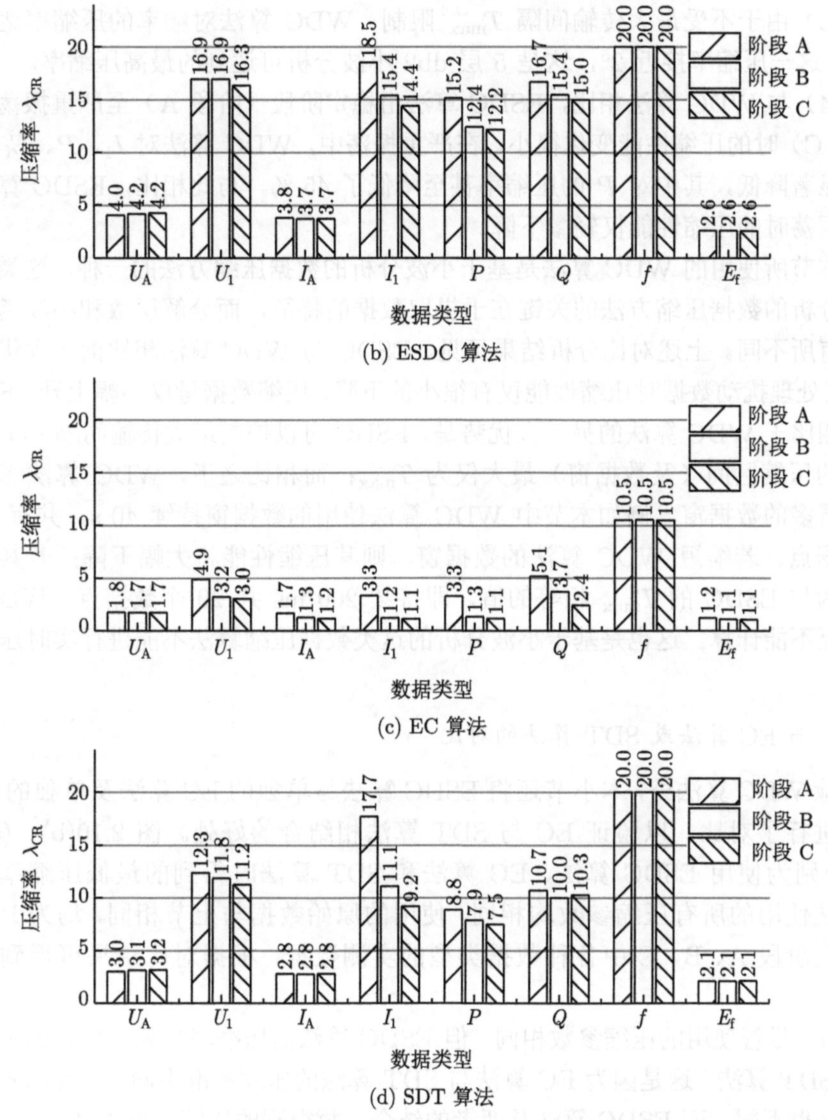

(b) ESDC 算法

(c) EC 算法

(d) SDT 算法

图 2.10 四种压缩算法在三个不同阶段的压缩率对比

（1）ESDC 算法对相量数据的压缩率显著高于 WDC 算法，而相量数据是 WAMS 数据中最主要的数据类型。另外，ESDC 算法对含高频振荡的数据（即机端实测得到的包含发电机间振荡模式的数据）的压缩率高于 WDC 算法。

（2）WDC 算法对励磁电压 E_f 的压缩率高于 ESDC 算法，这是因为 E_f 受测量误差的影响是所有数据中最大的。而 WDC 算法的关键在于数据主要特征的提取，这一特性使得 WDC 算法在压缩数据时几乎不受数据噪声的影响。

（3）由于不受最大传输间隔 $T_{\max}$ 限制，WDC 算法对频率的压缩率达到了 31.6。这一压缩率接近 2^5，这是 5 层 db2 小波分析可达到的最高压缩率。

（4）与 WDC 算法相比，ESDC 算法由稳定阶段（阶段 A）至严重振荡阶段（阶段 C）时的压缩性能变化很小。在严重振荡中，WDC 算法对 I_1、P、E_{f} 的压缩率显著降低，其中对 P 的压缩率甚至降低了 45 %。与此相比，ESDC 算法在严重振荡时的压缩性能仅轻微下降。

本节所使用的 WDC 算法是基于小波分析的数据压缩方法的一种，这类基于小波分析的数据压缩方法的关键在于提取数据的特征，而分解层数和小波函数的选择有所不同。上述对比分析结果可见，ESDC 与 WDC 算法相比的一大优势在于，在处理扰动数据时压缩性能仅有很小的下降，压缩数据量仅小幅上升。ESDC 算法相比于 WDC 算法的另一大优势是，ESDC 可以控制最大传输间隔 MTI，其所需的压缩区间（及数据窗）最大仅为 $T_{\max}$；而相比之下，WDC 算法需要一个大得多的数据窗，例如本节中 WDC 算法使用的数据窗持续 40 s，共有 4000 个数据点。若缩短 WDC 算法的数据窗，则其压缩性能将大幅下降；若其数据窗选为与 ESDC 的 $T_{\max}$ 相等的值，即持续 200 ms 共 20 个数据点，WDC 算法甚至不能计算。这也是基于小波分析的这类数据压缩算法不能进行实时压缩的原因。

2. 与 EC 算法或 SDT 算法的对比

除 WDC 算法外，本小节还将 ESDC 算法与单独的 EC 算法及单独的 SDT 算法进行了对比，以验证 EC 与 SDT 算法相结合的好处。图 2.10(b)、(c) 和 (d) 分别为使用 ESDC 算法、EC 算法和 SDT 算法时得到的最低压缩率，三种算法使用的所有压缩参数均相同，使用的原始数据与上节相同，均为 PMU2 分别在阶段 A、B、C 中各种数据类型的实测数据。根据对比结果可得到如下结论。

（1）尽管使用的压缩参数相同，但 ESDC 算法的压缩率均高于单独的 EC 算法或 SDT 算法。这是因为 EC 算法与 SDT 算法的压缩标准不同，进而两者的压缩数据也不同，而 ESDC 算法是两者的结合，故得到的压缩率也更高。

（2）与 EC 算法或 SDT 算法相比，ESDC 算法在严重振荡阶段（阶段 C）的压缩率均更高。在阶段 C，EC 算法得到的 U_1、I_1、P、Q 的压缩率及 SDT 算法得到的 I_1 的压缩率均出现了大幅下跌。与此相比，ESDC 算法的压缩率仅轻微下降。

上述对比结果可见，ESDC 算法将 EC 算法与 SDT 算法结合，其压缩性能好于单独的 EC 算法或 SDT 算法。

2.4.3 对相量数据的压缩处理

ESDC 算法对相量数据压缩时，以相量幅值为是否保留相量数据点的依据，即仅处理相量幅值，并保留压缩的相量幅值和对应的相量相角。ESDC 算法中这样设定的原因如下。

（1）一个相量数据由幅值和相位共同组成，两者缺一不可。在实际应用中，更需要相量数据的幅值及其对应的精确相角，而不是一个压缩并重建数据后的近似相角。因此，相量数据的幅值与相角不能分别压缩。

（2）相量数据的幅值比相角应用更广泛。以电力系统动态过程的监测为例，电压和电流的幅值比相角应用得更多，运行人员往往更关注电压和电流的“量”而不是相角。

（3）相量数据的幅值比相角的变化更频繁。相量相角与电力系统的频率相关，其变化往往比相量幅值更慢。如果使用相量相角作为相量数据的压缩依据，则将丢失很多相量幅值的动态信息；反之，如果使用相量幅值作为相量数据的压缩依据，则可以很容易地重建出相量相角数据而不丢失很多相角的动态信息。

以来自 PMU2 的 A 相电压 U_A 为例，此时的相量 U_A 的幅值与相角被作为两个模拟量数据分别做 ESDC 压缩处理，而不是设定的依据相量幅值进行压缩。针对 U_A 的幅值的压缩参数 V_{ExcDev} 和 $V_{CompDev}$ 与表 2.1中的相同；而针对 U_A 的相角的压缩参数 V_{ExcDev} 和 $V_{CompDev}$ 设定为 0.0005π，是根据表 2.1得到的结果 0.001π 的一半，即更小的压缩限值将导致更多的压缩数据。最终得到的压缩结果如图 2.11所示，其中电压的幅值与相角的横坐标范围是一致的。图中可见，尽管采用了更小的压缩限值，但是电压相角的压缩数据点数仍明显少于电压幅值，若采用电压相角作为电压相量的压缩依据，则将丢失大量的电压幅值波动信息。

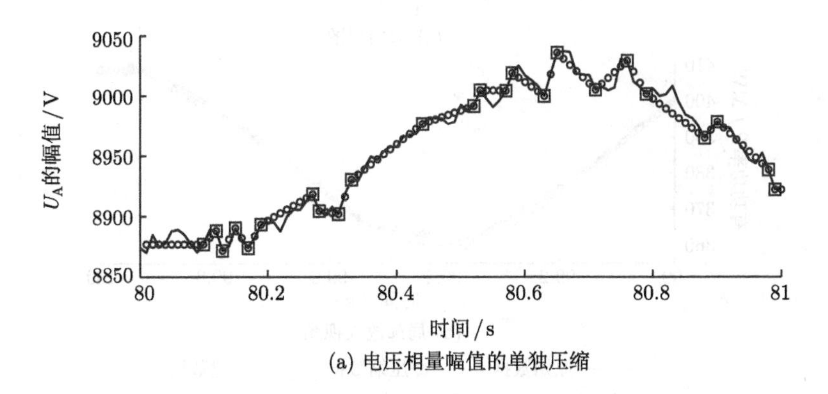

(a) 电压相量幅值的单独压缩

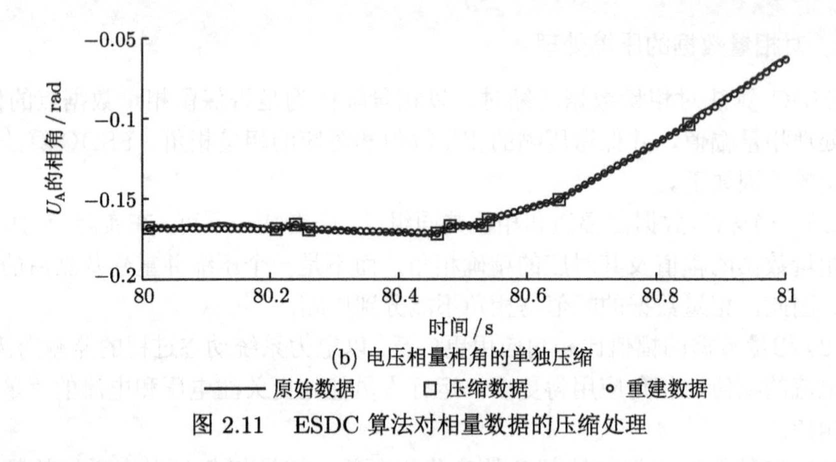

(b) 电压相量相角的单独压缩

—— 原始数据　□ 压缩数据　∘ 重建数据

图 2.11　ESDC 算法对相量数据的压缩处理

2.4.4　数据重建

本小节根据上节 ESDC 算法的压缩数据，进行了数据重建，并选择以下两个信号展示 ESDC 算法压缩后的重建数据与原始数据的对比，分别为联络线 HS2L 的有功功率 P 和发电机 G1 的计算内电势相量的相角 ϕ，使用的数据重建方法为线性插值。图 2.12所示为 HS2L 的有功功率 P 的数据重建，图 2.13所示为 G1 计算内电势的相角 ϕ 的数据重建。根据原始数据及式 (2-2) 和式 (2-3) 很容易计算

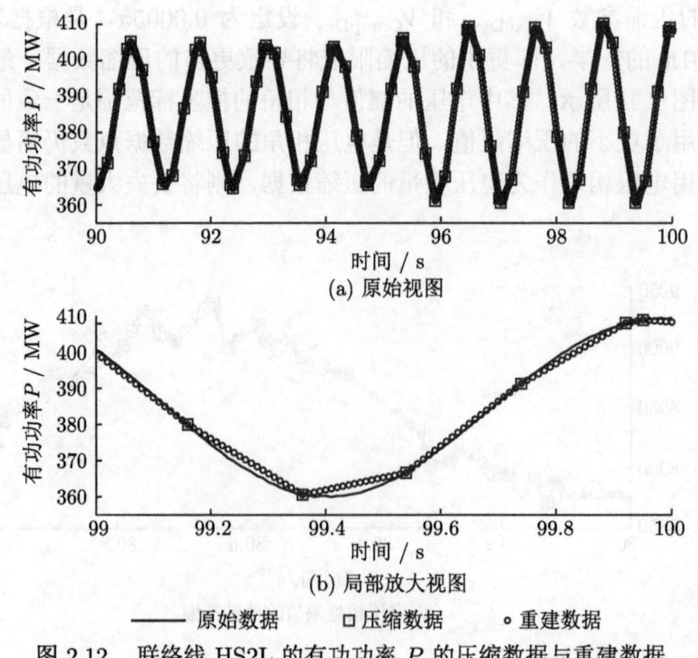

(b) 局部放大视图

—— 原始数据　□ 压缩数据　∘ 重建数据

图 2.12　联络线 HS2L 的有功功率 P 的压缩数据与重建数据

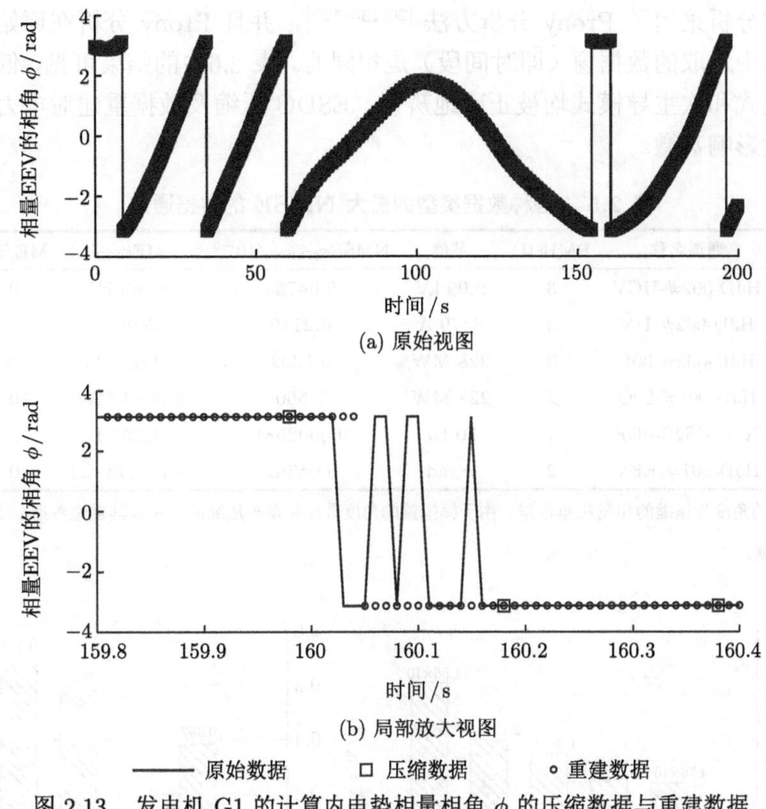

图 2.13 发电机 G1 的计算内电势相量相角 ϕ 的压缩数据与重建数据

重建数据的误差，但相量相角数据是个例外。相角数据的原始数据在 π 与 $-\pi$ 的转折点可能有数次抖动，如图 2.13所示。因此，当相角重建数据误差的绝对值接近 2π 时，仍认为重建数据是准确的，而计算得到的误差需要考虑这种情况并予以修正。

式 (2-2) 定义的归一化均方误差 $\varepsilon_{\mathrm{NMSE}}$ 和式 (2-3) 定义的最大误差 $\varepsilon_{\mathrm{ME}}$ 被用作本节的重建数据准确度指标。表 2.5列出了各种数据类型中具有最大 NMSE 的数据通道，并同时列出了通道名称和 ME 与基值的百分比。表中结果可见，所有的 ME 与基值百分比均小于 0.6 %，即所有的重建数据精度均较高。其中，所有信号中 G1 的无功功率 Q 的 NMSE 最大，数量级为 10^{-5}。其他数据类型的 NMSE 的数量级如图 2.14所示，电流 I 及有功功率 P 的 NMSE 的数量级为 10^{-6}，电压 V 和相量相角 ϕ 的 NMSE 的数量级为 10^{-7}，频率 f 的 NMSE 的数量级为 10^{-9}。

为了进一步研究重建数据的准确度及数据压缩对低频振荡事故分析的影响，表 2.6中列出了原始数据和重建数据分别在不同阶段的振荡模式分析结果。其中，振荡模式分析采用了 Prony 分析方法 [20,133-135]，并且 Prony 分析在原始数据和重建数据中选取的数据窗（即时间段）是相同的。表 2.6中的结果可见，低频振荡的主导模式和次主导模式均被正确地辨识，ESDC 压缩及数据重建对电力系统的动态测量影响甚微。

表 2.5 各种数据类型的最大 NMSE 的数据通道

数据类型	通道名称	PMU ID	基值	NMSE$\varepsilon_{\rm NMSE}/10^{-5}$	ME$\varepsilon_{\rm ME}$	ME/基值/%
V	HJD-002#-UCV	3	9.09 kV	0.04764	35.62 kV	0.392
I	HJD-002#-I1V	3	8379 A	0.2119	45.96 A	0.549
P	HJD-002#-00P	3	228 MW	0.1302	1.118 MW	0.490
Q	HJD-001#-00Q	2	228 MW	1.560	0.6933 MW	0.304
f	HJD-HS2B-0DF	1	50 Hz	0.0002581	0.01265 Hz	0.025
ϕ①	HJD-001#-EEV	2	π rad	0.05361	0.007242 rad	0.231

① 此处的角度为压缩的相量相角数据。由于模拟量的角度数据是单独压缩的，所以其重建数据准确度要好于相量相角数据。

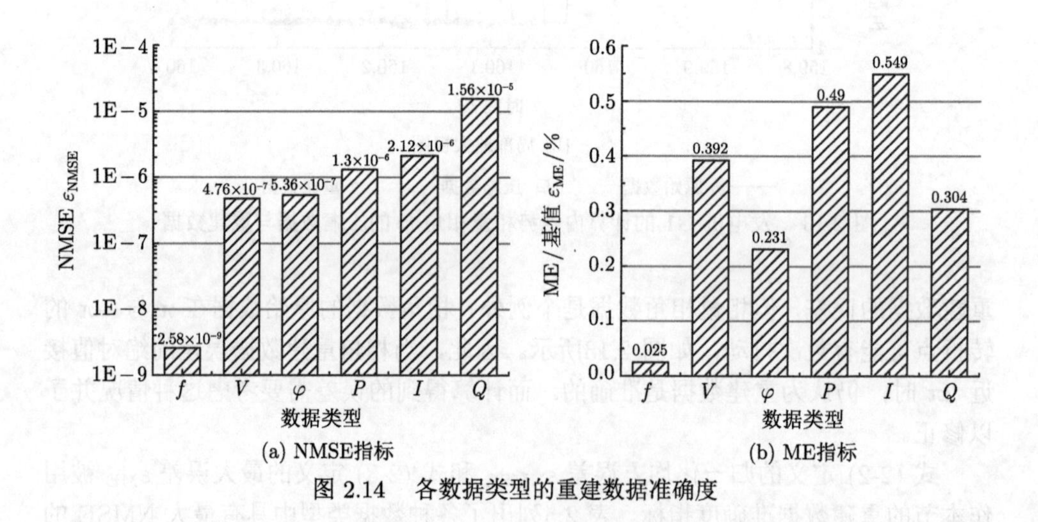

图 2.14 各数据类型的重建数据准确度

表 2.6 原始数据与重建数据在不同阶段的振荡模式分析结果对比

		频率/Hz/阻尼比		
		阶段 A	阶段 B	阶段 C
主导模式	原始数据	0.8716/−0.7194	0.8470/−0.6997	0.8415/0.9886
	重建数据	0.8719/−0.7043	0.8473/−0.8311	0.8395/1.2969
次主导模式	原始数据	0.5261/4.8895	1.2100/5.9181	0.9481/7.2068
	重建数据	0.5433/5.2871	1.1952/10.1310	0.8727/6.1754

2.4.5 压缩数据包的大小

ESDC 算法的目的是减小 WAMS 测量数据对通信系统和存储系统的压力。因此除了数据压缩与数据重建性能外，压缩数据包的大小与原始数据包相比的降幅代表了 ESDC 算法与改进数据帧格式结合后对通信系统效能的提升。为此，根据式 (2-10)，分别计算各 PMU 及 PDC 中由 TCP 协议发送的原始数据包和由 UDP 协议发送的压缩数据包的大小，计算结果如图 2.15所示。由于原始数据包的大小是恒定的，而压缩数据包的大小是变化的，所以图 2.15中的压缩数据包大小是在不改变数据帧上传频率的前提下（即保持 100 Hz 的上传频率），低频振荡事故全程 200 s 的平均压缩数据包大小。另外，表 2.7中还分别列出了各 PMU 及 PDC 中数据包大小的下降百分比和数据块大小的下降百分比。上述结果可见，采用 ESDC 算法及改进数据帧格式后，与原始数据块相比，压缩数据块的大小降幅均在 80 % 以上；与采用 TCP 协议的原始数据包相比，PMU 的压缩数据包的大小降低了 60 % 至 70 %，PDC 的压缩数据包大小甚至降低了约 75 %。

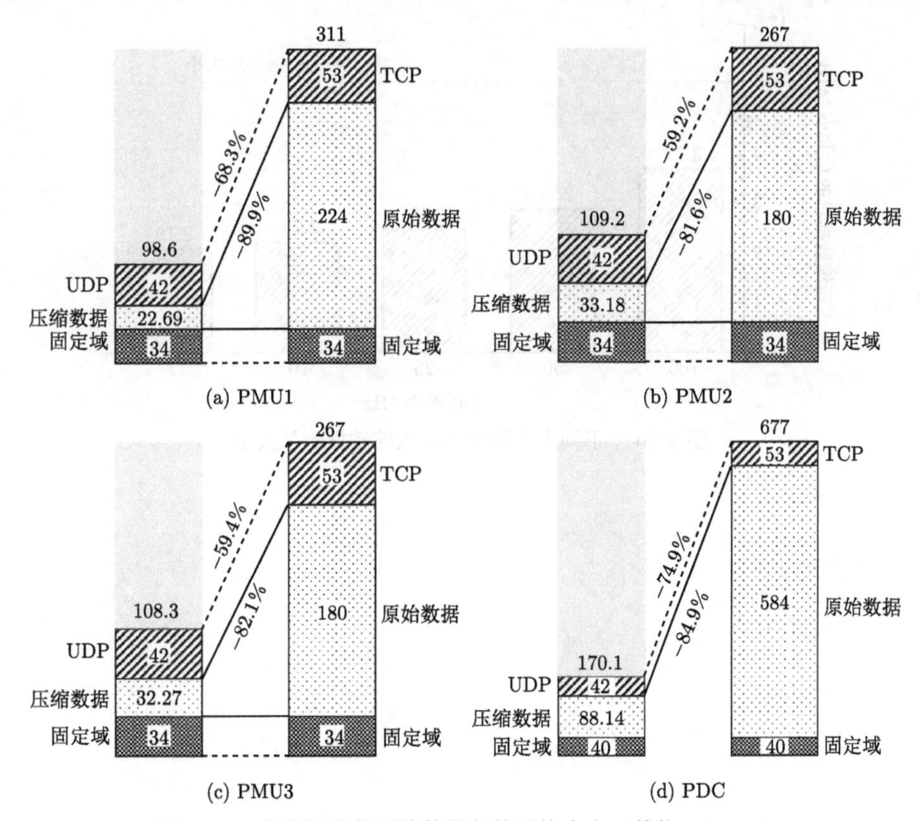

图 2.15 各种设备的压缩数据包的平均大小（单位：Bytes）

表 2.7 采用 ESDC 算法及改进数据帧格式的数据包大小及数据块大小的下降百分比

	WAMS 子站设备			
	PMU1	PMU2	PMU3	PDC
数据包大小下降百分比/%	68.3	59.2	59.4	74.9
数据块大小下降百分比/%	89.9	81.6	82.1	84.9

本节还研究了不同数据帧上传频率对压缩效率的影响。为此，计算了在保持压缩数据总量不变的前提下，采用不同数据帧上传频率时，低频振荡事故全程 200 s 内所有压缩数据包的总大小。计算结果如图 2.16所示，其中所采用的上传频率均为 C37.118 协议中针对 50 Hz 电力系统的建议值，范围为 1 ~ 100Hz[131]。由图 2.16可见，采用更低数据帧上传频率将降低单位时间内的通信数据量，但上传频率低于 25 Hz 后，通信量降低不明显。因此，在实际应用中，除使用 ESDC 算法与改进数据帧相结合的技术外，适当降低上传频率也可以降低通信数据量。

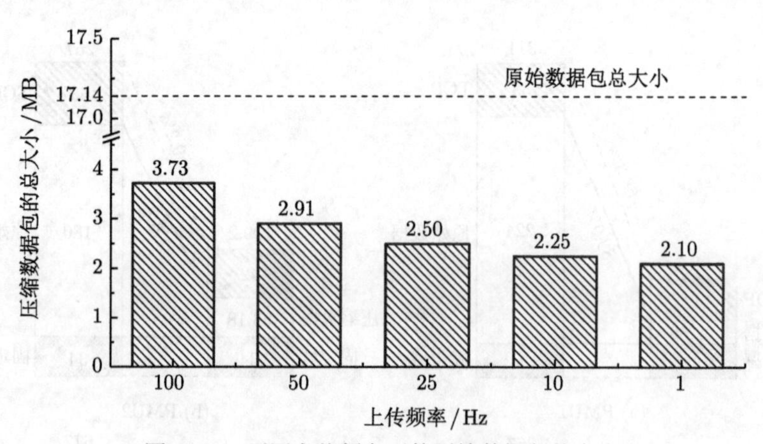

图 2.16 不同上传频率下的压缩数据包总大小

第 3 章 基于动态轨迹插值的同步相量实时数据压缩

许多基于同步测量的高级应用是利用同步相量的实时测量特性（即同步测量机制和较高的更新率）开发的，例如实时状态估计、广域闭环控制、实时 AGC 调度、在线 ZIP 参数跟踪、减载和孤岛恢复等。数据压缩导致的时延将显著降低相量测量更新率高的优势而削弱电网实时监测的时效性，极有可能对所有基于同步相量的在线或实时高级应用产生影响或导致动态性能受限。

针对高实时性需求的数据压缩场景，现有数据压缩方法均存在以下显著缺点。一方面，算法实时性有限，无法实现零时延的数据压缩；另一方面，如果通过缩短压缩间隔以获得更好的实时性能，则压缩率可能会受此影响而显著降低。这是因为，压缩间隔即数据压缩的数据窗长度，直接关系到压缩率和压缩导致的时延。若实现高压缩率将需要更长的压缩间隔，从而导致由压缩引起的时延更大。换言之，压缩算法的压缩率和实时性能将相互影响和矛盾。在本书第 2章的工作中，针对高实时性应用场景提出了一种结合 EC 压缩和 SDT 压缩的 ESDC 算法及适应传输压缩数据的同步相量通信协议 [52]。ESDC 为了限制压缩引起的最大时延而采用了 200 ms 最大压缩间隔准则，然而这一方法仍未彻底解决数据压缩导致的时延问题而限制了其应用。

为了彻底消除由数据压缩导致的时延，并提高适于同步相量在线应用的数据压缩率，本章提出了一种基于动态轨迹内插值和外插值的同步相量实时数据压缩方法（RSDC）。RSDC 方法利用了同步相量的时间连续性，分别通过内插值提高数据压缩率和外插值解决时延，两者相结合实现了通信传输无时延且存储高压缩率的数据压缩效果。本章分别针对两相间短路事件和次同步振荡事件中记录的 PMU 实际数据进行数据压缩，验证了所提出的 RSDC 方法可实现零时延的同步相量数据压缩且可实现更高的压缩率。本章所研究的同步相量实时数据压缩算法 RSDC 的特征在于以下三点。

（1）基于简单的电力系统动态模型推导了动态同步相量的双向旋转特性和椭圆轨迹特征，简单的椭圆轨迹可适应突变、振荡等多种电力系统动态场景，同时椭圆轨迹仅需两个数据点即可确定的特性与 RSDC 短数据窗的需求相匹配，可充分提高压缩性能。

（2）提出了动态同步相量椭圆轨迹拟合方程的快速数值求解方法，将椭圆轨迹拟合的高维非线性方程组求解问题转化为多次二维线性矩阵相乘，大幅度减少了实现数据压缩的轨迹拟合计算量，以匹配实时应用的场景。

（3）RSDC 算法利用同步误差控制机制将同步相量轨迹的内插值和外插值相结合，内插值提高数据压缩率和外插值解决时延，两者相结合实现了通信传输无时延且存储高压缩率的数据压缩效果，消除了压缩率和时延之间的相互制约。

3.1 同步相量的特征和轨迹

为了实现 RSDC 数据压缩，本节通过建立动态电力系统的简单模型分析动态同步相量的特性和轨迹变化特征。

3.1.1 电力系统的动态模型及其动态同步相量

电力系统通常在接近额定频率的稳定状态下运行，即可认为电压或电流的幅值恒定但频率可能偏离额定频率。PMU 测量的同步相量是严格对应额定频率的基波同步相量。

因此，首先对瞬时信号建模，研究非额定频率下基波分量的同步相量。用 $x(t)$ 表示电力系统中基波分量的电压或电流的瞬时信号。

$$x(t) = x_0 \cos\left(2\pi f_0 t + \phi_0\right), \quad f_0 = f_{\mathrm{N}} + \Delta f \tag{3-1}$$

式中，f_0、x_0 和 ϕ_0 分别为动态同步相量对应的瞬时信号的频率、幅值和相位。f_0、x_0 和 ϕ_0 为常数，且频率 f_0 与额定频率 f_{N} 之间存在偏差 Δf。

根据 IEEE C37.118 标准 [136] 中对同步相量的定义，设 $\dot{X}$ 为 $x(t)$ 对应的基波同步相量，则有

$$\dot{X} = \sqrt{2}X_{\mathrm{M}}\angle\phi = \frac{2}{N}\sum_{n=0}^{N-1} x(nt_{\mathrm{s}})\mathrm{e}^{-\mathrm{j}\frac{2\pi}{N}n} \tag{3-2}$$

式中，t_{s} 为根据瞬时值 $x(t)$ 用 DFT 计算同步相量 $\dot{X}$ 时的采样间隔；N 为 DFT 数据窗中的数据点数，对应 t_{s} 间隔下一个额定频率完整周期内的瞬时值采样点数量，即 $t_{\mathrm{s}} = 1/(f_{\mathrm{N}}N)$。基于式 (3-2)，第 k 步的同步相量 $\dot{X}$ 可以根据式 (3-3) 表示为 $\dot{X}(k)$：

$$\dot{X}(k) = (\mathrm{e}^{\mathrm{j}k\pi})\frac{2}{N}\sum_{n=0}^{N-1} x_0 \cos(2\pi f_0 \frac{n}{f_{\mathrm{N}}N} + \phi_{k,0})\mathrm{e}^{-\mathrm{j}\frac{2\pi}{N}n} \tag{3-3}$$

在式 (3-3) 中，PMU 报告率 f_{S} 是额定频率 f_{N} 的二倍。需要注意的是，式 (3-3) 中加入 $\mathrm{e}^{\mathrm{j}k\pi}$ 乘子是为了在 $f_{\mathrm{S}} = 2f_{\mathrm{N}}$ 条件下补偿重叠数据窗计算结果的相

位。如不使用重叠数据窗，则此处和下面的推导中直接去掉 $e^{jk\pi}$ 乘子即可而无须重新推导，该乘子并不影响本方法。变量 $\phi_{k,0}$ 是第 k 步同步相量的初始相位，为

$$\phi_{k,0}=2\pi f_0(k\Delta T)+\phi_0=2\pi\frac{f_0}{f_{\mathrm{S}}}k+\phi_0 \tag{3-4}$$

式中，ΔT 为对应于 PMU 报告率 f_{S} 的时间间隔，即 $\Delta T=1/f_{\mathrm{S}}$。

通过欧拉公式可进一步推导同步相量 $\dot{X}(k)$ 的表达式为

$$\dot{X}(k)=(e^{jk\pi})\frac{x_0}{N}\sum_{n=0}^{N-1}\left[e^{j(2\pi\frac{f_0 n}{f_{\mathrm{N}}N}+\phi_{k,0})}+e^{-j(2\pi\frac{f_0 n}{f_{\mathrm{N}}N}+\phi_{k,0})}\right]e^{-j\frac{2\pi}{N}n} \tag{3-5}$$

为了简化表达，定义函数 $Q(f,l)$，其具体表达式为

$$Q(f,l)=\sum_{n=0}^{N-1}e^{(j\frac{2\pi f}{f_{\mathrm{N}}N}+j\frac{2\pi}{N}l)n}=\frac{1-e^{j\frac{2\pi f}{f_{\mathrm{N}}}}}{1-e^{j\frac{2\pi f}{f_{\mathrm{N}}N}+j\frac{2\pi}{N}l}} \tag{3-6}$$

以“*”符号表示共轭，则式 (3-1) 中瞬时值 $x(t)$ 的动态同步相量 $\dot{X}(k)$ 可根据式 (3-5) 表示为

$$\dot{X}(k)=\frac{x_0}{N}e^{j(k\pi+\phi_{k,0})}Q(f_0,-1)+\frac{x_0}{N}e^{j(k\pi-\phi_{k,0})}Q^*(f_0,+1) \tag{3-7}$$

3.1.2 同步相量的双向旋转特性和椭圆轨迹

为了分析动态同步相量 $\dot{X}(k)$ 的变化特性，引入三个新变量 α、$\dot{X}_+$ 和 $\dot{X}_-$ 进一步简化式 (3-7)，三个新变量分别为

$$\alpha=2\pi(\Delta f\cdot\Delta T)=2\pi\frac{\Delta f}{f_{\mathrm{S}}} \tag{3-8a}$$

$$\dot{X}_+(k)=\frac{Q(f_0,-1)}{N}x_0e^{j\phi_0}e^{j\alpha k} \tag{3-8b}$$

$$\dot{X}_-(k)=\frac{Q^*(f_0,+1)}{N}x_0e^{-j\phi_0}e^{-j\alpha k} \tag{3-8c}$$

需要注意的是，式 (3-8a) 也适用于除 $f_{\mathrm{S}}=2f_{\mathrm{N}}$ 以外的其他情况，如 $f_{\mathrm{S}}=f_{\mathrm{N}}$ 或 $f_{\mathrm{S}}=f_{\mathrm{N}}/2$ 等情况。

由此，$x(t)$ 在第 k 步的动态同步相量 $\dot{X}(k)$ 可以表示为正方向分量 $\dot{X}_+(k)$ 和负方向分量 $\dot{X}_-(k)$ 之和：

$$\dot{X}(k)=\dot{X}_+(k)+\dot{X}_-(k) \tag{3-9}$$

式中，$\dot{X}_+(k)$ 和负方向分量 $\dot{X}_-(k)$ 分别以角频率 α 和 $-\alpha$ 旋转。需要额外说明的是，此处假设基波频率低于额定频率，即 $f_0 < f_{\rm N}$，则 $\alpha > 0$ 为正；而如果实际情况是基波频率高额定频率时，即 $f_0 > f_{\rm N}$，此时 $\alpha < 0$，进而 $\dot{X}_+(k)$ 和 $\dot{X}_-(k)$ 的实际选装方向为负和正，但这并不影响本章的后续推导分析和结论，因为 α 实际取值的正负并不影响最后结果。因此，本章后续分析和解释中的正方向和负方向并非严格的实际正方向和负方向。

式 (3-9) 表明，动态同步相量是由两个以相同频率 Δf 分别朝正和负方向旋转的分量组合而成的，即双向旋转特性。在时间间隔 ΔT 内，$\dot{X}_+(k)$ 和 $\dot{X}_-(k)$ 分别向正方向和负方向旋转相位 α。此外，式 (3-1) 中的变量 f_0、x_0 和 ϕ_0 将根据式 (3-8) 决定 $\dot{X}(k)$ 的双向旋转特性的具体参数。

图 3.1进一步展示了 $\dot{X}(k)$ 的双向旋转特性。在图 3.1中，设 θ 表示 $\dot{X}_+$ 和 $\dot{X}_-$ 方向相同时的相角与参考相位 0 之间的角度。将同步相量所在的复平面逆时针旋转 θ 角，则 $\dot{X}(k)$ 将变为 $\dot{X}(k) = X_+{\rm e}^{{\rm j}\beta} + X_-{\rm e}^{-{\rm j}\beta}$，其中 $X_+ = ||\dot{X}_+||_2$、$X_- = ||\dot{X}_-||_2$。进而可证明 $\dot{X}(k)$ 在下式所定义的椭圆轨迹上。

$$\frac{\left((X_+ + X_-)\cos\beta\right)^2}{a^2} + \frac{\left((X_+ - X_-)\sin\beta\right)^2}{b^2} = 1, \quad \forall\beta \tag{3-10}$$

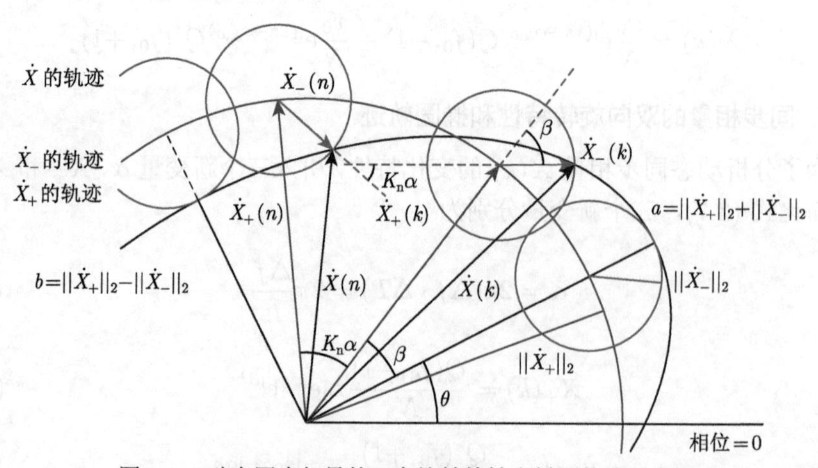

图 3.1 动态同步相量的双向旋转特性和椭圆轨迹示意图

至此，根据上述推导可见，动态同步相量 $\dot{X}(k)$ 的变化遵循一个椭圆轨迹，该椭圆轨迹的原点与同步相量所在的复平面原点相重合，半长轴的长度为 $a = |X_+ + X_-|$，半短轴的长度为 $b = |X_+ - X_-|$，该椭圆轨迹的长轴与参考相位 0 的夹角是 θ。此时，该椭圆轨迹除由最初的 f_0、x_0 和 ϕ_0 参数确定，亦可由新参数 a、b 和 θ 确定。

根据前面对图 3.1中同步相量所在椭圆轨迹的分析，设同一同步相量在两个不同时刻的数据点分别为 $\dot{X}(k)$ 和 $\dot{X}(n)$，则经过时间间隔 $K_n\Delta T$ 后，$\dot{X}(k)$ 变为 $\dot{X}(n)$，其中 K_n 是 $\dot{X}(n)$ 和 $\dot{X}(k)$ 之间的步数，$K_n = n - k$。进一步地，从 $\dot{X}_+(k)$ 到 $\dot{X}_+(n)$ 存在正向相位差 $K_n\alpha$；同样地，从 $\dot{X}_-(k)$ 到 $\dot{X}_-(n)$ 也存在负向相位差 $-K_n\alpha$。由此，第 n 步的同步相量可进一步推导为

$$\dot{X}(n) = \dot{X}_+(n) + \dot{X}_-(n) = \mathrm{e}^{\mathrm{j}K_n\alpha}\dot{X}_+(k) + \mathrm{e}^{-\mathrm{j}K_n\alpha}\dot{X}_-(k) \tag{3-11}$$

为了确定上述椭圆轨迹，需要两个不同时刻的同步相量数据点 $\dot{X}(k)$ 和 $\dot{X}(n)$ 来确定图 3.1中的参数 a、b 和 θ。这个结论与前面式 (3-1) 中推导出的“变量 f_0、x_0 和 ϕ_0 决定了 $\dot{X}(k)$ 的双向旋转特性”是一致的。

因此，不同时刻的两个同步相量数据点 $\dot{X}(k)$ 和 $\dot{X}(n)$ 可以形成一个包含两个方程的复数域方程组，并由此方程组确定椭圆轨迹。

$$\begin{bmatrix} 1 & 1 \\ \mathrm{e}^{\mathrm{j}K_n\alpha} & \mathrm{e}^{-\mathrm{j}K_n\alpha} \end{bmatrix} \begin{bmatrix} \dot{X}_+(k) \\ \dot{X}_-(k) \end{bmatrix} = \begin{bmatrix} \dot{X}(k) \\ \dot{X}(n) \end{bmatrix} \tag{3-12}$$

式 (3-12) 即为同步相量的椭圆轨迹拟合方程。需要注意的是，虽然式 (3-12) 写成了矩阵形式，但实际上方程组是非线性的。并且式 (3-12) 中的变量 α、$\dot{X}_+(k)$ 和 $\dot{X}_-(k)$ 是由式 (3-8) 中 f_0、x_0 和 ϕ_0 这三个原始变量通过式 (3-8) 计算而得到的。因此，该动态同步相量的椭圆轨迹拟合方程组隐含着式 (3-8) 所描述的约束条件。

RSDC 的内插值和外插值都使用了动态同步相量的椭圆轨迹，即 RSDC 通过由 α、$\dot{X}_+(k)$ 和 $\dot{X}_-(k)$ 决定的椭圆轨迹来估测重建的同步相量。求解式 (3-1) 所示的椭圆轨迹即可得到内插值和外插值所需的参数 α、$\dot{X}_+(k)$ 和 $\dot{X}_-(k)$。如果当前压缩区间的椭圆轨迹无法在预设精度内重建同步相量时，RSDC 将会保留原始数据点以更新椭圆轨迹，而更新后的椭圆轨迹对应了新的压缩区间。

上述动态同步相量的椭圆轨迹基于瞬时值为幅值恒定的非额定频率基波分量的简单模型获得。很显然，更具体、更复杂的模型在相应的特定场景中将会获得更好的压缩性能。但在一些与复杂具体模型不匹配的场景中，使用相对具体、复杂的模型的压缩算法其压缩性能很可能也会随之变差。电力系统的运行状态实时变化，尤其是在实时数据压缩的应用场景下，数据压缩算法并不能提前预知扰动的类型，因此，更具体、更复杂的模型的通用性和适用性不一定可靠。另外，简单的椭圆轨迹模型与 RSDC 相结合将具有两方面显著优势：首先，该模型具有较好的通用性和适用性，适用于数据特征未知的实时数据压缩应用场景；其次，椭圆轨迹这一简单模型仅由两个同步相量点即可确定，达到了轨迹拟合方法的极限，

极少的参数大大简化了拟合方程的求解。同时，椭圆轨迹得益于确定压缩区间所需的点数较少而更适合电力系统快速变化的场景。综上分析可见，并不是更具体、复杂的模型更好，而简单的椭圆轨迹正好适合 RSDC 的实际需求和应用场景，使同步相量的椭圆轨迹与 RSDC 的实时性特点相得益彰，由此 RSDC 可获得更好的实时压缩性能。第 3.4节中的两个实际场景和四个动态测试场景展示了利用椭圆轨迹拟合方法的 RSDC 实现了更好的适用性、通用性和有效性。

与此同时，简单模型也不可避免地存在局限性。比如在严重的测量噪声影响下，RSDC 的压缩率或重建精度可能降低。当用于离线数据存储或对具有已知特征的数据进行压缩时，RSDC 的优势则变得微弱，此时其他专门针对特定存储应用的方法或针对已知特征的数据压缩方法可能达到比 RSDC 更好的压缩性能。

3.2 同步相量椭圆轨迹拟合方程的快速求解方法

为确保 RSDC 在实际操作中的实时性，本节提出一种同步相量椭圆轨迹拟合方程的快速求解方法，以尽可能减少求解式 (3-12) 所示的轨迹拟合方程的计算量。该方法的示意图如图 3.2所示。

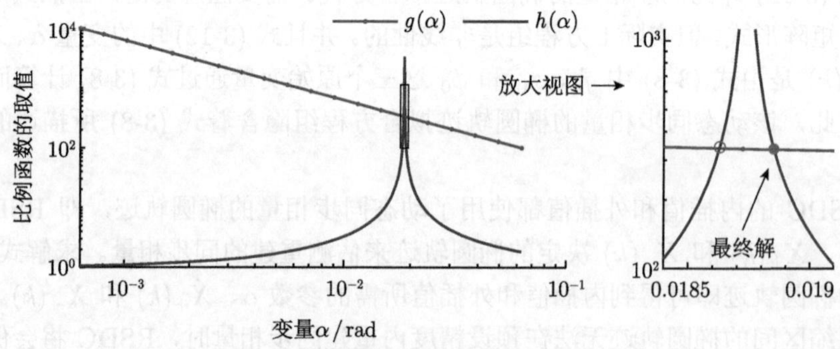

图 3.2 同步相量椭圆轨迹拟合方程的快速求解方法（以 $\Delta f = 0.3$ Hz，$\alpha = 0.01885$ 为例）

在 RSDC 中，同步相量的椭圆轨迹是式 (3-12) 所示的非线性相量拟合方程组，同时该式是在式 (3-8) 的约束下成立的。因此，直接用数值方法求解上述椭圆轨迹拟合问题比较复杂，这严重影响了 RSDC 在实际应用中的实时性。而本节所提出的快速求解算法进行了如下改进：快速求解方法的待求量既不是式 (3-10) 中椭圆轨迹的几何参数 a、b、θ，也不是式 (3-1) 中瞬时信号 $x(t)$ 的原始参数 f_0、x_0、ϕ_0，而是直接求解椭圆轨迹的关键参数 α、$\dot{X}_+(k)$ 和 $\dot{X}_-(k)$。

根据第 3.1.2节中的推导，快速求解方法将带约束的非线性方程组求解转变为两条曲线特定交点的数值求解。其中，第一条曲线 $h(\alpha)$ 将式 (3-12) 所示的非线性方程组转化为一系列二阶线性方程组的求解，第二条曲线 $g(\alpha)$ 代表了式 (3-8) 中的约束条件，两者的交点即为椭圆轨迹拟合方程组的解。具体地，快速求解方法有以下三个步骤。

步骤 1：计算函数 $h(\alpha)$ 的曲线。

函数 $h(\alpha)$ 的定义为

$$h(\alpha)=\frac{||\dot{X}_+||_2}{||\dot{X}_-||_2} \tag{3-13}$$

式中，$\dot{X}_+$ 和 $\dot{X}_-$ 将根据不同 α 的取值由式 (3-14) 计算得到。

$$\begin{bmatrix}\dot{X}_+\\ \dot{X}_-\end{bmatrix}=\frac{1}{-2\mathrm{j}\sin(K_\mathrm{n}\alpha)}\begin{bmatrix}\mathrm{e}^{-\mathrm{j}K_\mathrm{n}\alpha} & -1\\ -\mathrm{e}^{\mathrm{j}K_\mathrm{n}\alpha} & 1\end{bmatrix}\begin{bmatrix}\dot{X}(k)\\ \dot{X}(n)\end{bmatrix} \tag{3-14}$$

由此，式 (3-12) 所示的非线性方程组被转换成上述二维线性方程组。不同的 α 将对应式 (3-14) 中线性组合的不同系数。由于电力系统的运行状态在额定状态附近，所以 f_0 与 f_N 的差往往小于 1Hz，即 $-1<\Delta f<1$ Hz，则 α 的实际变化范围很小，如图 3.2所示。由此得出的结果 $\dot{X}_+$ 和 $\dot{X}_-$ 将落在相量椭圆轨迹拟合方程式 (3-12) 所对应的 $h(\alpha)$ 曲线上。但是这些结果却不是椭圆轨迹的最终解，因为他们可能不符合式 (3-8) 定义的约束关系。

步骤 2：计算函数 $g(\alpha)$ 的曲线。

$$g(\alpha)=\frac{||\dot{X}_+||_2}{||\dot{X}_-||_2}=\frac{||Q(f_0,-1)||_2}{||Q^*(f_0,+1)||_2} \tag{3-15}$$

函数 $g(\alpha)$ 由式 (3-8) 中的约束关系推导而来。由于 $g(\alpha)$ 只与 α 有关，所以 $g(\alpha)$ 的曲线是固定的，进而 $g(\alpha)$ 的函数曲线可以事先离线计算好留作备用而不必在实际操作中反复重新计算。此外，如图 3.2所示，当 α 和 $g(\alpha)$ 都取对数时（以 $\log_{10}$ 为例），$g(\alpha)$ 非常接近线性函数，这进一步简化了计算。但是，函数 $g(\alpha)$ 只包含了式 (3-8) 所定义的部分约束关系，而并不是完整约束关系，这一点将在步骤 3 中进一步讨论。

步骤 3：用数值方法求解 $g(\alpha)$ 和 $h(\alpha)$ 的交点。

计算 $g(\alpha)$ 和 $h(\alpha)$ 之间的差值，然后用二分法确定两者差值的过零点。需要注意的是，最后的结果可能存在两个交点，但其中只有一个是完全符合 $\dot{X}_+$ 和 $\dot{X}_-$ 在式 (3-8) 中的约束关系。该交点即为式 (3-12) 所示的同步相量椭圆轨迹拟合方程的最终解。具体地，因为最终解除了是 $g(\alpha)$ 和 $h(\alpha)$ 的交点外，还必须满足 $\dot{X}_+/Q(f_0,-1)$ 和 $\dot{X}_-/Q^*(f_0,+1)$ 是互为共轭的，即式 (3-8b) 和式 (3-8c) 中的共轭关系。如图 3.2所示，右边的交点是最终解，因为该点的 $\dot{X}_+/Q(f_0,-1)$ 和 $\dot{X}_-/Q^*(f_0,+1)$ 互为共轭，而左交点经过计算并不满足这个条件。

由此可见，采用如图 3.2所示的快速求解方法可以不直接求解同步相量椭圆轨迹拟合方程，也能很容易地确定相应的 α、$\dot{X}_+$ 和 $\dot{X}_-$。因此，可以在式 (3-11) 中使用这些参数来确定椭圆轨迹以计算内插值或外插值的其他数据点。需要注意的是，如第 3.3.1节所述，尽管内插值和外插值的椭圆轨迹求解方法相同，但他们的椭圆轨迹并不同。为了进一步验证快速求解方法的计算时间，本节对第 3.4节实际测试过程中的同步相量椭圆轨迹拟合计算过程进行了计时。测试计算机配备了 Inter i5-10210U 4×1.60GHz 处理器，内存为 16GB。最终，快速求解方法进行一次同步相量椭圆轨迹拟合计算所需的平均时间约为 0.6 ~ 0.8 ms，大大低于利用数值方法直接求解非线性方程组的时间。

3.3 基于内插值和外插值的同步相量实时数据压缩与重建

为了解决提高压缩率和减少压缩引起的时延二者间的矛盾。RSDC 将这两个关键因素分开处理，以消除它们之间的相互制约。具体而言，RSDC 一方面执行基于椭圆轨迹的内插值数据压缩以提高压缩率，另一方面同时执行椭圆轨迹的外插值数据压缩以消除压缩造成的时间延迟，通过同步误差控制机制实现内插值数据压缩和外插值数据压缩的协作。

3.3.1 实时同步相量数据压缩（RSDC）

实时同步相量数据压缩算法中的内插值和外插值轨迹拟合均采用误差准则控制压缩，以确保数据压缩和重建的精度。具体而言，RSDC 使用 IEEE C37.118 标准 [136] 中定义的综合矢量误差（total vector error，TVE）作为误差指标，以评估重建数据相对于原始数据的精度：

$$E_{\mathrm{TVE}}(i)=\frac{\|\hat{\dot{X}}(i)-\dot{X}(i)\|_2}{\|\dot{X}(i)\|_2} \tag{3-16}$$

式中，$\hat{\dot{X}}(i)$ 和 $\dot{X}(i)$ 分别表示对应 RSDC 同步相量数据压缩的重建数据点和原始数据点。

TVE 指标可综合考虑幅值误差和相位误差的影响，因而比其他分别计算幅值和相位误差的精度指标更适用于判断同步相量的误差。判断压缩的误差阈值为 $E_{\mathrm{TVE,max}}$。根据 IEEE C37.118 标准 [136] 建议同步相量的测量精度为稳态 1 %、动态 3 %，本章的误差阈值 $E_{\mathrm{TVE,max}}$ 可根据实际情况定在 0.5% ~ 1% 范围内选定。$E_{\mathrm{TVE,max}}=1\%$ 近似等于归一化均方误差（NMSE）[54,137] 为 $E_{\mathrm{NMSE}}=1\times10^{-4}$ 的量级，或归一化化均方根误差（NRMSE）[52,137] 为 $E_{\mathrm{NRMSE}}=1\times10^{-2}$ 的量级，这与其他有损数据压缩方法的重建数据精度处于同一水平。

1. 椭圆轨迹内插值数据压缩

同步相量椭圆轨迹内插值数据压缩的基本原理与 SDT 压缩相似，可最大限度地提高 RSDC 用于存储时的压缩率。RSDC 中椭圆轨迹内插值数据压缩通过使用椭圆轨迹的起点和终点代替椭圆轨迹附近在误差范围内的其他数据点，进而通过仅保留椭圆轨迹的起点和终点实现数据压缩。当出现某个数据点不能以椭圆轨迹代替时则结束当前椭圆轨迹，当前椭圆轨迹的终点也将是下一个椭圆轨迹的起点。

具体的椭圆轨迹内插值数据压缩的流程如图 3.3所示。设 $\dot{X}(s)$ 和 $\dot{X}(n)$ 分别是前一已保留的数据点和当前数据点，则 $\dot{X}(s)$ 既是上一个压缩区间的终点，也是当前压缩区间的起点。此时，用于内插值的同步相量椭圆轨迹由 $\dot{X}(s)$ 和 $\dot{X}(n)$ 所决定，其中 $K_{\mathrm{s}}=n-s$。内插值的同步相量椭圆轨迹拟合方程如下：

$$\begin{bmatrix} 1 & 1 \\ \mathrm{e}^{\mathrm{j}K_{\mathrm{s}}\alpha} & \mathrm{e}^{-\mathrm{j}K_{\mathrm{s}}\alpha} \end{bmatrix} \begin{bmatrix} \dot{X}_{+}(s) \\ \dot{X}_{-}(s) \end{bmatrix} = \begin{bmatrix} \dot{X}(s) \\ \dot{X}(n) \end{bmatrix} \tag{3-17}$$

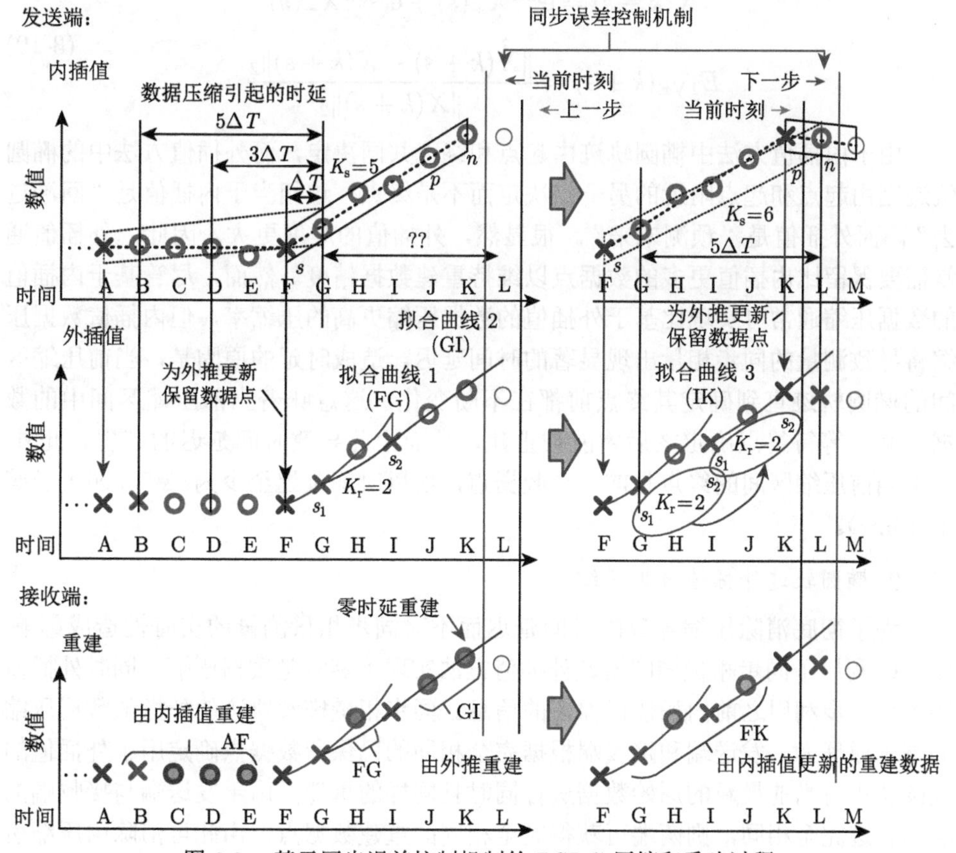

图 3.3 基于同步误差控制机制的 RSDC 压缩和重建过程

内插值数据压缩判定压缩区间终点（即一个椭圆轨迹的终点）的方法如下：如果对由 $\dot{X}(s)$ 和 $\dot{X}(n)$ 所在的椭圆轨迹进行内插值得到的 $\dot{X}(s)$ 和 $\dot{X}(n)$ 之间的同步相量数据点，有一个或多个同步相量数据点超出了误差阈值 $E_{\mathrm{TVE,max}}$，则意味着由 $\dot{X}(s)$ 和 $\dot{X}(n)$ 所决定的椭圆轨迹无法以低于误差阈值的精度重建出所有原始同步相量数据点。而与此同时，也可得知由 $\dot{X}(s)$ 和 $\dot{X}(n)$ 的前一个数据点 $\dot{X}(p)$（其中 $p=n-1$）所定义的椭圆轨迹则能以低于误差阈值的精度重建出所有原始同步相量数据点。由此可见，只要保留前一个同步相量数据点 $\dot{X}(p)$ 即可，同时以 $\dot{X}(p)$ 为终点结束以 $\dot{X}(s)$ 为起点的当前压缩区间起点。而 $\dot{X}(p)$ 也将成为下一个压缩区间起点。综上所述，RSDC 中内插值数据压缩的压缩准则可以用数学表达式表示为

$$E_{\mathrm{TVE}}(k+s) \leqslant E_{\mathrm{TVE,max}}, \quad \forall\, 0<k<n-s, k \in \mathbb{N} \tag{3-18}$$

式中

$$\begin{aligned} \hat{\dot{X}}(k+s) &= \mathrm{e}^{\mathrm{j}k\alpha}\dot{X}_{+}(s) + \mathrm{e}^{-\mathrm{j}k\alpha}\dot{X}_{-}(s) \\ E_{\mathrm{TVE}}(k+s) &= \frac{\|\hat{\dot{X}}(k+s) - \dot{X}(k+s)\|_2}{\|\dot{X}(k+s)\|_2} \end{aligned} \tag{3-19}$$

由于内插值方法中椭圆轨迹由起点和终点共同决定，而外插值方法中的椭圆轨迹则由起点和起点附近的另一点决定而不是终点，这相当于内插值是“回溯过去”，而外插值是“预测未来”。很显然，外插值的难度更大。因此，外插值通常需要保留比内插值更多的数据点以维持重建数据精度。然而，尽管基于内插值的数据压缩通常可实现比基于外插值的数据压缩更高的压缩率，但内插值数据压缩将导致测量的同步相量出现显著的时间延迟。造成时延的原因是，当前压缩区间的椭圆轨迹直到确定其终点前都在不断变化，这意味着当前压缩区间中的数据点必须等待终点确定之后才能被重建，从而由此导致时间延迟的产生。此外，由于当前压缩区间的终点是前一个数据点，所以时间延迟至少为 ΔT（即大于等于 10ms）。

2. 椭圆轨迹外插值数据压缩

为了彻底消除压缩导致的时间延迟而不对同步相量测量的实时性造成影响，RSDC 利用了同步相量椭圆轨迹外插值方法实现了零时延数据压缩，同时外插值还可进一步利用之前内插值已保留的信息。同步相量椭圆轨迹的外插值数据压缩的基本原理为，发送端和接收端根据完全相同的已保留数据点确定用于外插值的椭圆轨迹对当前最新的原始数据进行同时且同样的重建，由于发送端与接收端的椭圆轨迹完全相同，则两端可获得完全相同的重建数据点，由此可消除由压缩引起的时间延迟。

同步相量椭圆轨迹的外插值方法使用之前存储的两个数据点 $\dot{X}(s_1)$ 和 $\dot{X}(s_2)$ 所定义的椭圆轨迹进行外插值。外插值的同步相量椭圆轨迹拟合方程如下：

$$\begin{bmatrix} 1 & 1 \\ \mathrm{e}^{\mathrm{j}K_\mathrm{r}\alpha_\mathrm{r}} & \mathrm{e}^{-\mathrm{j}K_\mathrm{r}\alpha_\mathrm{r}} \end{bmatrix} \begin{bmatrix} \dot{X}_+(s_1) \\ \dot{X}_-(s_1) \end{bmatrix} = \begin{bmatrix} \dot{X}(s_1) \\ \dot{X}(s_2) \end{bmatrix} \tag{3-20}$$

式中，K_r 是介于 $\dot{X}(s_1)$ 和 $\dot{X}(s_2)$ 之间的步数，且 $K_\mathrm{r} = s_2 - s_1$。基于从上述外插值的椭圆轨迹拟合方程中求解所得的 α_r、$\dot{X}_+(s_1)$ 和 $\dot{X}_-(s_1)$，则可以根据式 (3-22) 计算得到对应当前原始数据点 $\dot{X}(n)$ 的重建同步相量数据点 $\hat{\dot{X}}(n)$。

如果发送端和接收端同时对当前原始数据点 $\dot{X}(n)$ 进行重建而得到的同步相量数据点 $\hat{\dot{X}}(n)$ 的误差 $E_{\mathrm{TVE}}(n)$ 超过了误差阈值 $E_{\mathrm{TVE,max}}$，则意味着由 $\dot{X}(s_1)$ 和 $\dot{X}(s_2)$ 所定义的同步相量椭圆轨迹无法以低于误差阈值的精度重建当前的原始同步相量数据点 $\dot{X}(n)$。因此，$\dot{X}(n)$ 将被判定需要保留并由发送端发送到接收端。进而需要用 $\dot{X}(n)$ 更新椭圆轨迹，即 $\dot{X}(s_1) = \dot{X}(s_2)$、$\dot{X}(s_2) = \dot{X}(n)$，以开始下一个压缩间隔。随后，外插值椭圆轨迹的参数 α_r、$\dot{X}_+(s_1)$ 和 $\dot{X}_-(s_1)$ 也将在发送端和接收端同步更新。而如果重建数据点的误差在误差阈值以内，则重建的同步相量数据点 $\hat{\dot{X}}(n)$ 可替代当前的原始同步相量数据点 $\dot{X}(n)$，因而发送端不会想接收端发送数据。

综上所述，RSDC 中外插值数据压缩的压缩准则可以用数学表达式表示为

$$E_{\mathrm{TVE}}(n) \leqslant E_{\mathrm{TVE,max}} \tag{3-21}$$

式中 $n > s_2$，且

$$\begin{aligned} \hat{\dot{X}}(n) &= \mathrm{e}^{\mathrm{j}(n-s_1)\alpha_\mathrm{r}}\dot{X}_+(s_1) + \mathrm{e}^{-\mathrm{j}(n-s_1)\alpha_\mathrm{r}}\dot{X}_-(s_1), \\ E_{\mathrm{TVE}}(n) &= \frac{\|\hat{\dot{X}}(n) - \dot{X}(n)\|_2}{\|\dot{X}(n)\|_2} \end{aligned} \tag{3-22}$$

正如前文的分析，内插值和外插值所使用的椭圆轨迹分别由起点和终点、起点处的两个点所定义，对于一段压缩区间，基于外插值的数据压缩仅使用该压缩区间开始的信息，而基于内插值的数据压缩则使用了两端的信息。这导致基于外插值的数据压缩的压缩率通常低于基于内插值的数据压缩率。因此，基于外插值的数据压缩是以较低的压缩率为代价实现了零时延的实时压缩。

3.3.2 实时数据压缩的同步误差控制机制

在实际应用中，RSDC 采用同步误差控制机制协调同步相量测量的发送端和接收端的数据压缩过程，以实现内插值和外插值数据压缩过程的协作。RSDC 的

同步误差控制机制及 RSDC 的实现方案如图 3.4所示。同步相量测量的发送端是 PMU。当 RSDC 用于控制中心的实时应用时，接收端是控制中心的数据服务器。而当 RSDC 用于变电站中的实时应用时，接收端则是变电站中的相量数据集中器（PDC）。如图 3.4所示，内插值和外插值数据压缩均被拆分为压缩和重建两部分，分别部署在发送端和接收端。

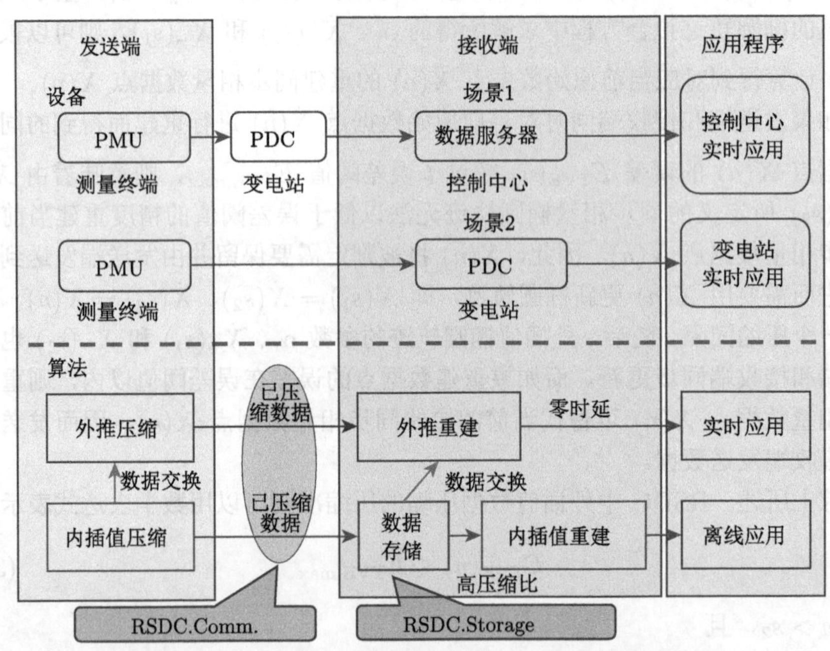

图 3.4 RSDC 的同步误差控制机制及 RSDC 的实现方案

在同步误差控制机制下，内插值数据压缩的目的是最大化压缩率，而不考虑由压缩引起的时延。内插值数据压缩在发送端以能否在预设的误差阈值内重建原始数据为判据，选择其椭圆轨迹的起点和终点来实现压缩；而在接收端则直接用发送端发送来的压缩数据进行与发送端同步的内插值过程，因而接收端可与发送端一样，在预设误差阈值控制的精度内重建各个数据点。

与此同时，在同步误差控制机制下的外插值数据压缩的目的则是完全消除由数据压缩引起的时延而不受压缩率低的限制。在同步误差控制机制中，发送端和接收端均使用完全相同的两个最新压缩点来确定外插值椭圆轨迹，进而重建数据以还原原始数据。由于外插值椭圆轨迹由起点和起点附近的另一点决定而不受终点的限制，且发送端和接收端的这两个点完全相同，所以发送端和接收端的椭圆轨迹完全相同，它们可以在发送端和接收端分别实时地提供原始数据估算值，即重建数据。只有发送端的椭圆轨迹无法在误差阈值的精度内重建当前数据点时，当前数据点才会被发送到接收端，以更新接收端的椭圆轨迹。

综上分析，RSDC 在接收端的数据重建过程将分别针对离线应用和实时应用输出两种重建数据，如图 3.4所示。用于离线应用的重建数据点是最新的内插值保留数据点之前的数据点集合，它们完全由内插值数据压缩所保留的数据点定义的各个椭圆轨迹进行内插值而来。与此同时，用于实时应用的重建数据点是最新的内插值保留数据点之后的数据点集合，他们由外插值数据压缩所保留的数据点定义的椭圆轨迹重建。此外需要注意的是，在最新的内插值数据压缩判定保留的数据点之后，可能会存在多个而不是仅有一个外插值椭圆轨迹。

3.3.3 实时同步相量数据压缩的流程

一个具体的 RSDC 算法的流程演示如图 3.3所示。

1. *发送端的数据压缩*

当 K 是当前的最新点时，用于内插值数据压缩的椭圆轨迹由 F 和 K 决定，这个椭圆轨迹可重建 G、H、I、J 点；然而由于当前的内插值压缩区间并未结束，所以 F 之后并没有内插值保留的点。如果仅有内插值数据压缩，则 G、H、I、J 在接收端的信息并没有被更新，由此 G、H、I、J 产生了不同程度的时间延迟。与此同时，在外插值数据压缩中，由于 K 可以通过由 G 和 I 所定义的外插值椭圆轨迹重建为 $\hat{K}$，K 并不会被外插值数据压缩判定保留和发送。

在下一时刻，当 L 是最新点时，内插值数据压缩的椭圆轨迹由 F 和 L 决定，因为它不能在误差阈值范围内重建 H，所以 K 将被内插值数据压缩判定保留并发送至接收端。此外，K 还将用于外插值数据压缩的椭圆轨迹的更新，此时外插值的椭圆轨迹为 I 和 K 所定义的椭圆轨迹。与此同时，在外插值数据压缩中，因为由 I 和 K 所定义的外插值椭圆轨迹重建的 $\hat{L}$ 误差超过误差阈值，L 不能被 $\hat{L}$ 替代。因此，L 被外插值数据压缩判定保留并发送到接收端。进而外插值椭圆轨迹被更新为 K 和 L 所定义的椭圆轨迹。

2. *接收端的数据重建*

当 K 为当前的最新点时，F 为最新的内插值保留的数据点。因此，由 A 和 F 所定义的内插值椭圆轨迹可将 B、C、D、E 重建为 $\hat{B}$、$\hat{C}$、$\hat{D}$、$\hat{E}$。同时，由于此前的外插值数据压缩已经保留了 G 和 I，则 H 可以通过 F 和 G 定义的外插值椭圆轨迹重建为 $\hat{H}$，J 和 K 可以通过 G 和 I 定义的外插值椭圆轨迹重建为 $\hat{J}$ 和 $\hat{K}$。需要注意的是，因为 $\hat{K}$ 在接收端被零时延的外插值数据压缩重建，所以外插值数据压缩保证了同步相量的实时数据压缩。也就是说，用于存储和实时应用的重建数据集分别是 $\{A, \hat{B}\text{~}\hat{E}, F\}$ 和 $\{G, \hat{H}, I, \hat{J}, \hat{K}\}$。

在下一时刻，当 L 为最新点时，K 为新的最新内插值数据压缩所保留的数据点，因而 G、H、I、J 再次由 F 和 K 所定义的内插值椭圆轨迹重建。此时，用于存储的重建数据集为 $\{A, \hat{B}\text{~}\hat{E}, F, \hat{G}\text{~}\hat{J}\}$，其中，内插值数据压缩去掉了此前通过外插值数据压缩保留的 G 和 I 以提高用于存储的数据集的压缩率。同时，因为 L 是由外插值数据压缩判定保留并发送到接收端的，所以用于实时应用的重建数据集为 L。此时，与发送端同步，外插值椭圆轨迹在接收端被更新为 K 和 L 所定义的椭圆轨迹。该椭圆轨迹将被用于后续的外插值数据压缩。

3.4　验　证

为验证本章所提的实时同步相量数据压缩方法，本节利用两种数据进行算例验证和分析，一种是实际电力系统中发生的两相间短路事件和次同步振荡（SSO）事件中由 PMU 记录的同步相量原始数据，另一种是根据 IEEE C37.118 标准 [136] 中用于测试 PMU 动态性能的合成瞬时值信号计算而来的合成同步相量。为了证明 RSDC 的性能和特点，本节将 RSDC 的结果与第 2章的 ESDC 方法、文献 [138] 中的 PSDT 方法的结果进行比较。其中，ESDC 方法是典型的将同步相量幅值和相位分别压缩的方法，而 PSDT 方法是将 SDT 方法扩展到复数域而直接对同步相量进行旋转门压缩的方法，而 PSDT 中使用的是最简单的线性插值方法。

针对实际电力系统的两相间短路事件和次同步振荡（SSO）事件中实测的同步相量，图 3.5展示了这两个实际事件中以复数域的柱坐标表示的三相电压的同步相量原始数据，表 3.1 列出了这两种情况的详细信息。在本节中，式 (3-18) 和式 (3-21) 中控制重建数据精度的误差阈值选为 $E_{\text{TVE,max}} = 1\%$。为了分别深入研究 RSDC 中内插值数据压缩和外插值数据压缩的不同压缩特性，将 RSDC 中用于离线应用和实时应用的数据压缩结果分别用“RSDC.storage”和“RSDC.Comm.”表示，因为离线应用的压缩数据集均需要存储或以存储为目的，而实时应用的数据集则对应需要在通信系统传输的数据。此处需要进一步说明的是，“RSDC.Storage”是单独的同步相量椭圆轨迹内插值方法的数据压缩结果，其目的是最大化压缩率；另外，由于外插值和内插值的压缩数据均同时被发送到接收端，这些压缩数据均包括在“RSDC.Comm.”中，即“RSDC.Comm.”的结果是同时包含了内插值和外插值的结果，对应了零时延数据压缩的结果；ESDC 和 PSDT 的结果分别用“ESDC”和“PSDT”表示，这两个算法为了保证实时压缩，均引入了最大压缩间隔 $T_{\max}$ 以限制压缩引起的最大时延，PSDT 和 ESDC 的 $T_{\max}$ 均为 0.2s。

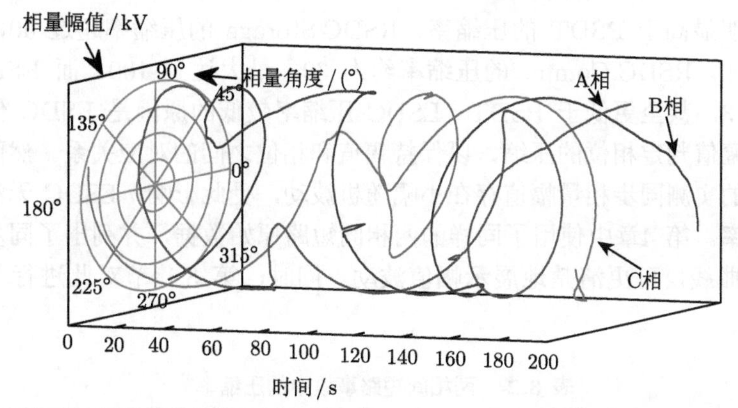

图 3.5 两相间短路事件中柱坐标系下三相电压同步相量的原始数据

表 3.1 用实际相量测量数据验证 RSDC

场景	两相间短路	次同步振荡
描述	传输线上发生的 A、B 两相间短路 32 个电压相量和 24 个电流相量	由风力发电和 SVC 引起 的次同步振荡 28 个电压相量和 108 个电流相量
参考文献和数据来源	文献 [137]、IEEE Dataport[139]	文献 [140]
持续时间	在 0 ~ 200 s 中的 100 ~ 120 s	在 0 ~ 60 s 中的 10 ~ 60 s
PMU 报告率 f_S	50 Hz	100 Hz
压缩判定准则	ESDC: 误差阈值 0.001× 幅值额定值，$T_{\max} = 0.2$ s[52] PSDT: 误差阈值 $E_{\mathrm{TVE,max}} = 1\%$，$T_{\max} = 0.2$ s[138] RSDC: 误差阈值均为 $E_{\mathrm{TVE,max}} = 1\%$	

本节采用了压缩率 λ_{CR}[52,137]、重建数据的精度以及压缩引起的时间延迟几个指标来评估 RSDC 和另外两种方法的数据压缩性能。其中，重建数据精度指标分别采用了如式 (3-16) 中定义的综合矢量误差（TVE）[136] 和归一化均方根误差（NRMSE）[137]。以分析和对比总结不同情况下的数据压缩性能。

3.4.1 两相间短路事件中的 RSDC

1. 压缩率

四种方法的压缩率结果 λ_{CR} 如表 3.2所列，其中每个结果对应于每个 20s 时间区间的压缩率。受限于最大压缩间隔 $T_{\max}$ 为 0.2s，PSDT 的最大 λ_{CR} 被限制为 10；而 RSDC 不受最大压缩间隔的限制。因此，在短路发生时刻前、后的时间区间内（分别为 0 ~ 100s、120 ~ 200s），RSDC.Storage 和 RSDC.Comm.

的压缩率明显高于 PSDT 的压缩率，RSDC.Storage 的压缩率超过 50，甚至最大达到 200，RSDC.Comm. 的压缩率约为 30，最大达到 100。而 ESDC 的压缩率约为 3，甚至更低于 PSDT。ESDC 压缩率较低的原因是 ESDC 仅依据同步相量的幅值判定相位的压缩，以保持幅值和相位之间的对应关系。然而，由于该场景下的实测同步相量幅值存在小幅随机波动，受此影响，ESDC 无法实现更高的压缩率。第 4章中使用了同样的两相间短路原始数据，并列出了同步相量的幅值变化曲线，可更清楚地展示幅值波动。同时，第 3.1 节对此进行了进一步分析。

表 3.2 两相间短路事故中的压缩率①

时间区间/s		0~20	20~40	40~60	60~80	80~100	100~120	120~140	140~160	160~180	180~200
PSDT	最大	10.0	10.0	10.0	10.0	10.0	9.6	10.0	10.0	10.0	10.0
	平均	10.0	10.0	10.0	10.0	10.0	9.0	10.0	10.0	10.0	9.9
	最小	10.0	9.9	10.0	10.0	10.0	7.7	10.0	10.0	10.0	9.9
ESDC	最大	10.0	10.0	10.0	10.0	10.0	9.3	10.0	10.0	10.0	9.9
	平均	2.7	2.7	2.7	2.8	2.8	2.5	2.7	2.7	2.8	2.8
	最小	1.3	1.2	1.2	1.2	1.2	1.3	1.2	1.3	1.2	1.2
RSDC.Storage	最大	167	200	200	167	167	83.3	143	143	200	143
	平均	86.4	118	66.4	37.1	39.8	11.9	12.3	25.7	141	112
	最小	34.5	37.0	2.6	1.0	1.0	1.6	1.0	1.4	47.6	47.6
RSDC.Comm.	最大	55.6	90.9	76.9	62.5	71.4	40.0	47.6	55.6	90.9	62.5
	平均	27.8	35.4	34.0	26.9	28.1	9.4	10.1	17.1	20.3	16.8
	最小	11.4	11.5	5.1	2.0	2.1	2.9	1.1	1.0	1.0	1.0

① 每个 20s 时间间隔的最大、平均和最小压缩率计算如下。设 $\lambda_{\mathrm{CR},i}$ 表示特定 20s 时间间隔内第 i 个同步相量的压缩率，$i \in \boldsymbol{P}$，其中 $\boldsymbol{P}$ 是同步相量的集合，此处为 32 个电压相量和 24 个电流相量。最大值为 $\max_{i\in\boldsymbol{P}}\{\lambda_{\mathrm{CR},i}\}$，最小值为 $\min_{i\in\boldsymbol{P}}\{\lambda_{\mathrm{CR},i}\}$。平均值为时间间隔内所有同步相量的总压缩率，为 $1/\sum_{i\in\boldsymbol{P}}(1/\lambda_{\mathrm{CR},i})$。

当两相间短路发生时（100 ~ 120s），RSDC.Storage 和 RSDC.Comm. 的压缩率减小到约 10 到 12；同时，PSDT 和 ESDC 的压缩率由于本身已经很低，仅分别略微降低到 9.0 和 2.5。此时，PSDT 的压缩率较低而没有受 $T_{\max}$ 的限制，但仍显著低于 RSDC.Storage 和 RSDC.Comm. 的压缩率。这种现象的原因是，相比于 PSDT 仅对幅值和相位分别独立线性插值，RSDC 得益于第 3.1节的动态同步相量椭圆轨迹而可以比 PSDT 更有效地利用同步相量的动态信息。因此，RSDC.Storage 和 RSDC.Comm. 的压缩性能显著提高。

综上分析可见，RSDC 可以通过消除 $T_{\max}$ 的限制和利用动态同步相量的椭圆轨迹，在电力系统的稳态和动态下均获得了更高的压缩率。

2. 重建数据精度

针对同步相量的重建数据精度，图 3.6和图 3.7分别展示了以 TVE 为指标的 TVE 箱线图和以 NRMSE 为指标的 NRMSE 随时间的变化图。其中，TVE 指标对应单点重建数据误差，而 NRMSE 指标则对应了一段时间区间内的整体平均误差。由于四种方法均通过重建数据误差来控制压缩过程，所以重建数据的误差均在分别预设的误差阈值内。

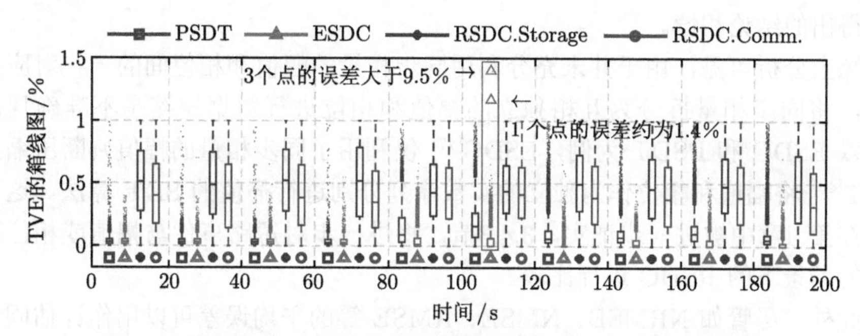

图 3.6 两相间短路事件中同步相量重建数据点的 TVE 箱线图

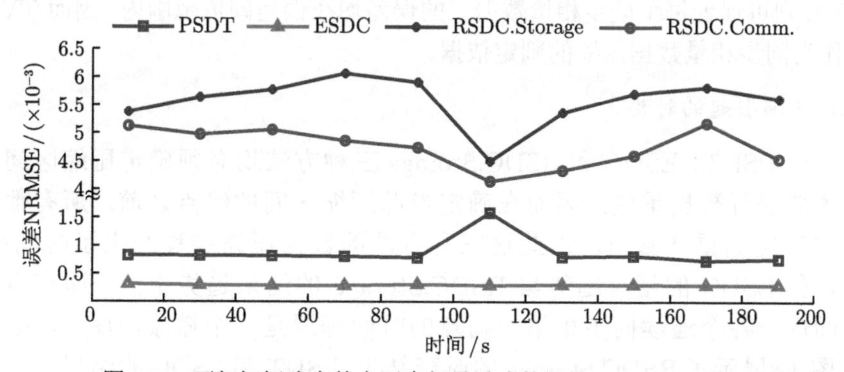

图 3.7 两相间短路事件中同步相量重建数据的 NRMSE 误差

RSDC 和 PSDT 的 TVE 在整个过程中始终保持在 1% 以内。无论是 TVE 的箱线图还是 NRMSE 的结果均表明，PSDT 和 ESDC 重建数据的误差在统计学意义上低于 RSDC。这是因为，PSDT 和 ESDC 的压缩率明显低于 RSDC，即这两种方法会保留更多的数据点以维持足够的重建数据精度。而与此同时，由于 RSDC 不受压缩引起的时间延迟的限制，“RSDC”的重建数据精度可以比 PSDT 更接近误差阈值以获得更高的压缩率。

ESDC 的平均 TVE 和 NRMSE 分别约为 0.44% 和 2.97×10^{-4}，这与其误差阈值为额定值 0.1% 的取值一致。然而需要注意的是，在两相间短路事件发生时，出现了几个同步相量的重建数据 TVE 大于 1% 的情况，甚至 TVE 达到了 9.5% 以上。造成这种现象的原因是 ESDC 仅依据同步相量的幅值判定同步相量是否被压缩。尽管这些出现异常 TVE 的同步相量数据点的幅值变化在 0.1% 范围内，但其对应的相位变化很大而并未被保留，导致出现了 TVE 突增甚至超过 9.5% 的情况。就 NRMSE 指标而言，ESDC 甚至是所有方法中 NRMSE 最低的，为 3.13×10^{-4}，即若仅以 NRMSE 为指标，ESDC 反而是最准确的，这与 TVE 结果得出的结论相悖。

综上分析可见，由于并未充分利用同步相量的幅值和相位间的一一对应关联关系，将同步相量拆分为互相独立的幅值和相位进行数据压缩是不准确且低效的，以 ESDC 和 PSDT 为例，ESDC[47] 仅利用了同步相量的幅值判断压缩，而 PSDT[49] 将幅值和相位作为独立的实数序列分别进行插值的 SDT 算法。这一结论也在第 4章中被进一步证实。3.4.3节，将进一步对短路事件与幅值或相位阶跃变化的场景下的 RSDC 进行比较。

此外，尽管如 NRMSE、NMSE、RMSE 等的平均误差可以用作评估同步相量数据压缩后的重建数据精度指标，但这些平均误差不能直接反映某些单点数据的突变误差，甚至可能掩盖了某些误差极大的重建数据点的影响。而综合矢量误差 TVE 则可保证每个同步相量数据点的误差均在误差阈值范围内，因而 TVE 更适合作为同步相量数据压缩的判定依据。

3. 压缩引起的时延

由于 PSDT、ESDC 和 RSDC.Storage 三种方法均必须确定压缩区间的终点后才能进行数据重建，因而在确定当前压缩区间的终点之前，所有数据点均无法确定其重建数值，由此这三种方法的数据压缩过程产生了时间延迟。PSDT 和 ESDC 的结果趋势与 RSDC.Storage 的结果趋势相似，即在每个压缩区间内，各个连续同步相量数据点的时间延迟是一个递减的序列，公差为 ΔT。图 3.8展示了 RSDC.Storage 的时延结果，PSDT 和 ESDC 的结果与之趋势相同。

四种数据压缩方法引起的时间延迟的统计结果如图 3.9的箱线图和表 3.3所示。尽管 PSDT 和 ESDC 的时延远小于 RSDC.Storage，两者的平均时延也小于 0.2 s 的 $T_{\max}$，但结合压缩率的结果及 PSDT 和 ESDC 的最大时延已达到 $T_{\max}$ 的 0.2 s，可以看出 $T_{\max}$ 限制了最大压缩率。压缩率越高，则压缩区间越长，因而由压缩引起的时延也将更大。

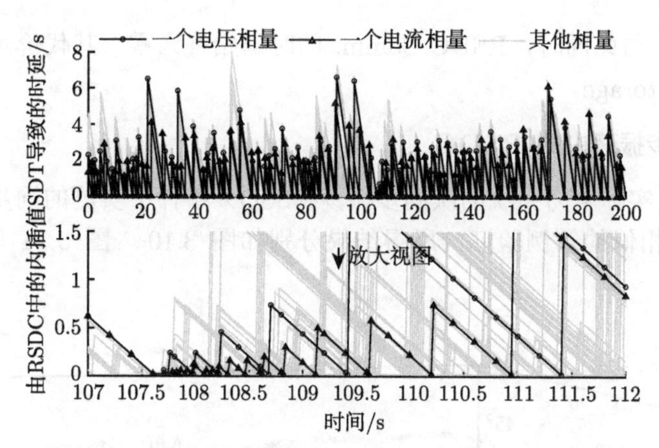

图 3.8 两相间短路事件中 RSDC.Storage 引起的时延

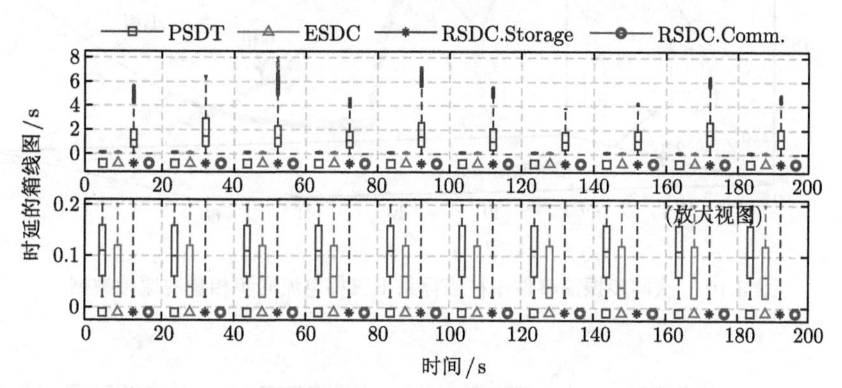

图 3.9 两相间短路事件中不同数据压缩方法的时延箱线图

表 3.3 两相间短路事件的结果对比

结果	方法	λ_{CR}	TVE /%	NRMSE	时延/s
最大值	PSDT	10	1.00	1.58×10^{-3}	0.2
	ESDC	2.82	9.65	3.13×10^{-4}	0.2
	RSDC.Storage	140.70	1.00	6.07×10^{-3}	8.06
	RSDC.Comm.	35.43	1.00	5.18×10^{-3}	0
平均值	PSDT	9.88	0.08	9.07×10^{-4}	0.11
	ESDC	2.72	0.44	2.97×10^{-4}	0.073
	RSDC.Storage	32.59	0.48	5.59×10^{-3}	1.52
	RSDC.Comm.	20.54	0.41	4.77×10^{-3}	0

由于 RSDC.Storage 不需要考虑数据压缩引起的时延，它可以不顾非常大的时间延迟的影响而最大化压缩率。如图 3.8和图 3.9，RSDC.Storage 的时延甚至

达到了近 8s。与此同时，RSDC.Comm. 的时延始终为零，其代价是压缩率显著低于 RSDC.Storage。

3.4.2 次同步振荡中的 RSDC

本节针对实际电力系统的次同步振荡（SSO）事件中实测的同步相量，进行与 3.4.1节中相似的算例验证，所得结果分别如图 3.10~ 图 3.14 以及表 3.4和表 3.5所示。

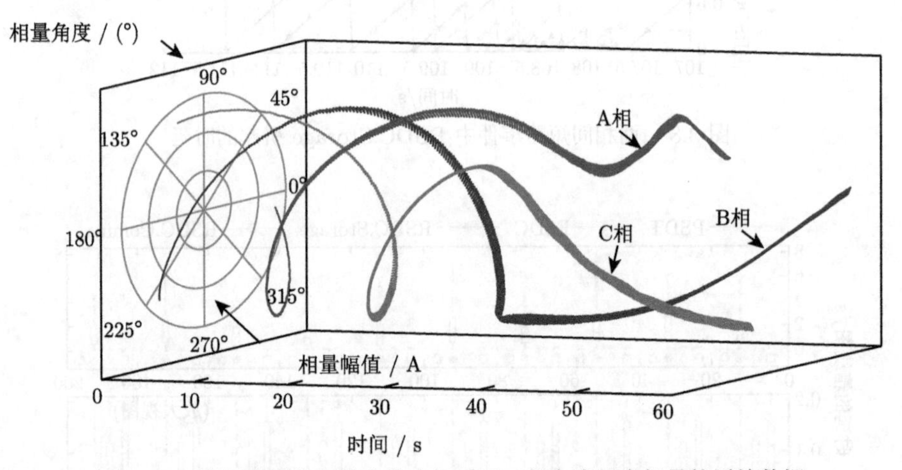

图 3.10 次同步振荡事件中柱坐标系下三相电流同步相量的原始数据

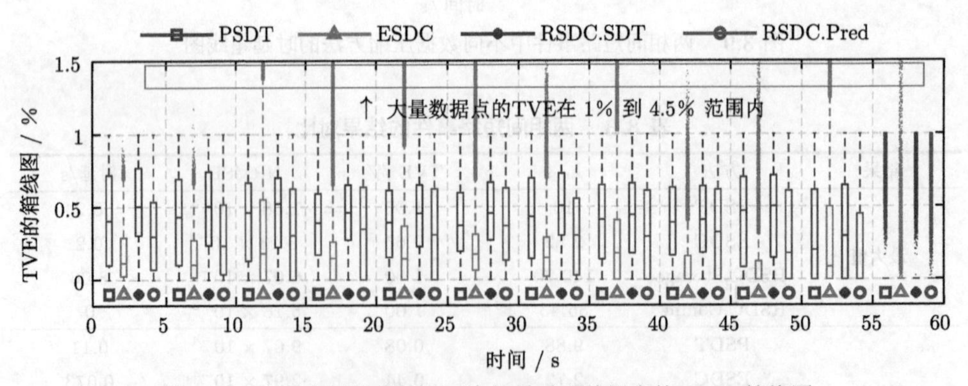

图 3.11 次同步振荡事件中同步相量重建数据点的 TVE 箱线图

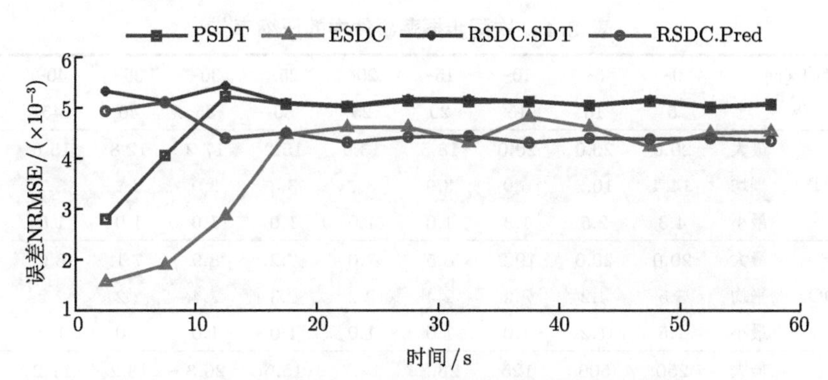

图 3.12 次同步振荡事件中同步相量重建数据的 NRMSE 误差

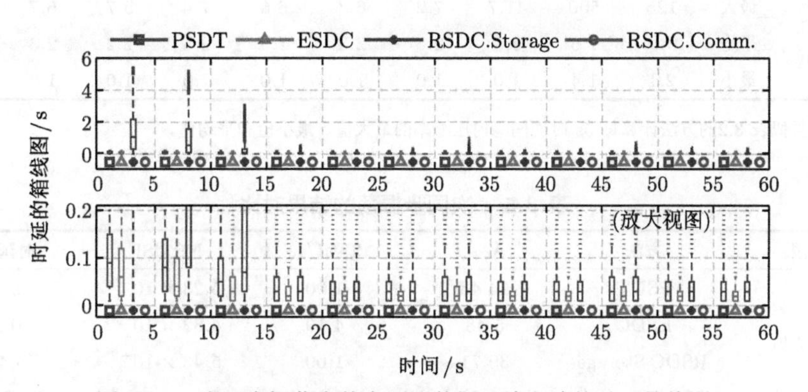

图 3.13 次同步振荡事件中不同数据压缩方法的时延箱线图

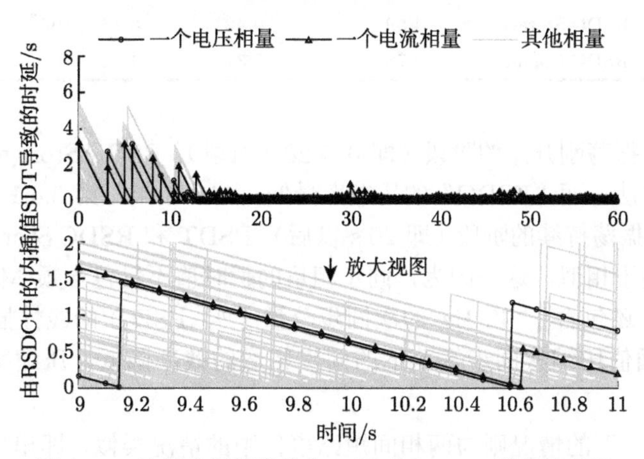

图 3.14 次同步振荡事件中 RSDC.Storage 引起的时延

表 3.4　次同步振荡事件中的压缩率①

时间区间/s		0~5	5~10	10~15	15~20	20~25	25~30	30~35	35~40	40~45	45~50
PSDT	最大	20.0	20.0	20.0	18.5	13.9	15.2	17.2	12.8	15.6	18.5
	平均	14.4	10.8	6.0	3.9	3.7	3.8	3.9	3.7	3.7	4.0
	最小	4.3	2.5	1.3	1.0	1.0	1.0	1.0	1.0	1.0	1.0
ESDC	最大	20.0	20.0	19.2	8.5	7.0	7.2	8.9	7.1	6.9	8.8
	平均	5.5	4.2	3.2	2.4	2.2	2.3	2.4	2.2	2.2	2.4
	最小	1.5	1.2	1.0	1.0	1.0	1.0	1.0	1.0	1.0	1.0
RSDC.Storage	最大	250	500	125	26.3	14.7	15.6	26.3	13.2	17.2	23.8
	平均	30.7	16.6	6.6	3.9	3.7	3.7	3.9	3.7	3.7	4.0
	最小	4.3	2.5	1.2	1.0	1.0	1.0	1.0	1.0	1.0	1.0
RSDC.Comm.	最大	125	500	41.7	7.2	6.3	6.6	7.4	5.7	6.7	8.2
	平均	13.4	7.6	3.8	2.5	2.3	2.3	2.5	2.2	2.3	2.5
	最小	2.1	1.4	1.0	1.0	1.0	1.0	1.0	1.0	1.0	1.0

①用类似表 3.2的方法计算每 5s 时间间隔内压缩率的最大值、最小值和平均值。

表 3.5　次同步振荡的结果对比

结果	方法	λ_{CR}	TVE/%	NRMSE	时延/s
最大值	PSDT	14.43	1.00	5.23×10^{-3}	0.2
	ESDC	5.48	4.19	4.82×10^{-3}	0.2
	RSDC.Storage	30.71	1.00	5.43×10^{-3}	5.46
	RSDC.Comm.	13.36	1.00	5.11×10^{-3}	0
平均值	PSDT	4.46	0.38	4.87×10^{-4}	0.050
	ESDC	2.58	0.22	4.07×10^{-4}	0.034
	RSDC.Storage	4.59	0.42	5.16×10^{-3}	0.253
	RSDC.Comm.	2.78	0.31	4.51×10^{-3}	0

在次同步振荡刚开始的阶段（即 0 ~ 20 s 时段），RSDC.Storage 的压缩率明显高于其他方法，而“ESDC”的压缩率最低。这一结果与第 3.4.1节中的结果一致。在次同步振荡持续的阶段（即 20 s 以后），PSDT 和 RSDC.Storage 的压缩率和重建精度趋于相似。这是因为，同步相量的瞬时值不仅包含频率偏离额定频率的基波分量，还包含了 42 Hz 的次同步分量 [76]，PSDT 的线性插值和 RSDC 的椭圆轨迹插值压缩次同步振荡下的同步相量的效率降低，压缩率只能达到 5 左右。

而“ESDC”的情况则与两相间短路事件中的情况类似，即出现了数据点的 TVE 大于 1% 的情况。然而，在次同步振荡事件中这个问题更为严重，出现了大量数据点的 TVE 在 1%~4.5% 范围内的情况。因此，ESDC 在这种情况下是不可用的，造成这种现象的原因与短路事件中出现类似情况的原因相同。但这种现象在次同步振荡场景下尤其严重，这是因为次同步分量的存在导致同步相量的幅值变化很小而相位变化很大，很显然，仅依据同步相量幅值进行压缩的 ESDC 无法处理这种情况。

由数据压缩引起的时延与第 3.4.1节中的时延类似，因而表 3.5中只显示了统计结果，这些结果与第 3.4.1节中的结果一致。RSDC.Comm. 的延迟仍然为零，而 RSDC.Storage 的由于达到显著更高的压缩率而延迟最大。

3.4.3 RSDC 对合成数据的动态特性

为了进一步验证本章所提出的 RSDC 方法的通用性，本节使用由 IEEE C37.118 标准 [136] 中用于测试 PMU 动态性能的合成瞬时值信号计算而来的合成同步相量对 RSDC 进行测试。测试如图 3.15所示，场景分别为幅值和相位正弦调制的正弦瞬时信号 $x(t)=100\left[1+0.1\cos(4\pi t)\right]\times\cos\left[100\pi t+0.1\cos(4\pi t-\pi)\right]$、系统频率线性上升的正弦瞬时信号 $x(t)=100\cos[100\pi t+\pi t^2]$、幅值阶跃的正弦瞬时信号 $x(t)=100\left[1+0.1f_1(t)\right]\times\cos\left[100\pi t\right]$（$f_1(t)$ 为阶跃函数）和相位阶跃的正弦瞬时信号 $x(t)=100\cos\left[100\pi t+(\pi/18)f_1(t)\right]$（$f_1(t)$ 为阶跃函数）。分别针对这四种瞬时信号，采用 DFT 算法进行同步相量计算生成报告率 f_{S} 为 100 Hz 的合成同步相量。表 3.6列出了各项指标下的压缩性能比较。结果可见，所有四种方法都可用于上述动态过程下的数据压缩。而在保证足够的重建数据精度条件下，RSDC 在所有四个场景中均能达到更高的压缩率。

由于幅值或相位阶跃变化的动态场景非常简单且阶跃显著，所以四种方法均可以有效检测到阶跃，重建数据的误差均为零。然而，如前所述，在实际电力系统的两相间短路事件中，ESDC 因重建不准确而不可用，而 PSDT 的压缩率明显低于 RSDC。这是因为，在实际短路情况下，同步相量的幅值和相位紧密耦合而同时发生显著变化，而不是简单的幅值或相位的简单阶跃变化。当相位变化较大而幅值变化较小时，ESDC 可能出现检测不到相位变化的情况，因为 ESDC 仅基于同步相量的幅值判定数据压缩。同时，PSDT 对同步相量的幅值和相位分别单独进行重建，导致 PSDT 的数据压缩的效率较低。与此相对，将同步相量视为一个整体进行复数域数据压缩的 RSDC 方法在短路情况下具有显著优势，其中包括上述两相间短路事件。这是因为，RSDC 的数据压缩机制是通过判定同步相量是否可被内插值和外插值数据压缩在预设误差阈值范围内重建同步相量数据实现的，所以 RSDC 可以有效检测到由短路引起的系统动态过程。

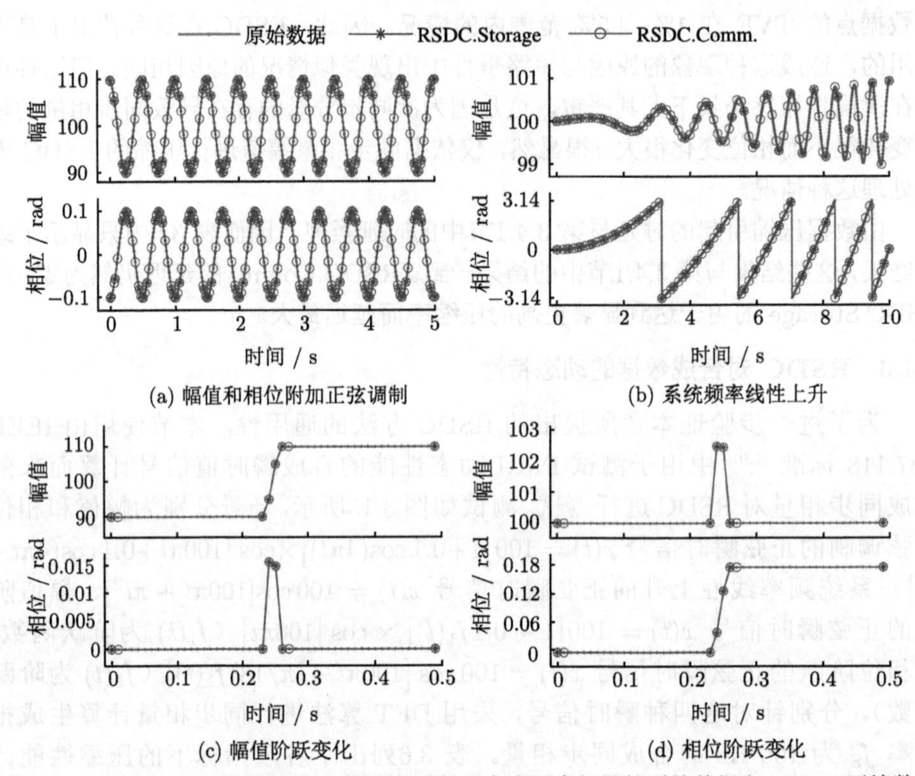

图 3.15 IEEE C37.118 标准定义的动态过程下合成同步相量的原始数据和 RSDC 压缩数据

表 3.6 合成信号的数据压缩结果比较

动态场景	方法	λ_{CR}	平均 TVE/%	NRMSE
图 3.15(a) 正弦调制	PSDT	7.09	0.470	5.63×10^{-3}
	ESDC	2.62	0.067	9.16×10^{-4}
	RSDC.Storage	8.26	0.478	5.57×10^{-3}
	RSDC.Comm.	2.94	0.324	4.36×10^{-3}
图 3.15(b) 频率上升	PSDT	9.90	0.063	7.67×10^{-4}
	ESDC	9.71	0.062	7.52×10^{-4}
	RSDC.Storage	33.33	0.636	7.02×10^{-3}
	RSDC.Comm.	11.49	0.358	4.54×10^{-3}
图 3.15(c) 幅值阶跃	PSDT	5.00	0	0
	ESDC	5.00	0	0
	RSDC.Storage	8.33	0	0
	RSDC.Comm.	6.25	0	0
图 3.15(d) 相位阶跃	PSDT	5.00	0	0
	ESDC	5.00	0	0
	RSDC.Storage	8.33	0	0
	RSDC.Comm.	6.25	0	0

3.4.4 验证结论

本节针对实际电力系统的两相间短路事件和次同步振荡事件中的实测同步相量原始数据、IEEE C37.118 标准定义的动态合成同步相量分别进行了算例验证测试，综合得到的对比测试结果，可得出如下结论。

（1）动态同步相量的椭圆轨迹带来了显著优势。由于 ESDC 仅使用同步相量的幅值来判定压缩，所以可能出现某些重建同步相量的 TVE 过大的情况，导致 ESDC 不可用。而这种现象在两相间短路和次同步振荡事件中均不同程度地出现。PSDT 使用 TVE 作为重建数据精度控制指标，因而可保证所有重建数据的 TVE 在误差阈值内，但由于仍然是对幅值和相位分别独立压缩并仅使用了简单的线性插值，PSDT 的同步相量数据压缩性能一般。RSDC 得益于动态同步相量椭圆轨迹，可比 PSDT 更好地描述电力系统动态过程而实现了更好的压缩性能。可见，就压缩率和重建数据的精度而言，RSDC 比 PSDT 和 ESDC 具有更好的压缩性能。

（2）RSDC 的压缩率显著提升。得益于动态同步相量椭圆轨迹，RSDC 大大提高了内插值数据压缩的压缩率，即 RSDC.Storage 的压缩率可能比现有方法高出近 4 倍甚至 14 倍。此外，尽管基于外插值数据压缩的 RSDC.Comm. 的压缩率低于基于内插值的 RSDC.Storage，但 RSDC.Comm. 在保证同步相量零时延数据压缩的前提下，仍有可接受的压缩率。

（3）RSDC 的外插值数据压缩算法实现了零时延数据压缩。RSDC 的同步误差控制机制实现了外插值数据压缩过程分别在同步相量测量的发送端和接收端的同步协同执行。因此，该机制可完全消除压缩引起的时间延迟的影响，实现了在减少通信数据量的同时零延迟地更新同步测量数据。相比之下，针对同步相量测量终端的现有实时压缩方法，尤其是以 PSDT 和 ESDC 为代表的趋势提取压缩技术，实际上仍然会产生小于 $T_{\max}$ 的时延。此外，最大压缩间隔 $T_{\max}$ 将显著降低稳态下的压缩率。尽管内插值数据压缩 RSDC.Storage 以牺牲实时性为代价显著提高了压缩率，但外插值数据压缩 RSDC.Comm. 可有效实现零时延数据压缩。因此，内插值和外插值两种方法协作将同时解决压缩率和时延的问题。

第 4 章　基于迭代相量主成分分析的同步相量数据压缩

前文分别针对高压缩率和高实时性应用场景阐述了同步相量数据压缩方法。本章针对高压缩率和高实时性的同步相量数据压缩场景，如相量数据集中器 PDC 上送主站的数据压缩，充分利用同步相量数据间的时间连续性和空间相关性，研究同时具备高压缩率和高实时性的同步相量数据压缩算法。

主成分分析方法由于可利用不同测点同步相量间的空间相关性而可用于同步相量的数据压缩。主成分分析的基本思想是，通过正交变换将原始数据压缩为一组线性不相关的变量，这些变量被称为主成分，从而最大限度地减少原始数据的空间相关性冗余（即空间维度的冗余）。而重建数据是各主成分（principal component，PC）的线性组合，线性系数是原始数据的协方差矩阵的特征向量 [49,141,142]。文献 [49] 提出了一种用于同步相量数据压缩的高效主成分分析方法，该方法将同步相量的幅值和相位分别压缩，因而本章将其作为验证时的对比方法，并将其简写为 EPCA 方法。尽管现有技术对基于 PCA 技术的同步相量数据压缩展开了大量的研究，但仍然存在三个主要缺点。第一，实数域主成分分析的数据压缩不能处理复数域的同步相量。第二，需要一种特殊的方法来选择相量主成分分量（phasor principal component，PPC），以保证重建数据的精度。传统主成分分析中确定主成分的准则主要有两种，一个是归一化累计方差 [49,140,141]，另一个是 Guttman 下界准则 [143,144]。这两种方法都是基于归一化原始数据矩阵的协方差矩阵的特征值确定主成分的。而当主成分分析用于数据压缩时，这些准则的效果并不好，不能充分保证重建数据的精度。这是因为协方差矩阵的特征值是由原始数据的特征决定的，而与重建数据的精度没有直接关系。第三，为了准确和高效地提取原始数据的共同特征，需要一个大的样本数据窗，而大的数据窗会导致基于主成分分析的数据压缩技术计算量大、实时性差 [49]。

本章提出了一种复数域的相量主成分分析方法（phasor principal component analysis，PPCA）。该方法充分利用了相量幅值和相位之间一一对应的关联关系，通过复数域主成分分析 [143,145] 实现同步相量的数据压缩；同时利用同步相量的时间连续性和空间相关性，以迭代计算的方式分别解决了相量主成分分量选取和简化计算量的问题，从而大幅提升了 PPCA 的数据压缩性能。最后，利用低频振荡事件和两相间短路事件中 PMU 实测的同步相量数据验证了所提的迭代相量主成分分析数据压缩技术，进而将 PPCA 与将幅值和相位分开压缩的传统主成分分析方法 EPCA[49] 进行了比较。比较结果表明，PPCA 能够实现更高的压缩率和重建数据精度，并显著减少了计算量，同时具有更好的实时性。本章所述的基于迭代相量主成分分析的同步相量数据压缩技术的特点主要包括以下三个方面。

（1）PPCA 同步相量数据压缩通过复数域的主成分分析利用了幅值和相位之间的关联关系，从而实现了更好的压缩性能。

（2）提出了一种迭代的相量主成分分量选取方法，将重建数据的精度作为迭代指标，因而在电力系统的任何运行条件下都能满足压缩后的重建数据精度要求，并且这种迭代选择的方式并不会增加实际的计算复杂度和计算量。

（3）在系统处于近似稳定的状态时，相量主成分分量与原始数据间的空间相关性是稳定的，基于迭代计算的 PPCA 通过利用同步相量时间连续性，可以显著减少 PPCA 的计算量。即，在系统没有扰动或空间相关性不改变的情况下，PPCA 不需要重新计算。因此，PPCA 利用迭代计算和重叠数据窗实现了更好的实时性。

4.1 相量主成分分析 (PPCA)

本章提出的相量主成分分析的基本思想是，从复数域的原始相量数据矩阵中提取由物理规律确定的同步相量空间和时间维度的关联性特征，利用表征不同时序特征的相量主成分分量代替原始相量数据矩阵，以最小化原始数据在空间维度的冗余。在此基础上，为进一步提高相量主成分分析的重建数据精度并降低其计算量，本章设计了 PPCA 的双层迭代算法，即相量主成分迭代选择方法和 PPCA 迭代计算方法。双层迭代算法加持下的 PPCA 利用更少的计算量实现了更好的压缩性能，如图 4.1所示。

4.1.1 相量主成分分析的基本思想

在电力系统中，通过 PMU 测量得到的原始相量数据矩阵 $\boldsymbol{D}_{\mathrm{r}}$ 包含 N 个测点的 M 个连续时刻的同步相量数据，则 $\boldsymbol{D}_{\mathrm{r}}$ 如下：

$$\boldsymbol{D}_{\mathrm{r}}=\begin{bmatrix}\dot{X}_1(1) & \cdots & \dot{X}_j(1) & \cdots & \dot{X}_N(1)\\ \vdots & \ddots & \vdots & \ddots & \vdots\\ \dot{X}_1(i) & \cdots & \dot{X}_j(i) & \cdots & \dot{X}_N(i)\\ \vdots & \ddots & \vdots & \ddots & \vdots\\ \dot{X}_1(M) & \cdots & \dot{X}_j(M) & \cdots & \dot{X}_N(M)\end{bmatrix},\quad \begin{array}{c}1\leqslant i\leqslant M\\ 1\leqslant j\leqslant N\\ \boldsymbol{D}_{\mathrm{r}}\in\mathbb{C}_{M\times N}\end{array} \tag{4-1}$$

如图 4.1所示，单个相量由其瞬时值计算得到，并且由具有同步关联性的幅值和相位表示。在时间维度，物理系统的变化会直接引起瞬时值的变化，同时引起相量的幅值和相位的连续耦合变化。因此，$\boldsymbol{D}_{\mathrm{r}}$ 中每一列的相量序列，如 $[\dot{X}_j(1),\cdots,\dot{X}_j(M)]$，具有时间连续性的特征。

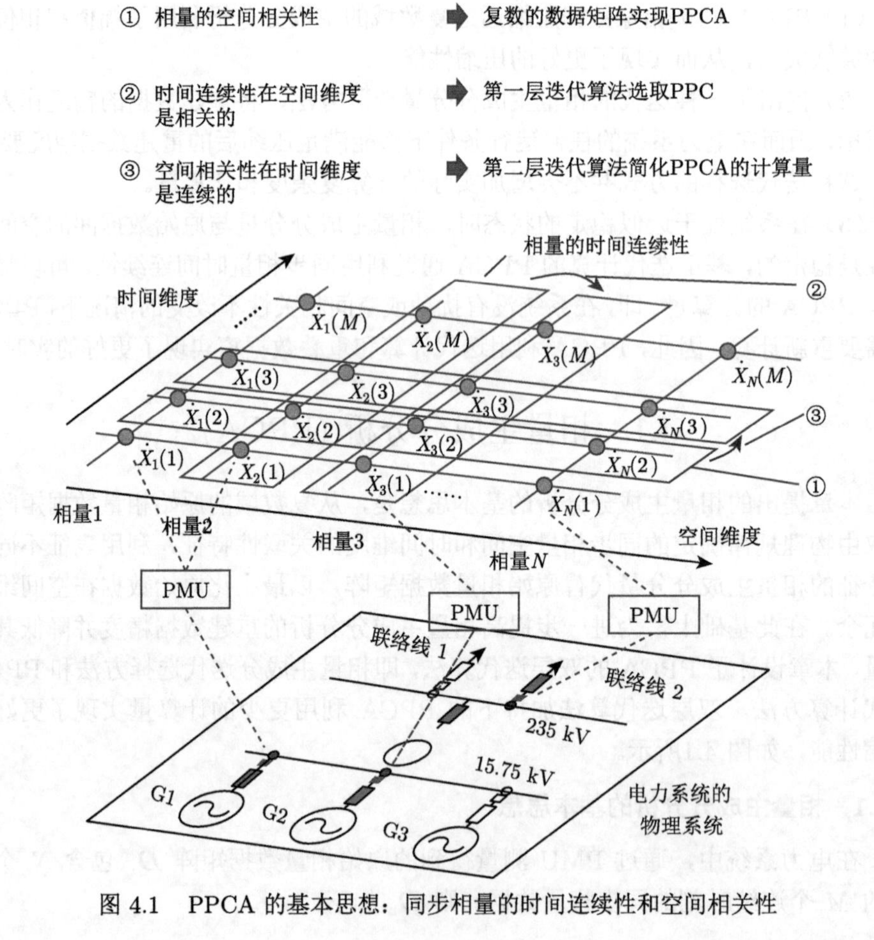

图 4.1 PPCA 的基本思想：同步相量的时间连续性和空间相关性

同时，对于空间维度不同测点的同步相量，电流和电压相量之间的关系直接由电力系统的物理特征决定。根据基尔霍夫定律（KVL 和 KCL），电网在任意时刻满足如下规律 $\dot{\boldsymbol{I}}=\boldsymbol{Y}\dot{\boldsymbol{U}}$，其中 $\dot{\boldsymbol{I}}$、$\dot{\boldsymbol{U}}$ 和 $\boldsymbol{Y}$ 分别为电流相量、电压相量和节点导纳矩阵。由此可见，同一时间断面上不同节点的同步相量，如 $\left[\dot{X}_1(i),\cdots,\dot{X}_N(i)\right]$，具有基尔霍夫定律定义的空间相关性特征。一个具体的实例将在第 4.4 节展示，实际变电站的 PMU 数据包括 10 个不同的测量节点的 40 个电压相量和 40 个电流相量，在稳定状态下，只有其中 6 个相量彼此独立，而其他相量都可以通过基尔霍夫定律计算得到。此外，在系统发生扰动时的动态过程中，虽然严格意义上讲相量形式的 $\dot{\boldsymbol{I}} = \boldsymbol{Y}\dot{\boldsymbol{U}}$ 的约束不再存在，但是各节点的电压和电流的瞬时值总是受基尔霍夫定律约束而确定的。因此，在系统发生扰动时，相量之间的空间相关性仍然存在，但扰动会增加其复杂程度，因而数据压缩需要保留更多数据以保留扰动信息。

文献 [49]、[141]、[146] 在数据压缩时利用了不同相量的幅值或相位之间的空间相关性。但是，这些方法由于将相量分为互不关联的幅值或相位数据而弱化和简化了相量的 $\dot{\boldsymbol{I}} = \boldsymbol{Y}\dot{\boldsymbol{U}}$ 的空间相关性。造成这一现象的原因正如前文所述，相量的幅值和相位之间存在一一对应的关联关系，两者同时反映了瞬时值的变化。因此，当把同步相量的幅值和相位分别独立压缩时，部分由物理系统定义的有价值的空间相关性信息将会被忽略，原始数据的特征也会被削弱，这将进一步导致整体压缩性能的下降，第 4.4节中的验证结果证实了这一点。

综上分析，将相量作为一个整体在复数域进行数据压缩将有利于提取原始数据在时间维度和空间维度的共同特征，通过利用同步相量的幅值和相位之间一一对应的关联关系可实现更好的压缩性能。本章提出的基于相量主成分分析的同步相量数据压缩方法具有如图 4.1 所示的三个显著特点，具体如下。

（1）相量主成分分析在复数域直接对相量数据矩阵 $\boldsymbol{D}_{\mathrm{r}}$ 进行计算，利用了 $\boldsymbol{D}_{\mathrm{r}}$ 各行中内含的空间相关性特征和 $\boldsymbol{D}_{\mathrm{r}}$ 各列中内含的时间连续性特征。

（2）不同相量在时间维度上的趋势相似并且互相关联，即相量的时间连续性在空间维度是相关的。在此基础上，本章提出了下层迭代算法来迭代选择相量主成分分量以准确控制重建相量数据的精度。该迭代选择方法在非系统扰动期间只需通过少数几次迭代即可保留足够多的相量主成分分量，只有在扰动期间由相量主成分分量代表的时间维度特征发生改变时才重新确定 PPCA 的相量主成分分量个数。

（3）在相邻时间断面内不同测点同步相量间的空间相关性很少发生突变，即相量的空间相关性在时间维度是连续的。在此基础上，本章提出了上层迭代算法以大幅减少相量主成分分析的计算量，而只有在扰动期间不同时间断面的空间相关性发生改变时才完全重新计算 PPCA，否则直接利用之前提取的空间相关性。

4.1.2 相量主成分分析的算法流程

与传统 PCA[49,141] 和复数域 PCA[143,145] 类似，相量主成分分析将协方差矩阵 $\boldsymbol{C}$ 中包含的信息压缩成相对较少的复数域特征向量 $\boldsymbol{u}_i$ 和相量主成分分量 $\boldsymbol{p}_i$，其中，$i = 1, \cdots, N'$，N' 为 PPCA 的相量主成分分量的个数，通常 $N' < N$。相量主成分分析与已有的复数域 PCA 的主要区别在于数据矩阵的标准化和相量主

成分分量的选择。相量主成分分析的算法流程图及每一步的计算复杂度如图 4.2 所示。

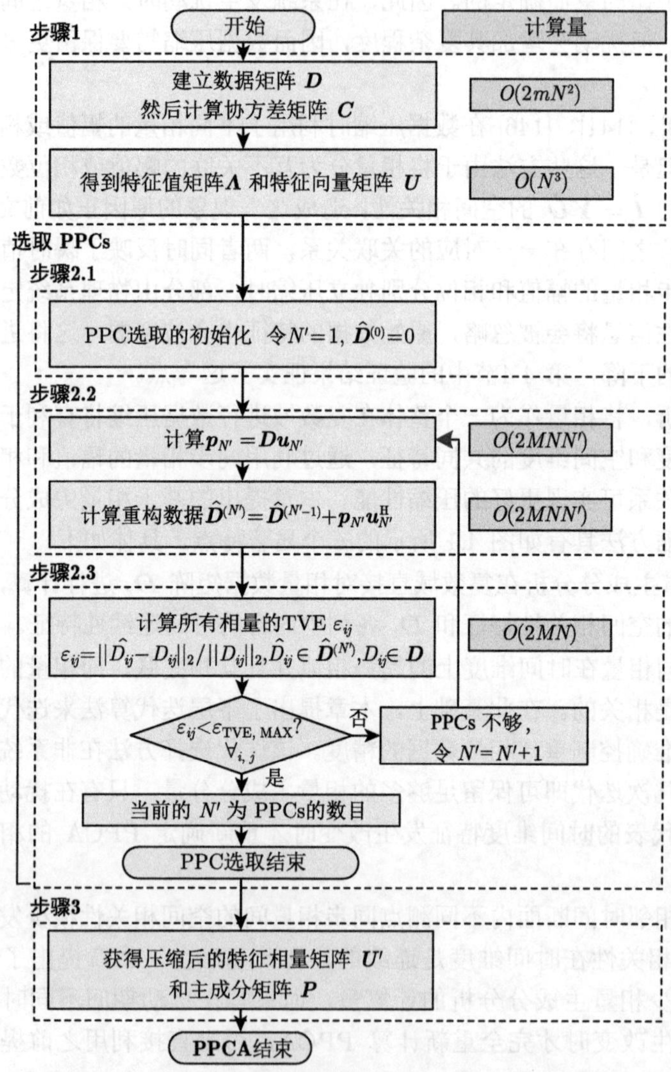

图 4.2　PPCA 迭代选取相量主成分方法的算法流程图

1. *原始数据矩阵的形成*

相量主成分分析的第一步是建立原始数据矩阵，如第 4.1.1节所述，相量主成分分析的原始数据矩阵由各个 PMU 或 PDC 的电流相量和电压相量构成，即

$$\boldsymbol{D}_{\mathrm{r}}=\left(\dot{\boldsymbol{U}}_1,\cdots,\dot{\boldsymbol{U}}_{N_{\mathrm{V}}},\dot{\boldsymbol{I}}_1,\cdots,\dot{\boldsymbol{I}}_{N_{\mathrm{I}}}\right) \tag{4-2}$$

式中，$\boldsymbol{D}_{\mathrm{r}}$ 为复数域的 $M \times (N_{\mathrm{V}} + N_{\mathrm{I}})$ 维矩阵，即 $\boldsymbol{D}_{\mathrm{r}} \in \mathbb{C}_{M \times (N_{\mathrm{V}} + N_{\mathrm{I}})}$；$M$ 是 T 时间段内以 F_{s} 采样频率采集的每个相量的数据量，因而 $M = T \times F_{\mathrm{s}}$；$N_{\mathrm{V}}$ 和 N_{I} 分别是所有 PMU 采集的电压相量和电流相量的数量，除有特殊说明，本章后续的论述将不再区分电压相量和电流相量。相量统一用 $\dot{X}$ 表示，N 为相量的个数，即 $N = N_{\mathrm{V}} + N_{\mathrm{I}}$，因而 $\boldsymbol{D}_{\mathrm{r}} \in \mathbb{C}_{M \times N}$ 且 $M \gg N$，如下所示：

$$\boldsymbol{D}_{\mathrm{r}} = \left(\dot{\boldsymbol{X}}_1, \cdots, \dot{\boldsymbol{X}}_j, \cdots, \dot{\boldsymbol{X}}_N\right), \quad 1 \leqslant j \leqslant N, \boldsymbol{D}_{\mathrm{r}} \in \mathbb{C}_{M \times N} \tag{4-3a}$$

$$\dot{\boldsymbol{X}}_j = \left(V_{1j}\angle\alpha_{1j}, \cdots, V_{ij}\angle\alpha_{ij}, \cdots, V_{Mj}\angle\alpha_{Mj}\right)^{\mathrm{T}}, \quad 1 \leqslant i \leqslant M \tag{4-3b}$$

式中，V 和 α 表示相量 $\dot{X}$ 的幅值和相位。

2. 原始数据矩阵的标准化

在进行相量主成分分析后续步骤之前，需要对 PPCA 的原始数据矩阵进行标准化处理，使不同测点的同步相量的方差处于同一量级，以便于更好地提取共同特征。在相量主成分分析中，同步相量原始数据被标准化为平均幅值为 1 的归一化相量，而相位不变。因此，$\boldsymbol{D}_{\mathrm{r}}$ 的标准化矩阵 $\boldsymbol{A}_{\mathrm{N}}$ 如下：

$$\boldsymbol{A}_{\mathrm{N}} = \operatorname{diag}\left(\frac{\sum_{i=1}^{M} V_{i1}}{M}, \cdots, \frac{\sum_{i=1}^{M} V_{ij}}{M}, \cdots, \frac{\sum_{i=1}^{M} V_{iN}}{M}\right) \tag{4-4}$$
$$1 \leqslant j \leqslant N$$

然后，$\boldsymbol{D}_{\mathrm{r}}$ 标准化后的数据矩阵定义为 $\boldsymbol{D}$，如下：

$$\boldsymbol{D} = \boldsymbol{D}_{\mathrm{r}} \boldsymbol{A}_{\mathrm{N}}{}^{-1}, \quad \boldsymbol{D} \in \mathbb{C}_{M \times N} \tag{4-5}$$

此处需要进一步说明的是，传统 PCA 方法，包括已有 PCA 方法，均需要将原始数据矩阵的每一列归一化为均值为 0、方差为 1 的归一化数据矩阵。这是因为传统 PCA 方法的统计学准则主成分分量选择方法依赖协方差矩阵的特征值 [49,141,145]（如归一化累积方差准则和 Guttman 下界准则），而只有严格的均值为 0、方差为 1 的归一化才能使协方差矩阵特征值具有与重建误差的对应关系。而本章 PPCA 中原始数据矩阵的标准化与传统 PCA 方法并不相同，因为 PPCA 方法的主成分分量迭代选择以重建精度为准则，而并不依赖协方差矩阵特征值与重建误差的对应关系。本章 PPCA 的原始数据矩阵标准化的目的在于将不同相量的特征归一化，消除不同相量额定值大小的差异而使特征具有可比性。

3. 主成分的选取

根据复数矩阵 $\boldsymbol{D}$ 计算得到其协方差矩阵 $\boldsymbol{C}$ 如下：

$$\boldsymbol{C}=\frac{1}{M-1}\boldsymbol{D}^{\mathrm{H}}\boldsymbol{D},\qquad \boldsymbol{C}\in\mathbb{C}_{N\times N} \tag{4-6}$$

式中，$\boldsymbol{D}^{\mathrm{H}}$ 为 $\boldsymbol{D}$ 的共轭转置或厄米尔特转置（Hermitian transpose），协方差矩阵 $\boldsymbol{C}$ 为厄米尔特矩阵（Hermitian matrix）且为半正定矩阵。在第 4.3节中，PPCA 使用重叠数据窗进行迭代计算时，$\boldsymbol{C}$ 中只有与新数据相关的元素需要计算，因此 $\boldsymbol{C}$ 的计算量是 $O(2mN^2)$，其中 m 是每个相量的新样本数据点数，$O(*)$ 代表由 Big O 方法衡量的计算复杂度。

由于 $\boldsymbol{C}$ 是厄米尔特矩阵，$\boldsymbol{C}$ 的特征值 λ_i 是实数，特征向量矩阵 $\boldsymbol{U}$ 是酉矩阵，有

$$\begin{gathered}\boldsymbol{\Lambda}=\boldsymbol{U}^{\mathrm{H}}\boldsymbol{C}\boldsymbol{U},\\ \boldsymbol{U}=[\boldsymbol{u}_1,\cdots,\boldsymbol{u}_i,\cdots,\boldsymbol{u}_N],\qquad \boldsymbol{u}_i\in\mathbb{C}_{N\times 1},\\ \boldsymbol{\Lambda}=\operatorname{diag}(\lambda_1,\cdots,\lambda_i\cdots,\lambda_N),\qquad \lambda_1\geqslant\cdots\geqslant\lambda_N\geqslant 0,\lambda_i\in\mathbb{R}\end{gathered} \tag{4-7}$$

基于相量主成分分析的数据压缩算法中确定相量主成分分量个数 N' 并选取相量主成分分量的方法将在第 4.2节中详细论述。然后，根据选择后的 N' 得到数据压缩后的特征向量矩阵 $\boldsymbol{U}'$ 和主成分矩阵 $\boldsymbol{P}$ 如下：

$$\boldsymbol{U}'=[\boldsymbol{u}_1,\cdots,\boldsymbol{u}_{N'}],\qquad \boldsymbol{U}'\in\mathbb{C}_{N\times N'} \tag{4-8a}$$

$$\boldsymbol{P}=[\boldsymbol{p}_1,\cdots,\boldsymbol{p}_{N'}]=\boldsymbol{D}\boldsymbol{U}',\qquad \boldsymbol{P}\in\mathbb{C}_{M\times N'} \tag{4-8b}$$

复数矩阵 $\boldsymbol{U}'_{N\times N'}$、$\boldsymbol{P}_{M\times N'}$ 和 $\boldsymbol{A}_{\mathrm{N}}$ 为 PPCA 进行数据压缩后保留的数据。在文献 [49]、[52] 等中，压缩率 λ_{CR} 的定义如式 (4-9a) 所示，由于 $N\ll M$，λ_{CR} 一般可以计算为如式 (4-9b) 所示。

$$\lambda_{\mathrm{CR}}=\frac{\text{the number of Raw Data}}{\text{the number of Compressed Data}} \tag{4-9a}$$

$$=\frac{M\times N}{N\times N'+M\times N'+N}\approx\frac{N}{N'} \tag{4-9b}$$

4. 压缩数据的重建

重建的相量数据是对压缩相量的估计值，根据式 (4-8) 中对于 PPCA 压缩数据的数学解释，将 $\boldsymbol{D}$ 的重建相量数据表示为 $\hat{\boldsymbol{D}}$，其中标记“^”代表“估计值”或“重建”，计算如下：

$$\hat{\boldsymbol{D}} = \boldsymbol{P}\boldsymbol{U}'^{\mathrm{H}}, \qquad \hat{\boldsymbol{D}} \in \mathbb{C}_{M\times N} \tag{4-10}$$

以 $\hat{\boldsymbol{D}}_{\mathrm{r}}$ 表示通过对 $\hat{\boldsymbol{D}}$ 进行反标准化得到的最终的重建数据：

$$\hat{\boldsymbol{D}}_{\mathrm{r}} = \hat{\boldsymbol{D}}\boldsymbol{A}_{\mathrm{N}}, \qquad \hat{\boldsymbol{D}}_{\mathrm{r}} \in \mathbb{C}_{M\times N} \tag{4-11}$$

$\hat{\boldsymbol{D}}_{\mathrm{r}}$ 是根据压缩数据 $\boldsymbol{U}'_{N\times N'}$、$\boldsymbol{P}_{M\times N'}$ 和 $\boldsymbol{A}_{\mathrm{N}}$ 计算得到的原始相量数据矩阵 $\boldsymbol{D}_{\mathrm{r}}$ 的估计值，式 (4-10) 表示原始相量数据矩阵 $\boldsymbol{D}_{\mathrm{r}}$ 被压缩为 $\boldsymbol{P}_{M\times N'}$ 中各列（即相量主成分分量）的线性组合，而各个相量主成分分量的线性组合系数是 $\boldsymbol{U}'_{N\times N'}$ 矩阵中对应行的共轭。进一步地，$\boldsymbol{P}$ 中各列 $\boldsymbol{p}_i$ 代表相量的时间连续性特征；同时，$\boldsymbol{U}'$ 中各列 $\boldsymbol{u}_i$ 代表不同节点的同步相量之间的空间相关性特征，如图 4.1 所示。

本章利用 IEEE C37.118 标准 [136] 定义的总矢量误差（total vector error，TVE）来衡量原始相量和重建相量之间的误差，如式 (4-12) 所示。

$$\varepsilon_{\mathrm{TVE}} = \frac{||\dot{\hat{X}} - \dot{X}||_2}{||\dot{X}||_2} \times 100\% \tag{4-12}$$

式中，$\dot{\hat{X}}$ 和 $\dot{X}$ 分别代表单个同步相量数据点对应的重建相量和原始相量。

需要进一步说明的是，TVE 衡量的是单个重建相量数据点的误差（per-enty error），那么这种基于单个重建相量数据点误差的压缩准则可确保任何重建相量数据点的误差小于预期的阈值。相对地，平均误差是一组重建数据的总体误差，即重建相量数据矩阵的误差，因而平均误差是一个统计概念。目前很多数据压缩算法以平均误差作为压缩准则或评价指标。例如，以归一化均方根误差（NRMSE）衡量重建数据精度。又如，传统 PCA 方法基于特征值的主成分分量选取方法是基于平均误差的选择标准，因为其中的特征值即直接对应重建数据的误差平方。由此可见，由于误差较大的相量数据点的误差将平均分配给其他相量数据点，那么可能会出现少数相量数据点存在较大误差而平均误差仍然可以接受的情况。本章分别使用 TVE 和 NRMSE 代表单点误差和平均误差进行研究，本章的解释和结论也适用于其他形式的单点误差和平均误差。

4.2 相量主成分分量的迭代选择方法

本章针对同步相量数据压缩这一具体应用场景，提出了一种用于 PPCA 的相量主成分分量迭代选择方法。这一迭代选择方法以重建数据精度阈值为准则，以此替代传统 PCA 中基于特征值的统计性选择准则，可完全保证所有数据点重建误差小于设定阈值，从而避免出现个别数据点重建误差突增超过阈值的情况。

4.2.1 传统的主成分分量选择方法

所有基于主成分分析的数据压缩方法为了充分保留重要信息，主成分个数 N' 的选择都是需要着重考虑的因素之一 [49,145]。同步相量数据压缩的首要前提是维持重建数据点中内涵的电力系统动态测量信息。电力系统的动态信息由如图 4.3中所示的同步相量动态断面提供。动态断面是某一时刻所有节点的相量量测，反映了电力系统在该时间断面上的动态状态。具体而言，图 4.3中的一个动态断面对应于时间段为 $1/F_{\mathrm{S}}$ 的数据矩阵 $\boldsymbol{D}$ 中相应的一行，而不是完整时间段 T 内的整个数据矩阵 $\boldsymbol{D}$。因此，任何误差超过准确度阈值的重建相量数据点都将导致其所在动态断面的误差超过可接受阈值，同时，这一误差是其他动态断面所无法弥补的。可见，整个数据矩阵 $\boldsymbol{D}$ 的平均误差并不能作为同步相量数据压缩的准则。否则，可能会出现尽管数据矩阵的平均误差低于阈值而某一动态断面的精度极差的情况，如第 4.4节中的结果所示。

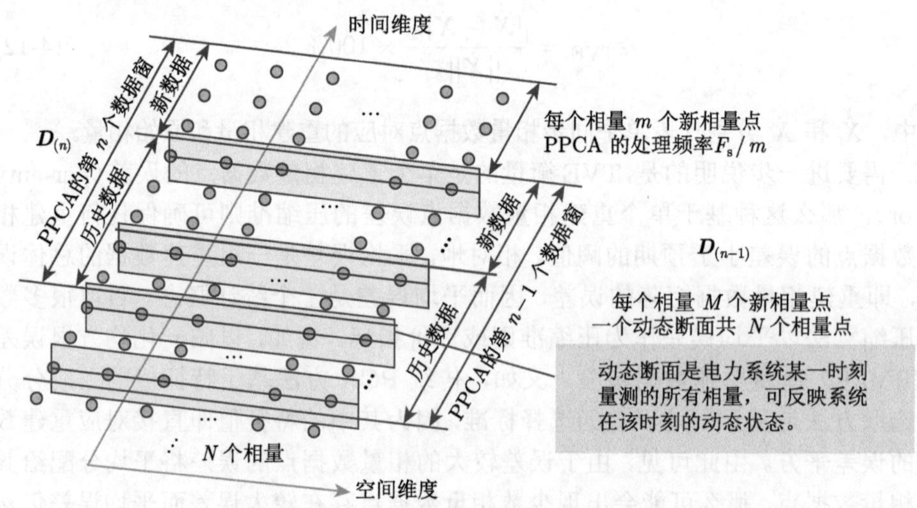

图 4.3 相量主成分分析迭代计算过程中的动态断面和重叠数据窗

现有研究中，传统主成分分析方法 [145] 通常采用统计显著性指标为依据确定主成分 N' 的数目，应用最广泛的有两个准则：第一个准则是文献 [49]、[140]、[141] 中使用的归一化累计方差准则，本章 4.4节将以其作为对比进行讨论和比较。其中，主成分 N' 的归一化累计方差为

$$\delta = \frac{\sum_{i=1}^{N'} \lambda_i}{\sum_{i=1}^{N} \lambda_i} \tag{4-13}$$

归一化累计方差准则为

$$N' = \min\{N'|\delta \geqslant \delta_{\text{criterion}}\} \tag{4-14}$$

第二个准则是 Guttman 下界准则 [143]，该方法将保留所有对总方差贡献较大的主成分分量，通常选为一个单位的总方差（即对应归一化后的重建方差为单位 1）。其表达式为

$$N' = \max\{N'|\lambda_{N'} > 1\} \tag{4-15}$$

这一准则在统计学科广泛应用，例如广泛应用的 SPSS 统计软件 [144]。

但是，传统主成分分析所采用的归一化累积方差准则和 Guttman 下界准则都是建立在对样本数据标准化的基础上的，利用 $\boldsymbol{\Lambda}$ 中特征值 λ_i 表征每个主成分分量 $\boldsymbol{p}_i$ 的归一化方差，其中归一化方差为 $\hat{\boldsymbol{D}}$ 和 $\boldsymbol{D}$ 之间误差的总方差 [49,143,145]。也就是说，这些基于特征值的准则是通过 $\hat{\boldsymbol{D}}$ 与原始数据间总方差的统计显著性来确定主成分分量的，而非各个数据点的重建准确性。此外，由特征值 λ_i 得到的统计显著性会受到实际扰动不同的影响。因此，需要针对不同扰动随时调整准则的特征值阈值，以保证重建数据的精度。文献 [49] 所提出的 EPCA 算法以归一化累积方差准则确定主成分，针对常规数据和扰动数据分别采用了不同的阈值，因而主成分分析之前，需要进行是否发生扰动的检测以确定阈值切换策略。然而，尽管根据扰动条件的不同对阈值进行了精细区分，这些统计学准则仍然可能遗漏个别数据点的某些特定特征，进而导致这些个别数据点的重建数据精度可能会非常低。例如，如图 4.3所示的同步相量动态断面（dynamic snapshot）中 [147] 可能会出现满足总方差低于阈值而个别数据点精确度过低的情况。此外，由于没有对重建精度进行直接控制而是需要计算特征值，基于特征值的准则不能像第 4.3节中的双层迭代相量主成分分析一样通过迭代计算减少计算量，每次主成分分析的过程均须完整计算以获得特征值。

4.2.2 相量主成分分量的迭代选择过程

本章所提的相量主成分分量迭代选择方法的基本思想是，通过迭代计算逐一添加相量主成分分量以逐步修正重建数据矩阵 $\hat{\boldsymbol{D}}$，直至重建数据矩阵 $\hat{\boldsymbol{D}}$ 中所有元素的综合矢量误差 TVE 均低于设定阈值而满足精度要求。图 4.2中的步骤 2 列出了该方法的计算复杂度和计算量。下述步骤中的特征向量矩阵 $\boldsymbol{U}$ 和特征值矩阵 $\boldsymbol{\Lambda}$ 是在步骤 1 中得到的，如第 4.1 节的式 (4-6) 和式 (4-7) 所示。

步骤 2.1：迭代初始条件是 $N' = 1$ 和 $\hat{\boldsymbol{D}}^{(0)} = 0$。

步骤 2.2：作为一次迭代的开始，计算第 N' 个主成分 $\boldsymbol{p}_{N'}$：

$$\boldsymbol{p}_{N'} = \boldsymbol{D}\boldsymbol{u}_{N'} \tag{4-16}$$

然后迭代计算重建数据矩阵 $\hat{\boldsymbol{D}}$：

$$\hat{\boldsymbol{D}}^{(N')} = \hat{\boldsymbol{D}}^{(N'-1)} + \boldsymbol{p}_{N'}\boldsymbol{u}_{N'}^{\mathbf{H}} \tag{4-17}$$

步骤 2.3：根据式 (4-12) 计算所有相量的综合矢量误差 TVE 如下：

$$\varepsilon_{ij} = \frac{||\hat{D}_{ij} - D_{ij}||_2}{||D_{ij}||_2} \times 100\%, \qquad \hat{D}_{ij} \in \hat{\boldsymbol{D}}^{(N')}, D_{ij} \in \boldsymbol{D} \tag{4-18}$$

式中，$\hat{D}_{ij}$ 和 D_{ij} 分别对应 $\hat{\boldsymbol{D}}^{(N')}$ 和 $\boldsymbol{D}$ 的元素。如果 $\varepsilon_{ij} < \varepsilon_{\text{TVE,MAX}}, \forall i,j$ 成立，则当前的 N' 即为选取的相量主成分分量的个数；反之，相量主成分分量的个数不满足重建数据精度要求，则需通过 $N' = N' + 1$ 累加 N'，进而重复执行步骤 2.2 的迭代。

综上所述，相量主成分分量的迭代选择方法判定相量主成分分量个数 N' 的判定条件为 $N' = \min\{N'|\varepsilon_{ij} < \varepsilon_{\text{TVE,MAX}}, \forall i,j\}$。本章提出的相量主成分分析迭代选择方法具有如下两个特点而适用于电力系统同步相量数据压缩的应用场景。

首先，该方法可以直接控制重建数据精度，进而保证每个动态断面的重建精度。在统计学中应用时，主成分分析方法着重在统计显著性的提取。而当应用于数据压缩时，主成分分析则应关注压缩性能，即提高压缩率且保证每个动态断面的重建数据精度。因此，相较于目前广泛应用的基于特征值的主成分分量选择准则，本章提出的相量主成分分量迭代选择方法更适用于同步相量的数据压缩。

其次，虽然该方法的迭代过程是重复执行步骤 2.2 和步骤 2.3，但这并不会显著增加 PPCA 的实际计算量。这是因为，在迭代过程中，若出现某一数据点重建误差过大而导致判据 $\varepsilon_{ij} < \varepsilon_{\text{TVE,MAX}}, \forall i,j$ 不成立时，将会直接进入下一次迭代过程而无须继续判断其他重建数据点误差。下一次迭代将增加 N' 以加入一个额外的相量主成分分量，因而 ε_{ij} 随着迭代过程而单调递减。换句话说，在下一次迭代开始、N' 增大后，将会继续从上次停止的地方判定 $\varepsilon_{ij} < \varepsilon_{\text{TVE,MAX}}, \forall i,j$ 判据而非从头开始。由此可见，式 (4-18) 所示的误差计算过程只会被计算 $(MN + N' - 1)$ 次，进而分析可得图 4.2中 PPCA 的总计算量为 $O(MNN')$。同时，与式 (4-8b) 中计算主成分分量的过程类似，传统 PCA 方法、EPCA 方法的计算量也是 $O(MNN')$，可见 PPCA 的总计算量不会因使用迭代选择相量主成分分量而增加。此外，由于一个变电站内各测点电气距离很近，且稳定状态时三相对称，所以在绝大多数情况下各个同步相量彼此之间很相似，进而在大多数情况下相量主成分分量的个数也很少。

根据 IEEE C37.118 标准 [136] 中对综合矢量误差 TVE 的定义和要求，PMU 的测量精度在稳定状态下是 1%，在动态状态下是 3%。因此，PPCA 的重建数据精度阈值 $\varepsilon_{\mathrm{TVE,MAX}}$ 可以根据实际应用需求在 0.5% ~ 1% 范围内选择。TVE 误差为 $\varepsilon_{\mathrm{TVE,MAX}}=1\%$ 时约等于如式 (4-19b) 所示的归一化均方误差（NMSE）为 $\varepsilon_{\mathrm{NMSE}}=1\times10^{-4}$ 的情况，抑或是如式 (4-19c) 所示的归一化均方根误差（NRMSE）为 $\varepsilon_{\mathrm{NRMSE}}=1\times10^{-2}$ 的情况，可见 PPCA 的重建数据精度与其他有损数据压缩处于同一水平。

$$\varepsilon_{\mathrm{MSE}}(\hat{\boldsymbol{D}},\boldsymbol{D})=\frac{\sum_{i=1}^{M}\sum_{j=1}^{N}\|\hat{D}_{ij}-D_{ij}\|_2^2}{MN},\qquad \hat{D}_{ij}\in\hat{\boldsymbol{D}},D_{ij}\in\boldsymbol{D} \tag{4-19a}$$

$$\varepsilon_{\mathrm{NMSE}}(\hat{\boldsymbol{D}},\boldsymbol{D})=\frac{\varepsilon_{\mathrm{MSE}}(\hat{\boldsymbol{D}},\boldsymbol{D})}{\varepsilon_{\mathrm{MSE}}(\boldsymbol{D},\boldsymbol{0})}=\frac{\sum_{i=1}^{M}\sum_{j=1}^{N}\|\hat{D}_{ij}-D_{ij}\|_2^2}{\sum_{i=1}^{M}\sum_{j=1}^{N}\|D_{ij}\|_2^2} \tag{4-19b}$$

$$\varepsilon_{\mathrm{RMSE}}=\sqrt{\varepsilon_{\mathrm{MSE}}},\quad \varepsilon_{\mathrm{NRMSE}}=\sqrt{\varepsilon_{\mathrm{NMSE}}} \tag{4-19c}$$

4.3 实际应用中的相量主成分分析迭代计算过程

基于主成分分析的数据压缩方法的显著缺点之一是，为了从原始数据所包含的信息中准确、有效地提取出共性特征，需要一个较大的样本数据窗，而大的样本数据窗会进一步导致该方法的计算量大和实时性差 [49,140]。为了解决这个问题，本节设计了利用重叠数据窗的相量主成分分析迭代计算方法，该方法在实际应用中可以显著减少 PPCA 的计算量并使其具有更好的实时性。

利用重叠数据窗的相量主成分分析迭代计算方法如图 4.3所示。重叠数据窗指的是，第 n 个 PPCA 原始数据矩阵 $\boldsymbol{D}_{(n)}$ 包含 $m\times N$ 个新的数据点和 $(M-m)\times N$ 个来自第 $(n-1)$ 个 PPCA 数据矩阵 $\boldsymbol{D}_{(n-1)}$ 的历史数据点。利用重叠数据窗的迭代相量主成分分析以 $m\Delta T$ 时间间隔进行计算，即以 F_{s}/m (Hz) 频率更新压缩结果，m 取值越小，PPCA 的实时性就越好但计算量越大。

当应用在统计学中时，主成分分析的对象主要是各种随机变量。相比之下，当用于电力系统中的同步相量数据压缩时，主成分分析的对象是同步相量；而正如前文所述，同步相量受电力系统物理系统的限制，如图 4.1所示，不同测点的同步相量之间不仅存在空间相关性，且由于物理系统不会突变，这些空间相关性通常具有较强的时间连续性。具体到 PPCA 算法，相量主成分分量代表了去除空间维度冗余之后的典型特征，而在重建数据时特征向量矩阵是相量主成分分量的线性组合系数，可见特征向量矩阵描述了原始数据中的空间相关性信息。因此，由特征向量矩阵描述的原始数据和相量主成分分量之间的关系具有时间连续性。

综上分析，相量主成分分析的迭代计算方法的基本思想是，当电力系统的扰动不足以改变不同测点同步相量之间的空间相关性时，可以直接利用前一步主成分分析计算得到的特征向量矩阵而不需要重新计算特征向量矩阵，即直接使用前一步的特征向量矩阵重建数据仍可满足精度要求。因此，重建数据精度可作为判断是否需要重新计算而进行迭代的判据。相量主成分分析的迭代计算过程如图 4.4 所示，具体可分为如下三个步骤。

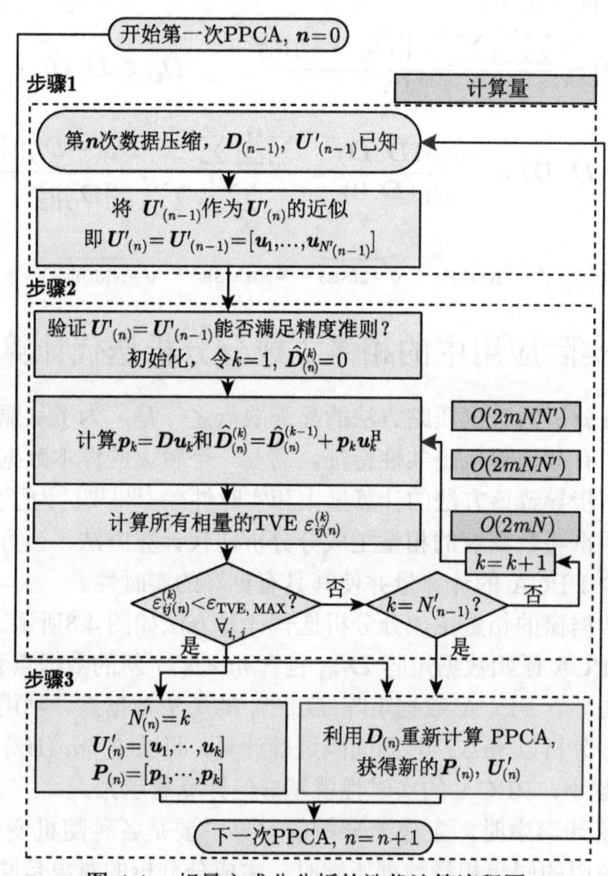

图 4.4 相量主成分分析的迭代计算流程图

初始化：需要首先进行一次完整的 PPCA 数据压缩作为初始化，设其为第 0 次 PPCA，得到 $\boldsymbol{P}_{(0)}$ 和 $\boldsymbol{U}'_{(0)}$，相量主成分分量的个数为 $N'_{(0)}$，中间变量包括 $\boldsymbol{U}'_{\text{temp}}$ 和 N'_{temp}，令 $\boldsymbol{U}'_{\text{temp}}=\boldsymbol{U}'_{(0)}$，$N'_{\text{temp}}=N'_{(0)}$。

步骤 1：开始第 n 次 PPCA 数据压缩，$\boldsymbol{D}_{(n-1)}$、$\boldsymbol{U}'_{\text{temp}}$ 和 N'_{temp} 已知，然后以 $\boldsymbol{U}'_{\text{temp}}$ 近似 $\boldsymbol{U}'_{(n)}$ 而不计算 $\boldsymbol{U}'_{(n)}$，即 $\boldsymbol{U}'_{(n)}=\boldsymbol{U}'_{\text{temp}}=\left[\boldsymbol{u}_1,\cdots,\boldsymbol{u}_{N'_{\text{temp}}}\right]$。

步骤 2：通过从 $\boldsymbol{U}'_{\text{temp}}$ 中选取并由一个开始逐一增加相量主成分分量的个数，逐一判断 $\boldsymbol{U}'_{(n)}=\boldsymbol{U}'_{\text{temp}}$ 能否满足重建数据的精度准则。整个迭代过程及其判断准则与第 4.2节中的相量主成分分量迭代选择方法类似。具体而言，首先是初始化，令迭代控制变量 k 为 $k=1$，第 n 次 PPCA 中迭代计算第 k 次选择相量主成分分量时的重建数据矩阵为 $\hat{\boldsymbol{D}}^{(k)}_{(n)}$，$\hat{\boldsymbol{D}}^{(k)}_{(n)}=0$。以下开始进行相量主成分分量的迭代选择过程。将计算增加第 k 个主成分 $\boldsymbol{p}_k$ 后的重建数据矩阵 $\hat{\boldsymbol{D}}^{(k)}_{(n)}$ 作为一次迭代。

$$\boldsymbol{p}_k=\boldsymbol{D}_{(n)}\boldsymbol{u}_k \tag{4-20}$$

随后计算重建数据矩阵 $\hat{\boldsymbol{D}}^{(k)}_{(n)}$：

$$\hat{\boldsymbol{D}}^{(k)}_{(n)}=\hat{\boldsymbol{D}}^{(k-1)}_{(n)}+\boldsymbol{p}_k\boldsymbol{u}_k^{\boldsymbol{H}} \tag{4-21}$$

计算 $\hat{\boldsymbol{D}}^{(k)}_{(n)}$ 中每个元素的综合矢量误差：

$$\varepsilon^{(k)}_{ij(n)}=\frac{\|\hat{D}^{(k)}_{ij(n)}-D_{ij}\|_2}{\|D_{ij}\|_2}\times 100\% \tag{4-22}$$

如果 $\varepsilon^{(k)}_{ij(n)}<\varepsilon_{\text{TVE,MAX}},\forall i,j$ 条件成立，则作为 $\boldsymbol{U}'_{(n)}$ 的近似，当前的 $\boldsymbol{U}'_{\text{temp}}$ 中前 k 列可以满足重建数据精度阈值 $\varepsilon_{\text{TVE,MAX}}$，则无须重新计算，直接执行步骤 3。反之，如果重建数据精度阈值条件不成立，则需要继续迭代过程直至 $k=N'_{\text{temp}}$。若直至 $k=N'_{\text{temp}}$ 时仍无法达到重建数据精度阈值，则 $\boldsymbol{U}'_{\text{temp}}$ 不能作为 $\boldsymbol{U}'_{(n)}$ 的近似，需要彻底重新计算 PPCA 以获得准确的 $\boldsymbol{U}'_{(n)}$。需要注意的是，这里的计算量是 $O(mNN')$，与 4.2节中的式 (4-16)~式 (4-18) 不相同，因为这里只需要按照式 (4-20)~式 (4-22) 计算 $\boldsymbol{D}_{(n)}$ 中的新数据而不需要计算历史数据。

步骤 3：如果无需重新计算 PPCA，则 $N'_{(n)}=k,\boldsymbol{U}'_{(n)}=[\boldsymbol{u}_1,\cdots,\boldsymbol{u}_k],\boldsymbol{P}_{(n)}=[\boldsymbol{p}_1,\cdots,\boldsymbol{p}_k]$，第 n 次的 PPCA 完成。反之，需要根据图 4.2中的流程彻底重新计算 $\boldsymbol{D}(n)$ 的相量主成分分析，得到新的 $\boldsymbol{U}'_{(n)}$ 和 $\boldsymbol{P}_{(n)}$，并按照 $\boldsymbol{U}'_{\text{temp}}=\boldsymbol{U}'_{(n)}$ 和 $N'_{\text{temp}}=N'_{(n)}$ 分别更新中间变量 $\boldsymbol{U}'_{\text{temp}}$ 和 N'_{temp}。最后，进行下一次的第 $n=n+1$ 次相量主成分分析。这样，同步相量的空间相关性被存储在 $\boldsymbol{U}'_{\text{temp}}$ 和 N'_{temp} 中，在扰动较小时可以不用重新计算这两个变量，直至需要下一次重新计算 PPCA 时才再次计算这两个变量。

需要进一步说明的是，为了获得更好的实时数据压缩性能，需要更小的数据窗 m。由于相量主成分分析的数据压缩迭代计算过程以 F_{s}/m (Hz) 的频率更新，无论 m 多小，迭代相量主成分分析在固定时间段 T_{d} 内的总计算量都是 $O(T_{\text{d}}F_{\text{s}}NN')$。

此外，由于同步相量自身存在时间连续性，PPCA 仅在少数情况下才需要重新计算，这也会大幅减少迭代相量主成分分析的计算量。

4.4 基于实测同步相量的仿真验证

为了验证所提出的相量主成分分析数据压缩方法的正确性和有效性，本节分别针对利用了实际电力系统中低频振荡事件（LFO）和两相间短路事件过程中由 PMU 实测的同步相量原始数据进行研究，两者分别代表了三相对称故障和三相不对称故障场景。同时，本章还将所提出的迭代相量主成分分析方法 PPCA 与基于特征值主成分选择判据的 PPCA 原型 [140]、高效主成分分析算法 EPCA[49] 的结果进行了比较分析，以验证复数域的相量主成分分析、相量主成分分量的迭代选择方法和相量主成分分析的迭代计算过程的特点和性能。

具体而言，上述算法数据压缩判定准则分别如下。① 迭代相量主成分分析方法的精度准则为 $\varepsilon_{\mathrm{TVE,MAX}} = 0.8\%$，此条件下的结果以“PPCA”表示。② PPCA 原型由于使用了归一化累计方差准则 [140]，因而针对两个不同场景的阈值不同，第 4.4.1节的低频振荡场景为 $N' = \min\{N'|\delta \geqslant 0.999\}$ 、第 4.4.2节的两相间短路场景为 $N' = \min\{N'|\delta \geqslant 0.99999\}$，此条件下的结果以“PPCA-fixed”表示。③ EPCA 算法 [49] 使用了归一化累计方差准则，根据文献中提供的参数，正常运行情况下的归一化累计方差准则为 $N' = \min\{N'|\delta \geqslant 0.8\}$、对于扰动情况下的归一化累计方差准则为 $N' = \min\{N'|\delta \geqslant 0.95\}$，此条件下的结果以“EPCA-fixed”表示。④ 此外，由于“EPCA-fixed”的固定阈值导致压缩结果较差而难以进一步说明问题，本节在 EPCA 基础上使用了动态变化的归一化累计方差准则 $\delta_{\mathrm{criterion}}$ 进一步比较验证 PPCA 的性能，该归一化累计方差准则以满足 $\varepsilon_{\mathrm{TVE,MAX}} = 1\%$ 条件的最小 $\delta_{\mathrm{criterion}}$ 为准，此条件下的结果以 EPCA-dynamic 表示。

本节以式 (4-9a) 定义的压缩率 λ_{CR}、重建数据精度来评价、比较各算法的数据压缩性能，并将式 (4-12) 定义的 TVE[136] 和式 (4-19) 中的归一化均方根误差（NRMSE）作为重建数据精确度的指标。需要注意的是，均方误差（MSE）直接与基于特征值的主成分选取准则相对应 [145]，因为利用基于特征值的主成分分量选择法的主成分分析，其重建数据结果的 MSE 与特征值一一对应。归一化均方误差（NMSE）是 MSE 的归一化结果，适合在不同场景下与 TVE 进行对比。但由于 MSE 和 NMSE 都是平方误差，其阶数与 TVE 不同。归一化均方根误差 NRMSE 根据均方误差（MSE）计算而来，NRMSE 的阶数与 TVE 相同均为一阶，1% TVE 约等于 0.01 NRMSE。此外，由于每次压缩的原始数据点数固定为 $M \times N$，所以总误差 NRMSE 可以被视作平均误差来分析，即 NRMSE 可以代表由平均误差衡量的统计显著性。

4.4.1 三相对称的低频振荡场景

如图 4.5所示，LFO 事件中，原始数据由水电厂变电站中各 PMU 提供，与文献 [52] 中的数据一致。在 LFO 事件发生时，G1、G2 和联络线 2 正常运行，G3 和联络线 1 处于停电检修状态。每个测点都包括 A、B、C 三相的电压和电流同步相量，以及正序电压和电流同步相量，原始数据共包括 12 个电压相量和 12 个电流相量。实测数据的总时长为 250s，各算法单次数据压缩的数据窗长为 $M = 1000$ 个样本数据，采样持续时间 T 和采样频率 F_s 分别为 10 s 和 100 Hz。此外，迭代 PPCA 将使用不同大小的重叠数据窗，即不同 m 对应的重叠数据窗进行测试。

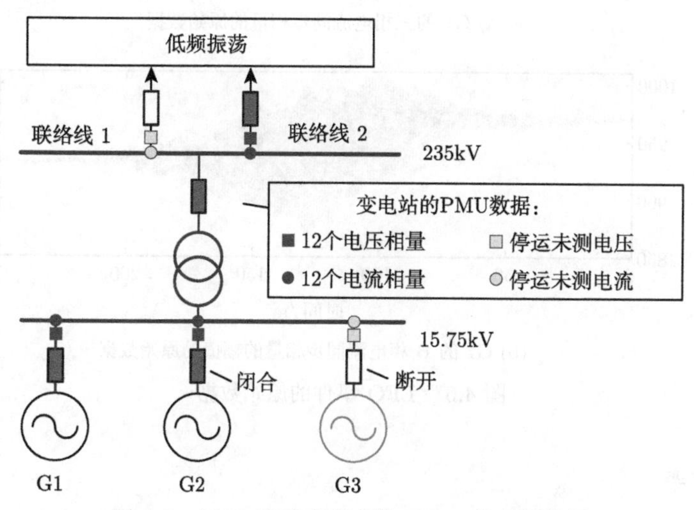

图 4.5 LFO 事件中变电站 PMU 的实测数据

以低频振荡为代表的三相对称故障条件下的验证结果如下。

1. 原始数据

图 4.6为其中一个测点的实测数据，图 4.6(a) 为复数域的同步相量序列，图 4.6(b) 为实数域的同步相量幅值序列。两者对比可见，对于同一个同步相量，图 4.6(a) 中同步相量的波动相比于图 4.6(b) 中的同步相量幅值更连续且失真更少。造成这种现象的原因是，相量的幅值和相位具有一一对应的关联性，两者相互耦合相互影响。因此，复数域的相量数据压缩方法能够利用更多的相量信息来提取扰动数据的特征。

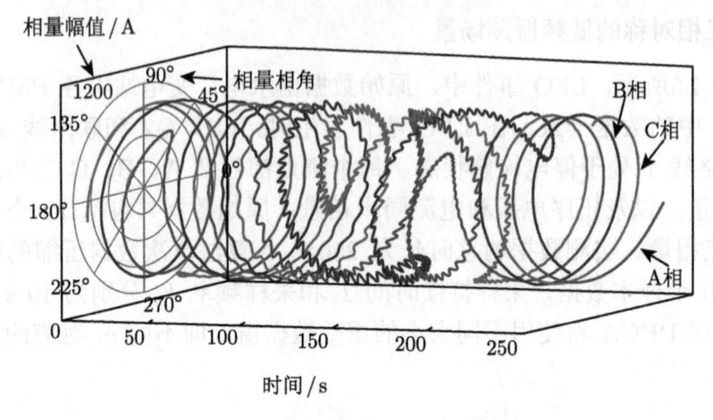

(a) G1 的三相电流同步相量的原始数据

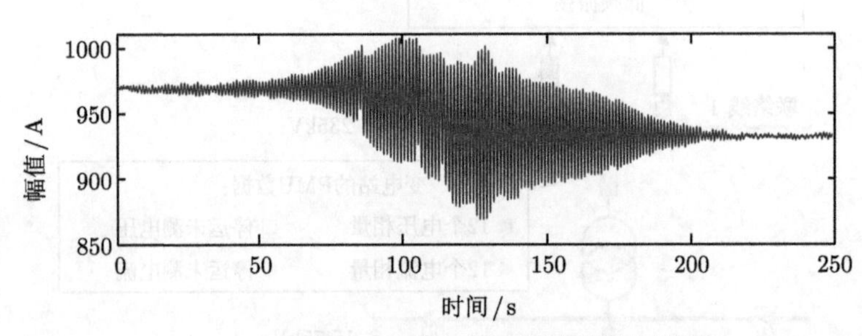

(b) G1 的 B 相电流同步相量的幅值的原始数据

图 4.6 LFO 事件的原始数据

2. 压缩率

各个算法的压缩率随时间的变化趋势如图 4.7(a) 所示。需要说明的是，图 4.7 中的每一点对应一个压缩数据窗，每一点的时刻为数据窗的中点。在 LFO 发生之前（0 ~ 80 s 时段），PPCA 的压缩率为 12，$N'=2$，即保留了两个相量主成分分量；在 LFO 期间（80 ~ 210 s 时段），PPCA 的压缩率减少至 8，$N'=3$，即增加了一个相量主成分分量来存储更多扰动信息；在 LFO 发生之后（210 s 之后），PPCA 的压缩率再次增加至 12。PPCA-fixed 的压缩率变化趋势与 PPCA 相同，虽然 PPCA-fixed 的压缩率更高，与图 4.7(b) 中的 EPCA-fixed 相类似，PPCA-fixed 的重建数据精度较差。EPCA-fixed 的压缩率变化趋势与 PPCA 明显不同，尽管 EPCA-fixed 在 LFO 期间已经将归一化累计方差准则 $\delta_{\text{criterion}}$ 由 0.8 提升至 0.95，在 LFO 期间 EPCA-fixed 的压缩率依然没有变化。这表明，与 PPCA 相反，EPCA-fixed 在 LFO 期间即使提高归一化累计方差准则阈值，仍没有保留更多的主成分分量。为了找出 PPCA 和 EPCA 之间的本质差异，EPCA-dynamic 进一步使用了动态变化的归一化累计方差准则 $\delta_{\text{criterion}}$ 进行了比较分析。

虽然 EPCA-dynamic 能够保证重建数据的精度，但 EPCA-dynamic 的压缩率显著低于 PPCA。

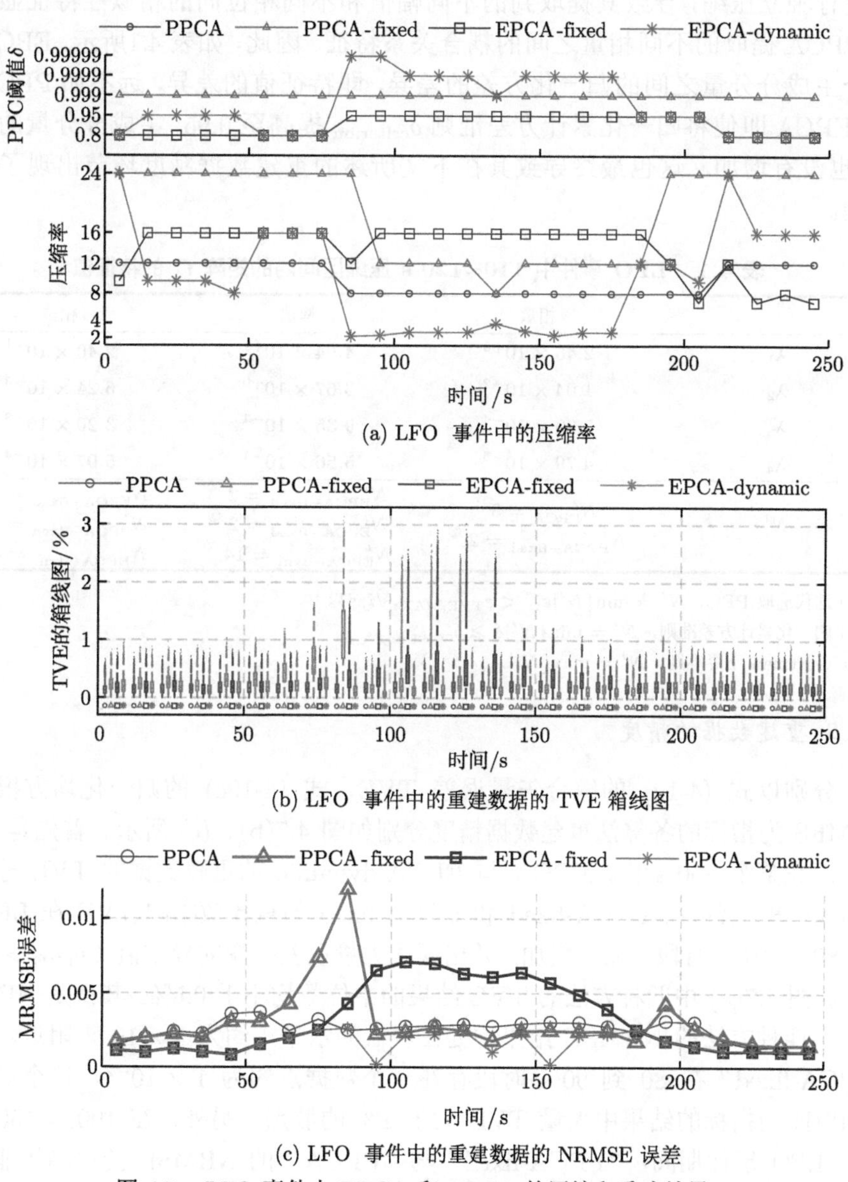

(a) LFO 事件中的压缩率

(b) LFO 事件中的重建数据的 TVE 箱线图

(c) LFO 事件中的重建数据的 NRMSE 误差

图 4.7 LFO 事件中 PPCA 和 EPCA 的压缩和重建结果

造成 PPCA 和 EPCA 的压缩率变化趋势不同的原因在于二者主成分分量的选取方法不同。如第 4.2.1节中所述，EPCA 中特征值矩阵 $\mathbf{\Lambda}$ 内的每个特征值对应于增加相应主成分分量后的重建数据的归一化方差。在 LFO 期间，原始同步相量的变化主要由振荡的扰动引起，EPCA 对同步相量的幅值和相位分别进行独立压缩，导致其提取到的不同幅值和不同相位间的相似性特征显著弱于 PPCA 提取的不同相量之间的耦合关系特征。因此，如表 4.1所示，EPCA 中各个主成分分量之间的归一化方差的差异，即特征值的差异，远不如 PPCA 显著，EPCA 即使将归一化累计方差准则 $\delta_{\text{criterion}}$ 提高至 0.95，主成分分量的数目 N' 也没有增加，这也最终导致其在下文所述的重建数据精度环节出现了显著问题。

表 4.1 LFO 事件中 110～120 s 压缩区间内的矩阵 C 的特征值

	相量	幅值	相位
λ_1	$2.45\times10^{+0}$	$4.64\times10^{+1}$	$2.40\times10^{+1}$
λ_2	1.04×10^{-2}	$3.67\times10^{+0}$	6.24×10^{-3}
λ_3	7.29×10^{-4}	9.35×10^{-1}	3.20×10^{-3}
λ_4	4.79×10^{-5}	5.56×10^{-1}	5.07×10^{-4}
N'	$N'_{\text{PPCA}}=3$ ① $N'_{\text{PPCA-fixed}}=2$ ②	$N'_{\text{EPCA-fixed}}=2$ ② $N'_{\text{EPCA-fixed}}=2$ ③ $N'_{\text{EPCA-dyn.}}=14$ ②	$N'_{\text{EPCA-fixed}}=1$ ② $N'_{\text{EPCA-fixed}}=1$ ③ $N'_{\text{EPCA-dyn.}}=3$ ②

① 迭代选取 PPC，$N'=\min\{N'|\varepsilon_{ij}<\varepsilon_{\text{TVE,MAX}},\forall i,j\}$。

② 归一化累计方差准则，$N'=\min\{N'|\delta\geqslant\delta_{\text{criterion}}\}$。

③ Guttman 下界准则，$N'=\max\{N'|\lambda_{N'}>1\}$。

3. 重建数据的精度

分别以式 (4-12) 的综合矢量误差 TVE、式 (4-19c) 的归一化均方根误差 NRMES 为指标的各算法重建数据精度分别如图 4.7(b)、(c) 所示。首先是 TVE 结果。在整个 250 s 内，PPCA 与 EPCA-dynamic 的重建数据的 TVE 分别小于 0.8% 和 1%；而 PPCA-fixed 和 EPCA-fixed 的重建数据的 TVE 在 LFO 期间（80 ~ 210 s 时段）显著增加，并出现了大量误差突变的异常值（$\varepsilon_{\text{TVE}}>2\%$）。此外，图 4.7(b) 中四种方法的 TVE 结果的中位数均小于 0.5%。其次是 NRMSE 结果。四种方法的 NRMSE 结果均处在较低的水平，约为 5×10^{-3} 附近，除了 “PPCA-fixed” 在 80 到 90 s 时段存在一个数据点约为 1×10^{-2}，这个对应于以 TVE 为指标的结果中大量 TVE 大于 1% 的散点。另外，在 100 ~ 150 s 时段的 LFO 事件期间，“PPCA-fixed” 与 “PPCA” 的 NRMSE 变化趋势非常接近，而二者的 TVE 却显著不同。造成这一现象的原因正如第 4.2.1节所述，虽然 “PPCA-fixed” 基于特征值的主成分分量选择判据可以满足总体的平均误差处于较低的水平，但动态数据窗中很可能会出现个别数据点的单点误差超过可接受的最低精度阈值。初步可见，由于不能保证重建数据精度，基于特征值的主成分分量选择判据并不适于电力系统同步相量的数据压缩。

为了进一步清楚分析图 4.7(b) 中 110 ~ 120 s 时段的压缩区间内“EPCA-fixed”和“PPCA-fixed”的 TVE 异常值，分别找到 TVE 异常值对应的原始数据和重建数据。其中部分典型 TVE 异常值来源于发电机 G2 的同步相量数据。如图 4.8所示，分别以幅值/相位在同步相量所在复平面上绘示了 G2 中 A 相电流同步相量的标准化原始数据、“EPCA-fixed”和“PPCA-fixed”的重建数据。需要注意的是，所示的重建数据并非图 4.7(b) 中的全部。在图 4.8中，同步相量的原始数据中包含了大量显著畸变。而与此同时，“EPCA-fixed”和“PPCA-fixed”由于其基于特征值的压缩判定条件不能保留足够多的主成分分量，导致重建相量较为平滑而无法复现原始数据中的畸变，从而使 TVE 出现显著的异常值。表 4.1详细列出了图 4.7(b) 和 (c) 中 110 ~ 120 s 时段的压缩区间内四种方法计算过程中协方差矩阵 $\boldsymbol{C}$ 的特征值 λ_i。表 4.1所列结果表明，受特征值准则以平均误差衡量重建精度的限制，PPCA-fixed 和 EPCA-fixed 难以保留足够多的主成分分量而导致重建数据精度较低。而与 PPCA 相比，EPCA-dynamic 虽然保留了足够多的主成分分量以保证重建数据精度，但其压缩率低于 PPCA，即牺牲了压缩性能。

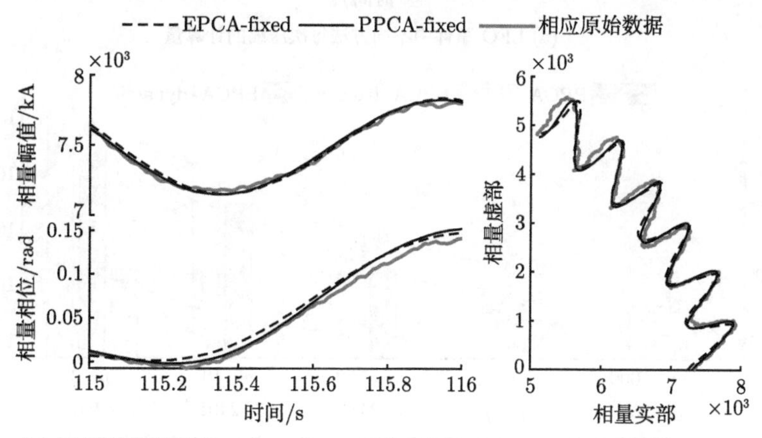

图 4.8 对应低频振荡事件中 110 ~ 120 s 压缩区间内 TVE 异常值的原始数据与重建数据

PPCA-fixed 和 EPCA-fixed 重建数据精度低的原因与图 4.7(a) 中各算法的压缩率变化趋势不同的原因类似。此外，PPCA-fixed 和 EPCA-fixed 以协方差矩阵 $\boldsymbol{C}$ 的特征值 λ_i 为准则来确定主成分分量的数目，并非直接控制每一个重建数据的精度；而这些特征值 λ_i 随电力系统的实际运行状态而显著变化。因此，即使根据扰动状态以既定规则动态切换阈值准则 $\delta_{\text{criterion}}$，仍难以实现用一套固定的阈值准则 $\delta_{\text{criterion}}$ 解决电力系统所有状态的数据压缩问题。综上分析，两种基于协方差矩阵特征值的固定阈值准则在任何场景下都不适用于电力系统中同步相量的数据压缩。

4. 计算量和执行时间

为了验证下层的迭代相量主成分分量选择和上层的迭代计算过程对相量主成分分析的影响，本节分析了 PPCA 和对比算法的计算量和执行时间。图 4.9(a) 所示为多种压缩方法的计算量，包括 EPCA 和不同迭代参数 m 取值对应的 PPCA，其中 m 为重叠数据窗的大小。需要注意的是，本节未考虑无迭代过程的 PPCA-fixed，因为其计算量与 EPCA-fixed 一致。

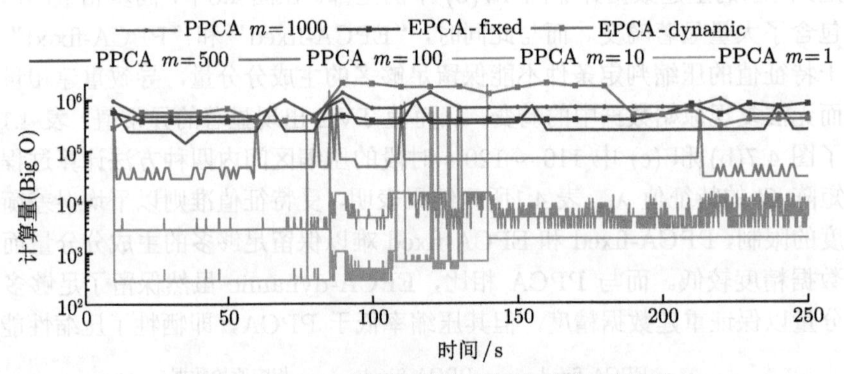

(a) LFO 事件中不同方法每次压缩的计算量

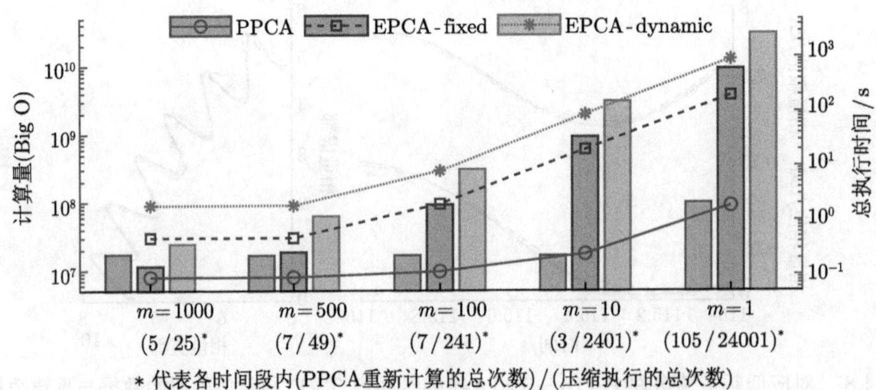

(b) 不同 m 对应的总计算量和执行时间

图 4.9　LFO 事件中 PPCA 和 EPCA 的计算量

当 $m = 1000$ 时，重叠数据窗的大小与完整数据窗大小 M 相同，即所有原始数据均为全新的采样数据。此时，由于迭代计算过程并未实际起作用，易分析得知 PPCA 的计算量与 EPCA 的计算量相同。随着重叠数据窗从 $m = 1000$ 减少至 $m = 1$，图 4.9(a) 中 PPCA 的计算量也相应减少到 O(m) 数量级，而图 4.9(b) 中 250 s 全时段 PPCA 所需的总时间逐渐增加。如第 4.3节所述，图 4.9(a) 中某一 m 取值下 PPCA 的计算量曲线的抖动是由重新计算 PPCA 引起的，即一个抖动对应一次 PPCA 重新计算。此外，每次重新迭代选择相量主成分分量所需的计算量由整个数据窗长度 M 决定而非 m。因此，每次重新计算的计算量为与 EPCA 相同的 $O(M)$ 数量级。上述结果表明，相量主成分分量迭代选择并不会导致 PPCA 的计算量比 EPCA 更多。

为了验证 PPCA 的实时压缩性能，将 PPCA 的总计算量和执行时间与同样使用重叠数据窗的 EPCA 的总计算量和执行时间进行比较，对比结果如图 4.9(b) 所示。与 PPCA $m = 1000$ 相比，尽管计算次数增加了 1000 倍，但 PPCA $m = 1$ 的计算量只增加了大约 10 倍。如第 4.3节的分析，无论 m 取值多少，迭代相量主成分分析的总计算量是恒定的。而上述这些增加的计算量主要是由重新计算 PPCA 时重新选择相量主成分分量引起的，而非迭代计算过程。与此同时，EPCA-fixed 和 EPCA-dynamic 在 $m = 1$ 与 $m = 1000$ 条件下，其计算量都增加了 1000 倍以上。与 EPCA-fixed 相比，EPCA-dynamic 增加的计算量主要是由 EPCA-dynamic 保留了更多的主成分分量引起的。

如图 4.9(b) 所示，每种方法在 250 s 全时段内的总执行时间的变化趋势与总计算量的变化趋势类似。但需要注意的是，在 $m = 1$ 时，EPCA-dynamic 的平均执行时间是 895.56/24001 = 0.0373 s，这已经高于了新数据的采样间隔 $m/F_s = 0.01$ s。因此，即使 EPCA-dynamic 使用重叠数据窗，EPCA-dynamic 在实际应用中因为计算量过大而仍不适用于实时压缩。

综合上述计算量和执行时间的分析，本章所提出的基于迭代相量主成分分析的同步相量数据压缩方法得益于其迭代计算过程，显著减少了计算量和执行时间而具有更好的实时性。

4.4.2 三相不对称的两相间短路场景

4.4.1节中的低频振荡事件是三相对称故障，不同相量的特征彼此相似。而在不对称故障条件下，不同相量的特征并不相同，有必要进行进一步的研究。为此，本节研究了一个实际两相间短路故障下 PPCA 的数据压缩特性。如图 4.10所示，两相间短路事件中，原始数据由水电厂变电站中各 PMU 提供。该水电厂共有四台发电机和两条联络线，共有 10 个同步相量测点，包括两条联络线和四台发电机出线端变压器的低压侧和高压侧，每个测点均包含 A、B、C 三相电压和电流的同步相量，以及正序电压和电流的同步相量，故原始数据共包含 40 个电压相量和 40 个电流相量。两相间短路故障发生在联络线 1 的 A 相和 C 相之间。两相间短路发生时，G1 和 G2 处于运行状态，G1 和 G2 的开关断开，G1 和 G2 母线的电压和电流均为零，G1 和 G2 的变压器高压侧的电流也为零。本算例的总时长为 200 s，测试中 PPCA 的原始数据窗长度为 $M = 1000$ 个样本数据，采样持续时间 T 和采样频率 F_s 分别为 20 s 和 50 Hz。两相间短路故障发生在 100 ~ 120 s 时段。

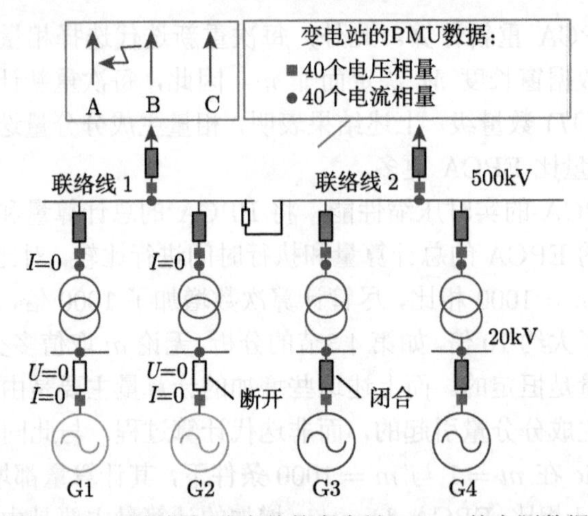

图 4.10　两相间短路事件的变电站 PUM 的实测数据

与 4.4.1节类似，两相间短路事件的验证结果分别如图 4.11～ 图 4.14和表 4.2

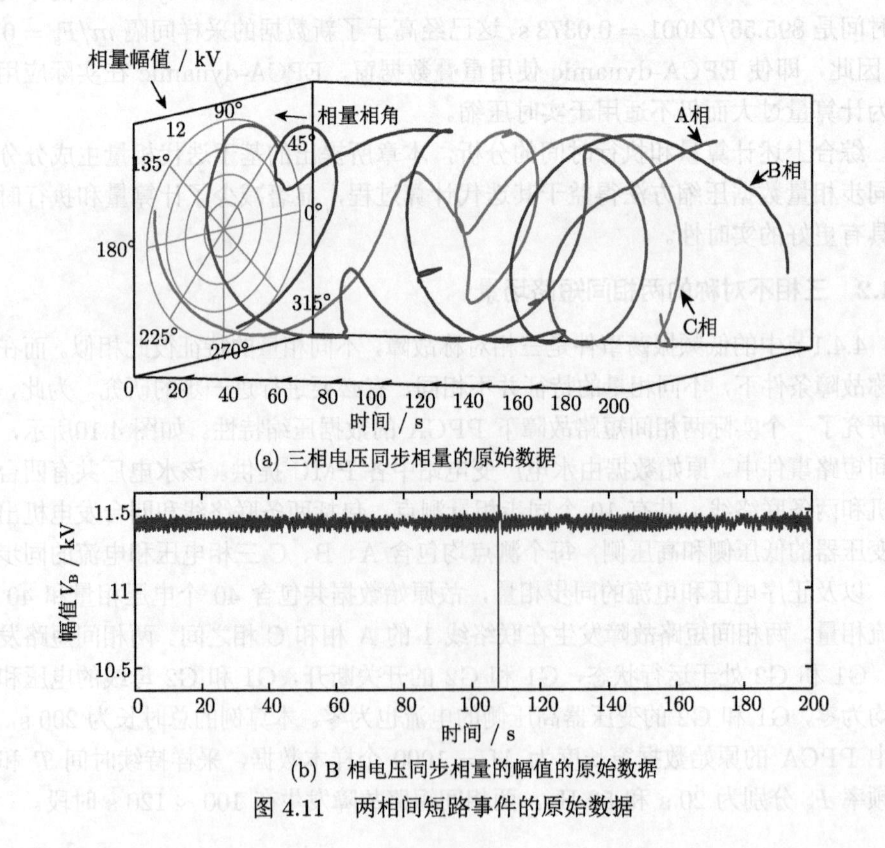

(a) 三相电压同步相量的原始数据

(b) B 相电压同步相量的幅值的原始数据

图 4.11　两相间短路事件的原始数据

所示。4.4.1节中的低频振荡事件是三相对称故障，不同相量的特征彼此相似。而在不对称故障发生时，不同相量的特征显著不相同。因此，在两相间短路故障发生时，图 4.12(a) 中 PPCA 的压缩率下降至 4.42，相量主成分分量的个数为 $N' = 18$，与低频振荡事件时的结果相比保留了更多的主成分分量。如图 4.12(b) 所示，在故障发生的 100 ~ 120 s 时段，EPCA-fixed 中个别同步相量的 TVE 甚至超过了 100%，PPCA-fixed 中也出现了 $\varepsilon_{\mathrm{TVE}} > 5\%$ 的异常值。由于短路故障发生后系统

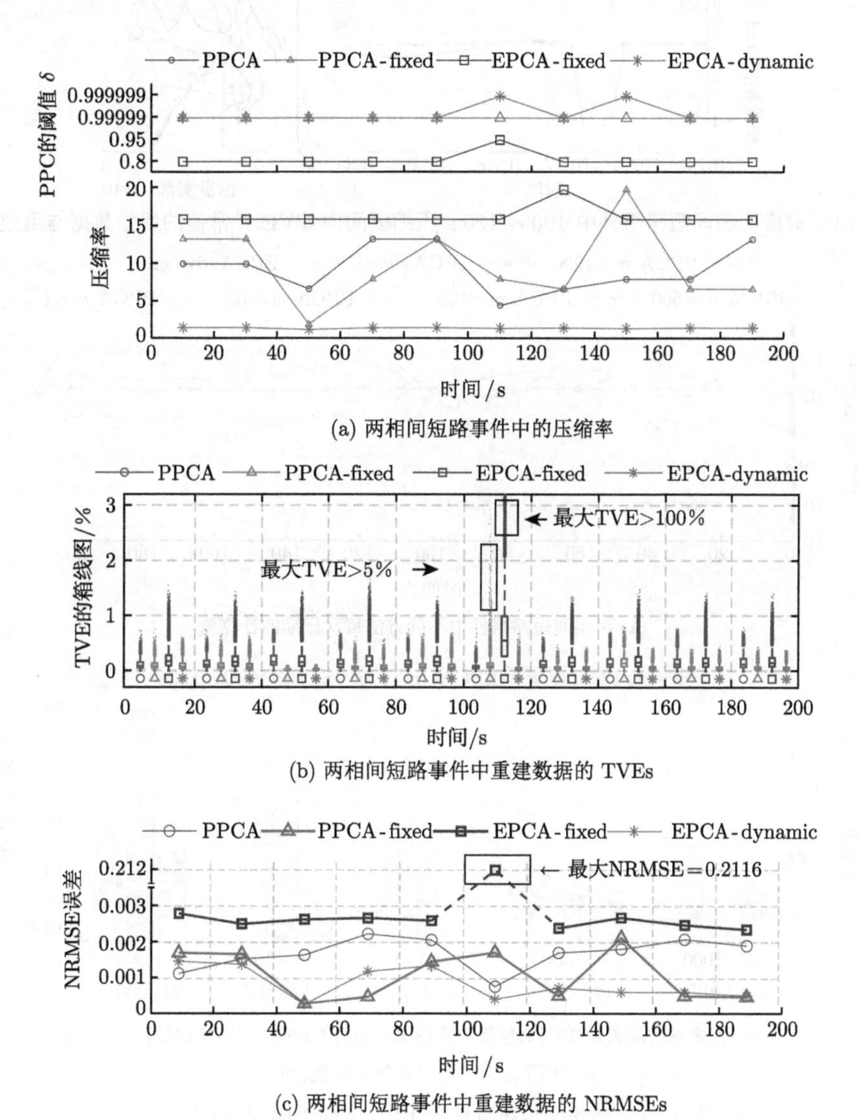

(a) 两相间短路事件中的压缩率

(b) 两相间短路事件中重建数据的 TVEs

(c) 两相间短路事件中重建数据的 NRMSEs

图 4.12 两相间短路事件中 PPCA 和 EPCA 的压缩和重建结果

仍处于持续的波动状态，EPCA-dynamic 虽然保证了重建数据的精度，但其压缩率则低于了 1.5。

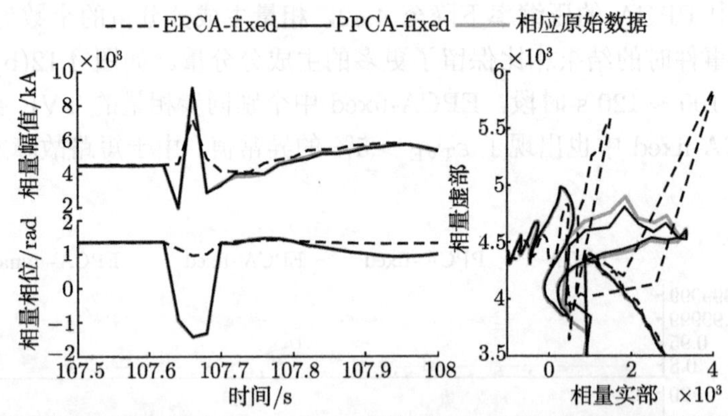

图 4.13 对应两相间短路事件中 100 ~ 120 s 压缩区间内 TVE 异常值的原始数据与重建数据

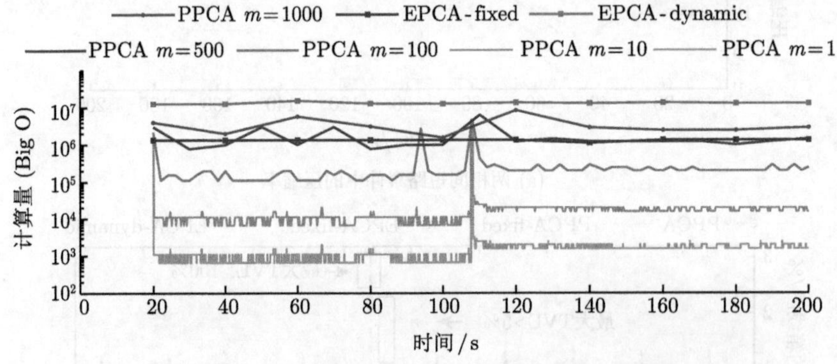

(a) 两相间短路事件中不同方法每次压缩的计算量

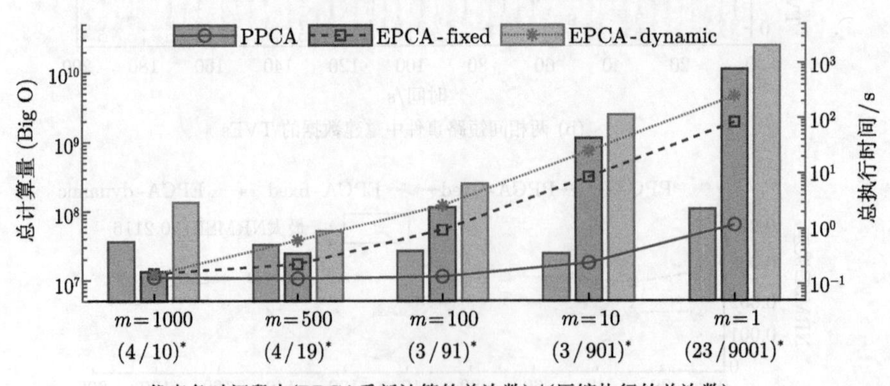

(b) 不同 m 对应的总计算量和执行时间

图 4.14 两相间短路事件中 PPCA 和 EPCA 的计算量

表 4.2 两相间短路事件中 100 ~ 120s 压缩区间内的矩阵 C 的特征值

	相量	幅值	相位
λ_1	1.99×10	3.25×10^{2}	5.58×10
λ_2	2.01×10^{-1}	$7.16\times10^{+1}$	1.74×10^{-1}
λ_3	1.61×10^{-2}	$1.10\times10^{+1}$	2.17×10^{-2}
λ_4	6.25×10^{-3}	$9.03\times10^{+0}$	5.91×10^{-3}
λ_5	1.88×10^{-3}	$7.44\times10^{+0}$	2.89×10^{-3}
λ_6	7.15×10^{-5}	$3.93\times10^{+0}$	9.64×10^{-4}
λ_7	3.12×10^{-5}	$2.05\times10^{+0}$	2.47×10^{-4}
λ_8	1.42×10^{-5}	$1.31\times10^{+0}$	5.71×10^{-5}
λ_9	1.28×10^{-5}	$1.02\times10^{+0}$	4.42×10^{-5}
λ_{10}	6.34×10^{-6}	3.12×10^{-1}	3.04×10^{-5}
N'	$N'_{\text{PPCA}}=9$ ① $N'_{\text{PPCA-fixed}}=5$ ②	$N'_{\text{EPCA-fixed}}=4$ ② $N'_{\text{EPCA-fixed}}=9$ ③ $N'_{\text{EPCA-dyn.}}=49$ ②	$N'_{\text{EPCA-fixed}}=1$ ② $N'_{\text{EPCA-fixed}}=1$ ③ $N'_{\text{EPCA-dyn.}}=11$ ②

① 迭代选取 PPC，$N'=\min\{N'|\varepsilon_{ij}<\varepsilon_{\text{TVE,MAX}},\forall i,j\}$。

② 归一化累计方差准则，$N'=\min\{N'|\delta\geqslant\delta_{\text{criterion}}\}$。

③ Guttman 下界准则，$N'=\max\{N'|\lambda_{N'}>1\}$。

相似地，为了进一步清楚分析图 4.12(b) 中 100 ~ 120 s 时段的压缩区间内 EPCA-fixed 和 PPCA-fixed 的 TVE 异常值，分别找到 TVE 异常值对应的原始数据和重建数据。其中部分典型 TVE 异常值来源于发电机 G3 的同步相量数据。一方面，图 4.13中，EPCA-fixed 的重建数据与原始数据差别显著，在幅值和相位上均存在明显误差，因而 EPCA-fixed 并不适用于两相间短路事件。另一方面，虽然 PPCA-fixed 的重建数据与原始数据比较相似，但图 4.12(b) 中 PPCA-fixed 中出现了 TVE 突增的异常值，所以 PPCA-fixed 也同样不适用于两相间短路事件。造成上述现象的原因是，G3 的 C 相电流同步相量的变化趋势在统计意义上并不显著，导致基于特征值的压缩准则不能保留更多的主成分分量；然而这些不能被保留的主成分分量正包含了 G3 的 C 相电流同步相量的时间连续性特征，缺失的主成分分量导致了重建的 C 相电流同步相量出现巨大误差。在图 4.12(b) 和图 4.13中的 100 ~ 120 s 时段的压缩区间内，4 种压缩方法对应的特征值如表 4.2所列，结果与表 4.1相似。各种压缩方法的计算量和执行时间如图 4.14所示，结果同样与 4.4.1节中的图 4.9类似。

综上结果及其分析可见，在不对称故障条件下，PPCA 仍然具有比 EPCA 显著更好的数据压缩性能。而 EPCA 由于可能出现压缩率低或重建精度低的情况，且在实时压缩方面也存在过高的计算量负担，导致其并不适用于以两相间短路为代表的三相不对称故障。

4.4.3 验证结论

综合分析，基于迭代相量主成分分析的同步相量数据压缩方法在上述三相对称的低频振荡事件和三相不对称的两相间短路事件下的验证结果，结论如下。

（1）有必要将同步相量作为一个整体的复数域数据压缩。由于电力系统的扰动信息是由同步相量的幅值和相位同时提供的，分别独立压缩同步相量的幅值和相位不能完全利用其中的所有扰动信息，导致难以提取不同测点同步相量之间的由物理系统限定的空间相关性和时间连续性特征。与分别压缩幅值和相位相比，本章提出的相量主成分分析方法将同步相量作为一个整体在复数域进行压缩，充分利用了同步相量幅值与相位间一一对应的关联关系，实现了更好的压缩性能，能够在保证重建数据精度的同时实现更高的压缩率。

（2）以重建数据精度为数据压缩依据具有显著优点。相量主成分分析方法以重建数据精度为迭代准则实现了下层的相量主成分分量迭代选择和上层的 PPCA 迭代计算过程的两层迭代，在所有场景下都可直接控制每个重建数据的精度，实现了压缩率和重建数据精度的均衡。而 EPCA 或其他传统 PCA 算法采用依据统计显著性的特征值阈值准则，由于特征值阈值取决于实际扰动情况而难以准确选择，导致这些方法在某些场景下可能出现数据窗的平均误差低而个别数据点误差大的情况。这必然造成重建数据精度的降低，甚至在某些场景下出现个别数据点误差超过阈值的情况。而本章所提的 PPCA 由于以重建数据精度控制压缩并不存在这个问题。

（3）相量主成分分量的迭代选择和 PPCA 的迭代计算过程显著降低了计算量和压缩执行时间。本章设计了利用重叠数据窗的 PPCA 迭代计算过程，显著减少了每次压缩的计算量，即使以高频率执行压缩，迭代相量主成分分析的总计算量都是维持恒定的。因此，与传统 PCA 数据压缩技术在提高压缩执行频率后计算量陡增的情况相比，PPCA 可实现更好的实时性压缩。由于相量主成分分析充分利用了由物理系统限定的同步相量的空间相关性和时间连续性，相量主成分分量的迭代选择方法并不会导致比 EPCA 更多的计算量。本章的仿真结果也验证了 PPCA 的上述特性，上述相量主成分分析的两层迭代过程具有有效性、可行性和实用性。

第二部分

基于同步相量的电力系统次同步振荡参数辨识

第 5 章 基于同步相量的电力系统次同步振荡参数辨识

在现代电力系统中，次同步振荡（sub-synchronousoscillation，SSO）或次同步谐振（sub-synchronousresonance，SSR）主要是由电力电子设备与串联补偿器 [78,148,149] 或长输电线路之间的谐振 [150,151] 引起的。与传统汽轮机轴系扭振引起的 SSO 相比，电力电子器件引起的 SSO 振荡机理更为复杂，且振荡特性多变，会对电力系统造成严重影响。这些 SSO 将严重限制可再生能源的发电量，甚至导致电力系统的不稳定。次同步振荡的共同特征是电力系统中的电压、电流中出现低于系统同步频率的次同步分量，同时可能伴随与之耦合的高于系统同步频率的超同步分量 [150]。次同步振荡辨识的关注点是获取各节点电压和各支路电流中基波分量上叠加的次同步分量的幅值和频率。因此，需要准确辨识在次同步振荡发生时的电压和电流瞬时信号各个参数，以有效地监测 SSO 的产生和传播 [152]，从而有效抑制次同步振荡 [153-155]。WAMS 和 PMU 提供的同步相量数据具有同步性且动态数据上传频率高，当不附加针对次同步频率的滤波时基波同步相量将包含次同步振荡的信息。早期研究已经利用这些特点发现次同步振荡发生并辨识次同步振荡频率进而实现在线监测预警 [66,156,157]，部分成果在华北电力调度中心应用 [156]；但同时也发现，受同步相量计算及数据上传频率的影响，同步相量的频谱并不能直接得到次同步振荡中基波分量和次同步分量的实际幅值和相位。

在基于同步相量的次同步振荡研究初期，针对次同步振荡参数辨识的技术途径主要可分为以下两种。第一种途径的算法侧重于非额定频率下的基波相量估计，以解决由非整周期采样（即异步采样）引起的频谱泄漏和信号不连续性误差，如图 5.1 所示。文献 [158] 提出了三阶泰勒级数的重采样方程，这种方法不依赖于信号的形状与特性。文献 [159] 提出了采样值调整算法（sample value adjustment，SVA）以配合可变长度的采样窗口实现准确计算基波相量。文献 [160] 提出了一种改进的采样值调整算法（improved sample value adjustment，ISVA）作为预离散傅里叶变换（pre-DFT）技术。ISVA 通过生成对称曲线以在稳态条件下更准确地计算综合矢量误差（total vector error，TVE），并且将 ISVA 与递归最小二乘频率估计器集成以更好地跟踪动态信号。文献 [161] 提出了一种补偿离散傅里叶变换算法（compensated DFT），根据详细的 DFT 相位角误差分析实现频率跟踪以提高相量和功率的测量精度。第二种途径是文献 [73] 提出的次同步和超同步相量算法（sub- and super-synchronous phasor algorithm，SSPA)。SSPA 方法首先通过分频滤波进行预处理以获得初始的次同步信号、超同步信号和基波信号，然后针对不同频率分量分别执行不同基频的相量算法以跟踪所有次同步相量、超同步相量和基波相量。因此，该方法基于瞬时信号可以实现电力系统中次同步振荡的广域动态监测。

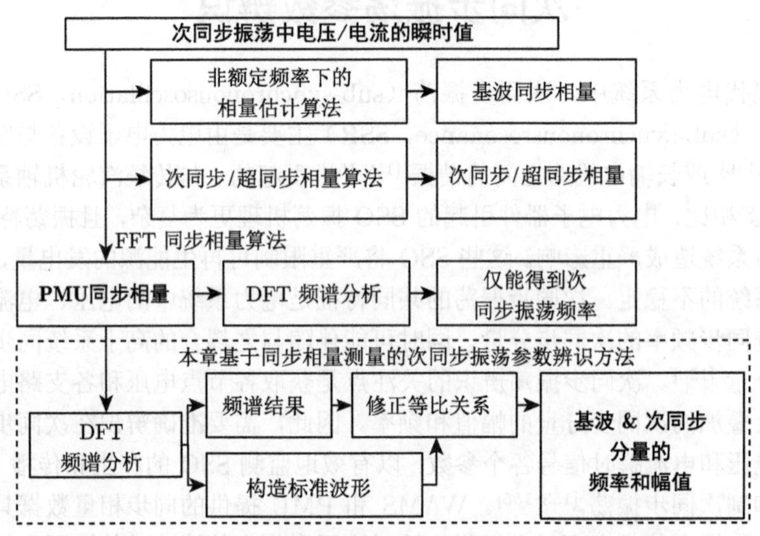

图 5.1 已有方法与本章次同步振荡辨识方法的对比示意图

尽管上述这些研究成果适用于 PMU 的设计及应用，然而这些方法都不能解决基于同步相量量测的次同步分量参数辨识问题，因为这些方法均必须使用瞬时值采样数据进行计算。电力系统中的瞬时值数据通常是由数字故障记录器（DFR）记录的，这些故障记录器分别位于各地的变电站/所中 [162,163]。但是，由于不同母线和节点的瞬时值故障录波数据很难及时采集，而且 DFR 数据没有统一的时标，所以很难用 DFR 数据形成对次同步振荡的动态全局观测。而基于同步相量的次同步振荡参数辨识方法可以利用同步相量更高的报告率和广域同步测量的特性来实现对大范围次同步振荡的动态同步监测，其最大优势是不同厂站测量的数据具有统一时标而具有可比性，可用于精确分析次同步振荡的传导过程以制定有效的抑制措施 [164,165]。

本章旨在基于 WAMS 提供的同步相量量测数据辨识电力系统次同步振荡参数。本章内容基于作者在文献 [76] 中的相关研究整理而来。利用 PMU 同步相量进行电力系统次同步振荡的主要难点是不依赖瞬时值数据而仅利用同步相量提供的有限信息来获取次同步振荡的参数，其关键在于基波同步相量幅值的频谱分析结果显然不能直接复现瞬时信号的频谱。因此，需要一些纠正算法以修正同步相量幅值的频谱分析结果，进而准确辨识次同步振荡中的次同步分量参数。本章首先针对基于同步相量的次同步振荡参数辨识的可行性进行了精确的离散化数学推导及分析，考虑了同步相量采样率和同步相量算法的影响。其次，本章提出了一种基于同步相量的次同步振荡辨识方法，以准确获取次同步频率、基波分量和次同步分量的实际幅值。为了实现这一目标，本章所提方法建立标准波形族并从中选取与实际次同步振荡呈等比关系的特性标准波形实现参数辨识。这一方法利用了同步相量算法和 DFT 频谱分析的线性特性，选取同步相量幅值频谱中基波分量幅值与次同步分量幅值之比作为构建与实际次同步振荡情况相匹配的标准波形的指标。最后，利用该技术分别针对实际电力系统次同步振荡事件中记录的 PMU 数据进行了参数辨识并获取了次同步振荡参数。本章所提方法的分析结果分别与 SSPA 技术 [73] 的结果、Prony 分析 [133,166,167] 的结果以及根据故障录波器记录的瞬时值频谱分析计算得出的基准结果进行了对比分析，验证了基于基波同步相量进行次同步振荡参数辨识的可行性。但是，后续研究证明，本章方法存在数据窗长、模型单一的缺点，实用性一般。因此，本章的研究是后续章节的基础，提供了可靠的基本思路，后续章节中提出的复数域频谱分析、同步相量轨迹拟合方法均在可行性和实用性上有了质的提升。

5.1 同步相量数据对次同步振荡辨识的适用性分析

针对同步相量数据对次同步振荡辨识的适用性，本章分别从同步相量采样率、频率辨识和幅值辨识三方面以精确的离散数学推导进行分析，这三方面的分析结果将作为本章的推导和分析基础。本节中所有与 FFT 和 DFT 相关的数学方程和推导也同样适用于对基波相量幅值 DFT 分析获得的次同步振荡辨识参数的分析和量化。本节的相关分析的假设前提是 PMU 计算基波同步相量的算法为最基本的快速傅里叶变换（fast Fourier transform，FFT）方法 [168]，因为 FFT 方法为实际 PMU 应用最广泛的同步相量算法。

PMU 可以提供同步相量数据，且 PMU 使用了同步采样机制以确保其提供的同步相量与统一时标同步。在 PMU 的同步采样机制中，瞬时值的采样频率是固定的，而且采样触发信号是卫星所提供的秒脉冲（1 pps）的分频信号，以确保所有 PMU 有完全相同且相等的采样间隔。FFT 同步相量计算的数据窗长度是固定的，这一长度通常是额定频率下的一个周期或半个周期（50 Hz 电力系统的周期为 20 ms、60 Hz 电力系统的周期为 16.67 ms）。显然，由于采用固定长度的采样数据窗和固定采样频率，FFT 同步相量计算将在次同步振荡的过程中产生频谱泄漏 [159,161]。

受上述分析中的频谱泄漏影响，PMU 同步相量量测数据将包含次同步分量的信息，故而可用于次同步振荡的参数辨识。

5.1.1 同步相量采样率的影响

同步相量的采样率是同步测量的频率，或者被称为 WAMS 上传率 [136]、PMU 报告率。它直接影响可通过同步相量监测到的次同步振荡的频率范围。

设 PMU 用于同步相量计算的瞬时值为 $x(t)$。针对瞬时值 $x(t)$ 的采样值进行 FFT 即可计算得到同步相量。PMU 提供的同步相量 $\dot{X}$，即为 FFT 结果中的基波同步相量。同步相量 $\dot{X}$ 的幅值和相位即为 FFT 结果中的基波幅值 X_{M} 和相位 α。根据 FFT 的基本原理 [168]，同步相量 $\dot{X}$ 是通过先计算双边频谱再计算单边频谱得到的：

$$\dot{X}=\sqrt{2}X_{\mathrm{M}}\angle\alpha=\frac{2}{N}\sum_{n=0}^{N-1}x(Nt_{\mathrm{s}})\mathrm{e}^{-\mathrm{j}\frac{2\pi}{N}n} \tag{5-1}$$

式中，t_{s} 为 PMU 的瞬时值 $x(t)$ 采样间隔；N 为 FFT 数据窗中的数据点数；Nt_{s} 为数据窗长度。由此可见，对于 PMU 上传的同步相量而言，一次 FFT 同步相量计算中的 N 个数据点可以整体视为一次等效采样，如图 5.2所示。其中等效采样间隔是 ΔT，$\Delta T=Nt_{\mathrm{s}}$，同时 ΔT 也是 PMU 数据的测量间隔，PMU 的报告率 f_{S} 为 $f_{\mathrm{S}}=1/\Delta T$。

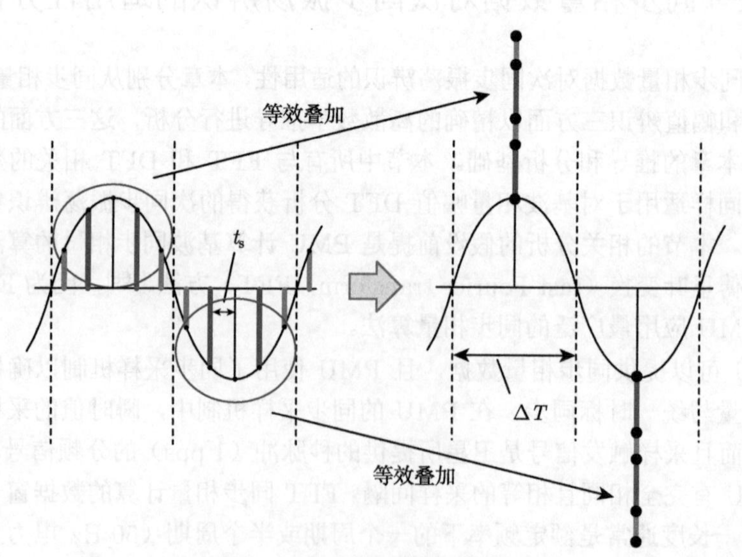

图 5.2　FFT 中的等效采样原理图

由于次同步振荡的频率为 $0\sim50$ Hz，并根据第 5.1.2节中的次同步振荡实际频率与同步相量频谱中次同步分量的频率之和为 50 Hz 的结论，同步相量频谱中次同步频率的范围也为 $0 \sim 50$ Hz。

本章作为后续章节的研究基础，沿用了传统的基于同步相量幅值进行频谱分析的思维方式，并未充分利用同步相量的幅值和相角作为一个整体的特性，但针对同步相量幅值的频谱分析仍具有一定参考意义。当仅使用同步相量的幅值进行频谱分析时，由于同步相量的幅值序列为实数序列，根据采样定理，为避免频谱混叠以保证有效测量次同步分量，PMU 的采样率 $f_{\rm S}$ 应大于等于 2 倍额定频率 $f_{\rm N}$，即 $f_{\rm S} \geqslant 2f_{\rm N}$。目前电网中广泛应用的 PMU 用场使用两种 $f_{\rm S}$ 的取值方法，即 $f_{\rm S} = f_0$ 和 $f_{\rm S} = 2f_{\rm N}$ [136]。当仅采用同步相量的幅值序列进行频谱分析时，分别针对两种情况进行如下分析。

（1）针对 $f_{\rm S} = f_{\rm N}$ 的情况，由 PMU 提供的同步相量将不能辨识次同步振荡频率 $f_{\rm SSO} > f_0/2$ 的次同步振荡事件。因此，只有在 PMU 采样率 $f_{\rm SSO} > f_0/2$ 的情况下 PMU 数据才能用于次同步振荡的辨识。在实际应用中，某些电网将主站 PMU 采样率设定为 50 Hz 将导致主站 WAMS 数据不能用于次同步振荡的分析。

（2）当 PMU 的采样率为 $f_{\rm S} = 2f_{\rm N}$ 时，可有效辨识出次同步振荡参数。对于 50 Hz 的电力系统，$f_{\rm S} = 100$ Hz 时，同步相量计算的数据窗长度仍为一个周波 20 ms。这种情况下所采用的数据窗将由 10 ms 长度的旧数据与 10 ms 长度的新数据拼接而成。使用这种拼接数据窗并不影响图 5.2所示的等效采样分析。本章中所有的同步相量计算将采用这种拼接数据窗选取方式，所有分析均以额定频率（基波频率）为 50 Hz、PMU 的采样率为 $f_{\rm S} = 100$ Hz 为准。

需要强调的是，得出上述结论的前提的一个显著局限性是仅针对同步相量的幅值序列进行频谱分析。而在第 6 章和第 7 章的后续研究中会进一步发现，当同步相量作为一个整体进行复数域分析时，由于一个同步相量数据点同时提供了幅值和相位信息，所以 PMU 的采样率为 $f_{\rm S} = 100$ Hz 实际上等效于 200 Hz 的采样频率，因而可有效辨识出所有频率为 100 Hz 以内的各个分量。此外，在 $f_{\rm S} = f_{\rm N}$ 的情况下，若仅存在次同步分量，则利用同步相量的幅值和相位信息，可有效辨识出次同步分量；而在这种情况下若存在频率为 50~100 Hz 之间的超同步分量，根据采样定理，则会出现次同步分量和超同步分量的频谱泄露而不能进行参数辨识。

本章的后续研究仍以同步相量的幅值序列为研究对象进行分析以为后续章节做铺垫。

5.1.2 同步相量计算对次同步振荡频率辨识的影响

设含一种次同步分量电压或电流信号的瞬时值为 $x(t)$，$x(t)$ 由频率 $f_0 = 50$ Hz、幅值为 x_0 的正弦基波分量与频率为 $f_{\rm SSO}$、幅值为 $x_{\rm SSO}$ 的正弦次同步分量

组成，系统的额定频率为 $f_{\mathrm{N}} = 50$ Hz，则有

$$x(t) = x_0 \cos(2\pi f_0 t + \phi_0) + x_{\mathrm{SSO}} \cos(2\pi f_{\mathrm{SSO}} t + \phi) \tag{5-2}$$

式中，(f_0, x_0, ϕ_0) 和 $(f_{\mathrm{SSO}}, x_{\mathrm{SSO}}, \phi)$ 分别为基波分量和次同步分量的频率、幅值和初始相位。其中基波分量和次同步分量的初始相位在后续的分析中仅对同步相量的相位有影响。瞬时值 $x(t)$ 的 FFT 结果中的基波幅值和相位即为 PMU 的同步相量计算结果 $\dot{X}$。

由于 FFT 是线性变换，根据 $x(t)$ 由式 (5-1) 所示的 FFT 计算得到的同步相量可以标记为 $\dot{X}(k)$，对应 PMU 第 k 次输出的 FFT 中基波的结果为

$$\dot{X}(k) = \dot{X}_0(k) + \dot{X}_{\mathrm{SSO}}(k) \tag{5-3}$$

式中，基波分量对应的部分 $\dot{X}_0(k)$ 可以通过选择合适的 FFT 数据窗起始点而化简为实数，此时 $\phi_0 = 0$。由于基波频率为 $f_0 = 50$ Hz，且采用拼接数据窗进行同步相量计算，则有

$$\dot{X}_0(k) = x_0 \cos(k\pi) \tag{5-4}$$

对于次同步分量对应的部分 $\dot{X}_{\mathrm{SSO}}(k)$，根据式 (5-1) 和式 (5-2)，有

$$\begin{aligned}
\dot{X}_{\mathrm{SSO}}(k) &= \frac{2}{N}\sum_{n=0}^{N-1} x_{\mathrm{SSO}} \cos\left(2\pi f_{\mathrm{SSO}} \frac{n}{f_{\mathrm{N}} N} + \phi_k\right) \mathrm{e}^{-\mathrm{j}\frac{2\pi}{N}n} \\
&= \frac{2}{N}\sum_{n=0}^{N-1} x_{\mathrm{SSO}} \cos\theta_1 \left[\cos\left(\frac{2\pi n}{N}\right) - \mathrm{j}\sin\left(\frac{2\pi n}{N}\right)\right] \\
&= \frac{x_{\mathrm{SSO}}}{N}\left[\sum_{n=0}^{N-1}\cos\left(\theta_1 + \frac{2\pi n}{N}\right) + \sum_{n=0}^{N-1}\cos\left(\theta_1 - \frac{2\pi n}{N}\right)\right] \\
&\quad - \mathrm{j}\frac{x_{\mathrm{SSO}}}{N}\left[\sum_{n=0}^{N-1}\sin\left(\theta_1 + \frac{2\pi n}{N}\right) - \sum_{n=0}^{N-1}\sin\left(\theta_1 - \frac{2\pi n}{N}\right)\right]
\end{aligned} \tag{5-5}$$

式中，$\theta_1 = 2\pi f_{\mathrm{SSO}} n/(f_{\mathrm{N}} N) + \phi_k$；$\phi_k = 2\pi f_{\mathrm{SSO}} k/f_{\mathrm{S}}$，$\phi_k$ 对应于第 PMU 第 k 次的结果。

进一步推导，有

$$
\begin{aligned}
\sum_{n=0}^{N-1}\cos\left(\theta_1+\frac{2\pi n}{N}\right) &= \frac{\sum_{n=0}^{N-1}\cos\left(\theta_1+\frac{2\pi n}{N}\right)\sin\theta_2}{\sin\theta_2} \\
&= \frac{\sum_{n=0}^{N-1}\left\{\sin\left[\phi_k+(2n+1)\theta_2\right]-\sin\left[\phi_k+(2n-1)\theta_2\right]\right\}}{2\sin\theta_2} \\
&= \frac{\sin\left[\phi_k+(2N-1)\theta_2\right]-\sin\left(\phi_k-\theta_2\right)}{2\sin\theta_2} \\
&= \frac{\sin(N\theta_2)}{\sin\theta_2}\cos\left[\phi_k+(N-1)\theta_2\right]
\end{aligned} \tag{5-6}
$$

式中，$\theta_2=\pi(f_{\rm N}+f_{\rm SSO})/(Nf_{\rm N})$，且 θ_2 是常数。

根据式 (5-6)，式 (5-5) 可简化为

$$
\dot{X}_{\rm SSO}(k)=(a\cos\alpha_k+b\cos\beta_k)-{\rm j}(a\sin\alpha_k-b\sin\beta_k) \tag{5-7}
$$

式中

$$
\begin{aligned}
a &= x_{\rm SSO}\frac{\sin(N\theta_2)}{N\sin\theta_2} \\
b &= x_{\rm SSO}\frac{\sin(N\theta_3)}{N\sin\theta_3} \\
\alpha_k &= \phi_k+(N-1)\theta_2 \\
\beta_k &= \phi_k-(N-1)\theta_3 \\
\theta_3 &= \frac{\pi(f_{\rm N}-f_{\rm SSO})}{Nf_{\rm N}}
\end{aligned} \tag{5-8}
$$

这样，通过式 (5-4) 和式 (5-7)，$\dot{X}(k)$ 的幅值 $|\dot{X}(k)|$ 为

$$
\begin{aligned}
|\dot{X}(k)| &= \{{\rm Re}[\dot{X}(k)]^2+{\rm Im}[\dot{X}(k)]^2\}^{\frac{1}{2}} \\
&= \left\{\left[x_0\cos(k\pi)+a\cos\alpha_k+b\cos\beta_k\right]^2+\left(a\sin\alpha_k-b\sin\beta_k\right)^2\right\}^{\frac{1}{2}} \\
&= \left[a^2+b^2+x_0^2+2ab\cos(\alpha_k+\beta_k)+2x_0\cos(k\pi)(a\cos\alpha_k+b\cos\beta_k)\right]^{\frac{1}{2}}
\end{aligned} \tag{5-9}
$$

在次同步振荡的辨识中，同步相量的幅值序列 $|\dot{X}(k)|$ 将被用于 DFT 中以进行频谱分析。在一个如式 (5-9) 所示的序列 $|\dot{X}(k)|$ 中，ϕ_k 是唯一的变量，而其他参数将是常数。此时 $\phi_k=2\pi f_{\rm SSO}k/f_{\rm S}$，$1/f_{\rm S}$ 是等效采样间隔，且 $f_{\rm S}/2=f_{\rm N}$。

进而，作为式 (5-9) 的一部分，有

$$
\begin{aligned}
&2x_0\cos(k\pi)(a\cos\alpha_k+b\cos\beta_k)\\
&=2x_0\cos(k\pi)\cdot c\cos(\frac{2\pi k}{f_\mathrm{S}}f_\mathrm{SSO}+\theta_4)\\
&=cx_0\left\{\cos\left[\frac{2\pi k}{f_\mathrm{S}}(f_\mathrm{N}+f_\mathrm{SSO})+\theta_4\right]+\cos\left[\frac{2\pi k}{f_\mathrm{S}}(f_\mathrm{N}-f_\mathrm{SSO})-\theta_4\right]\right\}
\end{aligned}
\tag{5-10}
$$

式中

$$
c=\sqrt{a^2+b^2+2ab\cos(\alpha_k-\beta_k)} \tag{5-11}
$$

且 θ_4 是一个与 a、b、θ_2 和 θ_3 取值相关的常数。

在上述 $|\dot{X}(k)|$ 中，$2ab\cos(\alpha_k+\beta_k)$ 这一部分是周期性的，其频率是 $2f_\mathrm{SSO}$。通常来说，根据 N 和 f_SSO 的取值范围可由数值算法计算得到 $\sin(N\theta_2)/(N\sin\theta_2)$ 和 $\sin(N\theta_3)/(N\sin\theta_3)$ 的取值在（$-0.22,0$）范围内。由此可见，$2ab\cos(\alpha_k+\beta_k)$ 通常显著小于其他项而可以被忽略。

因此，根据式 (5-9) 和式 (5-10)，$|\dot{X}(k)|$ 由基波分量 x_0'、频率为 $(f_\mathrm{N}-f_\mathrm{SSO})$ 的分量 x_1' 和频率为 $(f_\mathrm{N}+f_\mathrm{SSO})$ 的分量 x_2' 组成，如式 (5-12) 所示，其中 θ_5 和 θ_6 均为常数。

$$
\begin{aligned}
|\dot{X}(k)|=x_0'+x_1'\cos\left[\frac{2\pi k}{f_\mathrm{S}}(f_\mathrm{N}+f_\mathrm{SSO})+\theta_5\right]\\
+x_2'\cos\left[\frac{2\pi k}{f_\mathrm{S}}(f_\mathrm{N}-f_\mathrm{SSO})+\theta_6\right]
\end{aligned}
\tag{5-12}
$$

因此，在 DFT 频谱分析中，由于采样率是 f_S 且 $f_\mathrm{S}=2f_\mathrm{N}$，频率高于 f_N 的分量将出现频谱混叠。对于频率为 $(f_\mathrm{N}+f_\mathrm{SSO})$ 的分量，混叠频率是 $(f_\mathrm{N}-f_\mathrm{SSO})$。进一步，由于 DFT 频谱分析中的采样率 f_S 对于频率为 $(f_\mathrm{N}+f_\mathrm{SSO})$ 和 $(f_\mathrm{N}-f_\mathrm{SSO})$ 的分量不是整周期采样，频谱中也会出现谐波。这些谐波的频率可以根据采样率为 $f_\mathrm{S}=2f_\mathrm{N}$ 条件下的 DFT 混叠分析计算得到，计算结果如图 5.3所示。

因此，当次同步振荡频率为 f_SSO 时，同步相量幅值的 DFT 频谱中将主要包含两个成分分量。其中，主导成分分量对应频率为零、幅值为 x_0' 的基波分量，x_0' 为基波分量的计算幅值。次主导成分分量对应频率为 f_SSO' 的次同步分量，其中 $f_\mathrm{SSO}'=f_\mathrm{N}-f_\mathrm{SSO}$，其幅值为 x_SSO'，x_SSO' 是次同步分量的计算幅值。此外，还存在次主导成分分量的混叠谐波。综合本小节的分析，同步相量幅值的 DFT 频谱分析结果可以直接得出 f_SSO，即

$$
f_\mathrm{SSO}=f_\mathrm{N}-f_\mathrm{SSO}' \tag{5-13}
$$

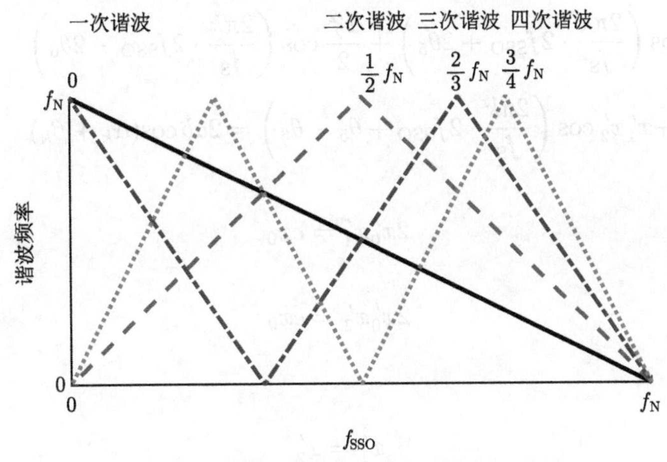

图 5.3 同步相量频谱分析中谐波的频率变化规律

5.1.3 同步相量计算对次同步振荡幅值辨识的影响

根据以上分析，同步相量幅值的 DFT 频谱分析的结果并不能直接获得次同步振荡的实际参数。在这些结果中，主导成分分量和次主导成分分量都受到了频谱泄漏的影响，也就是说，x_0' 和 x_{SSO}' 不再分别等于 x_0 和 x_{SSO}。

根据式 (5-12)，有

$$
\begin{aligned}
|\dot{X}(k)|^2 = {} & x_0'^2 + \frac{x_1'^2}{2}\left[1+\cos\left(\frac{2\pi k}{f_S}\cdot 2f_{SSO}+2\theta_5\right)\right] \\
& + \frac{x_2'^2}{2}\left[1+\cos\left(\frac{2\pi k}{f_S}\cdot 2f_{SSO}-2\theta_6\right)\right] \\
& + 2x_0'x_1'\cos\left(\frac{2\pi k}{f_S}(f_N+f_{SSO})+\theta_5\right) \\
& + 2x_0'x_2'\cos\left(\frac{2\pi k}{f_S}(f_N-f_{SSO})+\theta_6\right) \\
& + x_1'x_2'\left[\cos(\theta_5+\theta_6)+\cos\left(\frac{2\pi k}{f_S}\cdot 2f_{SSO}+\theta_5-\theta_6\right)\right]
\end{aligned}
\tag{5-14}
$$

根据式 (5-9) 和式 (5-14)，可得到

$$
x_0'^2 + \frac{x_1'^2}{2} + \frac{x_2'^2}{2} + x_1'x_2'\cos(\theta_5+\theta_6) = a^2+b^2+x_0^2 \tag{5-15a}
$$

$$\begin{aligned} &\frac{x_1'^2}{2}\cos\left(\frac{2\pi k}{f_{\mathrm{S}}}\cdot 2f_{\mathrm{SSO}}+2\theta_5\right)+\frac{x_2'^2}{2}\cos\left(\frac{2\pi k}{f_{\mathrm{S}}}\cdot 2f_{\mathrm{SSO}}-2\theta_6\right) \\ &+x_1'x_2'\cos\left(\frac{2\pi k}{f_{\mathrm{S}}}\cdot 2f_{\mathrm{SSO}}+\theta_5-\theta_6\right)=2ab\cos(\alpha_k+\beta_k) \end{aligned} \tag{5-15b}$$

$$2x_0'x_1'=cx_0 \tag{5-15c}$$

$$2x_0'x_2'=cx_0 \tag{5-15d}$$

进一步有

$$x_1'=x_2' \tag{5-16a}$$

$$x_0'^2+x_1'^2\left[1+\cos(\theta_5+\theta_6)\right]=a^2+b^2+x_0^2 \tag{5-16b}$$

$$x_1'^2\left[1+\cos(\theta_5+\theta_6)\right]=2ab \tag{5-16c}$$

因此，次同步分量的理想计算幅值记为 x''_{SSO}，x''_{SSO} 对应频率为 $(f_{\mathrm{N}}+f_{\mathrm{SSO}})$ 和 $(f_{\mathrm{N}}-f_{\mathrm{SSO}})$ 的分量。进而，$x''_{\mathrm{SSO}}=x_1'+x_2'$。然后根据式 (5-15c) 和式 (5-16)，x''_{SSO} 与 x_0' 的比是

$$\frac{x''_{\mathrm{SSO}}}{x_0'}=\frac{cx_0}{x_0^2+a^2+b^2-2ab} \tag{5-17}$$

由于频谱泄露和 DFT 频谱分析中的非整周期采样，次主导成分分量 x'_{SSO} 正比于 x''_{SSO}，即 $x'_{\mathrm{SSO}}=\sigma_f x''_{\mathrm{SSO}}$，而不是等于 x''_{SSO}。那么，次同步分量与基波分量的计算幅值比，记为 λ'_{R} 且 $\lambda'_{\mathrm{R}}=x'_{\mathrm{SSO}}/x_0'$，如式 (5-18) 所示与 λ_{R} 相关。式 (5-18) 中，λ_{R} 是次同步分量与基波分量的实际幅值比，且 $\lambda_{\mathrm{R}}=x_{\mathrm{SSO}}/x_0$，可得到

$$\lambda'_{\mathrm{R}}=\frac{x'_{\mathrm{SSO}}}{x_0'}=\frac{\sigma_f x''_{\mathrm{SSO}}}{x_0'}=\frac{\sigma_f cx_0}{x_0^2+a^2+b^2-2ab}=f(\lambda_{\mathrm{R}}) \tag{5-18}$$

综上所示，式 (5-18) 表明对于一个次同步振荡频率 f_{SSO}，λ'_{R} 和 λ_{R} 之间存在一一对应的关系。此外，这种一一对应关系仅依赖于式 (5-18) 中的次同步振荡频率 f_{SSO}，其原因是 FFT 同步相量算法和 DFT 频谱分析都是线性的。对于 50 Hz 电力系统，如式 (5-2) 所示的典型瞬时值信号的 $\lambda'_{\mathrm{R}}=f(\lambda_{\mathrm{R}})$ 曲线在不同的 f_{SSO} 取值条件下的结果如图 5.4所示。

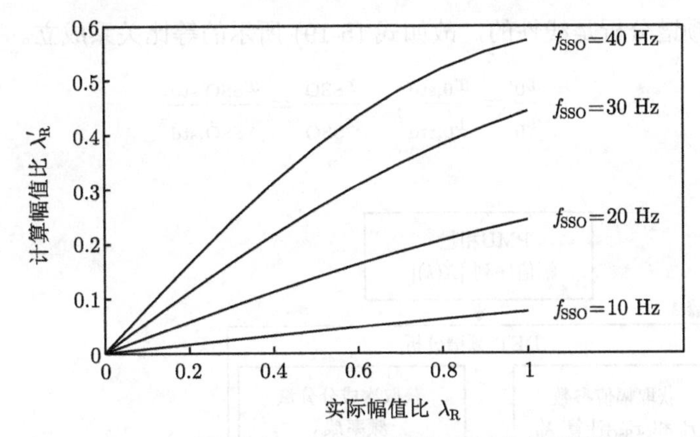

图 5.4 次同步与基波的计算幅值比 λ'_{R} 随次同步与基波的实际幅值比 λ_{R} 的变化曲线

5.2 基于同步相量量测的次同步振荡参数辨识方法

基于上述分析，本章提出了一种基于同步相量量测的次同步振荡参数辨识方法。这种方法可以基于由 PMU 提供的同步相量而不是瞬时值信号来获得次同步振荡的参数。

5.2.1 次同步振荡参数辨识方法的基本思路

本章所提出的基于同步相量量测的次同步振荡参数辨识方法的基本原理是，PMU 实测的次同步振荡事件可以由一个构造的标准波形成比例地复制，其中这个构造标准波形的计算幅值比与实际次同步振荡同步相量的计算幅值比一致，即 $\lambda'_{\mathrm{R,std}} = \lambda'_{\mathrm{R}}$。由于该构造的标准波形的参数已知，可以由此计算出实际次同步振荡的参数。这一基本思路的示意图如图 5.5所示。

首先，只有参数 f'_{SSO}、x'_0 和 x'_{SSO} 可以通过同步相量幅值序列 $|\dot{X}(k)|$ 的 DFT 频谱分析获得。根据第 5.1.2节中关于频率辨识的结论，可以用式 (5-13) 准确地获得 f_{SSO}。另外，参数 x_0 和 x_{SSO} 不能直接由式 (5-18) 中的函数 $f(\cdot)$ 或本章中的其他等式计算得到，因为难以获取参数 σ_f 和 a、b、c。为了处理这一复杂问题，根据第 5.1.3节中幅值辨识结果及对应关系的结论，λ'_{R} 与 λ_{R} 之间唯一特定的一一对应关系仅由次同步振荡频率 f_{SSO} 决定，而不受其他任何参数影响。因此，可以以 λ'_{R} 与 λ_{R} 之间的一一对应关系为线索，建立一个与实测次同步振荡事件成正比的标准参考波形。

本章使用 λ'_{R} 作为指标建立实测的次同步振荡事件和标准波形之间的等比关系。在这种情况下，构造的标准波形不仅具有已知参数 $x_{0,\mathrm{std}}$、$x'_{0,\mathrm{std}}$ 和 $x_{\mathrm{SSO,std}}$、$x'_{\mathrm{SSO,std}}$，还与实测的次同步振荡数据具有完全相同的 λ_{R}。由于 FFT 同步相量算法和 DFT 频谱分析是线性的，故如式 (5-19) 所示的等比关系成立。

$$\frac{x_0}{x_0'} = \frac{x_{0,\text{std}}}{x_{0,\text{std}}'}, \quad \frac{x_{\text{SSO}}}{x_{\text{SSO}}'} = \frac{x_{\text{SSO,std}}}{x_{\text{SSO,std}}'} \tag{5-19}$$

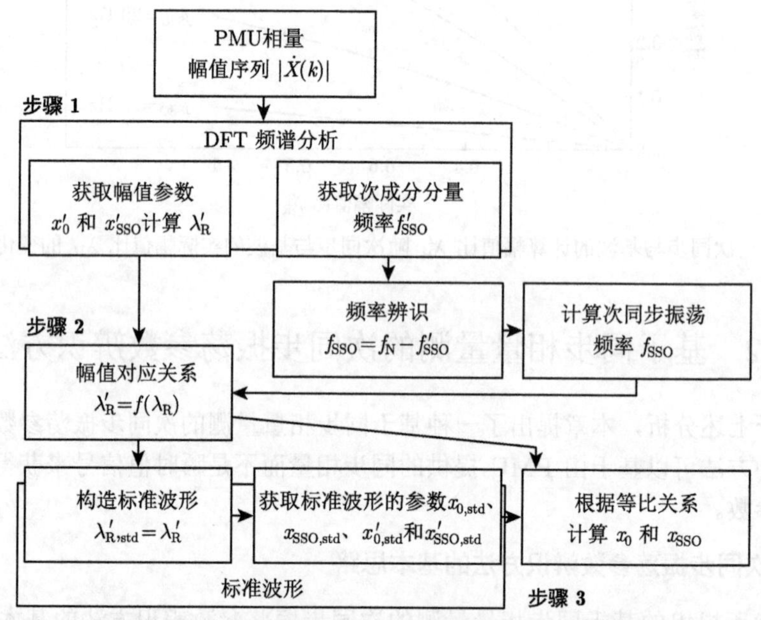

图 5.5 基于同步相量量测的次同步振荡参数辨识方法的基本思路

然后根据这个特定的标准波形和实测的次同步振荡之间的等比关系，可以获得次同步振荡中基波分量和次同步分量的实际幅值。其中，下标“std”表示标准波形的相关参数。

5.2.2 次同步振荡参数辨识方法的流程

基于广域测量数据的次同步振荡模式辨识方法如图 5.5所示，具体步骤如下。

步骤 1：取同步相量幅值的时间序列数据 $|\dot{X}(k)|$ 进行 DFT 频谱分析，DFT 的采样率 f_{S} 的取值为 50 Hz 系统 $f_{\text{S}}=100$ Hz，60 Hz 系统 $f_{\text{S}}=120$ Hz。而 DFT 频谱分析所用的数据窗长度可根据实际情况调整（通常可取值为 10 s 或 5 s）。DFT 频谱分析的结果可得到对应于次同步分量的次主导成分分量的频率 f_{SSO}'，以及基波分量计算幅值 x_0'、次同步分量计算幅值 x_{SSO}' 和次同步分量与基波分量的计算幅值比 $\lambda_{\text{R}}'=x_{\text{SSO}}'/x_0'$。进而根据第 5.1.2节的结论，次同步振荡的频率可以直接计算得到，即 $f_{\text{SSO}}=f_{\text{N}}-f_{\text{SSO}}'$。

步骤 2：以 λ'_{R} 为指标，构造 $f_{\mathrm{SSO,std}} = f_{\mathrm{SSO}}$ 且 $\lambda'_{\mathrm{R,std}} = \lambda'_{\mathrm{R}}$ 的特定标准波形。这一构造的标准波形将等比例复制实测的次同步振荡。获取构造的标准波形的参数为 $x_{0,\mathrm{std}}$、$x_{\mathrm{SSO,std}}$、$x'_{0,\mathrm{std}}$ 和 $x'_{\mathrm{SSO,std}}$。

步骤 2 中所述的特定标准波形可以通过以 λ'_{R} 为指标在一个构造的标准波形集中找到。具体方法如下。

（1）首先构造的标准波形集中，基波分量幅值 $x_{0,\mathrm{std}}$ 和次同步频率 $f_{\mathrm{SSO,std}}$ 是固定的，取值为 $x_{0,\mathrm{std}} = 100$ 且 $f_{\mathrm{SSO,std}} = f_{\mathrm{SSO}}$。与此同时，次同步分量幅值 $x_{\mathrm{SSO,std}}$ 是变化的。也就是说，标准波形集中的各个标准波形的 $\lambda_{\mathrm{R,std}}$ 是不同的。

（2）针对标准波形集中的对应一个 $\lambda_{\mathrm{R,std}}$ 取值的一个标准波形使用 FFT 同步相量算法计算同步相量序列 $\dot{X}_{\mathrm{std}}$。然后对同步相量的幅值序列 $|\dot{X}_{\mathrm{std}}|$ 进行 DFT 频谱分析，其中 DFT 频谱分析的数据窗长度和采样率与步骤 1 中的完全相同。则当前 $\lambda_{\mathrm{R,std}}$ 取值所对应的标准波形的 $x'_{0,\mathrm{std}}$、$x'_{\mathrm{SSO,std}}$ 和 $\lambda'_{\mathrm{R,std}}$ 参数可以从 DFT 频谱分析的结果计算得到。

（3）针对标准波形集中的所有标准波形重复执行步骤（2），则可获得所有 $\lambda'_{\mathrm{R,std}}$ 取值所对应的各个标准波形的 $\lambda_{\mathrm{R,std}}$。由此可获得 $\lambda'_{\mathrm{R,std}} = f(\lambda_{\mathrm{R,std}})$ 曲线。进而，在曲线 $\lambda'_{\mathrm{R,std}} = f(\lambda_{\mathrm{R,std}})$ 中找到 $\lambda'_{\mathrm{R,std}} = \lambda'_{\mathrm{R}}$ 所对应的特定数据点，对应该数据点的标准波形就是与实测次同步振荡数据存在等比关系的特定标准波形。

（4）为了找到步骤（3）中所述特定数据点，标准波形集初始所选取的参数 $x_{\mathrm{SSO,std}}$ 的范围应足够大，以使得曲线 $\lambda'_{\mathrm{R,std}} = f(\lambda_{\mathrm{R,std}})$ 能够粗略地包含 λ'_{R}。然后，参数 $x_{\mathrm{SSO,std}}$ 的取值间隔和范围可以逐步缩小，直到 $\lambda'_{\mathrm{R,std}} = \lambda'_{\mathrm{R}}$ 的精度满足要求。

步骤 3：计算实际幅值 x_0 和 x_{SSO}。根据步骤 2 中构造的标准波形与实测次同步振荡数据间的等比关系，次同步振荡中基波分量的实际幅值 x_0 和次同步分量的实际幅值 x_{SSO} 可根据式 (5-19) 的等比关系所推导的式 (5-20) 计算得到：

$$x_0 = x'_0 \frac{x_{0,\mathrm{std}}}{x'_{0,\mathrm{std}}}, \quad x_{\mathrm{SSO}} = x'_{\mathrm{SSO}} \frac{x_{\mathrm{SSO,std}}}{x'_{\mathrm{SSO,std}}} \tag{5-20}$$

5.2.3 数值仿真验证

为验证本章所提出的基于同步相量测量的电力系统次同步振荡参数辨识方法的正确性，对式 (5-2) 所示的典型信号 $x(t)$ 进行数值仿真验证。数值仿真中的参数取值与结果如表 5.1所示。表 5.1中的第一列是 $x(t)$ 的各个参数，其中系统额定频率 $f_{\mathrm{N}} = 50$ Hz，基波频率 $f_0 = 50$ Hz，次同步振荡频率 $f_{\mathrm{SSO}} = 25$ Hz，各幅值和幅值频谱单位量纲相同。数值仿真验证的方法如第 5.2.2节中的流程所述。详细的解释和结论如下。

表 5.1 次同步振荡辨识方法的数值仿真验证的参数及结果

	原始信号/Hz	同步相量幅值的频谱	标准波形参数	修正后的结果
f_{SSO}	25	—	25	25
f'_{SSO}	—	25	25	—
x_0	75	—	100	75.0000
x'_0	—	80.8725	107.8300	—
x_{SSO}	50	—	66.6667	50.0000
x'_{SSO}	—	20.0869	26.7826	—
λ'_{R}	—	0.2484	0.2484	—

（1）同步相量幅值的频谱分析的原始结果是 $x'_0 = 80.87$ 和 $x'_{\mathrm{SSO}} = 20.09$，这些结果与原始 $x(t)$ 的参数 x_0 和 x_{SSO} 相差甚远。

（2）修正后的结果为 $x_0 = 75.00$ 和 $x_{\mathrm{SSO}} = 50.00$。由校正比例等式，即式(5-20)，所描述的标准波形与原始信号数据之间的比例关系准确地获得了这些结果。标准波形的参数如表 5.1的第三列所示。

（3）在 $f_{\mathrm{SSO}} = 25$ Hz 这种情况下，x'_{SSO} 不仅包含了次主导成分分量，还包含了次主导成分分量的其他次谐波。但是，由于 FFT 同步相量计算和 DFT 频谱分析的线性特性，当 f_{SSO} 和 λ'_{R} 都不变时，构造的标准波形仍然与原始信号成比例。

5.3 实际电网中的次同步振荡参数辨识

为了验证本章所提的基于同步相量量测的次同步振荡参数辨识方法在解决实际问题时的可行性，本节针对华北电网实际发生的两次次同步振荡事件中由 PMU 实测到的同步相量数据进行参数辨识并对结果进行分析。两个次同步振荡事件的电网均接入了大量的风力发电，两次次同步振荡事件的起因均为电容补偿系统与风力发电机之间的谐振。在测试中所使用的同步相量数据由实际 PMU 测量并记录，而作为对比的瞬时值采样信号则由故障录波器记录。两次次同步振荡事件的次同步振荡频率分别为 7.8 Hz 和 42.5 Hz。此外，本章方法的辨识结果还与基于瞬时值的 SSPA 方法 [73]、基于瞬时值 Prony 分析方法 [166] 的结果进行了对比，同时，以故障录波器记录的瞬时信号采样值的频谱分析结果为基准，这些结果还与基准结果进行了对比分析。

5.3.1 次同步振荡事件 I

次同步振荡事件 I 中的变电站接线图如图 5.6所示，实际记录的同步相量是 2# 220/35 kV 变压器高压侧的 A 相电流同步相量。该变压器将为 100 MW 风力发电升压且低压母线有大容量无功补偿以提高输电能力。由实际 PMU 记录的同步相量如图 5.7所示（仅展示了同步相量幅值），由故障录波器记录的部分 A 相电流瞬时值的如图 5.8所示。作为基准结果，对应瞬时值 DFT 频谱分析结果的幅值和频率结果如图 5.9所示，其中 50 Hz 基波分量的实际幅值为 $x_0 = 113.4$ A，而次同步分量的频率和幅值分别为 $f_{\mathrm{SSO}} = 7.8$ Hz 和 $x_{\mathrm{SSO}} = 234.9$ A。这些由故障记录器记录的瞬时值的分析结果将在以下对比分析中作为比较的基准。

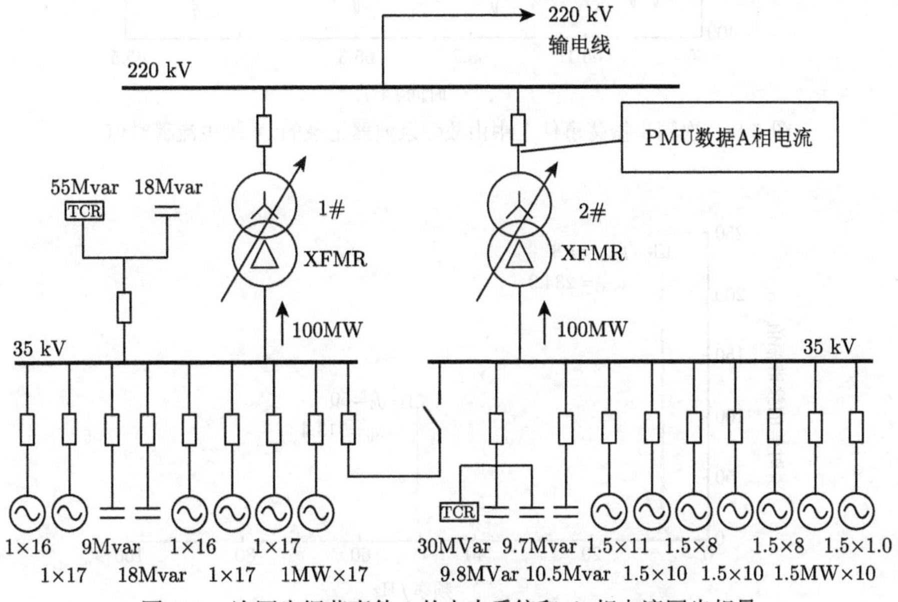

图 5.6 次同步振荡事件 I 的电力系统和 A 相电流同步相量

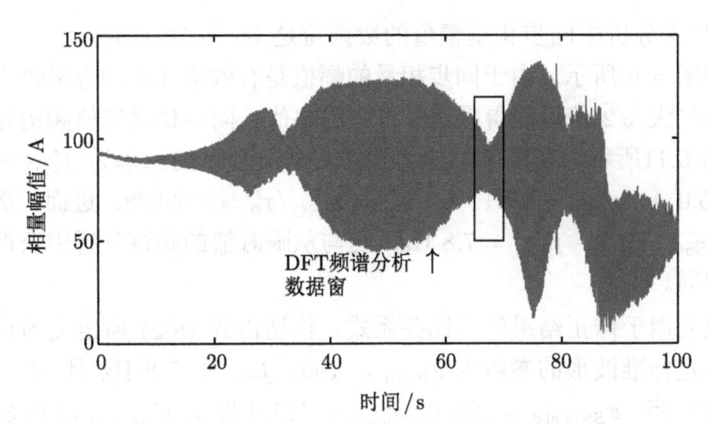

图 5.7 次同步振荡事件 I 中由 PMU 记录的 A 相电流同步相量幅值

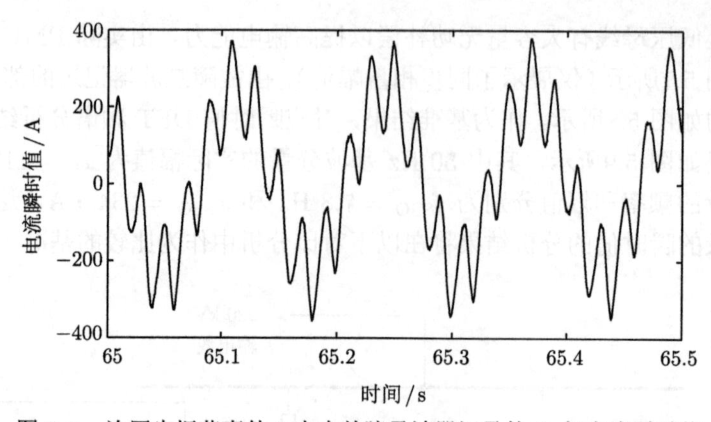

图 5.8 次同步振荡事件 I 中由故障录波器记录的 A 相电流瞬时值

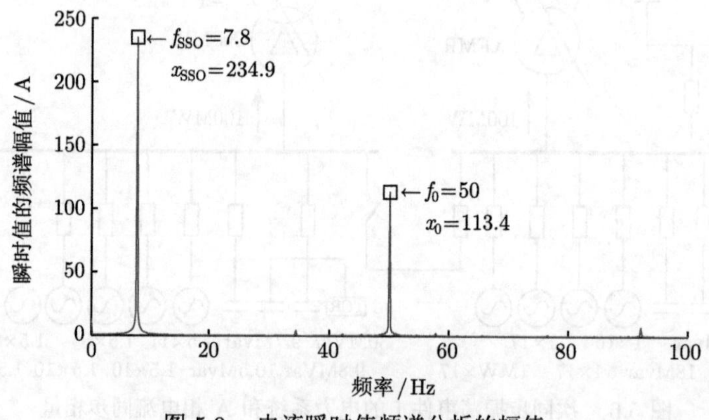

图 5.9 电流瞬时值频谱分析的幅值

DFT 频谱分析中同步相量幅值的数据窗是 65 ∼ 70 s 的时间段，采样率为 100 Hz，如图 5.10所示。由于同步相量的幅值是有效值（即均方根值 RMS），所以幅值应该扩大 $\sqrt{2}$ 倍以获得频谱分析中的幅值。同步相量幅值频谱分析结果中的幅值如图 5.11所示。在图 5.11中，次主导成分分量的频率为 $f'_{\rm SSO} = 42.2$ Hz，且 $x'_0 = 125.0$ A，$x'_{\rm SSO} = 12.11$ A，$\lambda'_{\rm R} = x'_{\rm SSO}/x'_0 = 0.09688$。进而，次同步振荡的频率为 $f_{\rm SSO} = f_{\rm N} - f'_{\rm SSO} = 7.8$ Hz，这与从瞬时值的频谱分析中获得的次同步分量频率相同。

为了建立用于修正结果的等比关系式，构造由式 (5-2) 所定义的特定标准波形，这一特定标准波形的参数为 $x_{0,\rm std} = 100$，$f_{\rm SSO} = 7.8$ Hz 且 $\lambda'_{\rm R,std} = \lambda'_{\rm R} = 0.09688$。进一步，$x_{\rm SSO,std} = 229.1$，$x'_{0,\rm std} = 111.4$ 以及 $x'_{\rm SSO,std} = 10.80$。根据式 (5-20)，参数 x_0 和 $x_{\rm SSO}$ 可以计算得到：

$$x_0 = x_0' \frac{x_{0,\mathrm{std}}}{x_{0,\mathrm{std}}'} = 125.0 \times \frac{100}{111.4} = 112.2\ \mathrm{A} \tag{5-21}$$

$$x_{\mathrm{SSO}} = x_{\mathrm{SSO}}' \frac{x_{\mathrm{SSO,std}}}{x_{\mathrm{SSO,std}}'} = 12.11 \times \frac{229.1}{10.80} = 256.9\ \mathrm{A} \tag{5-22}$$

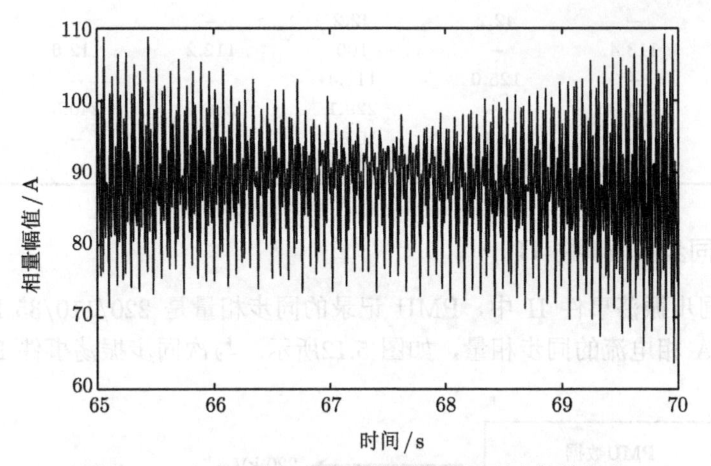

图 5.10 电流同步相量幅值的频谱分析所取的数据窗

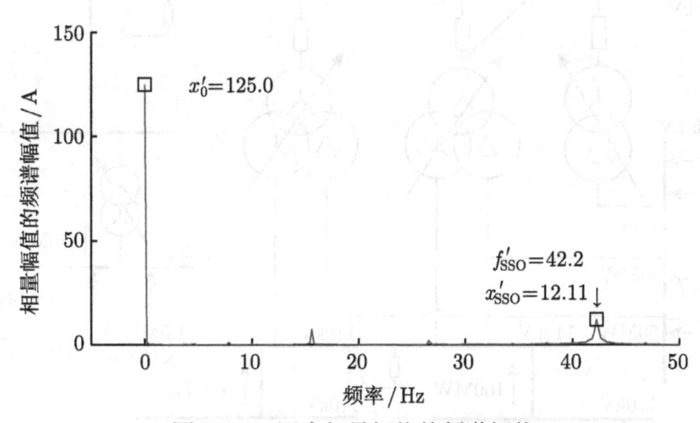

图 5.11 同步相量幅值的频谱幅值

另外，SSPA 方法和 Prony 方法所使用的瞬时值数据窗为在 65 ~ 70 s 时间段、采样率为 3200 Hz 的瞬时值数据如下。对于 SSPA 方法，$f_{\mathrm{SSO}} = 7.8$、$x_0 = 112.6$ 以及 $x_{\mathrm{SSO}} = 240.3$。对于 Prony 方法，$f_{\mathrm{SSO}} = 7.735$、$x_0 = 115.8$ 以及 $x_{\mathrm{SSO}} = 225.5$。

由本章提出的基于同步相量量测的次同步振荡参数辨识方法计算得出的结果、SSPA 方法的结果、Prony 方法的结果以及瞬时值频谱分析的标准结果分别如表 5.2中所列。次同步振荡事件 I 中参数辨识结果的具体对比分析将与次同步振荡事件 II 中的参数辨识结果相比较，并在 5.3.3节中总结阐述。

表 5.2　次同步振荡事件 I 的各种分析结果对比

	$x(t)$ 频谱	$\lvert\dot{X}(k)\rvert$ 频谱	标准波形参数	修正结果	SSPA 方法	Prony 方法
f_{SSO}	7.8	–	7.8	7.8	7.8	7.735
f'_{SSO}	–	42.2	42.2	–	–	–
x_0	113.4	–	100	112.2	112.6	115.8
x'_0	–	125.0	111.4	–	–	–
x_{SSO}	234.9	–	229.1	256.9	240.3	225.5
x'_{SSO}	–	12.11	10.80	–	–	–
λ'_{R}	–	0.0969	0.0969	–	–	–

5.3.2　次同步振荡事件 II

在次同步振荡事件 II 中，PMU 记录的同步相量是 220/110/35 kV 变压器高压侧的 A 相电流的同步相量，如图 5.12所示。与次同步振荡事件 I 类似，该

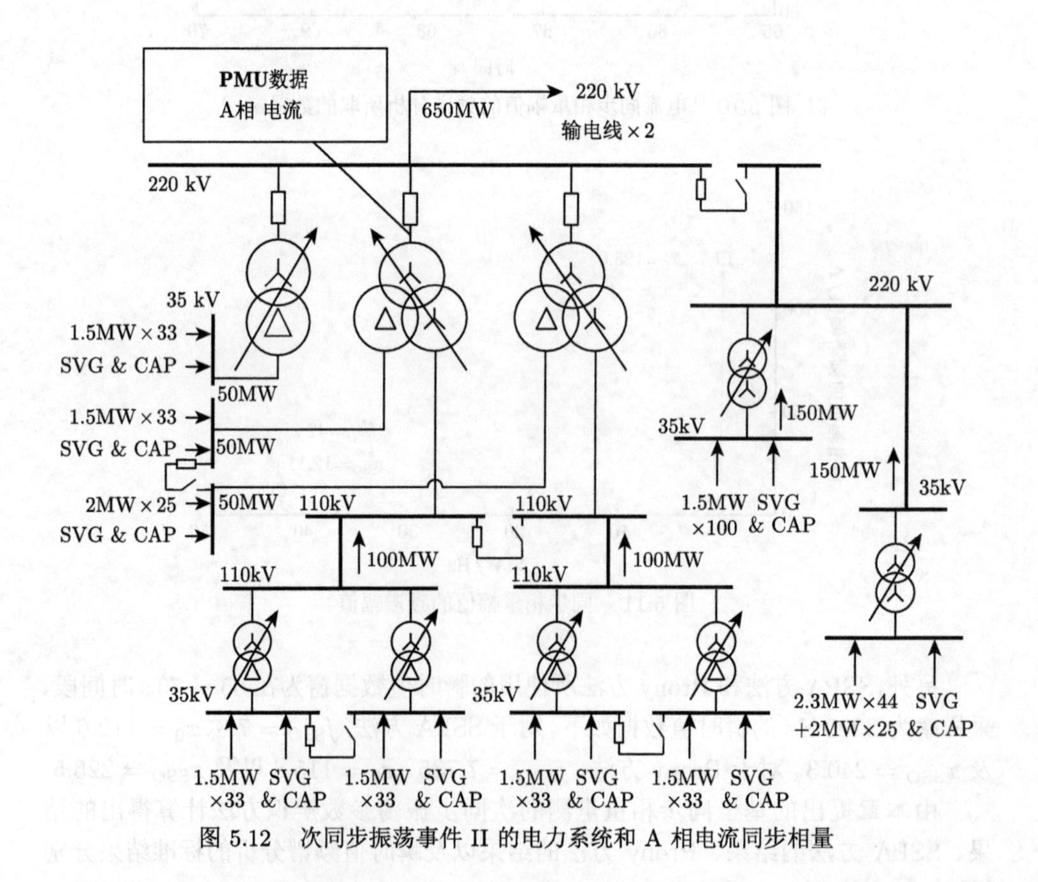

图 5.12　次同步振荡事件 II 的电力系统和 A 相电流同步相量

变压器为 150 MW 风力发电升压且低压母线有大容量无功补偿以提高输电能力。PMU 实测并记录的同步相量如图 5.13所示（仅展示同步相量的幅值），由故障录波器实测并记录的部分电流瞬时值如图 5.14所示。针对次同步振荡事件 II 的分析过程与第 5.3.1节中次同步振荡事件 I 的分析过程类似，对比结果如表 5.3所示。与次同步振荡事件 I 中的 $f_{\text{SSO}} = 7.8$ Hz 不同，次同步振荡事件 II 的次同步振荡频率为 $f_{\text{SSO}} = 42.5$ Hz。针对次同步振荡事件 II 的详细分析和结论见 5.3.3节。

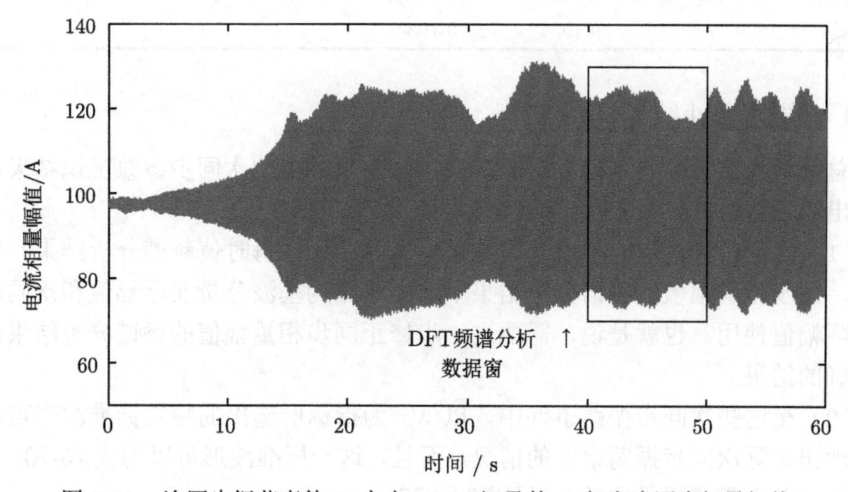

图 5.13　次同步振荡事件 II 中由 PMU 记录的 A 相电流同步相量幅值

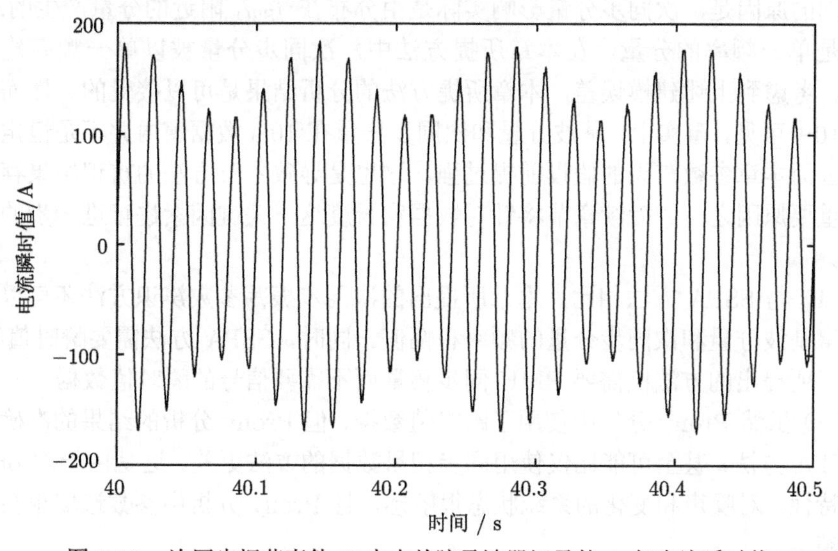

图 5.14　次同步振荡事件 II 中由故障录波器记录的 A 相电流瞬时值

表 5.3 次同步振荡事件 II 的各种分析结果对比

	$x(t)$ 频谱	$\lvert\dot{X}(k)\rvert$ 频谱	标准波形参数	修正结果	SSPA 方法	Prony 方法
f_{SSO}	42.5	—	42.5	42.5	42.5	42.43
f'_{SSO}	—	7.5	7.5	—	—	—
x_0	98.38	—	100	98.10	98.51	95.52
x'_0	—	99.42	101.35	—	—	—
x_{SSO}	23.76	—	22.28	21.86	23.98	23.07
x'_{SSO}	—	19.23	19.60	—	—	—
λ'_{R}	—	0.1934	0.1934	—	—	—

5.3.3 对比验证小结

总结两次实际电力系统系统的次同步振荡事件中的次同步参数辨识结果，可以得出以下结论。

（1）同步相量幅值的频谱分析结果与实际结果（瞬时值频谱分析结果）完全不同，同步相量幅值的频谱分析结果不能直接作为基波分量实际幅值和次同步分量实际幅值使用。也就是说，需要进一步修正同步相量幅值的频谱分析结果以获得正确的结果。

（2）在这些次同步振荡事件中，以 λ'_{R} 为指标所选出的特定标准波形可以完全复现出实际次同步振荡事件的情况。而且，这一标准波形可以为式 (5-20) 所示的等比例关系等式提供参数，以计算 x_0 和 x_{SSO}。

（3）基波分量幅值的辨识结果比次同步分量幅值的辨识结果更准确。造成这种差别的原因是，次同步分量影响实际是由分布在 f_{SSO} 附近的分量产生的总和，而不是单一频率的分量。在本章所提方法中，次同步分量被以单一频率建模和辨识。考虑到上述建模误差，本章所提方法的分析结果是可以接受的。然而，在图 5.10中可见，事实上，基波分量和次同步分量在 10 s 数据窗内并不是恒定不变的，因而本章参数辨识的假设前提过强，这也是导致本章方法的辨识结果存在误差的重要原因之一。后续章节将针对数据窗长度这一关键因素进行进一步的深入研究。

（4）与 SSPA 方法相比，本章所提出的次同步振荡参数辨识方法还可以准确地获得基波分量和次同步分量的频率和幅值。同时，SSPA 方法需要瞬时值数据，而本章所提出的方法仅需要 PMU 同步相量而不需要信号的瞬时值数据。

（5）虽然 Prony 分析中使用了瞬时值数据，但 Prony 分析的结果的准确度低于 SSPA 方法，甚至可能比仅使用同步相量数据的方法更差。这是由于 Prony 分析的特性，对噪声和变化的系统状态很敏感，且 Prony 分析中参数选取也会影响辨识精度。

(6) 虽然这两个例子中的次同步振荡事件都是在风电渗透率非常高的条件下产生的，但是本章所提出的方法仅使用了同步相量数据而并不依赖电力系统模型和参数，也可以处理其他的次同步分量 $f_{\mathrm{SSO}} < f_{\mathrm{N}}$ 的次同步振荡。

因此，本章所提出的基于同步相量测量的次同步振荡辨识方法可以基于 WAMS 数据在实际的次同步振荡事件中，能比较准确有效地计算出基波分量和次同步分量的频率和幅值。

第 6 章　基于同步相量复频谱的次/超同步振荡参数辨识

针对次同步振荡参数辨识问题，基于 DFT 频谱的方法是最基本的、研究最广泛的方法，在第 5 章及文献 [76] 中，首次尝试利用同步相量计算和 DFT 频谱分析的线性特性，通过同步相量幅值的频谱分析得到基于同步相量的次同步分量幅值辨识方法。为保证必要的频谱分辨率（大于 0.1 Hz），上述研究使用了一个 10 s 的数据窗，假定参数在该数据窗内维持不变。然而，实际中的次同步振荡几乎不会在 10 s 内保持不变，该方法因假设条件过强而实用性大打折扣，文献 [77] 进一步验证了这一点。作为上述探索性方法的一个重大改进，文献 [77] 提出了一种基于插值 DFT 和汉宁窗的同步相量复频谱分析方法，以辨识次同步分量的频率和幅值，该方法将数据窗减小到 2 s，并有效地解决了频谱分辨率受限的问题。另外，目前有研究提出了非 DFT 方法，如文献 [155] 将次同步振荡参数辨识转换为了模态参数提取（MPE）问题，并且使用了两个经典的 MPE 方法，即 Prony 方法和矩阵束算法（matrix pencil method，MPM）来提取次同步分量的参数并计算次同步振荡的阻抗/功率，用于在线辨识次同步振荡源。又如，文献 [169] 通过人工智能方法改善了多支持向量机（support vector machine，SVM）模型，开发了一种数据驱动的次同步振荡参数辨识方法，该方法将数据窗减小到 1 s。

然而，这些研究存在一个共同的严重缺点，即参数辨识的前提是只存在次同步分量，而不存在与其频率耦合的超同步分量。实际上，电力系统中还存在着同时含有超同步分量的次同步振荡[170]。例如在 2017 年南方电网的次同步振荡事件中，在其输电系统里检测到了具有次同步分量和与其频率耦合的超同步分量的电压和电流[79]。受同步相量的计算过程以及次同步/超同步分量的频率耦合特性的影响，次同步/超同步分量的正负频率部分分别具有相同的频率，因而它们将叠加在一起而不能解耦[69,155]。同样，由于基波分量的频率接近额定频率，其正负频率部分也无法解耦；这两点将在本书的第 6.1 节中得到证明。也就是说，文献 [77] 中的原始插值 DFT 和汉宁窗方法以及上述其他方法都不能有效辨识超同步分量，甚至超同步分量的存在将直接导致辨识结果不可用。因为这些方法只能解耦和辨识频率显著不同的分量，如基波分量和次同步分量。而在电力系统的实际应用中，并不能保证系统中只存在次同步分量，当系统同时存在超同步分量时，上述方法辨识的参数甚至是完全错误的。因此，需要对现有方法进行进一步分析与改进。

针对上述问题，本章在原始插值 DFT 和汉宁窗 DFT[77] 的基础上进行了改进与补充。基波分量和次同步分量之间的频谱泄漏已经被证明可由插值 DFT 和汉宁窗 DFT 处理，本章的改进重点将放在次同步分量与超同步分量之间的影响以及基波分量的正频率与负频率部分之间的影响上。因此，本章在以下两个方面进行了改进。① 首先对频率耦合的次/超同步分量进行解耦求解，并得到次/超同步分量的参数；② 其次，对不能解耦的基波分量的正负频率部分进行分析并求解，得到基波分量的参数。

本章对频谱峰不同的各分量之间的叠加特性和频谱混叠特性进行了详细分析，提出了改进的次同步/超同步分量参数辨识方法。该方法可以准确地获得 SSO 中各个分量的参数，包括基波分量的频率、幅值和相位，以及次同步/超同步分量的频率、幅值、相位和阻尼因子。最后，使用合成数据和仿真的 PMU 数据验证所提出的改进插值 DFT 和汉宁窗 DFT 参数辨识方法，并将此方法与文献 [77] 中的原始插值 DFT 方法和基于瞬时值采样信号的 Prony 分析方法进行了对比。结果表明，该方法实现了基波分量、次同步/超同步分量的参数辨识，辨识精度并未受额外的参数影响而与原始 DFT 方法[77] 的相似；同时，作为对原始方法的补充与改进，该方法对超同步分量的进一步分析和额外的参数辨识显著提高了插值 DFT 方法的实用价值。

6.1 同步相量的基波分量和次/超同步分量及其频谱特性

6.1.1 次同步振荡模型及其同步相量

第 5 章所提参数辨识方法的假设前提是次同步振荡过程中的电压和电流瞬时值信号中存在基波分量和次同步分量两个分量，而且假定这两个分量在频谱分析的 10 s 过程中的频率和幅值恒定。但是这种假设过于理想，严重影响了其在实际场景下的可用性，在实际次同步振荡过程中，各分量的频率和幅值难以在 10 s 内维持长时间不变，尤其是幅值。为此，文献 [77] 中使用了 2 s 数据窗以减轻参数不变这一假设过强的问题，同时还在第 5 章的瞬时值模型基础上增加了次同步分量的阻尼因子这一参数以进一步让瞬时值模型更接近实际情况。

为了进一步考虑超同步分量的影响，本章在文献 [77] 的基础上，为瞬时值模型增加了超同步分量。本章进行次同步振荡参数辨识时，认为次同步振荡过程中的电压和电流瞬时信号为三部分之和，分别为可能存在频率偏差的基波分量、一对衰减且频率耦合的次同步和超同步分量。此处以 $x(t)$ 表示电压或电流瞬时值。

$$
\begin{aligned}
x(t) = & x_0 \cos(2\pi f_0 t + \phi_0) + x_{\mathrm{sub}} \mathrm{e}^{\delta t} \cos(2\pi f_{\mathrm{sub}} t + \phi_{\mathrm{sub}}) \\
& + x_{\mathrm{sup}} \mathrm{e}^{\delta t} \cos(2\pi f_{\mathrm{sup}} t + \phi_{\mathrm{sup}})
\end{aligned} \tag{6-1}
$$

式中，f、x 和 ϕ 分别代表各个分量的频率、幅值和相位；下标“0”、“sub”和“sup”分别表示对应的是基波分量、次同步分量和超同步分量。次同步分量和超同步分量是一对具有相同阻尼因子 δ 的耦合分量，它们的频率满足 $f_{\mathrm{sub}} + f_{\mathrm{sup}} = 2f_{\mathrm{N}}$，其中 f_{N} 是电力系统的额定频率。此处需要说明的是，实际次同步振荡过程中，频率耦合的一对次同步和超同步分量是由相对于基波的旋转效应产生的，因而次同步和超同步分量的频率间的准确关系实际为 $f_{\mathrm{sub}} + f_{\mathrm{sup}} = 2f_0$。但是，一方面，如果实际情况下 f_0 非常接近 f_{N}，导致在实际情况下进行同步相量的频谱分析时次同步和超同步分量的频谱严重交叉混叠，进一步导致参数辨识问题的复杂化，也是参数辨识算法必须解决的难题。另一方面，如果 f_0 与 f_{N} 偏差较大，则 $f_{\mathrm{sub}} + f_{\mathrm{sup}} = 2f_0$ 条件下的次同步和超同步分量的同步相量频谱将不会严重混叠而易于处理，这反而让问题大幅简化，直接将次同步分量和超同步分量作为两个不耦合的分量分别处理即可。因此，本章后续研究均针对 $f_{\mathrm{sub}} + f_{\mathrm{sup}} = 2f_{\mathrm{N}}$ 条件进行。

通常使用 DFT 算法根据瞬时值计算同步相量，而 DFT 算法是线性的，所以可令 $\dot{X}_0(k)$、$\dot{X}_{\mathrm{sub}}(k)$ 和 $\dot{X}_{\mathrm{sup}}(k)$ 分别表示针对 $x(t)$ 进行同步相量计算后的基波分量、次同步分量和超同步分量的同步相量分量。以 $\dot{X}_{\mathrm{sub}}(k)$ 为例，令 ω_{sub} 表示 δ 和 f_{sub} 的关系为

$$
\omega_{\mathrm{sub}} = \delta + \mathrm{j}2\pi f_{\mathrm{sub}}, \quad \omega_{\mathrm{sub}}^* = \delta - \mathrm{j}2\pi f_{\mathrm{sub}} \tag{6-2}
$$

式中，上标“$*$”标记表示共轭。则 $\dot{X}_{\mathrm{sub}}(k)$ 可以表示为式 (6-3)：

$$
\begin{aligned}
\dot{X}_{\mathrm{sub}}(k) = & \frac{2}{N} \sum_{n=0}^{N-1} x_{\mathrm{sub}} \mathrm{e}^{\delta\left(\frac{n}{f_{\mathrm{N}}N} + \frac{k}{f_{\mathrm{S}}}\right)} \cos\left(2\pi f_{\mathrm{sub}} \frac{n}{f_{\mathrm{N}}N} + \phi_{k,\mathrm{sub}}\right) \mathrm{e}^{-\mathrm{j}2\pi\frac{n}{N}} \\
= & Q(\omega_{\mathrm{sub}}, 1) x_{\mathrm{sub}} \mathrm{e}^{\mathrm{j}\phi_{\mathrm{sub}}} \mathrm{e}^{\frac{\omega_{\mathrm{sub}}}{f_{\mathrm{S}}}k} + Q(\omega_{\mathrm{sub}}^*, 1) x_{\mathrm{sub}} \mathrm{e}^{-\mathrm{j}\phi_{\mathrm{sub}}} \mathrm{e}^{\frac{\omega_{\mathrm{sub}}^*}{f_{\mathrm{S}}}k}
\end{aligned} \tag{6-3}
$$

式中，N 为 DFT 同步相量计算中的数据点数；f_{S} 为 PMU 的同步相量报告率，且 $f_{\mathrm{S}} = 2f_{\mathrm{N}}$；$\phi_{k,\mathrm{sub}}$ 为第 k 个同步相量计算时的相位，有 $\phi_{k,\mathrm{sub}} = 2\pi f_{\mathrm{sub}} k / f_{\mathrm{S}} + \phi_{\mathrm{sub}}$。

为进一步简化推导，在式 (6-3) 中引入如式 (6-4) 所示的函数 $Q(\omega, l)$ 表示 DFT 计算过程，参数 $l = 1$ 时表示计算结果为同步相量。

$$
Q(\omega, l) = \frac{1}{N} \sum_{n=0}^{N-1} \mathrm{e}^{\frac{\omega}{f_{\mathrm{N}}N} n - \mathrm{j}\frac{2\pi}{N} l n} \tag{6-4}
$$

利用同样的推导，可以得到 $\dot{X}_0(k)$ 和 $\dot{X}_{\text{sup}}(k)$ 分别如下：

$$\dot{X}_0(k) = Q(\omega_0, 1)x_0\mathrm{e}^{\mathrm{j}\phi_0}\mathrm{e}^{\frac{\omega_0}{f_\mathrm{S}}k} + Q(\omega_0^*, 1)x_0\mathrm{e}^{-\mathrm{j}\phi_0}\mathrm{e}^{\frac{\omega_0^*}{f_\mathrm{S}}k} \tag{6-5}$$

$$\dot{X}_{\text{sup}}(k) = Q(\omega_{\text{sup}}, 1)x_{\text{sup}}\mathrm{e}^{\mathrm{j}\phi_{\text{sup}}}\mathrm{e}^{\frac{\omega_{\text{sup}}}{f_\mathrm{S}}k} + Q(\omega_{\text{sup}}^*, 1)x_{\text{sup}}\mathrm{e}^{-\mathrm{j}\phi_{\text{sup}}}\mathrm{e}^{\frac{\omega_{\text{sup}}^*}{f_\mathrm{S}}k} \tag{6-6}$$

式中，ω_0 和 ω_{sup} 分别为

$$\omega_0 = \delta + \mathrm{j}2\pi f_0, \omega_0^* = \delta - \mathrm{j}2\pi f_0 \tag{6-7}$$

$$\omega_{\text{sup}} = \delta + \mathrm{j}2\pi f_{\text{sup}}, \omega_{\text{sup}}^* = \delta - \mathrm{j}2\pi f_{\text{sup}} \tag{6-8}$$

从式 (6-3)、式 (6-5) 和式 (6-6) 可以得出，$\dot{X}_0(k)$、$\dot{X}_{\text{sub}}(k)$ 和 $\dot{X}_{\text{sup}}(k)$ 分别由一对频率绝对值相同、符号相反的两部分组成。

6.1.2 同步相量的基波分量和次/超同步分量及其耦合特性

对于基波分量，可以不失一般性地假设 $f_0 < f_\mathrm{N}$。考虑到 $f_\mathrm{S} = 2f_\mathrm{N}$，则可令 ω_f 表示 $\dot{X}_0(k)$ 的正频率：

$$\omega_\mathrm{f} = \frac{\omega_0}{f_\mathrm{S}} = \frac{\mathrm{j}2\pi f_0}{f_\mathrm{S}} \tag{6-9}$$

因此，$\dot{X}_0(k)$ 的两部分分别是具有正角频率 $(2\pi f_0)/f_\mathrm{S}$ 的 $\dot{X}_0^+(k)$ 和具有负角频率 $(-2\pi f_0)/f_\mathrm{S}$ 的 $\dot{X}_0^-(k)$，如式 (6-10) 所示。

$$\dot{X}_0^+(k) = Q(\omega_0, 1)x_0\mathrm{e}^{\mathrm{j}\phi_0}\mathrm{e}^{\omega_\mathrm{f}k} \tag{6-10a}$$

$$\dot{X}_0^-(k) = Q(\omega_0^*, 1)x_0\mathrm{e}^{-\mathrm{j}\phi_0}\mathrm{e}^{\omega_\mathrm{f}^*k} \tag{6-10b}$$

此处有三点需要进一步说明。① 在假设条件 $f_0 < f_\mathrm{N}$ 下，$0 < \omega_\mathrm{f} < \mathrm{j}\pi$，相当于正向旋转了 $(2\pi f_0)/f_\mathrm{S}$ 角度；而 $-\mathrm{j}\pi < \omega_\mathrm{f}^* < 0$，相当于反向旋转了 $(2\pi f_0)/f_\mathrm{S}$ 角度；因此，ω_f 和 ω_f^* 分别对应了正角频率和负角频率。② 角频率 ω_f 和 ω_f^* 的物理意义是以同步相量的测量频率 f_S 对应的一个单位时间 $1/f_\mathrm{S}$ 内对应分量旋转的角度，此处的时间并不是绝对时间。且 ω_f 和 ω_f^* 中还额外包含了复数常量 j，代表了同步相量的旋转特性。后文的变量 ω_s 和 ω_s^* 也是同理，只是额外增加了阻尼因子对应衰减。如此设定的理由是为了简化公式表达和便于理解。除此以外的本章其他内容，若无特别说明则仍使用绝对时间。③ 上述正频率和负频率的命名是建立在 $f_0 < f_\mathrm{N}$ 的假设前提下的，而如果 f_0 的实际值为 $f_0 > f_\mathrm{N}$，则实际与假设不符，由此造成的唯一影响是 $\dot{X}_0^+(k)$ 和 $\dot{X}_0^-(k)$ 的实际角频率分别为负和正，并不会影响后续 f_0、x_0 和其他参数的辨识结果。

对于次同步分量和超同步分量，因为超同步分量的存在，所以振荡分量的特征与之前仅研究次同步分量的参考文献如 [77]、[155] 等中的特征有所不同。次同步分量和超同步分量的频率耦合关系为 $f_{\mathrm{sub}}+f_{\mathrm{sup}}=2f_{\mathrm{N}}$，且同步相量的测量频率为 $f_{\mathrm{S}}=2f_{\mathrm{N}}$，根据式 (6-2) 和式 (6-8) 的定义，$\dot{X}_{\mathrm{sub}}(k)$ 和 $\dot{X}_{\mathrm{sup}}(k)$ 的正频率和负频率部分分别具有相同的频率，即如式 (6-11) 所示。

$$\mathrm{e}^{\frac{\omega_{\mathrm{sub}}}{f_{\mathrm{S}}}k}=\mathrm{e}^{\frac{\omega_{\mathrm{sup}}^{*}}{f_{\mathrm{S}}}k}=\mathrm{e}^{\omega_{\mathrm{s}}k},\quad \mathrm{e}^{\frac{\omega_{\mathrm{sub}}^{*}}{f_{\mathrm{S}}}k}=\mathrm{e}^{\frac{\omega_{\mathrm{sup}}}{f_{\mathrm{S}}}k}=\mathrm{e}^{\omega_{\mathrm{s}}^{*}k},\quad \forall k \tag{6-11}$$

式中，ω_{s} 表示 $\dot{X}_{\mathrm{sub}}^{+}(k)$ 和 $\dot{X}_{\mathrm{sup}}^{+}(k)$ 的正频率和阻尼因子；ω_{s}^{*} 表示 $\dot{X}_{\mathrm{sub}}^{-}(k)$ 和 $\dot{X}_{\mathrm{sup}}^{-}(k)$ 的负频率和阻尼因子，如式 (6-12) 所示。

$$\omega_{\mathrm{s}}=\frac{\omega_{\mathrm{sub}}}{f_{\mathrm{S}}}=\frac{\delta+\mathrm{j}2\pi f_{\mathrm{sub}}}{f_{\mathrm{S}}} \tag{6-12}$$

进而可得到 $\dot{X}_{\mathrm{sub}}(k)=\dot{X}_{\mathrm{sub}}^{+}(k)+\dot{X}_{\mathrm{sub}}^{-}(k)$，其中

$$\dot{X}_{\mathrm{sub}}^{+}(k)=Q(\omega_{\mathrm{sub}},1)x_{\mathrm{sub}}\mathrm{e}^{\mathrm{j}\phi_{\mathrm{sub}}}\mathrm{e}^{\omega_{\mathrm{s}}k} \tag{6-13a}$$

$$\dot{X}_{\mathrm{sub}}^{-}(k)=Q(\omega_{\mathrm{sub}}^{*},1)x_{\mathrm{sub}}\mathrm{e}^{-\mathrm{j}\phi_{\mathrm{sub}}}\mathrm{e}^{\omega_{\mathrm{s}}^{*}k} \tag{6-13b}$$

和 $\dot{X}_{\mathrm{sup}}(k)=\dot{X}_{\mathrm{sup}}^{+}(k)+\dot{X}_{\mathrm{sup}}^{-}(k)$，其中

$$\dot{X}_{\mathrm{sup}}^{+}(k)=Q(\omega_{\mathrm{sup}}^{*},1)x_{\mathrm{sup}}\mathrm{e}^{-\mathrm{j}\phi_{\mathrm{sup}}}\mathrm{e}^{\omega_{\mathrm{s}}k} \tag{6-14a}$$

$$\dot{X}_{\mathrm{sup}}^{-}(k)=Q(\omega_{\mathrm{sup}},1)x_{\mathrm{sup}}\mathrm{e}^{\mathrm{j}\phi_{\mathrm{sup}}}\mathrm{e}^{\omega_{\mathrm{s}}^{*}k} \tag{6-14b}$$

式 (6-13) 和式 (6-14) 可以将正频率和负频率分量分别合并后得到振荡分量的正频率部分 $\dot{X}_{\mathrm{S}}^{+}(k)$ 和负频率部分 $\dot{X}_{\mathrm{S}}^{-}(k)$，如式 (6-15)：

$$\begin{aligned}\dot{X}_{\mathrm{S}}^{+}(k)&=\dot{X}_{\mathrm{sub}}^{+}(k)+\dot{X}_{\mathrm{sup}}^{+}(k)\\ \dot{X}_{\mathrm{S}}^{-}(k)&=\dot{X}_{\mathrm{sub}}^{-}(k)+\dot{X}_{\mathrm{sup}}^{-}(k)\end{aligned} \tag{6-15}$$

综上分析，瞬时信号 $x(t)$ 的同步相量 $\dot{X}(k)$ 由以下四个部分组成，如图 6.1 所示，具体包括分别以角频率 ω_{f} 和 ω_{f}^{*} 旋转的基波分量的正/负频率部分，以及分别以角频率 ω_{s} 和 ω_{s}^{*} 旋转的振荡分量（次同步分量和超同步分量的耦合效应）的正/负频率部分。这四个部分的总和即为同步相量 $\dot{X}(k)$，表示次同步振荡期间基波分量和耦合的次同步/超同步分量的总和，如式 (6-16) 所示。

$$\dot{X}(k)=\dot{X}_{0}^{+}(k)+\dot{X}_{0}^{-}(k)+\dot{X}_{\mathrm{S}}^{+}(k)+\dot{X}_{\mathrm{S}}^{-}(k) \tag{6-16}$$

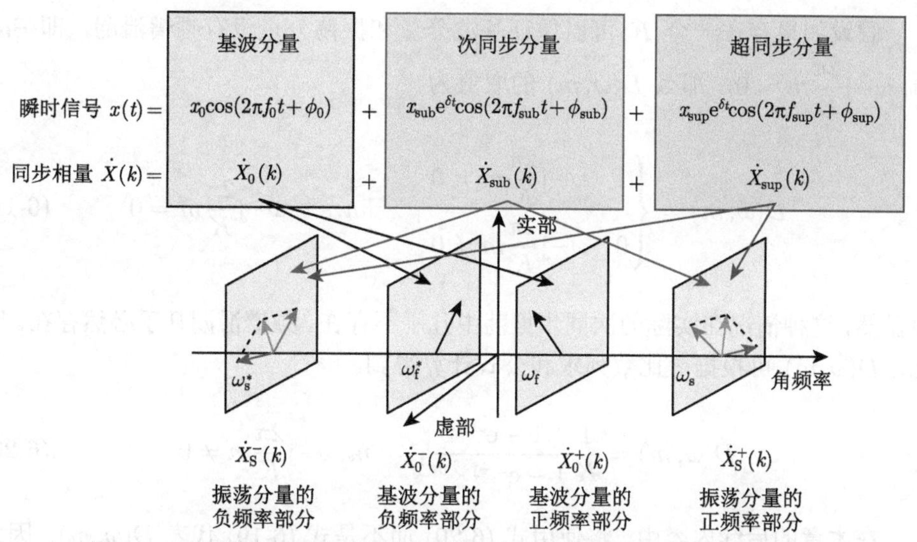

图 6.1 由基波分量和次/超同步分量引起的同步相量的不同部分示意图

6.1.3 同步相量序列的 DFT 频谱分析

本章所提出的次同步振荡参数辨识方法是基于对同步相量数据序列的复数域离散傅里叶变换频谱分析实现的。用于复数域 DFT 频谱分析的同步相量数据序列 $\dot{X}(k)$ 由 PMU 提供，PMU 上传频率为 f_{S}，复数域的频谱结果将被用来辨识式 (6-1) 中的各个分量。以“$\mathcal{F}$”和“F”分别表示复数域频谱分析的计算和结果，则 $F_{\text{r}}(m)$ 表示 $\dot{X}(k)$ 的复数域频谱分析结果，m 表示 $F_{\text{r}}(m)$ 中的第 m 次谐波。本章的复数域 DFT 频谱分析使用的同步相量数据窗长为 2 s，频谱分析的数据点共有 K 个，则 $K=2f_{\text{S}}$。通常，在 50 Hz 的电力系统中，$K=200$。同步相量的频谱分析结果 $F_{\text{r}}(m)$ 如式 (6-17) 所示，$m=0,\cdots,K-1$。

$$F_{\text{r}}(m)=\mathcal{F}[\dot{X}(k)]=\frac{1}{K}\sum_{k=0}^{K-1}\dot{X}(k)\text{e}^{-\text{j}\frac{2\pi}{K}mk} \tag{6-17}$$

此外，由于 $\dot{X}(k)$ 由如式 (6-16) 所示的四个部分组成，且正、负频率分别由 $(\omega_{\text{f}}、\omega_{\text{s}})$ 和 $(\omega_{\text{f}}^*、\omega_{\text{s}}^*)$ 表示，所以式 (6-17) 可以用函数 $D(\omega,m)$ 进行简化。

$$D(\omega,m)=\frac{1}{K}\sum_{k=0}^{K-1}\text{e}^{\omega k}\text{e}^{-\text{j}\frac{2\pi}{K}mk} \tag{6-18}$$

式中，函数 $D(\omega,m)$ 代表了同步相量的复数域频谱分析过程。

假设如果存在一个 K 可以保证基波分量和振荡分量没有频谱泄漏，即 $\exists m$, s.t. $\omega-\mathrm{j}\dfrac{2\pi}{K}m=0$，那么 $D(\omega,m)$ 的取值为

$$D(\omega,m)=\begin{cases}1 & \omega-\mathrm{j}\dfrac{2\pi}{K}m=0\\ 0 & \omega-\mathrm{j}\dfrac{2\pi}{K}m\neq 0\end{cases},\quad \exists m,\mathrm{s.t.}\ \omega-\mathrm{j}\frac{2\pi}{K}m=0 \tag{6-19}$$

很显然，这种情况在实际的次同步振荡中几乎不存在，频谱泄漏几乎必然存在。因此，$D(\omega,m)$ 可根据等比数列求和公式计算得到。

$$D(\omega,m)=\frac{1}{K}\frac{1-\mathrm{e}^{\omega K}}{1-\mathrm{e}^{\omega-\mathrm{j}\frac{2\pi}{K}m}},\quad \forall m,\omega-\mathrm{j}\frac{2\pi}{K}m\neq 0 \tag{6-20}$$

在本章的后续内容中，将使用式 (6-20) 而不是式 (6-19) 代表 $D(\omega,m)$。因为可以很容易地证明，在如式 (6-19) 所示的不存在频谱泄漏的情况下，本章后续内容的推导和结论仍然成立。

6.2　基于插值 DFT 算法的次/超同步分量参数辨识

本章所提出的基于复数域同步相量频谱分析的次同步/超同步振荡参数辨识方法是在文献 [77] 提出的基于插值 DFT 方法的基础上改进而来，主要改进为实现了在基波分量、次同步分量外，还可辨识超同步分量的频率、幅值、相位和阻尼因子。因此改进的重点在于研究次/超同步分量的耦合效应，并处理这两个分量的解耦问题，这是本章内容与文献 [77] 的核心区别。

文献 [77] 中提出的方法是建立在基波分量和次同步分量互不影响的假设前提下的，为保证这一假设成立，该方法利用了插值 DFT 和汉宁窗最大限度地避免了频谱混叠的影响。本章也使用类似的插值 DFT 和汉宁窗方法来处理频谱混叠，同时在此基础上全面考虑了频率耦合分量之间的影响，即进一步处理了那些不能被视为频谱混叠而忽略的因素。此处需要注意的是，文献 [77] 中的一些符号和表达式混淆了同步相量频谱分析结果 F_{r} 和振荡分量的频谱结果 F_{S}。因此，本章将使用 $\mathcal{L}(m)$ 来表示频谱泄漏，而“0”、“S”、“0+”、“0−”、“S+”、“S−”表示对应的分量，例如 $\mathcal{L}_{(0,\mathrm{S}-)}(m)$ 表示 $\dot{X}_0$ 和 $\dot{X}_{\mathrm{S}}^{-}$ 在 m 处的频谱泄漏，其中 $\mathcal{L}_{(0,\mathrm{S}-)}(m)=F_0(m)+F_{\mathrm{S}-}(m)$。可见，频谱泄露的本质是一个分量的频谱在远离其自身频率点的某一点的频谱，由于与自身频率点足够远，所以频谱幅值足够小，在该点的频谱被作为频谱泄露处理。因此，一个分量的频谱泄露与频谱结果在某一点上的数学表达式完全一致，而仅是频率点取值不同导致频谱结果不同的差异。

6.2.1 次/超同步分量的辨识

1. 振荡分量的频率

根据前文分析得出的次同步和超同步分量如式 (6-11) 所示的耦合角频率 $\omega_{\rm s}$，引入函数 $C_{\rm s}$ 以进一步简化表达，则有

$$C_{\rm s}(\omega_{\rm s}) = Q(\omega_{\rm sub}, 1)x_{\rm sub}{\rm e}^{{\rm j}\phi_{\rm sub}} + Q(\omega_{\rm sup}^*, 1)x_{\rm sup}{\rm e}^{-{\rm j}\phi_{\rm sup}} \tag{6-21}$$

因此，根据式 (6-13)、式 (6-15) 和式 (6-18)，$\dot{X}_{\rm S}^+(k)$ 在频率点索引为 m 处的频谱结果可表示为

$$F_{\rm S+}(m) = \mathcal{F}[\dot{X}_{\rm S}^+(k)] = C_{\rm s}(\omega_{\rm s})D(\omega_{\rm s}, m) \tag{6-22}$$

设振荡分量对应的正频率侧的频谱峰值点索引为 m_p，则 m_p 表示 $F_{\rm r}(m)$ 中 $\dot{X}_{\rm S+}$ 对应的频谱峰位置，有 $m_p \approx (Kf_{\rm sub})/f_{\rm S}$。由于 $\lim\limits_{x\to 0}(1-{\rm e}^x) = -x$，考虑到在 m_p 附近的 m 接近 m_p，则式 (6-22) 在 m_p 点附近可以重写为式 (6-23) 的形式。式 (6-23) 中的 $C_{\rm s}(\omega_{\rm s})$ 部分不受 m 的影响而为常数，而 $D(\omega, m)$ 部分可将 $D(\omega, m)$ 的分母在 m_p 处的一阶泰勒级数展开得到最终形式。

$$F_{\rm S+}(m_p) = C_{\rm s}(\omega_{\rm s})\frac{1-{\rm e}^{\omega_{\rm s}}}{{\rm j}2\pi m_p - \omega_{\rm s}K} \tag{6-23}$$

此外，由于 $\dot{X}(k)$ 在 m_p 处的频谱为

$$F_{\rm r}(m_p) = F_{\rm S+}(m_p) + \mathcal{L}_{(0,{\rm S}-)}(m_p), \quad m_p \approx \frac{f_{\rm sub}}{f_{\rm S}}K \tag{6-24}$$

所以，可以通过使用插值 DFT 来解决频谱泄漏 $\mathcal{L}_{(0,{\rm S}-)}(m_p)$ 对 $F_{\rm S+}(m_p)$ 的影响，进而根据 $F_{\rm S+}(m_p)$ 进一步实现参数辨识。

设一组索引 $[m_1, m_2, m_3, m_4]$ 为 m_p 周围的索引，分别为

$$\begin{aligned}&[m_1, m_2, m_3, m_4]\\ &= \begin{cases}[m_p-1, m_p, m_p+1, m_p+2], & |F_{\rm r}(m_p+2)| \geqslant |F_{\rm r}(m_p-2)|\\ [m_p-2, m_p-1, m_p, m_p+1], & |F_{\rm r}(m_p+2)| < |F_{\rm r}(m_p-2)|\end{cases}\end{aligned} \tag{6-25}$$

则根据式 (6-24)，有差分化过程如下：

$$\begin{aligned}&F_{\rm S+}(m_1) - 2F_{\rm S+}(m_2) + F_{\rm S+}(m_3) = F_{\rm r}(m_1) - 2F_{\rm r}(m_2) + F_{\rm r}(m_3)\\ &F_{\rm S+}(m_2) - 2F_{\rm S+}(m_3) + F_{\rm S+}(m_4) = F_{\rm r}(m_1) - 2F_{\rm r}(m_2) + F_{\rm r}(m_3)\end{aligned} \tag{6-26}$$

在这里引入一个中间参数 R，如式 (6-27) 的前半部分所示；则根据式 (6-23) 可得到式 (6-27) 的后半部分。

$$R=\frac{F_{\mathrm{S+}}(m_1)-2F_{\mathrm{S+}}(m_2)+F_{\mathrm{S+}}(m_3)}{F_{\mathrm{S+}}(m_2)-2F_{\mathrm{S+}}(m_3)+F_{\mathrm{S+}}(m_4)}=\frac{\mathrm{j}2\pi m_4-\omega_{\mathrm{s}}K}{\mathrm{j}2\pi m_1-\omega_{\mathrm{s}}K} \tag{6-27}$$

根据式 (6-26) 所示的差分化结果，则 R 可以使用 F_{r} 来代替 $F_{\mathrm{S+}}$ 进行计算，如式 (6-28) 所示。

$$R=\frac{F_{\mathrm{r}}(m_1)-2F_{\mathrm{r}}(m_2)+F_{\mathrm{r}}(m_3)}{F_{\mathrm{r}}(m_2)-2F_{\mathrm{r}}(m_3)+F_{\mathrm{r}}(m_4)} \tag{6-28}$$

为了提高计算精度，增加一个判断环节，根据幅值大小选择使用振荡分量的正频率频谱峰值或负频率频谱峰值两者较大的一个进行实际的计算，则选取的用来计算索引实际为 m_p'，其取值为

$$m_p'=\begin{cases}m_p, & |F_{\mathrm{r}}(m_p)|\geqslant|F_{\mathrm{r}}(K-m_p)|\\ K-m_p, & |F_{\mathrm{r}}(m_p)|<|F_{\mathrm{r}}(K-m_p)|\end{cases} \tag{6-29}$$

进一步根据 m_p' 可以确定用于实际计算的 $[m_1,m_2,m_3,m_4]$ 的取值，为

$$\begin{aligned}&[m_1,m_2,m_3,m_4]\\ &=\begin{cases}[m_p'-1,m_p',m_p'+1,m_p'+2], & |F_{\mathrm{r}}(m_p'+2)|\geqslant|F_{\mathrm{r}}(m_p'-2)|\\ [m_p'-2,m_p'-1,m_p',m_p'+1], & |F_{\mathrm{r}}(m_p'+2)|<|F_{\mathrm{r}}(m_p'-2)|\end{cases}\end{aligned} \tag{6-30}$$

综上分析，最终的振荡分量的频率计算过程如下。首先，根据式 (6-29) 确定 m_p'，根据 m_p' 确定 $[m_1,m_2,m_3,m_4]$；其次，根据式 (6-28) 和频谱结果 F_{r} 计算 R；最后，根据式 (6-28) 的后半部分和式 (6-12) 联立，可得到 ω_{s}，进而计算次同步分量的频率 f_{sub} 和振荡分量的阻尼因子 δ。其中，根据式 (6-28) 的后半部分和式 (6-12) 联立，可以推导计算次同步分量的频率 f_{sub} 和振荡分量的阻尼因子 δ 的公式为

$$\begin{cases}f_{\mathrm{sub}}=\dfrac{f_{\mathrm{S}}}{K}\mathrm{Real}\left(m_1-\dfrac{3}{R-1}\right), & |F_{\mathrm{r}}(m_p)||F_{\mathrm{r}}(K-m_p)|\\ f_{\mathrm{sub}}=\dfrac{f_{\mathrm{S}}}{K}\mathrm{Real}\left(K-m_1-\dfrac{3}{R-1}\right), & |F_{\mathrm{r}}(m_p)|<|F_{\mathrm{r}}(K-m_p)|\end{cases} \tag{6-31}$$

$$\delta=\frac{2\pi f_{\mathrm{S}}}{K}\mathrm{Im}\left(\frac{3}{R-1}\right)$$

此外，超同步分量的频率 f_{sup} 也可以通过 $f_{\text{sup}} = 2f_{\text{N}} - f_{\text{sub}}$ 关系计算得出。

插值 DFT 算法中“插值”的概念体现在，如果不使用上述差分化方法计算待求量的频率，而是直接以频谱峰值的位置反推待求频率，则频率结果的分辨率仅为 $1/(Kf_{\text{N}})$，为 0.5 Hz，这显然难以满足实际需求。为此，利用差分化方法并引入变量 R，进而根据式 (6-31) 计算频率结果的方法实现了更高的频率辨识精度，不再受 0.5 Hz 频率分辨率的限制。因此，这种求频率的方法实现了对频谱进行“插值”以提升频率分辨率的效果。

2. 振荡分量的幅值

次同步和超同步分量的正频率和负频率部分的 DFT 频谱分析结果如下：

$$
\begin{aligned}
F_{\text{sub}+}(m) &= \mathcal{F}[\dot{X}_{\text{sub}}^{+}(k)] = Q(\omega_{\text{sub}}, 1)D(\omega_{\text{s}}, m)x_{\text{sub}}\text{e}^{\text{j}\phi_{\text{sub}}} \\
F_{\text{sub}-}(m) &= \mathcal{F}[\dot{X}_{\text{sub}}^{-}(k)] = Q(\omega_{\text{sub}}^{*}, 1)D(\omega_{\text{s}}^{*}, m)x_{\text{sub}}\text{e}^{-\text{j}\phi_{\text{sub}}} \\
F_{\text{sup}+}(m) &= \mathcal{F}[\dot{X}_{\text{sup}}^{+}(k)] = Q(\omega_{\text{sup}}^{*}, 1)D(\omega_{\text{s}}, m)x_{\text{sup}}\text{e}^{-\text{j}\phi_{\text{sup}}} \\
F_{\text{sup}-}(m) &= \mathcal{F}[\dot{X}_{\text{sup}}^{-}(k)] = Q(\omega_{\text{sup}}, 1)D(\omega_{\text{s}}^{*}, m)x_{\text{sup}}\text{e}^{\text{j}\phi_{\text{sup}}}
\end{aligned}
\tag{6-32}
$$

又由于 $\dot{X}_{\text{S}+}$ 和 $\dot{X}_{\text{S}-}$ 的耦合特性为式 (6-15) 所示，则振荡分量的正频率和负频率部分的频谱结果为

$$
\begin{aligned}
F_{\text{S}+}(m) &= F_{\text{sub}+}(m) + F_{\text{sup}+}(m) \\
F_{\text{S}-}(m) &= F_{\text{sub}-}(m) + F_{\text{sup}-}(m)
\end{aligned}
\tag{6-33}
$$

将式 (6-33) 重写为矩阵形式：

$$
\boldsymbol{A}\begin{bmatrix} x_{\text{sub}}\text{e}^{\text{j}\phi_{\text{sub}}} \\ x_{\text{sup}}\text{e}^{-\text{j}\phi_{\text{sup}}} \end{bmatrix} = \begin{bmatrix} F_{\text{S}+}(m) \\ F_{\text{S}-}^{*}(K-m) \end{bmatrix}
\tag{6-34}
$$

式中

$$
\boldsymbol{A} = \begin{bmatrix} Q(\omega_{\text{sub}}, 1)D(\omega_{\text{s}}, m) & Q(\omega_{\text{sup}}^{*}, 1)D(\omega_{\text{s}}, m) \\ Q^{*}(\omega_{\text{sub}}^{*}, 1)D^{*}(\omega_{\text{s}}^{*}, K-m) & Q^{*}(\omega_{\text{sup}}, 1)D^{*}(\omega_{\text{s}}^{*}, K-m) \end{bmatrix}
\tag{6-35}
$$

此外，由于振荡分量在整个频谱结果中对应两个频谱峰值，分别为对应于 m_p 和 $K - m_p$ 处的次同步和超同步耦合的正频率分量和负频率分量。其中，m_p 对应正频率 f_{sub}，且 $m_p \approx (Kf_{\text{sub}})/f_{\text{S}}$，而 $K - m_p$ 对应与 m_p 耦合的负频率。因此，振荡分量的正频率峰值和负频率峰值分别为式 (6-24) 和式 (6-36)。

$$
F_{\text{r}}(K-m_p) = F_{\text{S}-}(K-m_p) + \mathcal{L}_{(0,\text{S}+)}(K-m_p)
\tag{6-36}
$$

然而，与频率 $f_{\rm sub}$ 和阻尼因子 δ 的辨识不同，对于幅值的辨识，由于式 (6-24) 和式 (6-36) 中的频谱泄漏 $\mathcal{L}_{(0,{\rm S}-)}(m_p)$ 和 $\mathcal{L}_{(0,{\rm S}+)}(K-m_p)$ 对幅值的计算影响更大而无法使用插值 DFT 消除，所以这些频谱泄漏不能忽略。而且，$f_{\rm sub}$ 或 $f_{\rm sup}$ 越接近于 f_0，$\mathcal{L}_{(0)}(m_p)$ 和 $\mathcal{L}_{(0)}(K-m_p)$ 会越大。

为了解决上述问题，针对同步相量使用汉宁窗代替矩形窗来进行 DFT 频谱分析，以更好地处理基波分量与振荡分量（即次/超同步分量）之间的频谱泄漏。汉宁窗的表达式如式 (6-37) 所示。

$$w(k)=0.5-0.5\times\cos\left(\frac{2\pi k}{K}\right) \tag{6-37}$$

基于汉宁窗的同步相量的频谱分析结果可以直接用式 (6-38) 中的函数 $W(\omega,m)$ 替换掉式 (6-32)、式 (6-34) 和式 (6-35) 中的 $D(\omega,m)$ 即可。

$$W(\omega,m)=0.5D(\omega,m)-0.25\left[D(\omega,m-1)+D(\omega,m+1)\right] \tag{6-38}$$

令 $F^{\rm w}$ 和 $\mathcal{L}^{\rm w}$ 分别表示用汉宁窗的频谱结果和频谱泄漏，则式 (6-24) 和式 (6-36) 变为

$$\begin{aligned}F_{\rm r}^{\rm w}(m_p)&=F_{\rm S+}^{\rm w}(m_p)+\mathcal{L}_{(0,{\rm S}-)}^{\rm w}(m_p)\\F_{\rm r}^{\rm w}(K-m_p)&=F_{\rm S-}^{\rm w}(K-m_p)+\mathcal{L}_{(0,{\rm S}+)}^{\rm w}(K-m_p)\end{aligned} \tag{6-39}$$

得益于以汉宁窗替代矩形窗进行同步相量的频谱分析，$\mathcal{L}_{(0,{\rm S}-)}^{\rm w}(m_p)$ 和 $\mathcal{L}_{(0,{\rm S}+)}^{\rm w}(K-m_p)$ 足够小到可忽略不计。因此，在求解次同步分量和超同步分量的幅值时，可分别使用 $F_{\rm r}^{w}(m)$ 和 $F_{\rm r}^{w*}(K-m)$ 代替 $F_{\rm S+}^{w}(m)$ 和 $F_{\rm S-}^{w*}(K-m)$ 进行计算。

因此，根据式 (6-35)，在使用汉宁窗替代矩形窗进行同步相量的频谱分析时，次同步分量和超同步分量的幅值和相位 $(x_{\rm sub},\phi_{\rm sub})$ 和 $(x_{\rm sup},\phi_{\rm sup})$ 可以根据式 (6-40) 计算辨识结果。其中，$\boldsymbol{A}_{\rm w}$ 是式 (6-34) 的汉宁窗形式，如式 (6-41) 所示。

$$\begin{bmatrix}x_{\rm sub}{\rm e}^{{\rm j}\phi_{\rm sub}}\\x_{\rm sup}{\rm e}^{-{\rm j}\phi_{\rm sup}}\end{bmatrix}=\boldsymbol{A}_{\rm w}^{-1}\begin{bmatrix}F_{\rm r}^{\rm w}(m_p)\\F_{\rm r}^{\rm w*}(K-m_p)\end{bmatrix} \tag{6-40}$$

$$\boldsymbol{A}_{\rm w}=\begin{bmatrix}Q(\omega_{\rm sub},1)W(\omega_{\rm s},m_p) & Q(\omega_{\rm sup}^{*},1)W(\omega_{\rm s},m_p)\\Q^{*}(\omega_{\rm sub}^{*},1)W^{*}(\omega_{\rm s}^{*},K-m_p) & Q^{*}(\omega_{\rm sup},1)W^{*}(\omega_{\rm s}^{*},K-m_p)\end{bmatrix} \tag{6-41}$$

6.2.2 基波分量的辨识

在前文辨识次同步分量和超同步分量的参数时，由于次同步分量和超同步分量的正、负旋转部分对应的同步相量的频谱结果 $F_{\rm S+}$ 和 $F_{\rm S-}$ 之间可以互相作为频谱泄露进行处理，所以两者没有相互影响。

基波分量的参数辨识与此不同。基波分量的频率 f_0 接近电力系统的额定频率 $f_{\rm N}$，所以基波分量同步相量的频谱结果 F_{0+} 和 F_{0-} 非常接近并相互影响，不能作为频谱泄露进行处理。因此，辨识基波分量频率和幅值时，需要考虑 F_{0+} 和 F_{0-} 的耦合。基波分量的同步相量为 $\dot{X}_0(k)$，其 DFT 频谱结果为 $F_0(m)$，且 $F_0(m)=F_{0+}(m)+F_{0-}(m)$，其中

$$F_{0+}(m)=\mathcal{F}[\dot{X}_0^+(k)]=Q(\omega_0,1)D(\omega_{\rm f},m)x_0{\rm e}^{{\rm j}\phi_0} \tag{6-42a}$$

$$F_{0-}(m)=\mathcal{F}[\dot{X}_0^-(k)]=Q(\omega_0^*,1)D(\omega_{\rm f}^*,m)x_0{\rm e}^{-{\rm j}\phi_0} \tag{6-42b}$$

1. 基波分量的频率

本节使用与第 6.2.1 节相似的插值 DFT 方法辨识基波分量的频率。设 m_0 表示 $F_{\rm r}(m)$ 中对应于 $\dot{X}_{0+}$ 的频谱峰值的位置索引，则 $m_0\approx(Kf_0)/f_{\rm S}$。根据上文分析可见，基波分量在 m_0 点处的频谱 $F_{\rm r}(m_0)$ 不能类比于式 (6-24) 中的表示，而应该同时考虑正频率和负频率分量，如式 (6-43) 所示。

$$F_{\rm r}(m_0)=F_{0+}(m_0)+F_{0-}(m_0)+\mathcal{L}_{({\rm s})}(m_0),\quad m_0\approx\frac{f_0}{f_{\rm S}}K \tag{6-43}$$

前面已经证明，在计算次同步分量的频率 $f_{\rm sub}$ 时使用 $F_{\rm r}(m_p)$ 的插值 DFT 可以消除在 m_p 处的频谱泄露 $\mathcal{L}_{(0,{\rm S}-)}(m_p)$。基波分量同步相量的正频率部分 $F_{0+}(m)$ 在 m_0 的邻域可利用一阶泰勒展开进行同样的简化处理，如式 (6-44) 所示。同样地，基波分量同步相量的负频率部分 $F_{0-}(m)$ 可以在 $K-m_0$ 处进行同样的简化处理，在频率为 $-f_0$ 的 $\dot{X}_{0-}$ 所对应的频率点处 $K-m_0$ 进行简化处，如式 (6-45) 所示。

$$F_{0+}(m_0)=C_{\rm f}(\omega_{\rm f})\frac{1-{\rm e}^{\omega_{\rm f}}}{{\rm j}2\pi m_0-\omega_{\rm f}K} \tag{6-44}$$

$$F_{0-}(K-m_0)=C_{\rm f}(\omega_{\rm f}^*)\frac{1-{\rm e}^{\omega_{\rm f}^*}}{{\rm j}2\pi(K-m_0)-\omega_{\rm f}^*K} \tag{6-45}$$

式中，函数 $C_{\rm f}$ 与 $C_{\rm s}$ 相近，用于简化表达，为

$$C_{\rm f}(\omega_{\rm f})=Q(\omega_0,1)x_0{\rm e}^{{\rm j}\phi_0},\quad C_{\rm f}(\omega_{\rm f}^*)=Q(\omega_0^*,1)x_0{\rm e}^{-{\rm j}\phi_0} \tag{6-46}$$

然而问题在于对式 (6-43) 中 $F_{0-}(m_0)$ 部分的处理并不能沿用上述方法。由于 $D(\omega_{\rm f}^*,m)$ 的分母在 m_0 附近并不接近 0，所以 $F_{0-}(m_0)$ 不能像式 (6-23) 进行类似处理。

为此，进一步研究 $F_{0-}(m)$ 在 m_0 周围的一组索引 $[m'_1, m'_2, m'_3, m'_4]$ 处的插值结果，其中

$$
\begin{aligned}
&[m'_1, m'_2, m'_3, m'_4] \\
&= \begin{cases} [m_0-1, m_0, m_0+1, m_0+2], & |F_\mathrm{r}(m_0+2)| \geqslant |F_\mathrm{r}(m_0-2)| \\ [m_0-2, m_0-1, m_0, m_0+1], & |F_\mathrm{r}(m_0+2)| < |F_\mathrm{r}(m_0-2)| \end{cases}
\end{aligned}
\tag{6-47}
$$

则有频谱的差分化 $F_{0-}(m'_1) - 2F_{0-}(m'_2) + F_{0-}(m'_3)$ 为

$$
\begin{aligned}
&F_{0-}(m'_1) - 2F_{0-}(m'_2) + F_{0-}(m'_3) \\
&= C_\mathrm{f}(\omega_\mathrm{f}^*)\left[D(\omega_\mathrm{f}^*, m'_1) - 2D(\omega_\mathrm{f}^*, m'_2) + D(\omega_\mathrm{f}^*, m'_3)\right] \\
&= \frac{C_\mathrm{f}(\omega_\mathrm{f}^*)(1-\mathrm{e}^{\omega_\mathrm{f}^*})\left(\mathrm{e}^{w_\mathrm{f}^*-\mathrm{j}\frac{2\pi}{K}(m'_2-1)} + \mathrm{e}^{2w_\mathrm{f}^*-\mathrm{j}\frac{2\pi}{K}(2m'_2-1)}\right)}{K(1-\mathrm{e}^{\omega_\mathrm{f}^*-\mathrm{j}\frac{2\pi}{K}m'_1})(1-\mathrm{e}^{\omega_\mathrm{f}^*-\mathrm{j}\frac{2\pi}{K}m'_2})(1-\mathrm{e}^{\omega_\mathrm{f}^*-\mathrm{j}\frac{2\pi}{K}m'_3})} \cdot \left(\mathrm{e}^{-\mathrm{j}\frac{2\pi}{K}} - 1\right)^2
\end{aligned}
\tag{6-48}
$$

针对式 (6-48) 的分析如图 6.2 所示。

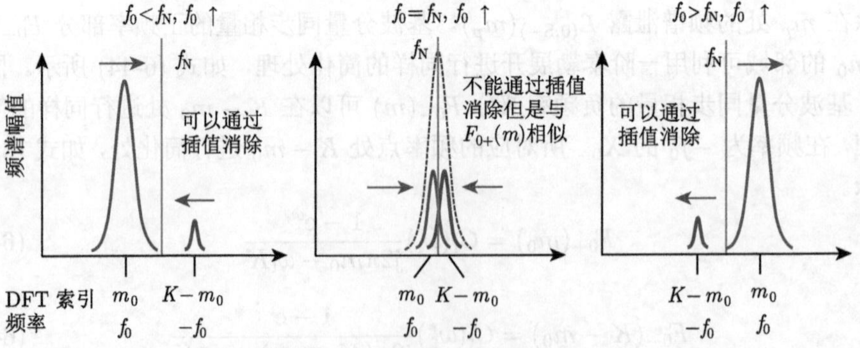

图 6.2　当 f_0 从 $f_0 < f_\mathrm{N}$ 增加到 $f_0 > f_\mathrm{N}$ 时，插值 DFT 对 $F_{0+}(m_0)$ 和 $F_{0-}(m_0)$ 的影响

一方面，当 f_0 不接近于 f_N 时，这种情况在实际电力系统中几乎不会出现。此时，因为 K 足够大，所以式 (6-48) 中只有 $(\mathrm{e}^{-\mathrm{j}\frac{2\pi}{K}}-1)^2$ 项接近于 0，而其他项则不接近于 0。因此，与 $F_{0+}(m)$ 相比，式 (6-48) 的取值近似为 0，而插值 DFT 将进一步大幅削弱 F_{0-} 在 m_0 附近的影响。同时，又由于 $\mathcal{L}_{(\mathrm{s})}(m_0)$ 也可通过插值 DFT 消除，则可最终得到与式 (6-26) 相似的结果式 (6-49)，进而完成后续计算。

$$
F_\mathrm{r}(m'_1) - 2F_\mathrm{r}(m'_2) + F_\mathrm{r}(m'_3) = F_{0+}(m'_1) - 2F_{0+}(m'_2) + F_{0+}(m'_3) \tag{6-49}
$$

另一方面，当 f_0 非常接近 $f_{\rm N}$ 时，这种情况与绝大多数实际次同步振荡事件的情况吻合。此时，式 (6-48) 的分母将接近 0。因此，可以类比式 (6-23) 利用一阶泰勒级数展开做近似简化推导得到 $F_{0-}(m_0)$ 和 $F_{0+}(m_0)$，且 $[F_{0+}(m_1')-2F_{0+}(m_2')+F_{0+}(m_3')]$ 和 $(F_{0-}(m_1')-2F_{0-}(m_2')+F_{0-}(m_3'))$ 是近似相等的。

综上所述，当 f_0 不接近 $f_{\rm N}$ 时，由于 $F_{0-}(m_0)$ 自身足够小，可以通过插值 DFT 进行处理而消除其影响；而当 f_0 不接近 $f_{\rm N}$ 时，虽然 $F_{0-}(m_0)$ 不可忽略，但其表达式经近似化简可化为与 $F_{0+}(m_0)$ 相似的形式，进而可直接进行后续计算。因此，无论 f_0 接近 $f_{\rm N}$ 与否，式 (6-49) 都是成立的。进而，可利用与式 (6-28) 相似的式 (6-50) 所示的 R' 计算基波分量的频率，如式 (6-51) 所示。

$$R'=\frac{F_{\rm r}(m_1')-2F_{\rm r}(m_2')+F_{\rm r}(m_3')}{F_{\rm r}(m_2')-2F_{\rm r}(m_3')+F_{\rm r}(m_4')}=\frac{{\rm j}2\pi m_4'-\omega_{\rm f}K}{{\rm j}2\pi m_1'-\omega_{\rm f}K} \tag{6-50}$$

$$f_0=\frac{f_{\rm S}}{K}{\rm Real}\left(m_1'-\frac{3}{R'-1}\right) \tag{6-51}$$

最终，基波分量的频率计算过程为：首先，在同步相量频谱分析结果中的 $f_{\rm N}$ 附近找到基波分量对应的频谱峰值点，确定 m_0，根据 m_0 及式 (6-47) 确定 $[m_1',m_2',m_3',m_4']$；其次，根据式 (6-50) 和频谱结果 $F_{\rm r}$ 计算 R'；最后，根据式 (6-51) 计算基波分量的频率 $f_{\rm sub}$。

2. 基波分量幅值

辨识基波分量幅值和相位 (x_0,ϕ_0) 需要同时考虑 $\dot{X}_{0+}$ 和 $\dot{X}_{0-}$ 的频谱结果。由于汉宁窗替代矩形窗后的同步相量频谱可以将 $\dot{X}_0$ 的频谱与 $\dot{X}_{\rm S+}$ 和 $\dot{X}_{\rm S-}$ 的频谱分离而最小化基波分量与振荡分量间的频谱泄露，所以汉宁窗下的基波分量同步相量 $\dot{X}_0$ 的频谱结果 $F_{\rm r}^{\rm w}(m_0)$ 可以表示为

$$F_{\rm r}^{\rm w}(m_0)=F_{0+}^{\rm w}(m_0)+F_{0-}^{\rm w}(m_0)+\mathcal{L}_{\rm (s)}^{\rm w}(m_0) \tag{6-52}$$

式中，频谱泄露 $\mathcal{L}_{\rm (s)}^{\rm w}(m_0)$ 趋近于 0 而可忽略。可将式 (6-42) 转化为汉宁窗形式的式 (6-53)，进而根据 $F_{\rm r}^{\rm w}(m_0)$ 可计算出 (x_0,ϕ_0)。

$$F_{0+}^{\rm w}(m)+F_{0-}^{\rm w}(m)=Q(\omega_0,1)W(\omega_{\rm f},m)x_0{\rm e}^{{\rm j}\phi_0}+Q(\omega_0^*,1)W(\omega_{\rm f}^*,m)x_0{\rm e}^{-{\rm j}\phi_0} \tag{6-53}$$

为了进一步简化计算，可将式 (6-53) 化为如式 (6-54) 所示的矩阵形式。

$$\begin{bmatrix} x_0{\rm e}^{{\rm j}\phi_0} \\ x_0{\rm e}^{-{\rm j}\phi_0} \end{bmatrix}=\boldsymbol{B}_{\rm w}^{-1}\begin{bmatrix} F_{\rm r}^{\rm w}(m_0) \\ F_{\rm r}^{\rm w*}(m_0) \end{bmatrix} \tag{6-54}$$

式中

$$
\boldsymbol{B}_{\mathrm{w}}=\begin{bmatrix} Q(\omega_0,1)W(\omega_{\mathrm{f}},m_0) & Q(\omega_0^*,1)W(\omega_{\mathrm{f}}^*,m_0) \\ Q^*(\omega_0^*,1)W^*(\omega_{\mathrm{f}}^*,m_0) & Q^*(\omega_0,1)W^*(\omega_{\mathrm{f}},m_0) \end{bmatrix} \tag{6-55}
$$

最终可计算得到基波分量的幅值 f_0 和相位 ϕ_0。

6.2.3 算法流程和特性

基于同步相量复频谱的次同步和超同步振荡参数辨识方法的流程如图 6.3 所示，具体包括如下步骤。

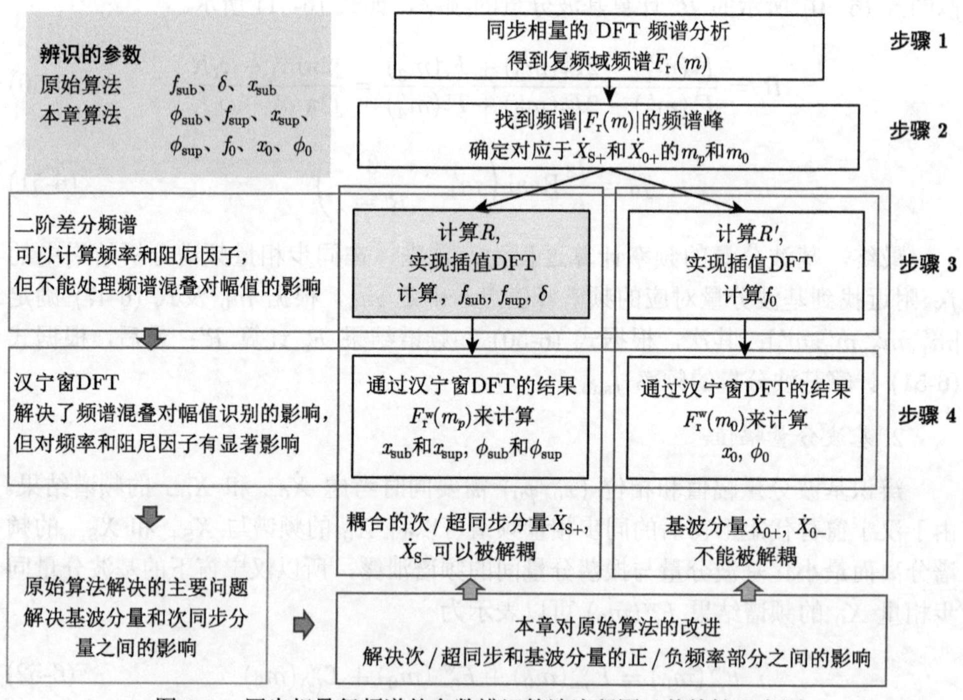

图 6.3 同步相量复频谱的参数辨识算法流程图及其特性示意图

（1）根据式 (6-17) 对实测的同步相量序列 $\dot{X}(k)$ 进行复数域的 DFT 频谱分析，得到复数域的频谱分析结果 $F_{\mathrm{r}}(m)$。

（2）分别找到频谱幅值 $|F_{\mathrm{r}}(m)|$ 的几处峰值。首先，找到对应于由次同步分量与超同步分量耦合而成的振荡分量的频谱峰值，确定位置索引 m_p 位置，m_p 在左侧，表示正频率，对应 $\dot{X}_{\mathrm{S}+}$；而位置索引 $K-m_p$ 在右侧，表示负频率，对应 $\dot{X}_{\mathrm{S}-}$。其次，找到对应于基波分量的峰值。与次同步分量和超同步分量的峰值不同，基波分量可能出现两个峰值，也可能只有一个峰值。如果 f_0 接近于 f_{N}，则会只出现单个峰值；否则，会出现两个峰值，在这里计算需要的峰值取这两个峰

值中 $|F_{\rm r}(m)|$ 较大的。需要注意的是，位置索引 m_0 可能会大于 $K/2$，这表明实际上的基波频率 $f_0 > f_{\rm N}$。

（3）依据式 (6-30)，根据 m_p 确定次同步/超同步分量的索引向量 $[m_1, m_2, m_3, m_4]$；依据式 (6-47)，根据 m_0 确定基波分量的索引向量 $[m_1', m_2', m_3', m_4']$。再分别依据式 (6-28) 和式 (6-50) 计算 R 和 R'。然后依据式 (6-31) 计算得到振荡分量的频率和阻尼因子 $f_{\rm sub}$、$f_{\rm sub}$ 和 δ，依据式 (6-51) 计算得到基波分量频率 f_0。

（4）分别依据式 (6-40) 和式 (6-54)，通过汉宁窗 DFT 来计算各分量的幅值和相位 $(x_{\rm sub}, \phi_{\rm sub})$、$(x_{\rm sup}, \phi_{\rm sup})$ 和 (x_0, ϕ_0)。

（5）在实际应用中可能存在多对耦合的次同步/超同步分量，通过重复步骤（2）至（4）可继续辨识其他的次/超同步分量。

相比于原始的同步相量复频谱分析算法，本章基于同步相量复频谱的次同步和超同步振荡参数辨识方法的特性可总结如下。

（1）原始的同步相量复频谱分析算法解决的核心问题是处理基波分量和次同步分量之间的频谱泄露，以保证两者互不影响。原始算法仅利用了频谱分析中 $0 \sim 50$ Hz 范围内的频谱分析结果而舍弃了对应 $50 \sim 100$ Hz 范围内（也即 $-50 \sim 0$ Hz 范围内）的频谱分析结果，因为当仅存在次同步分量和基波分量时，$50 \sim 100$ Hz 范围内的频谱分析结果与 $0 \sim 50$ Hz 范围内的频谱分析结果并不独立而没有提供额外信息。在此基础上，通过二阶差分频谱实现了插值 DFT，解决了使用 2 s 数据窗进行频谱分析时频率分辨率不足的问题，但插值 DFT 的结果不能解决频谱泄露对幅值辨识的影响；为此，引入汉宁窗替代矩形窗进行同步相量频谱分析，解决了基波分量和次同步分量的频谱泄露对幅值辨识的影响问题。此处需要注意的是，矩形窗频谱分析的频率分辨能力最高，但幅值分辨能力差；而汉宁窗频谱分析以牺牲频率分辨能力为代价大幅提高了幅值分辨能力。

（2）本章在上述原始的同步相量复频谱分析算法的基础上进行改进，额外实现了对基波分量和超同步分量的辨识。本章算法解决的核心问题是解决基波分量、次同步/超同步分量的正频率/负频率部分对应的频谱结果之间的影响。尽管本章同样使用了插值 DFT 算法辨识频率、汉宁窗 DFT 算法辨识幅值，但与原始算法所不同的是，上述频谱结果之间的影响并不能作为频谱泄露进行处理而需要进一步的分析。本章改进后的同步相量复频谱分析算法利用了频谱分析中 $0 \sim 100$ Hz 范围内（也即 $-50 \sim 50$ Hz 范围内，对应正频率和负频率）的全部频谱分析结果进行计算，实现了对频谱耦合在一起的次同步/超同步分量的辨识。

（3）本章的改进算法中，基波分量与振荡分量的特性并不相同。一方面，由于次同步/超同步振荡的频率偏离额定频率较远，例如，次同步频率通常为 $5 \sim 45$ Hz，因而次同步/超同步分量对应的同步相量耦合在一起产生的正频率部分 $\dot{X}_{\rm S+}$ 和负频率部分 $\dot{X}_{\rm S-}$ 的频谱相距足够远而可以互相视为频谱泄露进行处理。至此，频率耦合的次同步分量和超同步分量在频谱上可以被解耦处理，并由此最终辨识计算出次同步/超同步分量的参数。另一方面，由于基波分量的频率偏离额定频率的范围很小，频率偏移通常仅为 $-0.5 \sim 0.5$ Hz，相比于 2 s 数据窗的同步相量频谱分析仅能提供的 0.5 Hz 频率分辨率，基波分量产生的正频率部分和负频率部分的频谱结果在额定频率附近紧密耦合而不能作为频谱泄露进行处理。因此本章详细推导了基波分量的参数辨识方法，最终实现了频谱不能解耦的基波分量的参数辨识。

6.3 验 证

为了验证本章所提出的次同步/超同步振荡参数辨识方法的正确性和有效性，本章 6.3.1 节和 6.3.2 节分别使用合成信号和仿真的次同步振荡来研究此方法的特性、影响辨识精度的因素以及本方法对实际情况的适应性。

6.3.1 验证一：合成信号的同步相量

为了研究本章所提次同步/超同步振荡参数辨识方法的整体特性，本节通过设置不同瞬时值信号的参数建立不同参数下的合成信号，并由此计算相应的同步相量序列，进而对同步相量序列进行频谱分析实现参数辨识，最终将所辨识的参数与预设参数进行对比分析。

合成信号的参数设置如下。电力系统的额定频率 f_{N} 为 50 Hz。通过对瞬时信号使用 DFT 同步相量计算来获得合成的同步相量数据，瞬时信号的采样率为 6.4 kHz，数据窗长为额定频率对应的一个整周期，则一个 DFT 同步相量计算的数据窗共有 $N = 128$ 个采样点。合成的同步相量的报告率为 $f_{\mathrm{S}} = 100$ Hz。用于生成合成信号的瞬时值信号模型如式 (6-1) 所示。该模型中各分量的参数设置如下：将基波分量的频率设置为额定频率和非额定频率，取值分别为 $[45.0, 46.6, 48.9, 50.0, 51.1, 53.4, 55.0]$ Hz，而其他的基波分量、次同步/超同步分量的给定参数设置为 $(x_0, \phi_0) = (100, \pi/4)$、$(f_{\mathrm{sub}}, x_{\mathrm{sub}}, \phi_{\mathrm{sub}}) = (20.25, 20, \pi/6)$ 和 $(f_{\mathrm{sup}}, x_{\mathrm{sup}}, \phi_{\mathrm{sup}}) = (79.75, 10, \pi/3)$。本节的后续测试均在不同的基波频率下进行，且测试在仅有一个参数发生变化的条件下进行，而其他参数则保持上述给定的参数值。在获得合成的同步相量数据序列后，使用本章所提的改进复频谱分析方法对不同参数条件下的合成信号进行参数辨识。其中，使用的数据窗长度为 2 s，即式 (6-17) 中 $K = 200$。表 6.1 和表 6.2 列出了不同参数的变化范围以及参数辨识结果相对于真值的相对误差。此外还增加了瞬时值存在噪声条件下的测试。在噪声条件下，在瞬时值信号上叠加固定信噪比的白噪声，瞬时值信号的信噪比（signal to noise ratio，SNR）分别取为 40 dB 和 20 dB，与其他参考文献一致，其中信噪比的取值具体由 $\mathrm{SNR} = \lg[(x_0^2 + x_{\mathrm{sub}}^2 + x_{\mathrm{sup}}^2)/(2\sigma^2)]$ 计算可得。

此外，本章也将所提的改进复数域频谱分析参数辨识方法与文献 [77] 中的原始插值 DFT 和汉宁窗频谱分析方法进行了比较，将原始算法的辨识结果标记为“原始”、本章所提出算法的辨识结果标记为“改进”，对比结果如表 6.3 中所列。

表 6.1 各分量频率单独变化条件下算法辨识参数的相对误差

测试条件 \ 相对误差 (lg) ①	SNR/dB②	$\hat{f}$	$\hat{x}_0$	$\hat{\phi}_0$	$\hat{f}_{\mathrm{sub}}$	$\hat{x}_{\mathrm{sub}}$	$\hat{\phi}_{\mathrm{sub}}$	$\hat{x}_{\mathrm{sup}}$	$\hat{\phi}_{\mathrm{sup}}$	$\hat{\delta}$
f_0/Hz [45, 55]	∞	−8	−6	−6	−8	−6	−6	−6	−6	−5
	40	−6	−3	−3	−5	−3	−2	−2	−2	−2
	20	−4	−2	−2	−4	−1	−1	−1	−1	−1
f_{sub}/Hz [5, 45]	∞	−3	−1	0	−2	2	1	2	0	1
	40	−3	−1	0	−2	2	1	2	0	1
	20	−3	−1	0	1	2	1	2	1	1
⊃ [40, 45]	∞	−3	−1	0	−2	2	1	2	0	1
	40	−3	−1	0	−2	2	1	2	0	1
	20	−3	−1	0	1	2	1	2	0	1
⊃ [5, 40]	∞	−6	−4	−3	−5	−3	−2	−3	−3	−2
	40	−5	−3	−3	−3	−2	−1.3	−2	−2	−1.3
	20	−4	−2	−2	−3	0	0	0	0	−1
$f_{\mathrm{sub}} \in [5, 45]$ $f_0 \in [49, 51]$	∞	−6	−4	−3	−5	−2	−2	−2	−2	−2
	40	−5	−3	−2	−3	−2	−1.3	−2	−2	−1.3
	20	−4	−2	−2	−3	0	1	0	0	−1

① 单元格的值在 $[10^{-2}, 10^{-1.3}]$ 内，表示该单元格的相对误差在 [1%, 5%]，而单元格的值大于 $10^{-1.3}$ 时，对应的相对误差大于 5%。

② 噪声条件为 $\mathrm{SNR} = \lg[(x_0^2 + x_{\mathrm{sub}}^2 + x_{\mathrm{sup}}^2)/(2\sigma^2)]$，$\sigma$ 是添加的高斯噪声的标准偏差，$\mathrm{SNR} = \infty$ 表示没有噪音的情况。

根据上述结果，本小节的验证结果可得出以下结论。

(1) 各分量的频率 f_0 和 f_{sub} 的变化对参数辨识的准确性影响最大。图 6.4进一步说明了不同的 f_0 和 f_{sub} 对应条件下参数辨识结果准确性的特征。由于本章所提方法是基于 DFT 频谱分析的，所以频率 f_0 和 f_{sub} 的变化将直接引起频谱混叠特性的变化。因此，能否有效解决频谱混叠的影响是决定参数辨识精度的关键。然而，与其他基于频谱分析的参数辨识方法相似[77]，由于 DFT 频谱分析在频率分辨率方面的局限性，本章的改进复数域频谱分析方法不能处理次同步/超同步频率 $f_{\rm sub}$ 和 $f_{\rm sup}$ 接近基波频率 f_0 的情况。不仅是基于频谱分析的参数辨识方法，其他方法在这种情况下的求解难度也会显著增加。而由于在实际电力系统中基波频率 f_0 通常在额定频率附近，即 $f_{\rm N} \pm 0.5{\rm Hz}$ 的范围内，如表 6.1 中的"$f_{\rm sub} \in [5,45] \cap f_0 \in [49,51]$"行所对应的条件。结果可见，本章所提的参数辨识方法在实际电力系统中应用时仍能保证较高的精度。

表 6.2　幅值、相位和阻尼因子单独变化条件下算法辨识参数的相对误差

相对误差 (lg) ① / 测试条件 SNR/dB②		$\hat{f}$	$\hat{x}_0$	$\hat{\phi}_0$	$\hat{f}_{\rm sub}$	$\hat{x}_{\rm sub}$	$\hat{\phi}_{\rm sub}$	$\hat{x}_{\rm sup}$	$\hat{\phi}_{\rm sup}$	$\hat{\delta}$
x_0/p.u. $[0,100]$	∞	−6	−5	−4	−7	−4	−4	−4	−4	−4
	40	−5	−3	−2	−4	−2	−2	−2	−2	−2
	20	−4	−2	−1	−3	−1	−1	−1	−1	−1
ϕ_0/rad $[-\pi,\pi]$	∞	−6	−5	−5	−6	−4	−5	−4	−5	−5
	40	−5	−3	−4	−4	−2	−3	−2	−3	−3
	20	−4	−2	−2	−3	−1	−2	−1	−2	−2
$x_{\rm sub}$/p.u. $[\mathbf{0},100]$③	∞	−6	−5	−4	−6	−4	−3	−3	−3	−3
	40	−5	−3	−3	−3	−2	−1.3	−1.3	−1.3	−1.3
	20	−4	−2	−1	0	−1	0	0	0	1
$\phi_{\rm sub}$/rad $[-\pi,\pi]$	∞	−6	−5	−5	−6	−4	−5	−4	−4	−5
	40	−5	−3	−3	−4	−2	−3	−2	−3	−3
	20	−4	−2	−3	−3	−1	−2	−1	−2	−2
$x_{\rm sup}$/p.u. $[\mathbf{0},100]$③	∞	−6	−5	−4	−7	−4	−4	−4	−4	−4
	40	−5	−3	−2	−4	−2	−2	−2	−2	−2
	20	−4	−2	−1	−3	−1	−1	−1	−1	−1
$\phi_{\rm sup}$/p.u. $[-\pi,\pi]$	∞	−6	−5	−5	−6	−4	−5	−4	−5	−5
	40	−5	−3	−3	−4	−2	−3	−2	−3	−3
	20	−4	−2	−2	−3	−1	−2	−1	−2	−2
δ $[0,1]$	∞	−6	−5	−4	−6	−4	−4	−4	−4	−3
	40	−5	−3	−3	−4	−2	−2	−2	−2	−1.3
	20	−4	−2	−1	−3	−1	−1	−1	−1	0

① 单元格的值在 $[10^{-2}, 10^{-1.3}]$ 内，表示该单元格的相对误差在 [1%, 5%]，而单元格的值大于 $10^{-1.3}$ 时，对应的相对误差大于 5%。

② 噪声条件为 ${\rm SNR} = \lg[(x_0^2 + x_{\rm sub}^2 + x_{\rm sup}^2)/(2\sigma^2)]$，$\sigma$ 是添加的高斯噪声的标准偏差，${\rm SNR} = \infty$ 表示没有噪音的情况。

③ 情况 $x_{\rm sub} = \mathbf{0}$ and $x_{\rm sup} = \mathbf{0}$ 分别表示没有超同步分量和次同步分量的情况。

（2）本章也在各分量取不同幅值和相位条件下进行了测试，测试结果如图 6.4 和表 6.2 所示。特别来说，在 $x_{\text{sub}}=0$ 和 $x_{\text{sup}}=0$ 的条件下进行了测试，分别对应于瞬时值中只有超同步分量而没有次同步分量、只有次同步分量而没有超同步分量的情况，结果可见本章所提算法依然保持较高辨识精度而未受影响。而当幅值 x_{sub}、x_{sup} 和阻尼因子 δ 较小时，噪声对 x_{sub}、x_{sup} 和 δ 辨识的影响会更大。δ 较小的情况将在第 6.3.2 节中进一步讨论。

（3）瞬时信号中的噪声对次同步和超同步分量的幅值和相位辨识结果影响较大，但对基波分量各参数以及次同步/超同步分量的频率影响较小。本章所提算法在 20 dB 噪声影响下的结果是不可行的，而当瞬时值存在 40 dB 的噪声干扰时，此方法仍能保证参数辨识的误差小于 5%。考虑到实际 PMU 的测量噪声通常在 45 dB 以下[77]，本章所提算法可在 40 dB 噪声条件下实现较高精度的参数辨识，因而本章所提方法在电力系统的实际条件下是可行的。

表 6.3　改进插值 DFT 算法与原始算法得到的辨识参数相对误差比较

结果 (lg) ①②		$\frac{\lvert\hat{f}_{\text{sub}}-f_{\text{sub}}\rvert}{f_{\text{sub}}}$			$\frac{\lvert\hat{x}_{\text{sub}}-x_{\text{sub}}\rvert}{x_{\text{sub}}}$			$\frac{\lvert\hat{\delta}-\delta\rvert}{\delta}$		
信噪比/dB		∞	40	20	∞	40	20	∞	40	20
f_0/Hz [45, 55]	改进	−8	−5	−4	−6	−3	−1	−5	−2	−1
	原始	−6	−4	−3	−4	−2	−1	−4	−2	−1
f_{sub}/Hz [5, 45]	改进	−2	−2	1	2	2	2	1	1	1
	原始	−3	> −2	> −2	> −1	> 0	> 0	> −1	> 0	> 0
⊃ [40, 45]	改进	−2	−2	1	2	2	2	1	1	1
	原始	−3	> −2	> −2	> −1	> 0	> 0	> −1	> 0	> 0
⊃ [5, 40]	改进	−5	−3	−3	−3	−2	0	−2	−1.3	−1
	原始	−5	−5	−4	−2	−2	0	−2	−2	−1
x_{sub}/p.u. [0, 100]	改进	−6	−3	0	−4	−2	−1	−3	−1.3	1
	原始	−6	−3	> −2	−4	−1	0	−3	−1	> 0
δ [0, 1]	改进	−6	−4	−3	−4	−2	−1	−3	−1.3	0
	原始	−5	−4	−3	−3	−2	−1	−1	0	1

① 单元格的值在 $[10^{-2}, 10^{-1.3}]$ 内，表示该单元格的误差在 [1%, 5%] 内，而单元格的值大于 $10^{-1.3}$ 时，对应的相对误差大于 5%。

② “改进”的结果是分别在只有与文献 [77] 完全相同的次同步分量和在有次/超同步分量的条件下获得的。这些结果的顺序在两种情况下都是相同的。

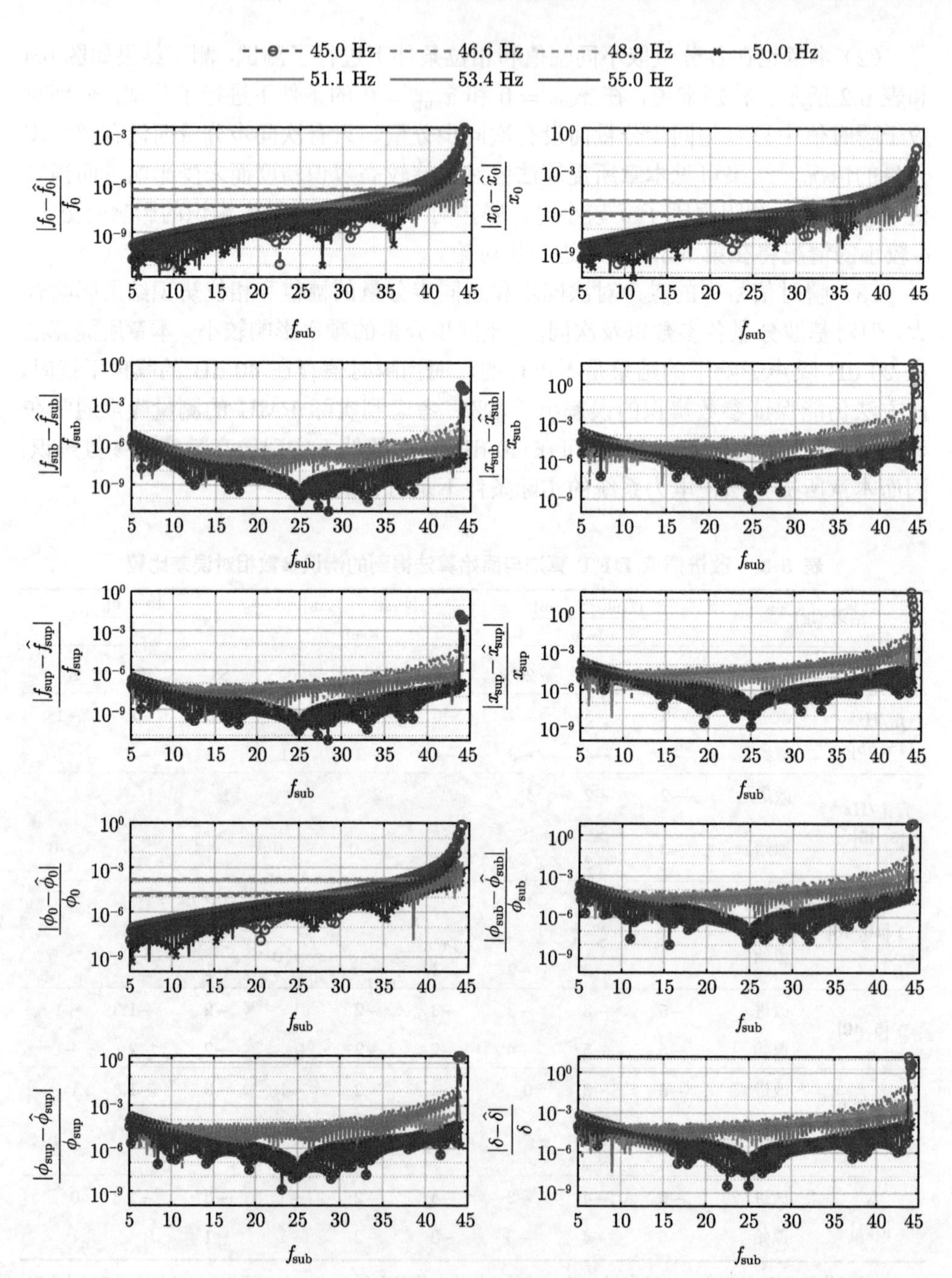

图 6.4　无噪声条件下 f_{sub} 在 $[5, 45]$ Hz 范围内变化时所辨识参数的相对误差

6.3.2 验证二：基于次同步振荡仿真的模拟 PMU 数据

为了进一步验证所提出的改进复数域频谱分析参数辨识方法在实际次同步振荡中的有效性，使用 PSCAD 分别仿真了两种不同类型的次同步振荡，一种是主要包含次同步分量而几乎没有超同步分量的次同步振荡，而另一种是同时包含一对频率耦合的次同步分量和超同步分量的次同步振荡。对次同步振荡事件的仿真将得到电流瞬时值，进而可用于计算同步相量序列。

具体而言，场景一的仿真系统为双馈风力发电机（doubly-fed induction generator，DFIG）连接并联补偿器，后经长输电线连接到大电网的系统。当风速下降时，DFIG 和并联补偿器之间产生了次同步谐振。具体的振荡机制和仿真参数设置与文献 [78] 中的一致。这种次同步振荡主要包含次同步振荡分量而超同步分量极小，因此，场景一中的次同步振荡的特性与文献 [77] 中的相似。场景二的仿真系统是一个实际的中国西北地区风力发电高比例接入电网的简化模型，该模型[149] 既包含了 DFIG，也包含了永磁风力发电机，用于研究实际次同步振荡的产生机理及振荡特征。场景二中的次同步振荡同时具有明显的次同步分量和超同步分量，两者频率耦合。场景一的仿真系统简单但较为理想，而场景二的系统则更接近实际情况。

图 6.5 和图 6.6 分别展示了场景一和场景二仿真结果中的 A 相电流瞬时信号及其对应的同步相量序列。本章所提的改进复数域频谱分析方法将依据图 6.5(b) 和图 6.6(b) 中同步相量序列的 2 s 数据窗进行频谱分析。为进一步验证本章所提的改进复数域频谱分析方法的优势，本章将该方法与另外两种算法的参数辨识结果进行了对比。第一种对比算法是文献 [77] 中的原始复数域频谱分析方法，同样使用了插值 DFT 和汉宁窗 DFT，但只能辨识次同步分量参数。该方法将使用与本章所提算法完全相同的同步相量序列的 2 s 数据窗进行频谱分析。第二种对比算法是基于瞬时值信号的 Prony 分析方法，其中瞬时值的数据窗分别为图 6.5(a) 和图 6.6(a) 中所示的 2 s 瞬时值序列。由于 Prony 方法已经在大量文献中被证实是准确可靠的，所以该算法的结果将被作为基准参考以评价另外两种算法的辨识精度。

最终，场景一和场景二下的次同步振荡参数辨识结果如表 6.4 中所列，可进一步得到对比分析结果如下。

(1) 在只存在次同步分量而超同步分量极小的场景一中，基于同步相量复数域频谱分析的“原始”和“改进”方法的辨识结果与作为基准参考的瞬时信号 Prony 分析辨识结果非常接近。而因为超同步分量实际存在但幅值极小，所以相比于“原始”方法，“改进”方法的辨识精度略有提高，两种方法均可用。而在场景二中，由于超同步分量的存在，“原始”方法辨识得到的次同步分量幅值 x_{sub} 和阻尼因

子 δ 与另外两种方法的辨识结果相差甚远，是明显错误的。因此，“原始”的插值 DFT 和汉宁窗 DFT 频谱分析方法在场景二中是完全不可行的。而基于同步相量序列的“改进”的插值 DFT 和汉宁窗方法仍然可以辨识得到与基于瞬时值的 Prony 方法相一致的所有参数。而在实际情况中，当次同步振荡发生时，是否存在超同步分量是未知的。在没有瞬时值信息帮助确定不存在超同步分量的前提下，“原始”的插值 DFT 和汉宁窗 DFT 频谱分析方法[77] 不能保证其辨识结果正确与否。而与之相比，“改进”的插值 DFT 和汉宁窗 DFT 频谱分析方法由于充分考虑超同步分量的影响而有效辨识实际的次同步振荡情况。

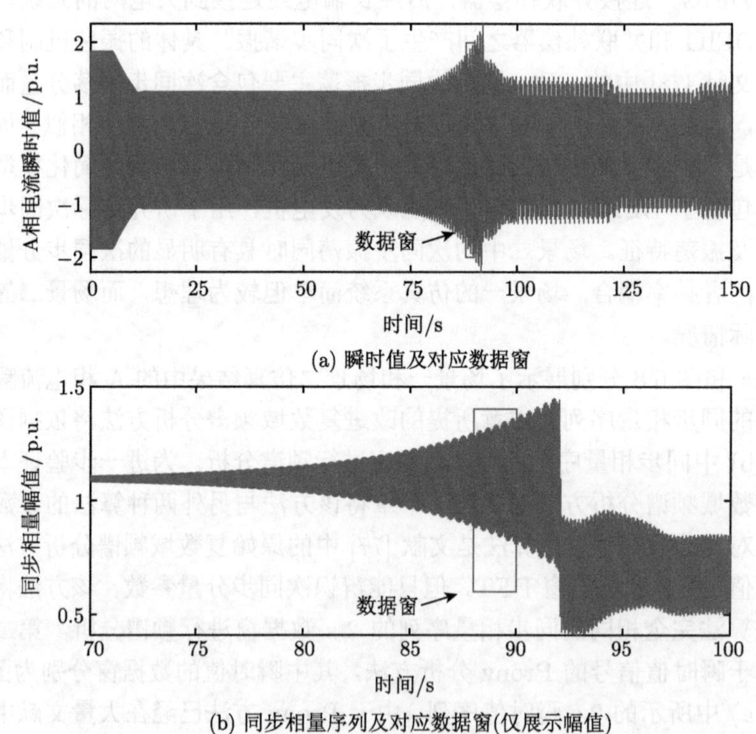

(a) 瞬时值及对应数据窗

(b) 同步相量序列及对应数据窗(仅展示幅值)

图 6.5 场景一中电流的瞬时信号和相应同步相量序列的幅值

（2）在场景一的次同步振荡过程中，振荡分量的阻尼因子在 2s 数据窗内是稳定、保持不变的，因此“改进”方法和“原始”方法均可较准确地辨识出阻尼因子。然而在场景二中，当次同步振荡处于较平稳的持续振荡时，δ 较小而趋近于 0，两种方法辨识的阻尼因子 δ 可能出现较大误差，达到 10% 左右。但是由于这些 δ 足够小，对 $x_{\rm sub}$ 和 $x_{\rm sup}$ 的辨识影响不大，所以结合幅值的辨识结果，阻尼因子 δ 的辨识结果存在一定误差是可以接受的。此外，由于若采用更短的数据窗（如 1 s 或 0.5 s）将因严重的频谱混叠而导致辨识精度显著下降[77]，所以阻尼因

子 δ 对于这种使用 2 s 数据窗的参数辨识方法是必要的。

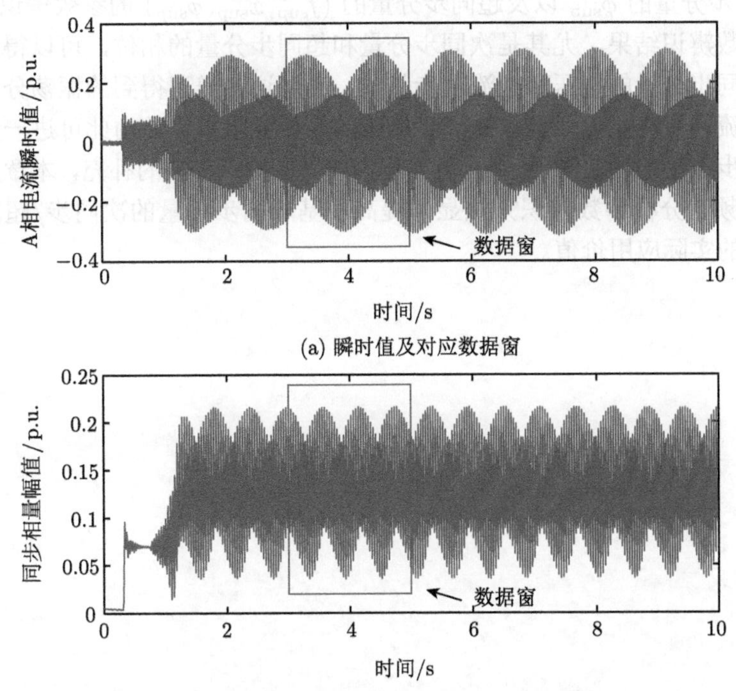

(a) 瞬时值及对应数据窗

(b) 同步相量序列及对应数据窗(仅展示幅值)

图 6.6　场景二中电流的瞬时信号和相应同步相量序列的幅值

表 6.4　场景一和场景二中的辨识的参数与不同算法的比较

辨识结果	场景一			场景二		
方法	改进	原始	Prony	改进	原始	Prony
f_0/Hz	50.0000	/	50.0000	50.0000	/	49.9999
x_0/p.u.	1.0892	/	1.0958	0.0700	/	0.0686
ϕ_0/rad	−1.4640	/	−1.4631	−1.3771	/	−1.3665
f_{sub}/Hz	7.5125	7.5125	7.5127	24.5753	24.5756	24.5751
x_{sub}/p.u.	0.6906	0.6853	0.6924	0.0855	0.0577	0.0844
ϕ_{sub}/rad	−2.1136	/	−2.1111	0.7537	/	0.7500
δ_{sub}	0.1531	0.1531	0.1633	−0.0113	−0.0062	−0.0097
f_{sup}/Hz	92.4875	/	92.4873	75.4247	/	75.4252
x_{sup}/p.u.	0.0272	/	0.0273	0.1561	/	0.1544
ϕ_{sup}/rad	0.1799	/	0.1771	1.9991	/	2.0062
δ_{sup}	0.1531	/	0.1321	−0.0113	/	−0.0085

(3) 与"原始"方法相比，本章的"改进"方法可以额外提供基波分量的 (f_0, x_0, ϕ_0)、次同步分量的 ϕ_{sub} 以及超同步分量的 $(f_{\text{sup}}, x_{\text{sup}}, \phi_{\text{sup}})$ 的参数辨识结果。利用这些参数辨识结果，尤其是次同步分量和超同步分量的相位，可以得到次同步分量和超同步分量的电压和电流同步相量。利用这些辨识得到的振荡分量对应的电压和电流同步相量可以计算次同步振荡的等效复阻抗，并由此可进一步辨识和定位次同步振荡的振荡源[155]。因此，作为对"原始"方法的补充，本章所提的改进复数域频谱分析参数辨识方法显著提高了基于同步相量的次同步/超同步振荡参数辨识的实际应用价值。

第 7 章　基于同步相量轨迹拟合的次/超同步振荡参数实时辨识

文献 [76] 和本书第 5 章对同步相量幅值进行 DFT 频谱分析，并利用频谱分析的线性变换特性构建基准波形，首次解决了次同步分量幅值辨识的难题。然而该方法难以避免频谱分析的固有缺点，即为保证足够高的频谱分辨率而不得不采用较长的数据窗（10 s）以避免频谱混叠。这不仅导致振荡辨识的实时性较差，而且数据窗越大则振荡模式越可能变化而显著降低结果可靠度。针对基于基波同步相量的次/超同步振荡参数辨识问题，文献 [77] 首先验证了上述方法由于数据窗过长而导致辨识误差较大且实用性较差，其次提出了一种结合汉宁窗和插值 DFT 频谱分析的次同步振荡参数辨识算法（以下简称“插值 DFT 法”）以大幅降低频谱混叠影响，进而将数据窗缩短到 2 s 并同时提高了参数辨识结果精度。然而，虽然该方法在使用 2 s 数据窗时达到较高的辨识精度，但是当其使用 0.5 s 数据窗时，误差甚至达到 64% 而完全不可用。类似地，文献 [171] 在 [76] 的基础上提出基于加阻尼 Rife-Vincent M 阶窗函数的插值 DFT 算法以提升辨识精度。文献 [172] 和 [173] 使用了非 DFT 的矩阵束算法和特征值系统实现算法（eigenvalue system realization algorithm，ERA），通过模态识别实现了次同步分量参数辨识。尽管上述方法均可使用 2 s 数据窗较准确辨识次同步分量的频率、幅值、阻尼系数等参数并具备一定的测量噪声鲁棒性，但仍存在以下两方面问题。

（1）除本书第 6 章所提的改进插值 DFT 法外，并未考虑超同步分量的影响。而实际上在次同步振荡过程中次同步分量可能伴随一个耦合的超同步分量[78,150,174]，由于两者频率之和为二倍同步频率而导致其辨识结果互相叠加，上述方法将不再适用。为此必须分析次/超同步耦合特性对同步相量的影响，以辨识出频率耦合的次同步分量和超同步分量。

（2）上述方法均使用 2 s 或更长的数据窗，由于数据窗长度对已有算法的影响极大，这些方法几乎难以实现 0.5 s 以内的数据窗，限制了其在实际情况下的准确度。而事实上，不同次同步振荡的振荡特性差异显著，尤其是对快速发展的次同步振荡而言，2 s 长度的数据窗仍然可能过长而掩盖振荡模式的快速变化。这导致 2 s 数据窗的结果仍可能是假定系统振荡模式不变前提下的平均结果，而不能反映真实的、快速变化的次同步振荡特性。尽管越短的数据窗越有利于动态监测，然而数据窗长度直接限制了频率分辨率，数据窗越短其频率分辨率越低。即数据窗长度和频率分辨率间的矛盾天然存在，缩短数据窗必须通过算法解决低频率分辨率的影响。

为充分利用同步相量测量数据的广域同步和实时性强的优势，并通过解决上述问题以准确获得次同步振荡中各分量的参数，进而实现高实时性的次同步振荡在线监测，本章提出了一种基于同步相量轨迹拟合的电力系统次同步振荡实时参数辨识方法。首先，分析了次同步振荡下的同步相量由基波和次/超同步振荡分量的正频率和负频率分量耦合而成；然后，仅依赖 100 ms 长的同步相量数据窗建立了超定非线性的同步相量轨迹拟合方程组，求解可获得各分量的频率、幅值和相位；最后，分别以不同参数条件下的模拟 PMU 数据和以实际仿真的次同步振荡事故为实例进行仿真验证，并选择文献 [77] 的插值 DFT 方法作为比较普遍、易复现的频谱分析法的代表与本章方法进行对比，验证了所提方法的正确性、有效性和可行性。

7.1 次/超同步振荡下的同步相量轨迹特征

本章将电力系统次同步和超同步振荡过程中的电压或电流瞬时值建模为频率可能偏移的基波正弦分量和一对频率耦合的次同步和超同步正弦分量，以此作为基本模型。由此，以 $x(t)$ 表示的瞬时信号基本模型如下：

$$
\begin{aligned}
x(t) = x_0 \cos\left(2\pi f_0 t + \phi_0\right) + x_{\mathrm{sub}} \cos\left(2\pi f_{\mathrm{sub}} t + \phi_{\mathrm{sub}}\right) \\
+ x_{\mathrm{sup}} \cos\left(2\pi f_{\mathrm{sup}} t + \phi_{\mathrm{sup}}\right)
\end{aligned}
\tag{7-1}
$$

式中，f、x 和 ϕ 分别代表各分量的频率、幅值和相位；下标“0”、“sub”和“sup”分别代表基波分量、次同步分量和超同步分量对应变量。其中，次同步分量和超同步分量为一对耦合分量，往往由同一振荡起因引发而同时存在[150]。由于 f_0 接近 f_{N}，则可近似为 $f_{\mathrm{sub}} + f_{\mathrm{sup}} = 2f_{\mathrm{N}}$，其中 f_{N} 为电力系统额定频率；两者幅值通常不同，在不同振荡过程中其一可能不存在而幅值为 0，例如仅有次同步分量的情况。

根据 IEEE std C37.118 标准规定的同步相量定义，瞬时值 $x(t)$ 对应的同步相量序列 $\dot{X}(k)$ 可对式 (7-1) 进行离散傅里叶变换（DFT）计算得到：

$$
\dot{X}(k) = \left(\mathrm{e}^{\mathrm{j}k\pi}\right) \frac{2}{N} \sum_{n=0}^{N-1} x(t)\, \mathrm{e}^{-\mathrm{j}\frac{2\pi}{N}n}
\tag{7-2}
$$

式中，N 为 DFT 同步相量计算数据窗中的数据点数，通常取一个基波周期 $1/f_{\mathrm{N}}$ 内的瞬时值采样数据点数，即瞬时值采样率为 Nf_{N}。同步相量序列 $\dot{X}(k)$ 的数据点间隔与同步相量数据上传频率 f_S 相对应。本章为保证超同步分量的有效辨识，需保证 $f_S \geqslant 2f_N$；根据同步相量测量相关规约建议值，此处取 $f_S = 2f_N$。需要注意的是，在实际工程应用中可能出现受子站与主站间数据传输速率的限制而 f_S 小于 100 Hz 的情况，此时将产生频率混叠而不能辨识超同步分量。式 (7-2) 的计算过程中通常采用平移拼接数据窗，即采用 $N/2$ 个旧采样数据和 $N/2$ 个新采样数据拼接的数据窗，以保证 $f_S = 2f_N$。由于使用拼接数据窗，直接采用 DFT 计算得到的两个相邻同步相量的相位将跳变 π。因此，式 (7-2) 在 DFT 基础上增加了修正因子 $(e^{jk\pi})$ 以修正此相位跳变。算法应用时需根据实际情况确定是否需要该修正因子。

由于式 (7-2) 所示的 DFT 算法为线性变换，则有

$$\dot{X}(k) = \dot{X}_0(k) + \dot{X}_{sub}(k) + \dot{X}_{sup}(k) \tag{7-3}$$

式中，$\dot{X}_0(k)$、$\dot{X}_{sub}(k)$ 和 $\dot{X}_{sup}(k)$ 分别为基波分量、次同步分量和超同步分量对应的同步相量分量。以 $\dot{X}_{sub}(k)$ 为例，根据欧拉公式可进行如下推导并得到

$$\begin{aligned}\dot{X}_{sub}(k) &= (e^{jk\pi})\frac{2}{N}\sum_{n=0}^{N-1} x_{sub}\cos\left(2\pi f_{sub}\frac{n}{f_N N} + \phi_{k,sub}\right)e^{-j2\pi\frac{n}{N}} \\ &= Q(f_{sub}, -1)\, x_{sub}e^{j\phi_{sub}}e^{-j\beta k} + Q^*(f_{sub}, +1)\, x_{sub}e^{-j\phi_{sub}}e^{j\beta k}\end{aligned} \tag{7-4}$$

式中，考虑到针对 $\dot{X}_{sub}(k)$ 序列，仅有 k 为变量，故有 $\phi_{k,sub} = 2\pi f_{sub}k/f_S + \phi_{sub}$。另外为简化表达引入函数 $Q(f,l)$ 如式 (7-5) 所示，并以 "*" 标记表示复数共轭，最终得到式 (7-4) 结果。

$$Q(f,l) = \frac{1}{N}\sum_{n=0}^{N-1} e^{\left(j\frac{2\pi f}{f_N N} + j\frac{2\pi}{N}l\right)n} \tag{7-5}$$

类似地，可得到 $\dot{X}_0(k)$ 和 $\dot{X}_{sup}(k)$ 的表达式，此处不再赘述。由式 (7-4) 可见，$\dot{X}_0(k)$、$\dot{X}_{sub}(k)$ 和 $\dot{X}_{sup}(k)$ 各由两部分组成，分别为正频率部分和负频率部分。针对 $\dot{X}_0(k)$，可不失一般性地假设 $f_0 < f_N$，则其正频率部分和负频率部分 $\dot{X}_0^+(k)$ 和 $\dot{X}_0^-(k)$ 分别对应角频率 $2\pi(f_N - f_0)/f_S$ 和 $2\pi(f_0 - f_N)/f_S$。后续计算中将进一步根据轨迹拟合方程组的解判断最终是 $f_0 < f_N$ 或 $f_0 > f_N$。

而由于次同步分量和超同步分量的频率耦合关系为 $f_{sub} + f_{sup} = 2f_N$，$\dot{X}_{sub}(k)$ 和 $\dot{X}_{sup}(k)$ 的正频率部分和负频率部分分别频率相同而合二为一，并分别合成为振荡分量的正频率部分 $\dot{X}_S^+(k)$ 和负频率部分 $\dot{X}_S^-(k)$，两者对应的角频率分别为 $2\pi(f_N - f_{sub})/f_S$ 和 $2\pi(f_{sub} - f_N)/f_S$。

为简化表达，不妨令

$$\begin{cases}\alpha = 2\pi \dfrac{f_{\mathrm{N}} - f_0}{f_{\mathrm{S}}} \\ \beta = 2\pi \dfrac{f_{\mathrm{N}} - f_{\mathrm{sub}}}{f_{\mathrm{S}}}\end{cases} \tag{7-6}$$

则有

$$\dot{X}_0^+(k) = Q^*(f_0, +1)\, x_0 \mathrm{e}^{-\mathrm{j}\phi_0} \mathrm{e}^{\mathrm{j}\alpha k} \tag{7-7}$$

$$\dot{X}_0^-(k) = Q(f_0, -1)\, x_0 \mathrm{e}^{\mathrm{j}\phi_0} \mathrm{e}^{-\mathrm{j}\alpha k} \tag{7-8}$$

$$\dot{X}_{\mathrm{S}}^+(k) = \left[Q^*(f_{\mathrm{sub}}, +1)\, x_{\mathrm{sub}} \mathrm{e}^{-\mathrm{j}\phi_{\mathrm{sub}}} + Q(f_{\mathrm{sup}}, -1)\, x_{\mathrm{sup}} \mathrm{e}^{\mathrm{j}\phi_{\mathrm{sup}}}\right] \mathrm{e}^{\mathrm{j}\beta k} \tag{7-9}$$

$$\dot{X}_{\mathrm{S}}^-(k) = \left[Q(f_{\mathrm{sub}}, -1)\, x_{\mathrm{sub}} \mathrm{e}^{\mathrm{j}\phi_{\mathrm{sub}}} + Q^*(f_{\mathrm{sup}}, +1)\, x_{\mathrm{sup}} \mathrm{e}^{-\mathrm{j}\phi_{\mathrm{sup}}}\right] \mathrm{e}^{-\mathrm{j}\beta k} \tag{7-10}$$

式 (7-7)~ 式 (7-10) 所示可见，以 $x(t)$ 表示的瞬时信号基本模型对应的同步相量数据序列将分别由以下四个部分组成：以角频率 α 正转的基波正频率分量、反转的基波负频率分量，以及以角频率 β 正转的振荡正频率分量、反转的振荡负频率分量，如图 7.1 所示。其中，基波分量的正/负频率部分之和为一个椭圆轨迹，振荡分量的正/负频率部分之和为另一个椭圆轨迹，两者叠加即为次同步过程中基波、耦合的次同步/超同步分量共同作用下的同步相量序列的变化轨迹。

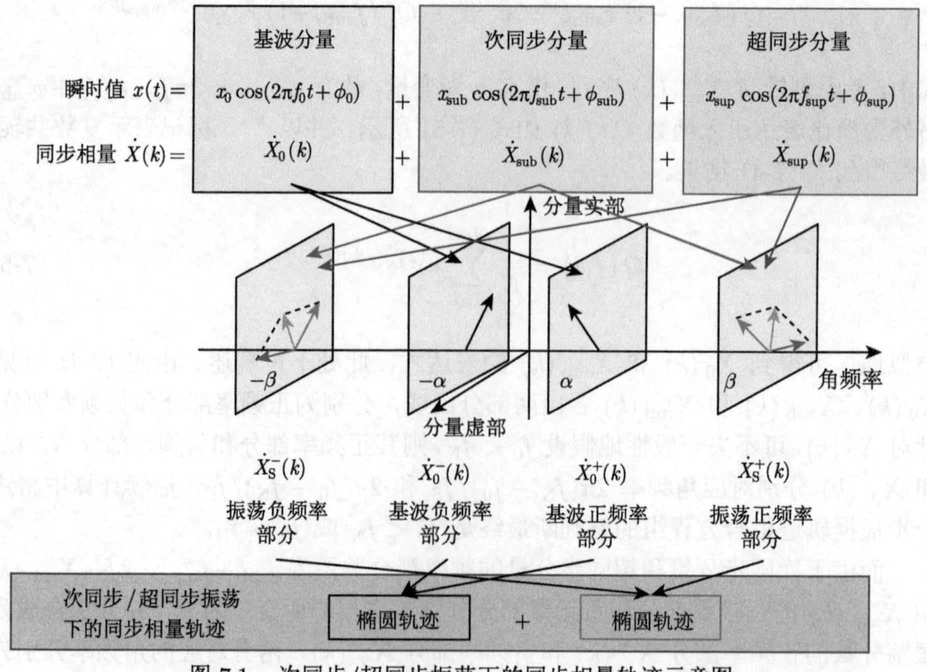

图 7.1　次同步/超同步振荡下的同步相量轨迹示意图

基波分量和次/超同步分量分别合成为椭圆轨迹，此处以基波分量为例进行说明。基波分量等于基波正频率部分与基波负频率部分之和，即 $\dot{X}_0(k) = \dot{X}_0^+(k) + \dot{X}_0^-(k)$。以正负频率部分重合的时刻为基准参考 0 rad，则由于正负角频率分别为 α 和 $-\alpha$，所以在时间 dt 内，基波正频率部分旋转了 θ 角度 $\theta = \alpha \cdot \mathrm{d}t$，基波负频率部分旋转了 $-\theta$ 角度；则基波分量为 $\dot{X}_0(k) = \|\dot{X}_0^+\|_2 \mathrm{e}^{\mathrm{j}\theta} + \|\dot{X}_0^-\|_2 \mathrm{e}^{-\mathrm{j}\theta}$。易证明 $\dot{X}_0(k)$ 为椭圆轨迹，即下式成立。

$$\frac{x^2}{a^2} + \frac{y^2}{b^2} = 1, \qquad \forall\theta \tag{7-11}$$

式中，$x = \mathrm{Real}\left[\dot{X}_0(k)\right]$；$y = \mathrm{Imag}\left[\dot{X}_0(k)\right]$；$a = \|\dot{X}_0^+\|_2 + \|\dot{X}_0^-\|_2$；$b = \|\dot{X}_0^+\|_2 - \|\dot{X}_0^-\|_2$。振荡分量的椭圆轨迹与基波分量类似。

7.2 基于同步相量轨迹拟合的次/超同步振荡参数辨识算法

7.2.1 同步相量轨迹拟合方程组构建

为了拟合次同步和超同步振荡过程中的同步相量轨迹，设同步相量轨迹的拟合值为 $\hat{\dot{X}}(k)$、误差为 $\dot{\varepsilon}(k)$，且有

$$\hat{\dot{X}}(k) = \dot{X}_0^+(k) + \dot{X}_0^-(k) + \dot{X}_\mathrm{S}^+(k) + \dot{X}_\mathrm{S}^-(k) \tag{7-12}$$

则依据式 (7-7)~ 式 (7-10)，式 (7-12) 可改写为如下的矩阵方程组形式。

$$\boldsymbol{A}\begin{bmatrix} \dot{X}_0^+(k) \\ \dot{X}_0^-(k) \\ \dot{X}_\mathrm{S}^+(k) \\ \dot{X}_\mathrm{S}^-(k) \end{bmatrix} + \begin{bmatrix} \dot{\varepsilon}(k-K) \\ \vdots \\ \dot{\varepsilon}(k-1) \\ \dot{\varepsilon}(k) \\ \dot{\varepsilon}(k+1) \\ \vdots \\ \dot{\varepsilon}(k+K) \end{bmatrix} = \begin{bmatrix} \dot{X}(k-K) \\ \vdots \\ \dot{X}(k-1) \\ \dot{X}(k) \\ \dot{X}(k+1) \\ \vdots \\ \dot{X}(k+K) \end{bmatrix} \tag{7-13}$$

该方程组以 $\dot{X}(k)$ 为基准建立，共有 $2K+1$ 个方程，即同步相量的数据窗长度为 $2K+1$ 个数据点，对应窗长为 K/f_N。例如，当 $K=5$ 共 11 个方程时的数据窗长度为 100 ms。矩阵 $\boldsymbol{A}$ 代表了角频率为 α 和 β 的正转和反转特性，其表达式为

$$\boldsymbol{A}=\begin{bmatrix} \mathrm{e}^{-\mathrm{j}K\alpha} & \mathrm{e}^{\mathrm{j}K\alpha} & \mathrm{e}^{-\mathrm{j}K\beta} & \mathrm{e}^{\mathrm{j}K\beta} \\ \vdots & \vdots & \vdots & \vdots \\ \mathrm{e}^{-\mathrm{j}\alpha} & \mathrm{e}^{\mathrm{j}\alpha} & \mathrm{e}^{-\mathrm{j}\beta} & \mathrm{e}^{\mathrm{j}\beta} \\ 1 & 1 & 1 & 1 \\ \mathrm{e}^{\mathrm{j}\alpha} & \mathrm{e}^{-\mathrm{j}\alpha} & \mathrm{e}^{\mathrm{j}\beta} & \mathrm{e}^{-\mathrm{j}\beta} \\ \vdots & \vdots & \vdots & \vdots \\ \mathrm{e}^{\mathrm{j}K\alpha} & \mathrm{e}^{-\mathrm{j}K\alpha} & \mathrm{e}^{\mathrm{j}K\beta} & \mathrm{e}^{-\mathrm{j}K\beta} \end{bmatrix} \tag{7-14}$$

为了进一步简化计算过程，式 (7-13) 可根据欧拉公式改写为式 (7-15) 所示的同步相量轨迹拟合方程组。

$$\boldsymbol{B}\begin{bmatrix} \dot{X}_0^+(k) \\ \dot{X}_0^-(k) \\ \dot{X}_{\mathrm{S}}^+(k) \\ \dot{X}_{\mathrm{S}}^-(k) \end{bmatrix}+\begin{bmatrix} \dot{\varepsilon}'(k-K) \\ \vdots \\ \dot{\varepsilon}'(k-1) \\ \dot{\varepsilon}'(k) \\ \dot{\varepsilon}'(k+1) \\ \vdots \\ \dot{\varepsilon}'(k+K) \end{bmatrix}=\begin{bmatrix} \dot{X}_{\mathrm{m}}(k-K) \\ \vdots \\ \dot{X}_{\mathrm{m}}(k-1) \\ \dot{X}_{\mathrm{m}}(k) \\ \dot{X}_{\mathrm{m}}(k+1) \\ \vdots \\ \dot{X}_{\mathrm{m}}(k+K) \end{bmatrix} \tag{7-15}$$

式 (7-15) 所示即为本章同步相量轨迹拟合方法的轨迹拟合方程组，其待定量为实数 α 和 β（$0\leqslant\alpha<\pi$ 且 α 由于 f_0 接近 f_{N} 而接近 0，$0<\beta<\pi$）、基波分量的正频率部分 $\dot{X}_0^+(k)$、负频率部分 $\dot{X}_0^-(k)$ 以及次同步和超同步振荡耦合的振荡分量的正频率部分 $\dot{X}_{\mathrm{S}}^+(k)$ 和负频率部分 $\dot{X}_{\mathrm{S}}^-(k)$。

$$\boldsymbol{B}=\begin{bmatrix} \cos(K\alpha) & \cos(K\alpha) & \cos(K\beta) & \cos(K\beta) \\ \vdots & \vdots & \vdots & \vdots \\ \cos\alpha & \cos\alpha & \cos\beta & \cos\beta \\ 1 & 1 & 1 & 1 \\ \sin\alpha & -\sin\alpha & \sin\beta & -\sin\beta \\ \vdots & \vdots & \vdots & \vdots \\ \sin(K\alpha) & -\sin(K\alpha) & \sin(K\beta) & -\sin(K\beta) \end{bmatrix} \tag{7-16}$$

$$\begin{cases} \dot{X}_{\mathrm{m}}(k-i)=\dfrac{\dot{X}(k+i)+\dot{X}(k-i)}{2} \\ \dot{X}_{\mathrm{m}}(k+i)=\dfrac{\dot{X}(k+i)-\dot{X}(k-i)}{2\mathrm{j}} \end{cases},\quad i=1,\cdots,K \tag{7-17}$$

一方面，当方程组的拟合方程数量 $2K+1$ 越大时，用于拟合的同步相量数据点就越多，求解的结果受噪声影响越小而求解结果越精准；另一方面，由于瞬时值基本模型中未考虑幅值的衰减系数，所以拟合方程数量 $2K+1$ 越大，所需同步相量数据序列的数据窗越长，其间振荡参数的变化将降低求解精度。为保证实时性，通常可取 $K=5$ 共 11 个方程，使用数据窗长度为 100 ms 的同步相量数据序列。当瞬时值测量误差较大或应用的电压等级较低而导致杂散信号影响较大时，可取 $K=10$ 共 21 个方程，使用数据窗长度为 200 ms 的同步相量数据序列。第 7.3 节的仿真结果可见，在噪声条件下，使用 200 ms 数据窗能显著提高算法的辨识精度和噪声鲁棒性。

此外，针对本章所提的基于同步相量轨迹拟合的电力系统次同步振荡实时参数辨识方法的其他实现细节做如下三方面讨论。

第一，是否有必要辨识瞬时值幅值的衰减因子。在文献 [171] ~ [173] 的研究中，振荡参数中加入了幅值的衰减因子，瞬时值被建模为幅值以某一衰减因子指数衰减的变量，而本章并未引入衰减因子，原因在于：其一，本章通过增加超同步分量而细化了参数辨识模型，考虑了次同步分量和超同步分量的耦合作用；其二，本章的轨迹拟合方法所需数据窗足够短、实时性足够强，实际次同步/超同步振荡的幅值衰减变化可忽略；其三，第 7.4 节的仿真结果证明，文献 [77] 即使增加衰减因子并认为 2 s 时间窗内衰减因子不变，得到的参数辨识结果在处理实际次同步和超同步振荡数据时仍存在一定误差。

第二，子站与主站之间的同步相量上传频率（即 PMU 的测量传输速率）对参数辨识的影响。由于同步相量是由幅值和相位组成的复数，所以当同步相量上传频率为 100 Hz 时，PMU 将以 100 Hz 的上传频率同时上传同步相量的幅值和相角，这等价于实数域的采样频率为 200 Hz。进而，这对于辨识 100 Hz 以内的超同步分量而言是满足奈奎斯特采样定理的，可以有效辨识出超同步分量，当同步相量上传频率低于 100 Hz 时将产生频率混叠而不能辨识超同步分量。由此可见，为了能够辨识 100 Hz 以内的次/超同步振荡分量，子站和主站的同步相量上传频率不能低于 100 Hz。此外，在子站和主站间的同步相量上传频率达到 $f_{\mathrm{S}}=2f_{\mathrm{N}}$ 的条件下，如果出现通信问题导致主站接收数据不完整的情况（如丢包导致某个同步相量数据点信息遗失），由于同步相量是具有时标的，此时只需根据缺失点的时标在式 (7-15) 的轨迹拟合方程中剔除遗失数据点相应的方程即可，最后的辨识结果并不会受此影响。目前已有的基于频谱分析的辨识方法因数据缺失而不能计算频谱，则不能处理这种数据缺失的情况。

第三，由新能源发电引起的次同步振荡事件中可能出现同时存在多对次/超同步振荡的现象。对此，理论上通过增加式 (7-15) 轨迹拟合方程组中未知量和方程个数即可实现对多对 SSO 模态的辨识。但如此将额外带来以下问题。① 方程数增多导致使用的数据窗变长，极大削弱了轨迹拟合方法数据窗短的优势；② 显著增加计算量和计算时间。故而本章并未将轨迹拟合方法推广至多个 SSO 模态的场景。进一步来讲，作者观点认为，由于 DFT 频谱分析法可直接在频谱中看出多对次同步振荡分量对应的多个频谱尖峰，所以频谱分析方法更适用于便捷地检测是否存在多对次同步分量的情况。当然，当采用更短的数据窗后，以 100 ms 为例，频谱分析的频率分辨率将降低到 10 Hz，此时多对次同步分量的频谱峰值可能互相叠加而需要进一步处理。

7.2.2　各分量的频率、幅值和相位计算

1. 各分量的频率

采用数值解法可求得式 (7-15) 所示的同步相量轨迹拟合方程组的解 α、β、$\dot{X}_0^+(k)$ 和 $\dot{X}_0^-(k)$、$\dot{X}_{\rm S}^+(k)$ 和 $\dot{X}_{\rm S}^-(k)$，进而可计算出基波、次同步和超同步分量的频率、幅值和相位。

根据求得的 β 和式 (7-6)，可计算出次同步分量和超同步分量的振荡频率分别为 $f_{\rm sub}=f_{\rm N}-\beta f_{\rm S}/(2\pi)$ 和 $f_{\rm sup}=2f_{\rm N}-f_{\rm sub}$。根据求得的基波正弦分量中的正频率部分 $\dot{X}_0^+(k)$ 和 $\dot{X}_0^-(k)$ 的模值，并结合 β 和式 (7-6)，可最终判断基波分量的频率 f_0 大于或小于 $f_{\rm N}$，而当 $\|\dot{X}_0^+(k)\|_2$ 与 $\|\dot{X}_0^-(k)\|_2$ 足够接近时，可认为 $f_0=f_{\rm N}$。以上基波频率 f_0 的计算方法可表示为式 (7-18)。

$$f_0=\begin{cases} f_{\rm N}-\dfrac{\alpha}{2\pi}f_{\rm S}, & \|\dot{X}_0^+(k)\|_2-\|\dot{X}_0^-(k)\|_2>\lambda \\ f_{\rm N}, & \|\dot{X}_0^+(k)\|_2-\|\dot{X}_0^-(k)\|_2\leqslant\lambda \\ f_{\rm N}+\dfrac{\alpha}{2\pi}f_{\rm S}, & \|\dot{X}_0^+(k)\|_2-\|\dot{X}_0^-(k)\|_2<-\lambda \end{cases} \tag{7-18}$$

式中，阈值 λ 需根据实际情况选取，通常可取为额定幅值的 5%。

2. 各分量的幅值和相位

将已求解得到的基波分量频率 f_0 代入式 (7-5) 求得函数 Q 取值，并进而由式 (7-7) 和式 (7-8) 计算得到基波分量的幅值 x_0 和相位 ϕ_0，计算公式如下：

$$\begin{cases} Q(f_0,-1)\,x_0{\rm e}^{-{\rm j}\phi_0}=\dot{X}_0^-(k), & \|\dot{X}_0^+(k)\|<\|\dot{X}_0^-(k)\| \\ Q^*(f_0,+1)\,x_0{\rm e}^{{\rm j}\phi_0}=\dot{X}_0^+(k), & \|\dot{X}_0^+(k)\|\geqslant\|\dot{X}_0^-(k)\| \end{cases} \tag{7-19}$$

考虑到振荡分量的正频率分量和负频率分量是由次同步分量和超同步分量共同产生的，将式 (7-9) 和式 (7-10) 联立得到式 (7-20)，由此根据已求得的次同步频率 $f_{\rm sub}$ 和超同步频率 $f_{\rm sup}$、以及 $\dot{X}_{\rm S}^+(k)$ 和 $\dot{X}_{\rm S}^-(k)$，可进而计算出次同步正弦

分量和超同步正弦分量的幅值和相位，计算公式如下：

$$\begin{bmatrix} Q^*\left(f_{\mathrm{sub}},+1\right) & Q\left(f_{\mathrm{sup}},-1\right) \\ Q^*\left(f_{\mathrm{sub}},-1\right) & Q\left(f_{\mathrm{sup}},+1\right) \end{bmatrix} \begin{bmatrix} x_{\mathrm{sub}}\mathrm{e}^{-\mathrm{j}\phi_{\mathrm{sub}}} \\ x_{\mathrm{sup}}\mathrm{e}^{\mathrm{j}\phi_{\mathrm{sup}}} \end{bmatrix} = \begin{bmatrix} \dot{X}_{\mathrm{S}}^{+}(k) \\ \dot{X}_{\mathrm{S}}^{-^*}(k) \end{bmatrix} \tag{7-20}$$

综上所述，通过同步相量轨迹拟合方法，可求得电压或电流瞬时值中基波、次同步和超同步分量的频率、幅值和相位。

7.3 模拟 PMU 数据的验证和特性分析

为了证明所提出的基于同步相量轨迹拟合的次同步/超同步振荡参数辨识方法的正确性和有效性，本节使用了参数已知的模拟 PMU 数据进行验证研究和算法特性分析。

本节用于生成模拟 PMU 数据的瞬时值信号如式 (7-1) 所示，其具体参数分别做如下设置：系统额定频率 f_{N} 为 50 Hz，基波幅值 x_0 和相位 ϕ_0 固定不变。基准参数为 $x_0=100, x_{\mathrm{sub}}=10, x_{\mathrm{sup}}=20, \phi_0=1, \phi_{\mathrm{sub}}=\pi/6, \phi_{\mathrm{sup}}=\pi/4$，基波频率分别取额定频率和非额定频率，即 f_0 =49.5，49.7，49.9，50，50.1，50.3，50.5 Hz，单次辨识时单个参数变化，具体包括：次同步振荡频率 f_{sub} 在范围 $[5,45]$ 内以 0.5 Hz 间隔变化，x_{sub} 和 x_{sup} 均在范围 $[10,100]$ 内以 5 间隔变化。由此根据式 (7-1) 构成分别对应不同参数变化时的瞬时值以供测试。

根据瞬时值计算同步相量时的瞬时值采样率为 1.6 kHz，DFT 数据窗长度为一个周期，数据点数 $N=32$，采用拼接数据窗。如无特别强调，轨迹拟合方法取 100 ms 数据窗（即 $K=5$）。最终，计算辨识结果与真实值相对误差以评估结果的准确性。

1. 理想测试条件

在理想条件下次/超同步分量不同频率、幅值和相位的辨识结果如下。仅有一对次/超同步分量且无噪声条件下，不同的次同步振荡频率 f_{sub} 辨识结果如图 7.2 所示，基波分量和超同步分量的频率误差均为 0，次同步分量的频率误差小于 2×10^{-15}，基波、次同步和超同步分量的幅值的相对误差分别小于 3×10^{-15}、2×10^{-13} 和 2×10^{-13}，可见各分量的频率和幅值在不同 f_{sub} 下求解十分准确。不同的次同步/超同步振荡分量幅值 x_{sub} 和 x_{sup} 辨识结果如图 7.3 和图 7.4 所示；不同的次同步振荡分量相位 ϕ_{sub} 辨识结果如图 7.5 所示，不同 ϕ_{sup} 下的辨识结果相对误差与图 7.5 相近；上述结果均与图 7.2 相近，此处不再赘述。以上结果中，基波、次同步和超同步分量的频率辨识结果相对误差均为 0，幅值辨识结果相对误差分别小于 10^{-15}、3×10^{-14} 和 3×10^{-14} 而十分准确。

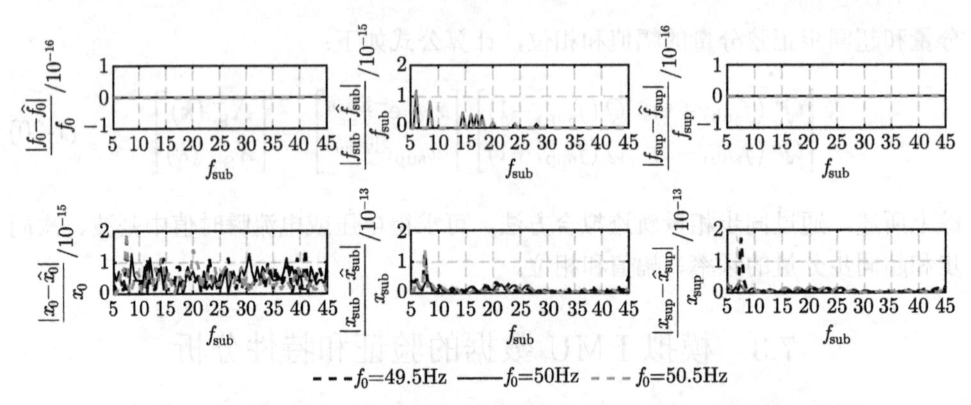

图 7.2　f_{sub} 在 $[5,45]$ Hz 范围内变化时的各分量的频率和幅值估计误差

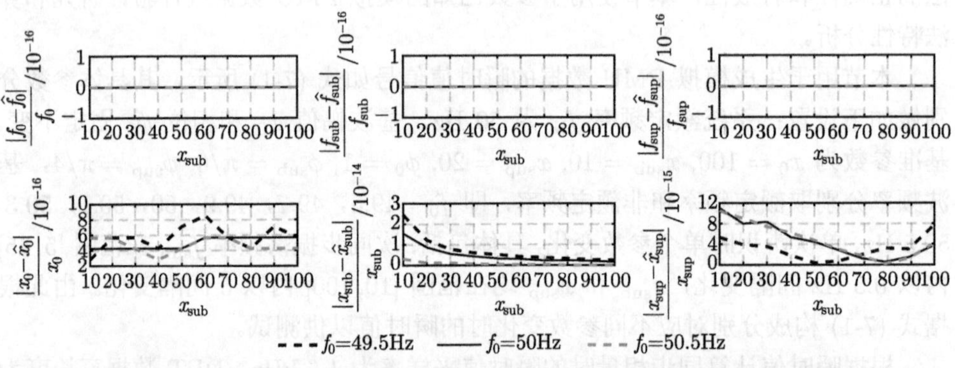

图 7.3　x_{sub} 在 $[10,100]$ 范围内变化时的各分量的频率和幅值估计误差

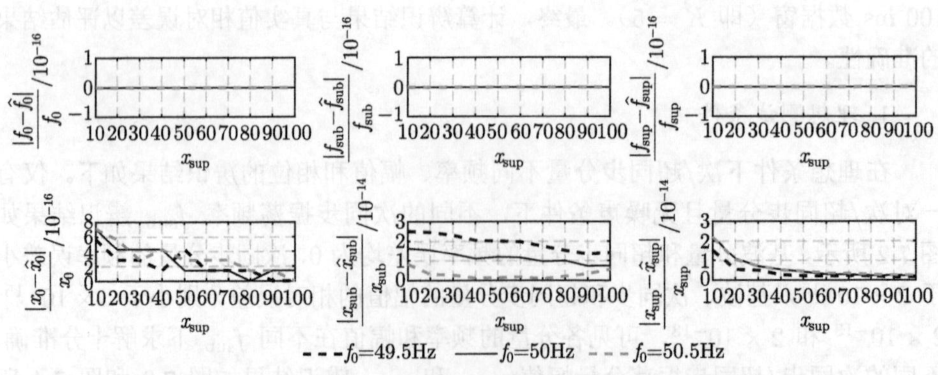

图 7.4　x_{sup} 在 $[10,100]$ 范围内变化时的各分量的频率和幅值估计误差

理想条件下的辨识结果可以看出，本章所提轨迹拟合法由于没有近似环节，在理论条件下可以实现 0 误差辨识。而参照表 7.1 所列对比结果可见，即使在理想条件下，插值 DFT 算法[77]、加阻尼 RV-M 窗函数的插值 DFT 算法[171] 由于对频

谱泄露进行了近似或忽略处理，所以即使在完全理想条件下辨识结果仍存在误差。

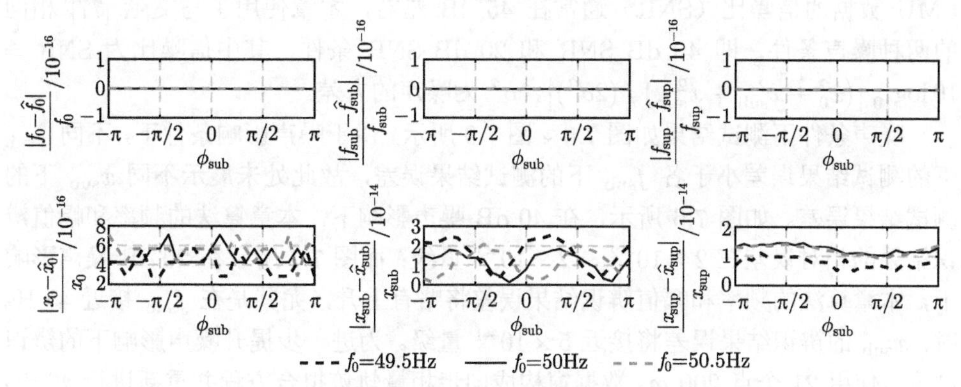

图 7.5 $\phi_{\rm sub}$ 在 $[-\pi,\pi]$ 范围内变化时的各分量的频率和幅值估计误差

表 7.1 同步相量轨迹拟合算法与其他算法的性能比较

相对误差①	SNR	轨迹拟合③		文献 [77]④			文献 [171]⑤		文献 [172]
		0.1s	0.2s	0.5s	1s	2s	1s	2s	2s
$\frac{\vert f_0-\hat{f}_0\vert}{f_0}$	∞②	0	0	/	/	/	/	/	/
	40	4×10^{-3}	0	/	/	/	/	/	/
	30	2×10^{-4}	2×10^{-4}	/	/	/	/	/	/
$\frac{\vert x_0-\hat{x}_0\vert}{x_0}$	∞	10^{-14}	10^{-14}	/	/	/	/	/	/
	40	2×10^{-2}	2×10^{-3}	/	/	/	/	/	/
	30	4×10^{-2}	4×10^{-3}	/	/	/	/	/	/
$\frac{\vert f_{\rm sub}-\hat{f}_{\rm sub}\vert}{f_{\rm sub}}$	∞	10^{-14}	10^{-14}	3×10^{-3}	8×10^{-15}	$10^{-5}/10^{-3}$	$10^{-1}/10^{-3}$	$10^{-4}/10^{-7}$	$<10^{-2}$
	40	2×10^{-2}	2×10^{-3}	/	/	$10^{-4}/10^{-2}$	/	$10^{-4}/10^{-4}$	$<10^{-1}$
	30	4×10^{-2}	4×10^{-3}	/	/	$10^{-3}/10^{-2}$	/	$10^{-4}/10^{-4}$	$<2\times10^{-1}$
$\frac{\vert x_{\rm sub}-\hat{x}_{\rm sub}\vert}{x_{\rm sub}}$	∞	10^{-12}	10^{-12}	7×10^{-1}	10^{-2}	$10^{-2}/10^{-1}$	$10^{-1}/10^{-2}$	$10^{-3}/10^{-4}$	$<10^{-2}$
	40	2×10^{-1}	2×10^{-2}	/	/	$10^{-2}/10^{0}$	/	$10^{-3}/10^{-3}$	$<10^{-1}$
	30	4×10^{-1}	4×10^{-2}	/	/	$10^{-1}/10^{0}$	/	$10^{-3}/10^{-3}$	$<2\times10^{-1}$

① 本表所示结果为不同 $f_{\rm sub}$、$x_{\rm sub}$ 下的辨识结果相对误差最大值数量级对比；除本章方法外的对比方法均不能辨识超同步分量，因而其测试条件除不含超同步分量外与本章方法相同。

② SNR= ∞ 代表没有噪声。

③ 同步相量轨迹拟合算法的测试条件存在超同步分量，$f_{\rm sub}$ 在 [5, 45] Hz 范围内变化，$f_{\rm sub}$、$x_{\rm sub}$ 的结果误差与 $f_{\rm sub}$、$x_{\rm sub}$ 的结果误差相近而未列出。

④ 文献 [77] 的插值 DFT 法仅做了 20 dB 条件下的测试，故此处表中“30 dB”的数据实际为 20 dB 条件下的结果。同时由于其辨识结果受 $f_{\rm sub}$ 影响显著，故其结果以“A/B”表示，A 和 B 分别表示 $f_{\rm sub}$ 在频率区间 [10, 40] Hz 和 [40, 45] Hz 的结果误差数量级。

⑤ 文献 [171] 中讨论了 Rife-Vincent 窗的阶数 M 对辨识结果的影响，故其结果以“A/B”表示，A 和 B 分别表示 $M=1$ 和 $M=4$ 的结果误差数量级。

2. 噪声的影响

为了研究本章算法在噪声影响条件下的参数辨识精度特性，在瞬时值信号中添加零均值白噪声并重复前述各 $f_{\rm sub}$ 下的测试（不同 $f_{\rm sub}$ 对辨识精度影响较大，其他变量影响较小）。此处参考了文献 [77] 中的噪声参数设置方法：考虑到实际 PMU 数据的信噪比（SNR）通常在 45 dB 左右，本章使用了与文献 [77] 相同的两种噪声条件，即 40 dB SNR 和 20 dB SNR 条件，其中信噪比为 $\mathrm{SNR}=10\log_{10}\left[\left(x_0^2+x_{\mathrm{sub}}^2+x_{\mathrm{sup}}^2\right)/\left(2\sigma^2\right)\right]$，$\sigma^2$ 为噪声的方差。

噪声条件下测试结果如图 7.6～ 图 7.9 所示。由于噪声影响条件下，不同 x_{sub} 下的测试结果误差小于各 f_{sub} 下的测试结果误差，故此处未展示不同 x_{sub} 下的测试结果误差。如图 7.6 所示，在 40 dB 噪声影响下，本章算法的频率和幅值辨识结果的相对误差在 $2\times10^{-2}\sim2\times10^{-1}$ 量级；而图 7.7 所示在 20 dB 噪声影响下，本章算法的频率和幅值辨识结果误差将略有上升，尤其是在 f_{sub} 接近 45 Hz 时，x_{sub} 的辨识结果误差将接近 5×10^{-1} 量级。为进一步提升噪声影响下的辨识精度，使用 21 个点 200 ms 数据窗构成同步相量轨迹拟合方程并重新进行 40 dB 和 20 dB 噪声条件下的测试，结果分别如图 7.8 和 7.9 所示。可见在 f_{sub} 接近

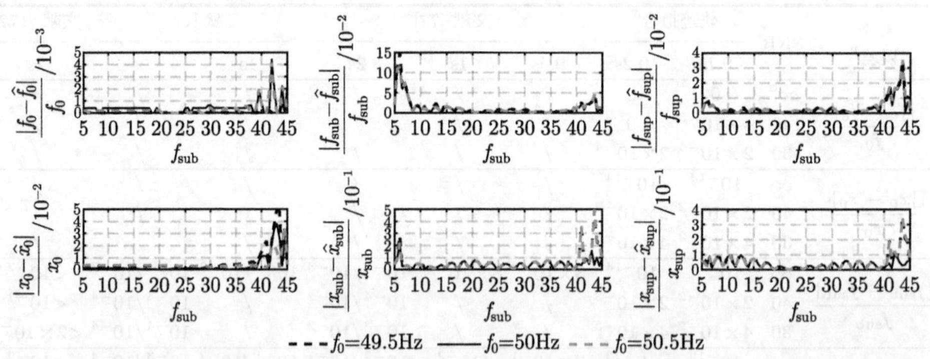

图 7.6 f_{sub} 在 $[5,45]$ Hz 范围内变化时的各分量的频率和幅值估计误差（加 40 dB 的噪声以及使用 11 个数据点）

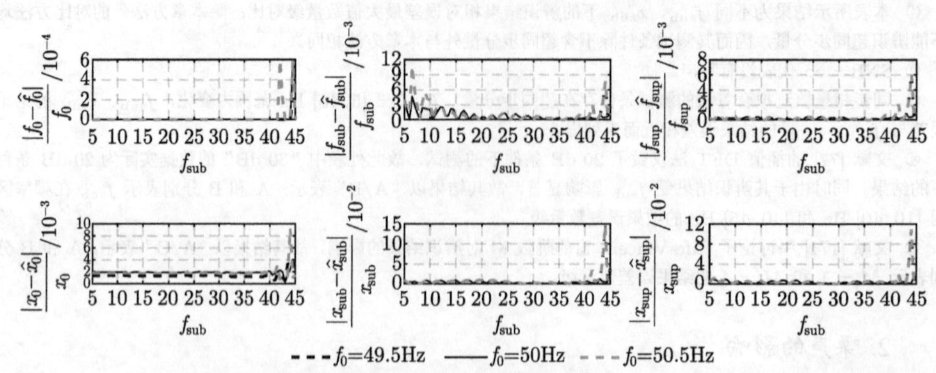

图 7.7 f_{sub} 在 $[5,45]$ Hz 范围内变化时的各分量的频率和幅值估计误差（加 20 dB 的噪声以及使用 11 个数据点）

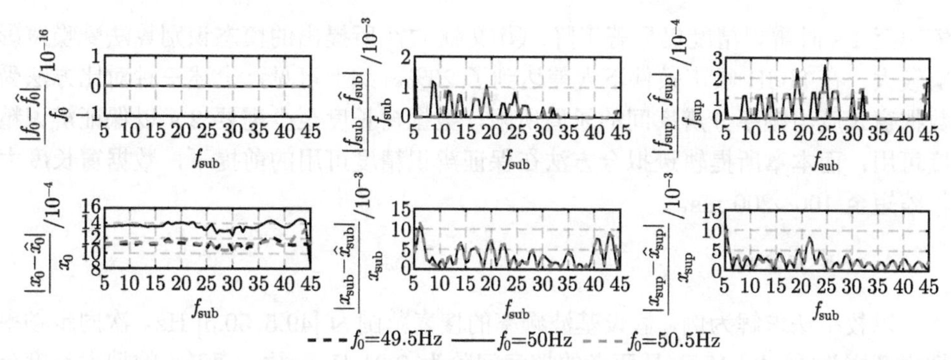

图 7.8 f_{sub} 在 $[5,45]$ Hz 范围内变化时的各分量的频率和幅值估计误差（加 40 dB 的噪声以及使用 21 个数据点）

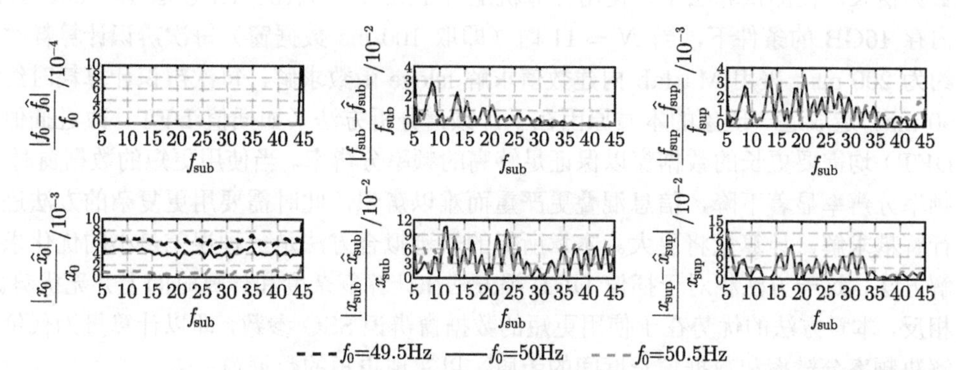

图 7.9 f_{sub} 在 $[5,45]$ Hz 范围内变化时的各分量的频率和幅值估计误差（加 20 dB 的噪声以及使用 21 个数据点）

45 Hz 时，40 dB 和 20 dB 噪声影响下 x_{sub} 的辨识结果的相对误差分别降低到 2×10^{-2} 和 2×10^{-1} 量级以下，使用更长的 200 ms 数据窗的辨识结果精度相比于 100 ms 数据窗显著提升，增加了同步相量轨迹拟合算法的噪声鲁棒性。

3. 数据窗长度

为了进一步对比分析本章算法辨识精度与数据窗长度的特性，表 7.1 将测试结果与文献 [77] 中的插值 DFT 算法、文献 [171] 中的加阻尼 Rife-Vincent M 阶窗函数的插值 DFT 算法以及文献 [172] 和 [173] 中的 MPM 和 ERA 算法进行了对比。结果表明：① 数据窗长度对辨识精度影响显著，尤其是在噪声条件下，本章所提轨迹拟合方法在使用 200 ms 数据窗时辨识精度显著提升，受 30 dB 噪声影响时仍可小于 4%；② 文献 [77] 的插值 DFT 方法使用 0.5 s 数据窗时，即便在没有噪声的理想条件下，辨识结果相对误差甚至达到 70%；③ 文献 [171] 提出的 RV-M 窗插值 DFT 方法虽可通过增加阶数 M 提高辨识精度，但数据窗长度缩短至 1 s 时辨识精度仍显著下降；④ 文献 [77] 所提出的模态识别算法受噪声影响较大，在 30dB 噪声条件下误差达到了 20%。综上可见，上述三种对比方法受数据窗长度与频率分辨率间的矛盾所限，数据窗长度至少需要 2 s 以保证辨识精度可用；而本章所提轨迹拟合方法在保证辨识精度可用的前提下，数据窗长度大幅缩短至 100~200 ms。

4. 计算量分析

以枚举法求解为例，假设基波频率的搜索范围为 $[49.5, 50.5]$ Hz，次同步频率搜索范围为 $[1, 48]$ Hz，且两者的搜索间隔为 0.01 Hz，故 α 和 β 的搜索长度分别为 $L = 101$ 和 $M = 4701$，则计算复杂度为 $O(LMN^3)$，其中 N 为同步相量数据窗长。在测试算法中，使用计算机配置 Intel i5-10210U CPU @ 4×1.60GHz，内存 16GB 的条件下，当 $N = 11$ 时（即取 100 ms 数据窗）每次辨识计算耗时约为 200 ms，采用 Matlab 内建数值求解 fslove 函数求解，每次辨识计算耗时约 90 ms。造成这一现象的本质原因在于，频谱分析方法（如插值 DFT、改进插值 DFT）均需要更长的数据窗以保证足够高的频率分辨率。当使用更短的数据窗时，频率分辨率显著下降，信息混叠更严重而难以辨识，此时需要用更复杂的方法进行解耦求解，计算量将更大。本章所提的轨迹拟合方法是一种误差最小的优化求解方法，这一方法相对于插值 DFT 等方法在计算复杂度和计算时间上并无优势。相反，本章方法的优势在于使用更短的数据窗辨识 SSO 参数，即以计算量为代价解决频率分辨率和数据窗长度间的矛盾，以实现更短的数据窗。

7.4 仿真 PMU 数据的验证

为了验证引入超短同步相量数据窗对次同步振荡实时动态监测的必要性和本章所提的同步相量轨迹拟合次同步振荡参数辨识算法的有效性，本节基于次同步振荡仿真数据进行了验证。仿真模型为文献 [78] 中分析双馈风力发电机接入系统后产生次同步振荡的机理分析模型，模型参数与文献 [78] 所述相同，如图 7.10 所示，并分别仿真了两个不同场景。具体而言，首先，以 Matlab/Simulink 软件仿真生成图 7.10 所示升压变高压侧 A 相电流在 1 kHz 或 2 kHz 采样频率下的瞬时值信号，然后，基于瞬时值信号的拼接数据窗和 DFT 方法计算得到同步相量并进行参数辨识得到次同步振荡中各分量参数。另外，本章复现了文献 [77] 中的插值 DFT 法，并将其计算结果作为参考对比。在研究中针对所截取 10 s 长度的振荡过程进行分析。本章的同步相量轨迹拟合算法使用的数据窗长度为 100 ms，共计算 100 次；作为对比的插值 DFT 法的数据窗长度为 2 s，共计算 5 次。由于插值 DFT 法仅能计算次同步振荡分量的频率、幅值和幅值衰减因子，故本节仅针对次同步振荡分量的辨识结果进行分析，而本章算法的基波分量和超同步振荡分量的参数辨识结果具有与次同步振荡分量相似的特征。

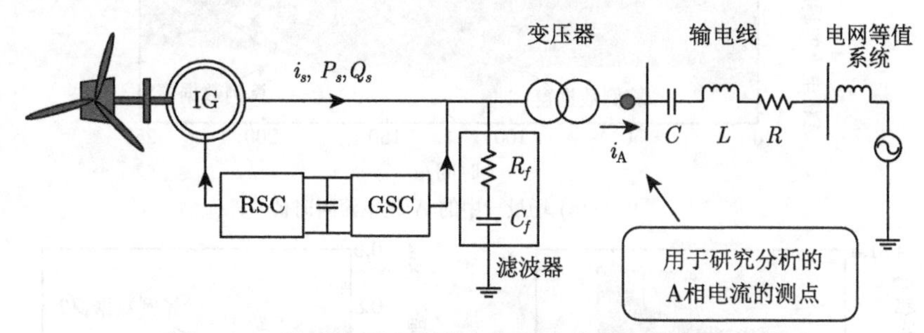

图 7.10 生成次同步振荡中电流瞬时的仿真模型框图

7.4.1 场景一：振荡参数由恒定到快速变化的场景

场景一是系统稳定运行，风速降低后产生次同步振荡并发散，然后切除部分机组后振荡波动，随后收敛的情况。场景一下的电流瞬时值和对应同步相量的幅值如图 7.11 所示，针对 100~110 s 的算例数据窗 1 和 187~197 s 的算例数据窗 2 所示的两个振荡过程进行分析，分别代表了振荡参数较恒定的情况和振荡参数由恒定到快速变化的情况，这两种情况下的电流瞬时值、对应的同步相量的幅值分别如图 7.11 中各子图所示。

针对 100~110 s 的算例数据窗 1，该 10 s 数据窗瞬时值的频谱分析结果如图 7.12 所示，由于受频谱泄露影响严重，此结果仅做参考。利用本章所提轨迹拟合参数辨识算法，针对数据窗内的同步相量序列可分别计算得到 100 组参数辨识结果为如图 7.12 所示的一串颜色渐变的小号散点，其中颜色渐变代表时间发展，深色、浅色分别是开始和结束时刻。作为对比的插值 DFT 法[77] 计算得到图 7.12 中的 5 个大号散点。

从图 7.12(b) 中次同步分量的振荡频率辨识结果可见，本章算法所得的次同步振荡频率随振荡变化而在 7.50~7.53 Hz 变化，插值 DFT 算法计算得到的次同步振荡频率均为 7.5126 Hz。而在图 7.12(b) 中的次同步分量幅值辨识结果方面，本章算法与插值 DFT 法两者结果范围一致。同时，插值 DFT 法辨识得到的幅值衰减因子先后分别为 −0.1541、−0.1540、−0.1538、−0.1535、−0.1530，即场景一这段振荡过程基本可看作次同步分量幅值以恒定衰减因子（平均值 −0.1537）的衰减振荡过程。而本章所提方法虽然没有直接求解幅值衰减因子，但得益于仅使用 100 ms 超短数据窗，可根据变化的幅值结果进一步计算得到幅值衰减因子为 −0.1537。综合次同步分量的频率和幅值辨识结果可见，本章算法与插值 DFT 法两者结果完全吻合。

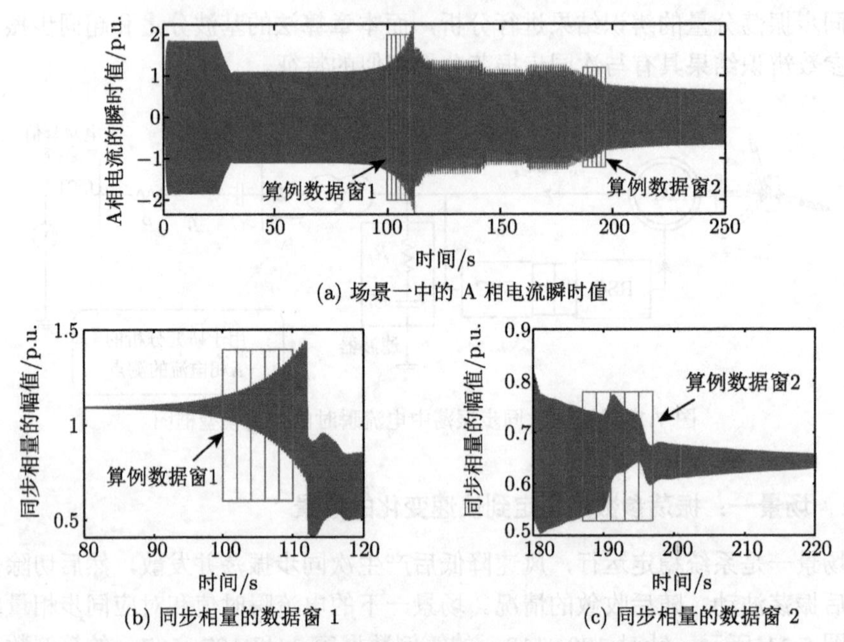

(a) 场景一中的 A 相电流瞬时值

(b) 同步相量的数据窗 1

(c) 同步相量的数据窗 2

图 7.11　场景一下的电流瞬时值和其对应同步相量序列的幅值

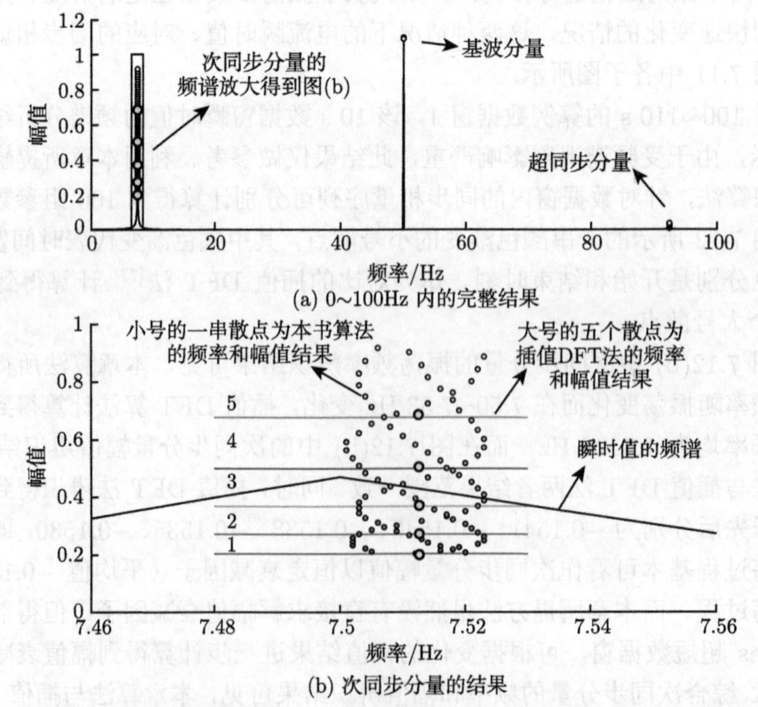

(a) 0~100Hz 内的完整结果

(b) 次同步分量的结果

图 7.12　场景一中数据窗 1 下的次同步分量的频率和幅值辨识结果对比

针对 100~110 s 的算例数据窗 2，计算过程和分析结果与算例数据窗 1 相似，所得的辨识结果如图 7.13 所示，其含义与图 7.12一致。由图 7.13(b) 所示的次同步分量频率辨识结果可见，本章算法所得的次同步频率随振荡变化而在 6.2~6.33 Hz 之间变化，考虑到插值 DFT 算法的数据窗较长，本章算法和插值 DFT 算法计算得到的振荡参数在数值上基本一致。但是图 7.13(b) 中的前三个阶段参数较恒定，两种方法差异较小；在第四、第五阶段参数显著地连续变化，此时两者的计算结果差别显著。这是因为在实际次同步振荡过程中，往往 2 s 数据窗内的振荡参数并不恒定。本章算法使用 100 ms 超短数据窗得到的振荡模式依然能随时间快速变化。插值 DFT 算法在振荡模式快速变化情形下仍然假定 2 s 数据窗内的振荡参数是恒定的，因而插值 DFT 算法计算的结果只能表示 2 s 数据窗内的平均化结果而不能反映某一时刻的准确情况。

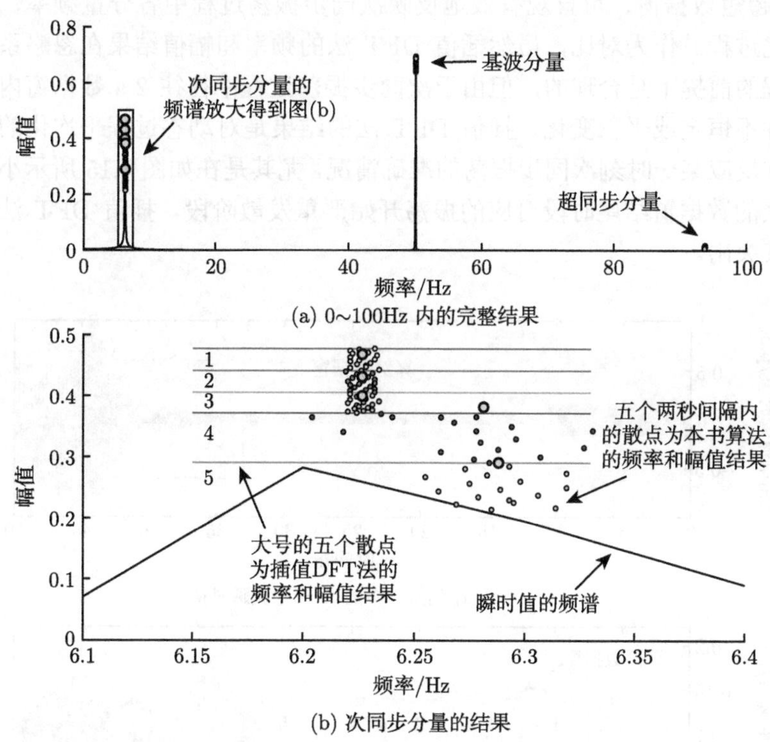

图 7.13 场景一中数据窗 2 下的次同步分量的频率和幅值辨识结果对比

7.4.2 场景二：振荡参数快速变化的场景

场景二是系统稳定运行，风速降低后振荡缓慢发散，随后达到避雷器限幅的情况。场景二下的计算过程和分析结果与场景一相似，分别如图 7.14 和图 7.15

所示。场景二下选取 33~43 s 的振荡发散过程进行分析，所得图 7.15 所示的辨识结果含义与图 7.12 一致。

由图 7.15(b) 所示的次同步分量频率辨识结果可见，本章算法所得的次同步频率随振荡变化而在 4.3~4.7 Hz 变化，插值 DFT 算法计算得到的次同步振荡频率按时间先后分别为 4.4812 Hz、4.4811 Hz 、4.4807 Hz、4.4785 Hz、4.4629 Hz，与实际变化过程存在一定偏差。而在图 7.15(b) 中的次同步分量幅值辨识结果方面，本章算法与插值 DFT 法两者尽管结果范围一致，但变化趋势存在明显差别。插值 DFT 法辨识得到的幅值衰减因子先后分别为 −0.4520、−0.4521、−0.4529、−0.4627、−0.5137，可见次同步分量幅值的衰减因子在快速变化而并不恒定。而本章算法所得的次同步分量的频率与幅值均随时间快速变化，尤其是振荡发散后。

由此可见，本章所提的同步相量轨迹拟合振荡参数辨识算法得益于仅使用 100 ms 超短数据窗，可直观有效地反映次同步振荡过程中各分量频率、幅值的动态变化过程。作为对比，虽然插值 DFT 法的频率和幅值结果在忽略系统精细动态过程的前提下是合理的，但由于次同步振荡过程中往往 2 s 数据窗内实际振荡参数并不恒定或平稳变化，插值 DFT 法的结果是对动态过程平均化的结果而不能精准反应某一时刻次同步振荡的准确情况，尤其是在如图 7.15 所示小号浅色散点代表的数据窗结尾时段对应的振荡开始严重发散阶段，插值 DFT 法的这种情况尤其突出。

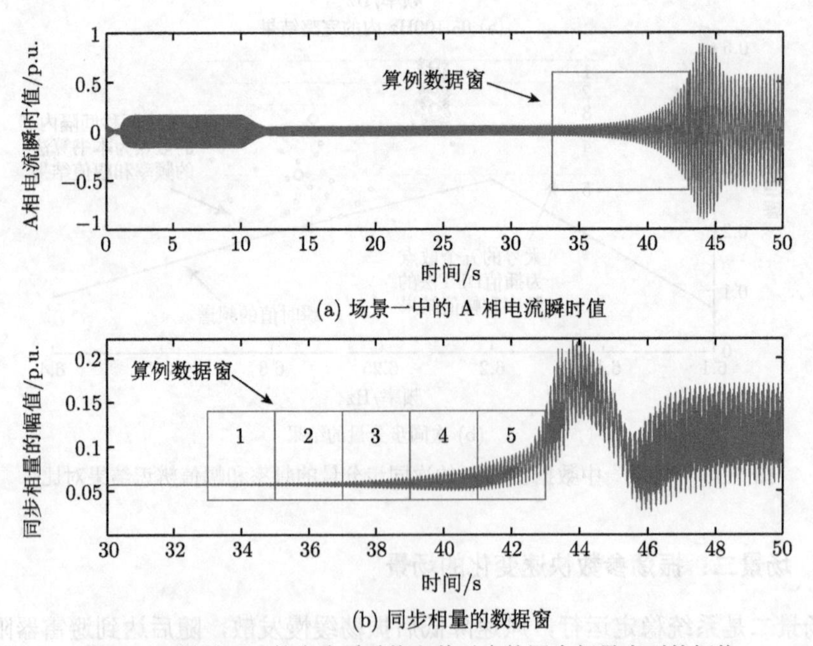

(a) 场景一中的 A 相电流瞬时值

(b) 同步相量的数据窗

图 7.14　场景二下的电流瞬时值和其对应的同步相量序列的幅值

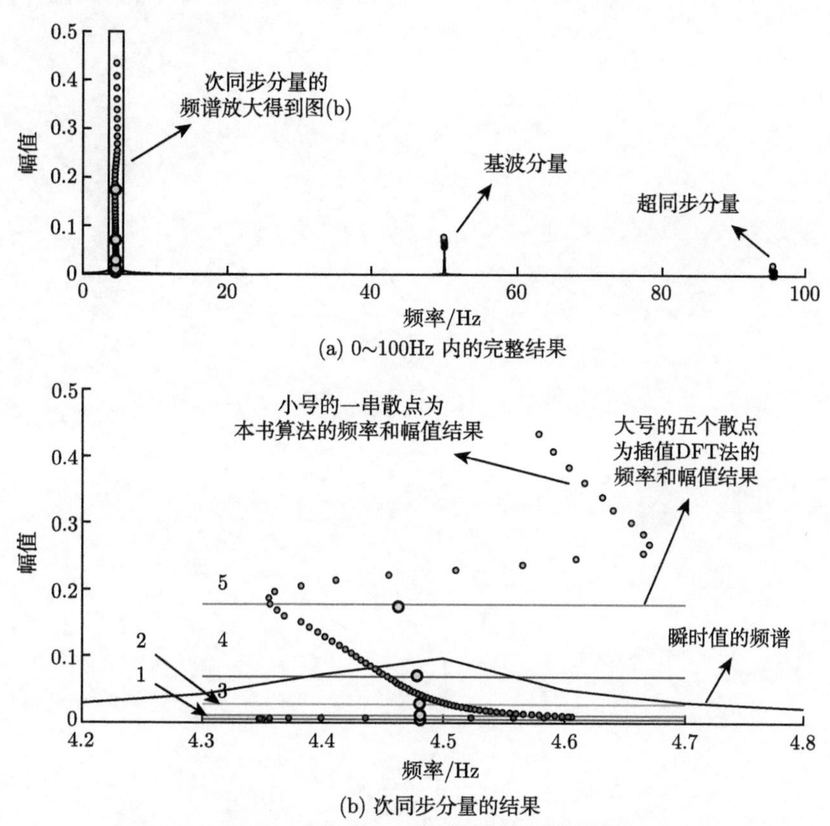

(a) 0~100Hz 内的完整结果

(b) 次同步分量的结果

图 7.15 场景二下的次同步分量的频率和幅值辨识结果对比

第三部分
时延处理及工程应用

第 8 章 广域闭环控制系统中的时延测量及精细建模

电力系统广域闭环控制系统中的测量数据及控制数据均通过通信网络传输，这将避免不了时延的产生；另外，WACS 设备将分别在不同地点执行不同的操作，这也将增加整个闭环控制系统中的时延。因此，时延是影响广域闭环控制系统的控制性能的主要因素，其分布性将严重影响控制性能，同时也将影响时延补偿的效果。但是，目前尚未有对 WACS 时延的测量及建模的详细研究。

本章中对时延的研究主要包括时延的分类、主要影响因素、时延特性及建模、测量方法及实测时延结果五个方面。其中，WACS 时延的总和为闭环时延，由通信时延和操作时延组成，两者将共同影响闭环时延的特性。本章在对通信时延和操作时延分别研究的基础上，提出了闭环时延的估计及建模方法，并以实测闭环时延进行了验证。

8.1 广域闭环控制系统中的时延

8.1.1 闭环时延的产生

广域闭环控制系统的数据传输路径及时延如图 8.1 所示，闭环时延（设为 T_{C}）主要产生在五个环节[175,176]：测量时延 t_{meas}、数据上行时延 t_{up}、数据同步计算时延 t_{syn}、控制下行时延 t_{down}、控制执行时延 t_{ctrl}。则有

$$T_{\mathrm{C}} = t_{\mathrm{meas}} + t_{\mathrm{up}} + t_{\mathrm{syn}} + t_{\mathrm{down}} + t_{\mathrm{ctrl}} \tag{8-1}$$

（1）测量时延 t_{meas} 包括微秒级的电流、电压互感器转换时延，微秒级的对时及同步采样时延，毫秒级的相量计算时延，毫秒级的数据封装及发送时延[177]。

（2）数据上传时延 t_{up} 包括 PMU 数据包经过子站通信服务器、子站物理隔离防火墙、多节点路由组成的通信网络的时延，以及主站物理隔离防火墙、主站通信服务器等网络设备的时延，t_{up} 通常为几毫秒至几百毫秒。

（3）数据同步处理时延 t_{syn} 包括 WNCS 接收并解析 PMU 数据包的时延、同步各通道数据的时延、计算广域控制规律的时延、下发网络控制数据的时延。上述任务均在 WNCS 的一个执行周期内完成，WNCS 使用实时操作系统以精确控

制执行周期。但是 WNCS 在同步来自不同通道的数据时，受到 t_{meas} 和 t_{up} 的影响而需要等待，这将导致 t_{syn} 分布得更为分散，t_{syn} 为毫秒级。

（4）控制下传时延 t_{down}，与数据上传通道的时延 t_{up} 不同但特性相近。

（5）控制执行时延 t_{ctrl} 为 NCU 接收、解析网络控制数据，并根据授时信息输出控制指令的时延。同样，NCU 也采用实时操作系统精确控制执行周期，t_{ctrl} 分布性很小，为毫秒级的近似固定值。

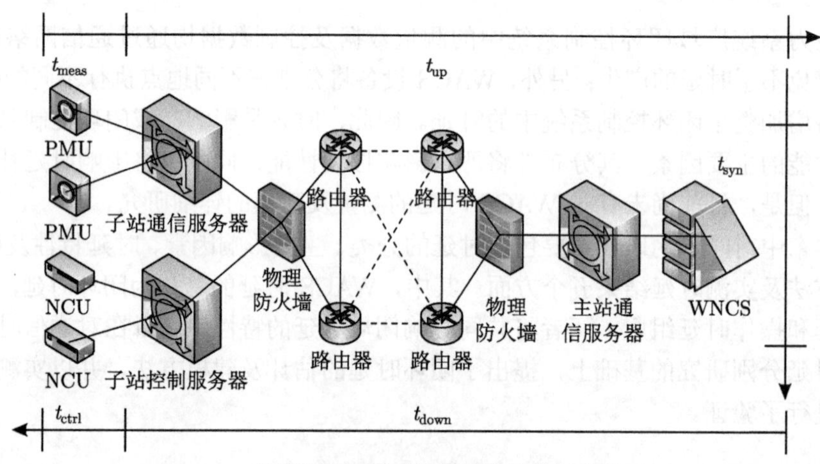

图 8.1 广域闭环控制系统的数据传输路径及时延

通信时延 t_{up} 与 t_{down} 随通信协议、传送距离、信道带宽等因素不同而不同，且受网络负载、信道变化等因素的影响；而 t_{meas}、t_{syn} 和 t_{ctrl} 是由 WACS 设备执行操作产生的时延，为操作时延。通信时延和操作时延是闭环时延的重要组成部分，下文将分别讨论。

8.1.2 针对测量时延的进一步讨论

在测量时延 t_{meas} 中，除数据封装及发送时延外，其余时延均产生于测量及计算，这些测量及计算基本维持恒定的计算量，故由此产生的时延近似于恒定值。而数据封装及发送时延较大且具有抖动性，是影响 t_{meas} 的主要因素。

同时，有多种相量算法可以由采样值计算得到相量，最常使用的是离散傅里叶变换[178]。除了计算时延外，相量算法还可能产生额外的响应时延[179]。当相量快速变化时，计算得到的相量的精度可能下降[136,179-182]；而当相量变化减缓时，其计算精度又会重新恢复，这就是相量算法的响应时延。PMU 的测量误差可以采用综合矢量误差指标衡量[182,183]。另外，为提高相量计算精度，有些 PMU 还会使用数字滤波器[184-187]。同样，数字滤波器也将产生额外的响应时延[185,186]。在我国应用的绝大部分型号的 PMU 都没有使用数字滤波器以提高响应速度和保证实时的实测精度。

为了研究测量时延 t_{meas} 的波动，本章测量了 WNCS 接收的连续两个 PMU 数据包间的时间间隔 Δt_{meas}。实验中，PMU 与 WNCS 直接相连，并分别使用三种在我国广泛应用的 PMU 型号，分别标记为 A、B 和 C，其中 A 是早期型号，而 B 和 C 是新型号。数据帧发送频率为 100 Hz，理想情况下两数据包应间隔 10 ms，即 $\Delta t_{\mathrm{meas}} = 10$ ms。实测结果如图 8.2 所示，PMU A 的测量时延波动很大，而 PMU B 的波动在 10 ± 1 ms 之间，PMU C 的波动在 10 ± 2 ms 之间；PMU A 会以约 7.5 % 的概率出现粘包，而 PMU B 和 PMU C 不会出现粘包。

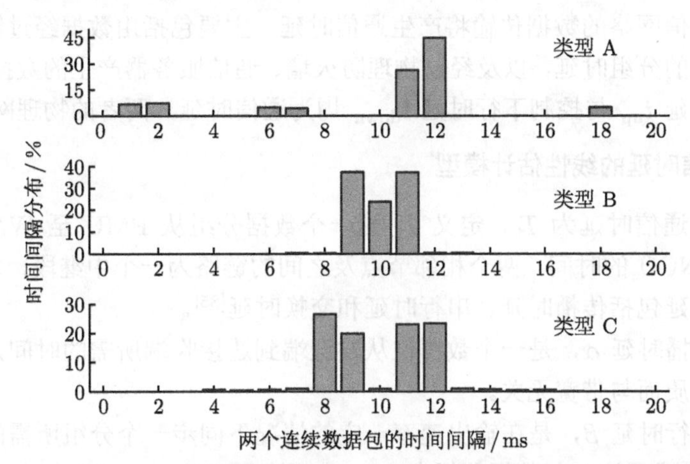

图 8.2 三种 PMU 的测量时延波动（连续两个数据包的时间间隔）统计

8.1.3 硬实时任务与软实时任务中的时延

目前，广域测量数据主要应用于电力系统广域动态安全监测[188] 和广域动态闭环控制[175]，根据计算机科学中依据实时性对系统任务进行分类的方法，对这两种应用进行分类，针对这两种应用的时延有所不同。

（1）广域动态安全监测是软实时任务[189,190]，监测系统从 WAMS 同步数据库中获得实时数据并监测，只要按照任务的优先级，尽快完成操作即可。这类应用的时延通常为非闭环时延，不受固定的任务执行周期影响。WAMS 数据受影响后，更新间隔是变化的，此时的时延为“即到即得”时延[85]。设定软实时任务的时延为 T_{soft}，则有

$$T_{\mathrm{soft}} = t_{\mathrm{meas}} + t_{\mathrm{up}} \tag{8-2}$$

（2）广域动态闭环控制是硬实时任务[86]，数据的同步处理需要获取特定时刻的全部数据，若有所需数据尚未获取，则数据不能同步处理。另外，硬实时任务

以固定周期执行，新到数据在下一执行周期更新，因而尽管受时延的影响，但数据仍以固定周期更新。由此可见，硬实时任务的时延即为闭环时延。设定硬实时任务的时延为 T_{hard}，则有

$$T_{\text{hard}} = t_{\text{meas}} + t_{\text{up}} + t_{\text{syn}} + t_{\text{down}} + t_{\text{ctrl}} = T_{\text{C}} \tag{8-3}$$

关于软实时任务及硬实时任务的时延仿真方法将在第 9章进一步讨论。

8.2 通 信 时 延

广域通信网络的数据传输将产生通信时延，主要包括由数据经过链路和中继节点时产生的分组时延，以及经过物理防火墙、通信服务器产生的数据处理时延。数据上行时延 t_{up} 与控制下行时延 t_{down} 均为通信时延，两者的物理网络相同。

8.2.1 通信时延的线性估计模型

记一次通信时延为 T_{t}。定义 T_{t} 为一个数据分组从 PMU 至 WNCS，或从 WNCS 至 NCU 的时间。两个相邻节点及之间的链路为一个中继段，每个中继段内的分组时延包括传播时延、串行时延和交换时延[85]。

（1）传播时延 α，是一个数据位从发送端到达接收端所需的时间，取决于传输距离和介质而与带宽无关。

（2）串行时延 β，是在输出速率一定的情况下同步一个分组所需的时间，与链路带宽 R 成反比，与数据分组大小 L 成正比。

（3）交换时延 γ，是节点设备从收到分组数据到开始传输的时延，与网络繁忙程度相关。

另外，物理防火墙和通信服务器造成的时延可视为固定时延 λ。若一个数据包从发送端至接收端传输时经过 j 个中继节点和 k 个链路以及两端的交换时延 λ，则有

$$T_{\text{t}} = \sum_{i=1}^{k} \alpha_i + \sum_{i=1}^{j} \beta_i + \sum_{i=1}^{j} \gamma_i + 2\lambda \tag{8-4}$$

当网络处于空闲状态时，交换时延 γ_i 可忽略，此时为该链路的最小时延。当网络处于轻载状态且传输数据量均匀时，交换时延 γ_i 近似为固定值。当网络处于繁忙状态（即重度网络负荷）时，经过同一节点的分组数据发生拥塞，交换时延 γ_i 将产生较大的抖动，是造成 T_{t} 抖动的主要原因。

使用专用通道通信的 WACS，其网络状态处于轻载状态。在网络轻载状态时，设定 $T_0 = \sum_{i=1}^{k} \alpha_i + \sum_{i=1}^{j} \gamma_i + 2\lambda$，则 T_0 近似为定值；同时 $\sum_{i=1}^{j} \beta_i = L/R$，依

据式 (8-4) 有

$$T_{\mathrm{t}} = T_0 + \frac{L}{R} \tag{8-5}$$

式中，L 为传送数据量，包括 1 个或多个分组；R 为该通道的基本速率，受通道中级联的链路带宽影响，当网络结构确定后 R 为定值。

式 (8-5) 即为 WACS 中通信时延的线性估计模型（affine evaluation model, AEM）。可见当通信网络处于空闲状态时，通道的通信时延 T_{t} 与传送数据量 L 为线性关系。该 AEM 模型描述了 WACS 通信通道中通信时延的特性，为了得到 AEM 模型中的参数 T_0 和 R，首先实测多组不同 L 条件下的 T_{t}，然后以线性拟合方法得到 T_{t} 的平均值随 L 变化的特性，最终即可计算得到 T_{t} 的期望值。

8.2.2 通信时延的测量

采用文献 [85] 中提出的通信时延测量方法对贵州电网基于 SPDnet 的 WACS 通信时延进行测量。这是一种单端测试法，其步骤如下。首先，WAMS 主站端的测试机构造不同大小的数据包以模拟实际通信负荷，并将这些数据包发送至 PMU 端的测试机；然后，PMU 端的测试机在接收到数据包后立即回传该数据包；最后，在 WAMS 主站端的测试机以本地时钟为基准对发送和接收计时，其时间差为一次通信时延的二倍。依照以上方法多次测量可得到通信时延的统计结果。

贵州电网 WAMS 的站点布置如图 8.3 所示。贵州电网目前共有 PMU 子站 42 个，覆盖了所有 500 kV 交流节点、重要 220 kV 交流节点以及重要发电站。WAMS 的主站在位于贵阳的调度控制中心，通信网络的节点及链路的地理拓扑与网架结构相同。所有 PMU 站点中与调度中心的最远距离约为 500 km。分别以基于 SPDnet 的 2-Mbps 专用通道测试网络轻载状态，以 SPDnet 非专用通道测试网络重载状态；测试的通道分别为黔北电厂（QB）的 PMU 通道和思林电厂（SL）的 PMU 通道，黔北 QB 距离控制中心 120 km，思林 SL 距离控制中心 400 km。测试条件分别如下。

（1）黔北 QB 基于 SPDnet 的 2-Mbps 专用通道，数据包大小分别为 56 Bytes、512 Bytes、1500 Bytes。

（2）思林 SL 基于 SPDnet 的 2-Mbps 专用通道，数据包大小分别为 56 Bytes、512 Bytes、1500 Bytes。

（3）思林 SL 的 SPDnet 非专用通道，数据包大小为 1500 Bytes。

另外，目前贵州电网 WAMS 主要用于电网动态监控，其通信网络以 SPDnet 为载体，所有的 PMU 数据均由非专用通道传输。在贵州电网实现 WACS 时，其控制下行通道也以 SPDnet 为载体，使用虚拟专用网络（VPN）技术实现，与 PMU 的通信方式相同。故上述测试的结果也适用于控制下行通道。在实现 WACS 时为保证数据可靠性和实时性，将使用专用通道传输广域反馈信号和控制信号。

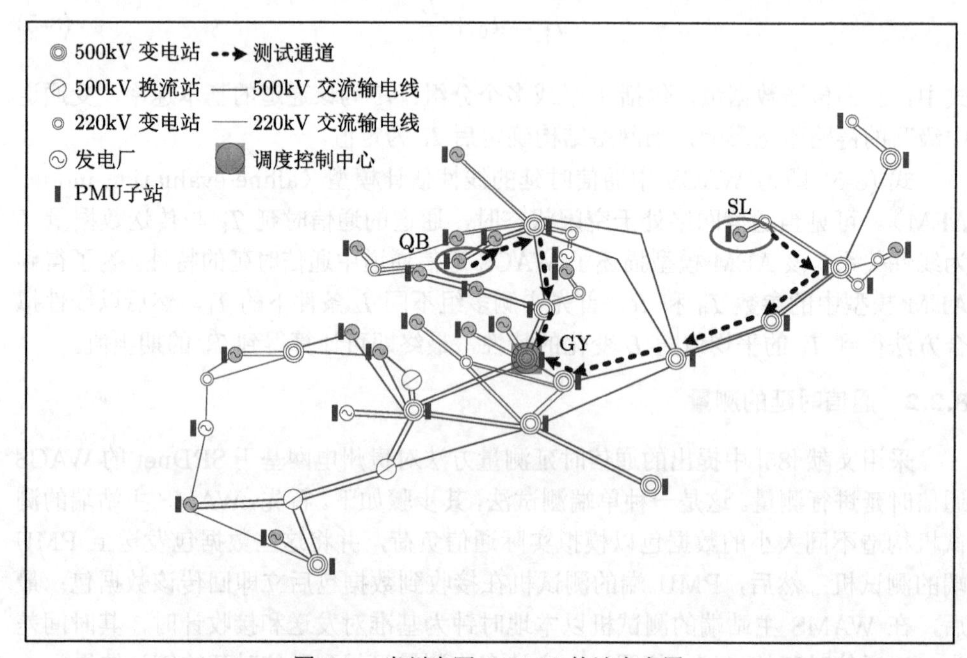

图 8.3　贵州电网 WAMS 的站点布置

8.2.3　通信时延的实测结果

1. 2-Mbps 专用通道测试结果

黔北 QB 和思林 SL 的 2-Mbps 专用通道的实测通信时延统计结果如图 8.4 所示，其平均值和标准差如表 8.1 所示，可见如下几点。

（1）在使用专用通道条件下，测试通道不受 SPDnet 中其他通信任务的影响而始终处于空闲状态（即轻载状态），通信时延的分布很集中，标准差很小，即抖动很小。

（2）两个通道的通信时延均随着数据量的增加而增加，而数据量对两个通道的通信时延抖动几乎没有影响，标准差几乎不随数据量变化而变化。

（3）黔北 QB 通道的传输距离比思林 SL 通道更近，但距离对传播时延 α 的影响微乎其微，因为电力系统的通信网络为光纤通信网络，数据以近似光速传播。

（4）黔北 QB 通道的链路数和节点数均比思林 SL 通道少，其交换时延 γ 更小，通信时延在数据量相同时也更小，符合通信时延的线性估计模型式 (8-5)。通信通道具有更短的传输距离通常意味着更少的中继段，中继段的数量是传输距离影响通信时延的主要原因。

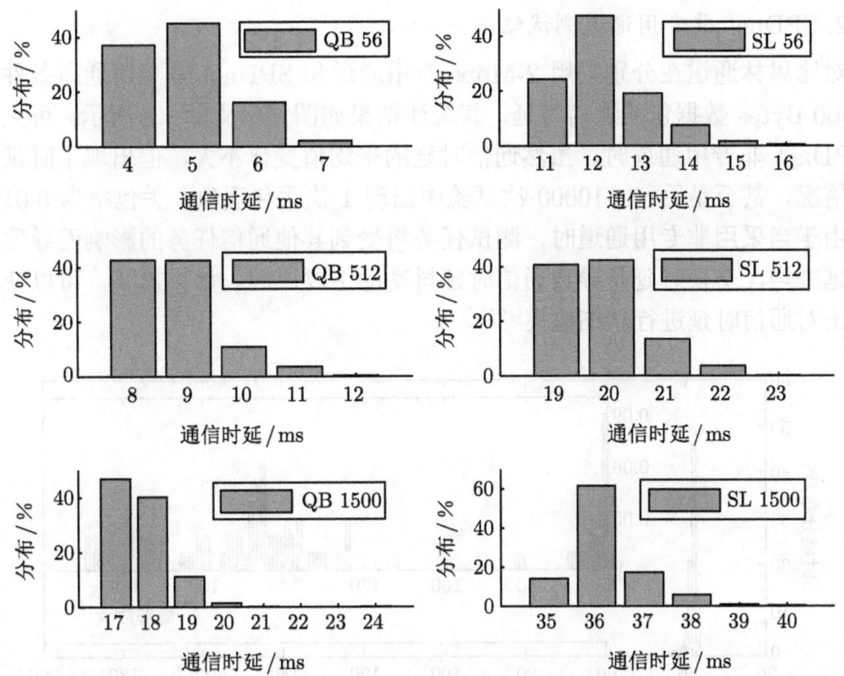

图 8.4 黔北 QB 和思林 SL 的 2-Mbps 专用通道的通信时延分布（图例中数值为数据包大小，单位 Bytes）

表 8.1 通信时延统计数据及线性拟合结果

统计值	测试通道	数据包大小		
		56 Bytes	512 Bytes	1500 Bytes
平均值/ms	思林 SL	12.16	19.81	36.19
	黔北 QB	4.83	8.77	17.69
标准差/ms	思林 SL	0.96	0.82	0.81
	黔北 QB	0.77	0.81	0.79
期望值/偏差/ms	思林 SL	12.19/ + 0.03	19.77/ − 0.04	36.20/ + 0.01
	黔北 QB	4.77/ − 0.06	8.84/ + 0.07	17.67/ − 0.02

对两个专用通道的通信时延在不同数据包大小条件下的平均值按照式 (8-5) 线性拟合，得到的 AEM 系数如下。

$$\begin{aligned}&\text{思林 SL：}\quad T_{0\_\mathrm{SL}} = 11.25\ \mathrm{ms},\ R_{\mathrm{SL}} = 60.13\ \mathrm{Bytes/ms}\\&\text{黔北 QB：}\quad T_{0\_\mathrm{QB}} = 4.28\ \mathrm{ms},\ R_{\mathrm{QB}} = 112.03\ \mathrm{Bytes/ms}\end{aligned} \tag{8-6}$$

根据上述拟合参数得到的估计期望值如表 8.1 所示。结果可见，黔北 QB 和思林 SL 的实测通信时延与数据包大小线性度非常好，与本章提出的通信时延线性估计模型式 (8-5) 吻合，验证了线性估计模型 AEM 的正确性。

2. SPDnet 非专用通道测试结果

对比思林通道在分别采用 2-Mbps 专用通道和 SPDnet 非专用通道条件下传输 1500 Bytes 数据包的通信时延，其统计结果如图 8.5 及表 8.2 所示。可见当采用 SPDnet 非专用通道时，虽然通信时延的平均值变化不大，但出现了时延非常大的情况，甚至是丢包（10000 次试验中出现 1 次丢包现象，丢包率为 0.01 %）。这是由于当采用非专用通道时，测试任务将受到其他通信任务的影响而导致其交换时延突增，交换时延是导致通信时延抖动的主要原因。如果需要，可以使用排队理论对通信时延进行精细建模[191]。

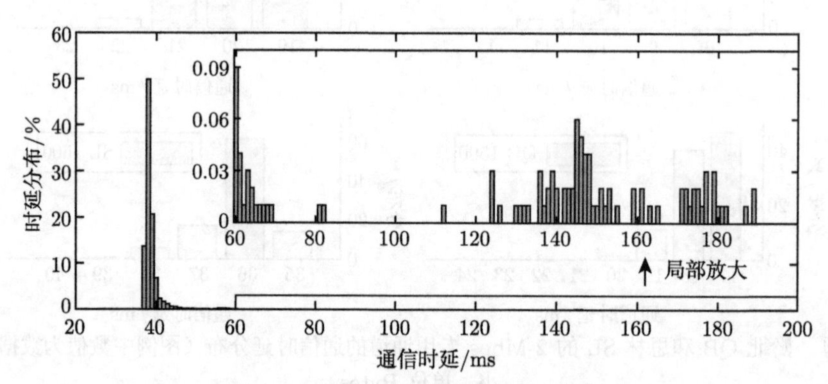

图 8.5　非专用通道的通信时延分布

表 8.2　专用通道与非专用通道的通信时延统计结果对比

测试条件	最大值/ms	最小值/ms	平均值/ms	标准差/ms
SPDnet 非专用通道	189	37	39.74	11.53
2-Mbps 专用通道	40	35	36.19	0.81

8.3 操作时延

WACS 中的操作时延包括了除通信时延 t_{up} 和 t_{down} 以外的其他三部分时延 t_{meas}、t_{syn} 和 t_{ctrl}，分别对应由 PMU、WNCS 和 NCU 执行操作产生的时延，即有操作时延 T_{O} 为

$$T_{\mathrm{O}} = t_{\mathrm{meas}} + t_{\mathrm{syn}} + t_{\mathrm{ctrl}} \tag{8-7}$$

本章基于“波形时延”的思路提出了一种实测 WACS 操作时延的方法——波形对比法。所谓的波形时延，就是由闭环时延导致 WACS 输出的波形与理想波形之间的时间差，此时波形时延即为闭环时延（本节中的闭环时延与操作时延等同，原因见第 8.3.1 节）。由此，采用波形对比法测量波形时延即可获得 WACS 的闭环时延。

8.3.1 RTDS 硬件在环测试平台

为研究操作时延，搭建了 WACS 的 RTDS 硬件在环测试平台，如图 8.6 所示。其中的 PMU 与上文所述的 PMU B 型号相同；WNCS 采用标准机架式服务器并以 Real-Time Linux OS 为系统平台，执行周期为 10 ms；NCU 为工控机并配备 PCI 接口的 D/A 数模转换板卡，以输出控制指令，执行周期为 10 ms。

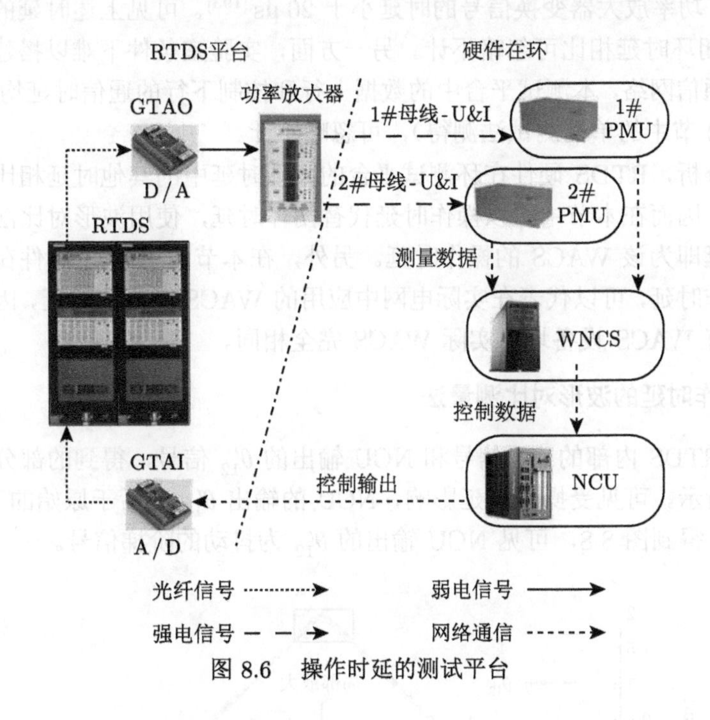

图 8.6 操作时延的测试平台

在 WACS 硬件在环测试平台中执行的操作如下。

（1）RTDS 构造两路三相电压、电流信号以分别模拟 1# 和 2# 母线的测量信号，并设定两母线间的电压相角差 θ_{12} 为三角波（幅值为 2 rad，频率为 0.1 Hz），θ_{12} 即为原始波形。

（2）两路三相电压电流信号经 PMU 分别采样后得到两母线间的电压相角，并分别发送至 WNCS。

（3）WNCS 获取分别来自两个 PMU 的测量数据，并以两母线电压相角差作为反馈信号计算控制数据，设定控制规律为 $G(s)=1$。因此，WNCS 将发送最新的同步电压相角差至 NCU。

（4）获取控制数据后，NCU 将控制指令转化为连续模拟信号输出至 RTDS 的 A/D 卡 GTAI。理想的 NCU 输出信号为跟踪 θ_{12} 的阶梯信号，每个阶梯时长 10 ms。

（5）最后，RTDS 通过 GTAI 获得硬件在环的电压相角差 θ'_{12}。

由此，该平台中的闭环时延即为功率放大器输出信号与 RTDS 的 A/D 卡间的时延。在该平台的闭环时延中，一方面，根据 RTDS 的使用手册[192]，RTDS 的计算卡（GPC）与输入卡（GTAI）、输出卡（GTAO）间通过光纤连接，其总传输时延小于 1 μs；GTAO 的 D/A 转换时延小于 6 μs；GTAI 采集信号的时延小于 6 μs；功率放大器变换信号的时延小于 20 μs[193]。可见上述时延的总和约为 30 μs，与闭环时延相比可忽略不计。另一方面，实验室条件下难以搭建与实际规模接近的通信网络，本测试平台中的数据上行和控制下行的通信时延均小于 1 ms（由第 8.2.2 节中的单端测试法测得），可忽略不计。

综上分析，RTDS 硬件在环测试平台的闭环时延中的其他时延相比操作时延均可忽略，因而在本节中将以操作时延代替闭环时延，使用波形对比法实测得到的闭环时延即为该 WACS 的操作时延。另外，在本节的 RTDS 硬件在环平台中测得的操作时延，可以代表在实际电网中应用的 WACS 的操作时延，因为测试中用到的所有 WACS 设备均与实际 WACS 完全相同。

8.3.2 操作时延的波形对比测量法

对比 RTDS 内部的 θ_{12} 信号和 NCU 输出的 θ'_{12} 信号，得到的部分测试结果如图 8.7 所示。可见受操作时延影响，NCU 的输出 θ'_{12} 滞后于原始的 θ_{12}。局部放大图 8.7 得到图 8.8，可见 NCU 输出的 θ'_{12} 为抖动的阶梯信号。

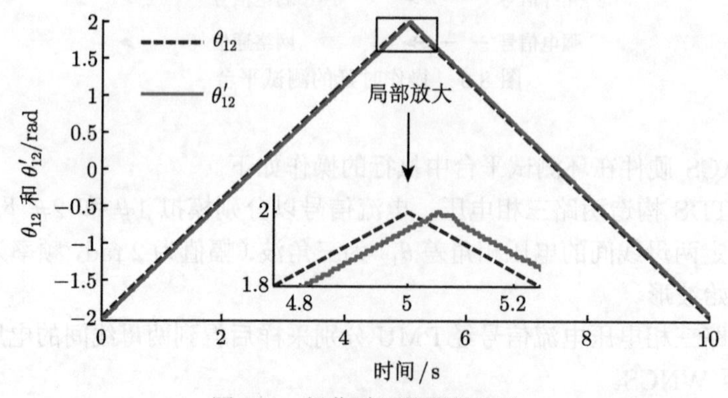

图 8.7 操作时延的测量波形

操作时延的波形对比测量法的具体步骤如下。

步骤 1：在 θ'_{12} 中找到一个有效点。设定 θ'_{12} 中的一个有效点为 A，A 的值等于所在阶梯的平均值，A 的时标 t_A 等于该阶梯的起始时刻。

步骤 2：在 θ_{12} 中找到 A 的对应点。设定 θ_{12} 中 A 的对应点为 B，B 的值

等于 A，时标为 t_B。B 点是 A 点的原始点，也是 A 点如果不受操作时延影响的理想点。

步骤 3：计算操作时延。设定 t_O 为 B 与 A 之间的闭环时延，则有

$$t_O = t_A - t_B \tag{8-8}$$

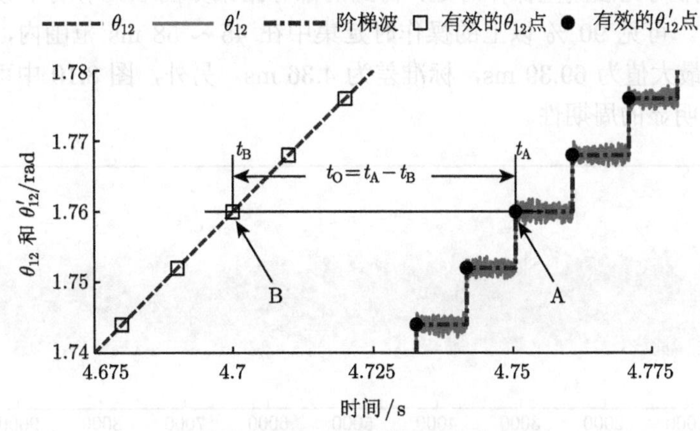

图 8.8 操作时延的波形对比测量法

使用波形对比方法，找到一系列互相对应的点即可获取一系列的操作时延。需要注意的是，当测试波形接近波峰和波谷时，波形重叠而难以辨识。为此，设定一个时延计算的判断上限，仅取绝对值小于上限的 θ_{12} 点为有效 θ_{12} 点。本章测试中采用的判断上限为测试波形峰值的 95 %，即 1.9 rad。

另外，如果 θ_{12} 与 θ'_{12} 的幅值大小存在误差，也将增加测量的操作时延 T_O 的分布性。由幅值误差引起的 T_O 测量误差分析如图 8.9 所示。设定 $\theta_{12\text{mag}}$ 与 $\theta'_{12\text{mag}}$ 分别为 θ_{12} 与 θ'_{12} 的幅值。如图 8.9(a) 所示，当 $\theta_{12\text{mag}} > \theta'_{12\text{mag}}$ 时，若波形上升，则波谷附近的操作时延小于平均值，而波峰附近的操作时延大于平均值；若波形下降，则波峰附近的操作时延小于平均值，而波谷附近的操作时延大于平

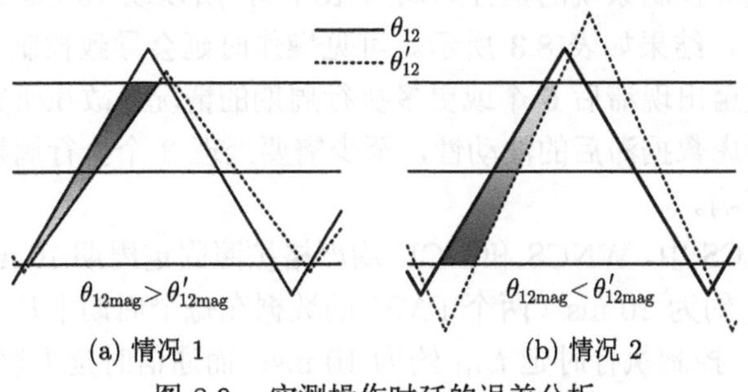

(a) 情况 1 (b) 情况 2

图 8.9 实测操作时延的误差分析

均值。图 8.9(b) 为 $\theta_{12\text{mag}} < \theta'_{12\text{mag}}$ 的情况，其结果与上述分析相反。θ_{12} 与 θ'_{12} 的幅值相差越大，则测量误差越大。为减小测量误差，在测量操作时延前需要标定 NCU 的输出线性度，以保证 NCU 的输出与 RTDS 的理论值相等。

8.3.3 操作时延的实测结果及分析

使用波形对比法测量操作时延，得到的部分结果如图 8.10 所示，统计结果如表 8.3 所示。可见 90 % 以上的操作时延集中在 45 ~ 58 ms 范围内，平均值为 51.34 ms，最大值为 69.39 ms，标准差为 4.36 ms。另外，图 8.10 中可见实测的操作时延有明显的周期性。

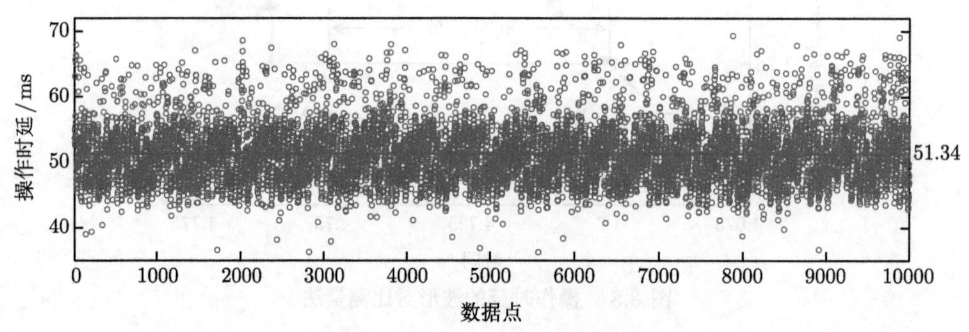

图 8.10 操作时延的实测结果

表 8.3 实测操作时延的统计结果

(a) 统计数据

参数	数值
最大值/ms	69.39
最小值/ms	33.85
中位数/ms	50.99
平均值/ms	51.34
标准差/ms	4.36

(b) 各区间的分布

时延区间/ms	占百分比/%
< 40	0.15
40 ~ 50	40.47
50 ~ 60	54.72
> 60	4.65

由于广域闭环控制系统的执行周期为 10 ms，所以以 10 ms 为间隔对闭环时延进行分段统计，结果如表 8.3 所示。可见操作时延会导致控制指令滞后 4 ~ 5 个执行周期，甚至出现滞后 6 个或更多执行周期的情况，故在研究时延对控制的影响时，须要考虑数据滞后的波动性，至少需要处理 3 个执行周期范围内的时延抖动对数据的影响。

测试的 WACS 中，WNCS 和 NCU 均严格按照固定周期 10 ms 执行任务，同步处理时延 t_{syn} 约为 10 ms（两个 PMU 的数据在每个周期中几乎同时到达而不存在等待时延）；控制执行时延 t_{ctrl} 约为 10 ms；而通信时延可忽略，即 $t_{\text{up}} \approx 0$，$t_{\text{down}} \approx 0$；故可粗略认为，实测的闭环时延中测量时延 t_{meas} 约为 30 ms。

与实测的通信时延相比，操作时延的分布性明显大于通信时延的分布性。因此，闭环时延的分布性主要由操作时延引起，而不是通信时延。

实验室条件下的实测闭环时延由于通信时延只占极小的比例而与实际情况不同，这种闭环时延（即操作时延）的分布性主要来自于各种设备不相关的随机性。因此使用正态分布模型对实测操作时延的分布建模，其中正态分布的均值和标准差与实测操作时延的均值和标准差相同，则操作时延 T_{O} 的概率密度函数可以用式 (8-9) 进行估计。

$$f(T_{\mathrm{O}})=\frac{1}{\sqrt{2\pi}\sigma_{\mathrm{O}}}\exp\left[-\frac{(T_{\mathrm{O}}-\mu_{\mathrm{O}})^2}{2\sigma_{\mathrm{O}}^2}\right] \tag{8-9}$$

式中，μ_{O} 和 σ_{O} 分别为实测的操作时延 T_{O} 的均值和标准差。

$$\mu_{\mathrm{O}}=51.34\ \mathrm{ms}\ ,\ \sigma_{\mathrm{O}}=4.36\ \mathrm{ms} \tag{8-10}$$

将这一拟合的正态分布估计模型与实测的操作时延分布进行对比，结果如图 8.11 所示，可见正态分布估计模型适于描述操作时延的随机抖动特性。

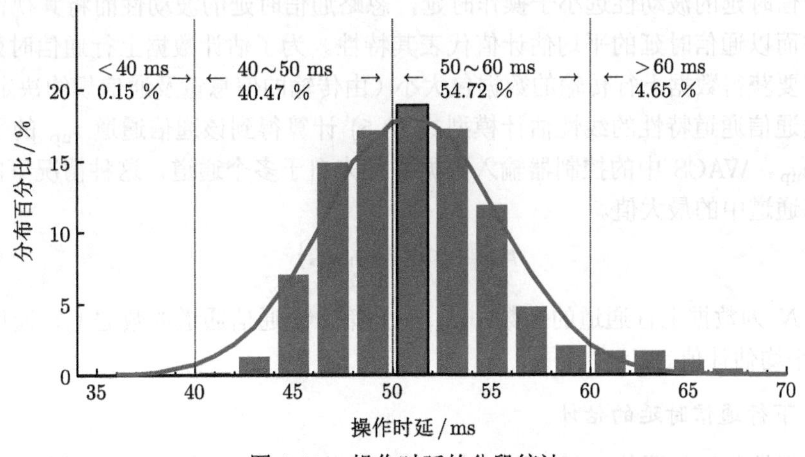

图 8.11 操作时延的分段统计

8.4 闭环时延

本小节对实际 WACS 中的闭环时延进行研究，首先提出实际 WACS 中闭环时延的估计方法；然后，介绍在实际 WACS 中实测闭环时延的方法以及闭环时延测试中的贵州电网 WACS 实例；最后，在使用专用通道及非专用通道的条件下实测贵州电网 WACS 闭环时延，并将实测结果与估计结果进行对比分析。

8.4.1 实际系统中闭环时延的正态分布估计模型

广域闭环控制系统的中的闭环时延可具体划分为测量时延 t_{meas}、数据上行时延 t_{up}、数据同步处理计算时延 t_{syn}、控制下行时延 t_{down} 和控制执行时延 t_{ctrl}。其中，t_{up} 与 t_{down} 为通信时延，而 t_{meas}、t_{syn} 与 t_{ctrl} 是操作时延。

当广域闭环控制系统 WACS 在实际电力系统中运行时，闭环时延 T_{C} 除操作时延 T_{O} 外（式 (8-7)），还包括数据上行和控制下行的通信时延 t_{up} 和 t_{down}，即有

$$T_{\mathrm{C}} = T_{\mathrm{O}} + t_{\mathrm{up}} + t_{\mathrm{down}} \tag{8-11}$$

为了估计闭环时延 T_{C} 的分布特性，需要分别考虑 T_{O}、t_{up} 和 t_{down} 的特性。

1. 操作时延的估计

根据 8.3.3 节中对 T_{O} 的测试结果及建模方法，T_{O} 可以用正态分布近似，即 T_{O} 的概率密度函数可以用式 (8-9) 近似，而其参数 μ_{O} 和 σ_{O} 取值如式 (8-10) 所示。

2. 上行通信时延的估计

通信时延的波动性远小于操作时延，忽略通信时延的波动性而将其视作固定值，进而以通信时延的平均估计值代表其特性。为了估计数据上行通信时延 t_{up}，首先需要获得数据上行传输的数据包大小（由传输的信息量及通信规约决定），然后依据通信通道特性的线性估计模型式 (8-5) 计算得到该通信通道 t_{up} 的平均估计值 μ_{up}。WACS 中的控制器输入数据往往来自于多个通道，这种情况下的 μ_{up} 为所有通道中的最大值。

$$\mu_{\mathrm{up}} = \max_{i=1}^{N} \{\mu_{\mathrm{up\_}i}\} \tag{8-12}$$

式中，N 为数据上行通道的个数；$\mu_{\mathrm{up\_}i}$ 为第 i 个通信通道的数据上行通信时延 t_{up} 的平均估计值。

3. 下行通信时延的估计

获得控制下行通信时延 t_{down} 的平均估计值 μ_{down} 的方法与 t_{up} 类似，但是，数据上行与控制下行的通信时延由于通道及数据量均不同而需要分别考虑。另外，由于控制指令的下达是针对一个执行器（即一个通信通道）的，故 t_{down} 不需要考虑多个通信通道的影响。

上述对通信时延 t_{up} 和 t_{down} 估计的前提条件是上行通道和下行通道均使用专用通道。当使用非专用通道进行通信时，上述方法将不能很好地估计出通信时延中的突变抖动（这也将导致闭环时延的突变抖动）。此时，需要根据通道的实际情况考虑数据交换时延以估计可能出现的闭环时延突变抖动。通信时延可使用排

队理论进行精细建模[191]。但是估计通信时延的最大值并不是必需的，因为受突变时延影响的数据可以被视作丢包数据而使用插值方法进行补偿，关于异常网络状态的处理将在 10.2 节中进一步讨论。

4. 闭环时延的估计

最终，可得到实际系统中运行的广域闭环控制系统的闭环时延估计值。该估计值为正态分布的随机变量 T_{O}、固定量 t_{up} 和 t_{down} 三者之和，估计的闭环时延 T_{C} 是均值和标准差分别为 μ_{C} 和 σ_{C} 的正态分布，其概率密度函数为

$$f(T_{\mathrm{C}})=\frac{1}{\sqrt{2\pi}\sigma_{\mathrm{C}}}\exp\left[-\frac{(T_{\mathrm{C}}-\mu_{\mathrm{C}})^2}{2\sigma_{\mathrm{C}}^2}\right] \tag{8-13}$$

式中

$$\mu_{\mathrm{C}}=\mu_{\mathrm{O}}+\mu_{\mathrm{up}}+\mu_{\mathrm{down}}\ ,\ \sigma_{\mathrm{C}}=\sigma_{\mathrm{O}} \tag{8-14}$$

针对分布式广域闭环控制，可以采用与该方法思路相似的闭环时延估计方法。

8.4.2 实际电力系统中的 WACS 闭环时延的时标差测量法

在实际 WACS 中测量闭环时延将会受到各种限制。电力系统的通信网络是专用通信网络，各种实时运行及控制数据在其中传输，而实测 WACS 闭环时延时，将在该通信网络中产生大量冗余的测试数据。这些冗余的测试数据可能影响电力系统的正常运行。本章对 WACS 严格测试后将其安装于贵州电网中（见第 11 章），并对贵州电网 WACS 中的闭环时延进行了测量。

1. 闭环时延测试中的贵州电网 WACS

闭环时延测试中的贵州电网 WACS 如图 8.12 所示。WAMS 的主站在位于贵阳的调度控制中心，通信网络的节点及链路的地理拓扑与网架结构相同。WACS 中的相量测量单元（PMU）安装于黔北电厂（QB）和思林电厂（SL），广域网络控制服务器（WNCS）安装于贵阳市的调度中心，网络控制单元（NCU）安装于思林 SL。这些 WACS 设备与 8.3.2 节中测量操作时延使用的硬件在环测量平台中所使用的设备完全相同。

从黔北电厂到调度中心的距离为 120 km，其通信线路经过 5 个中继站；从思林电厂到调度中心的距离为 400 km，其通信线路经过 7 个中继站。贵州电网 WACS 中，PMU 和 NCU 的数据包为适应 WACS 进行了特定配置，两个 PMU 传输的测量数据包大小均为 114 Bytes，发送至 NCU 的控制数据包大小为 36 Bytes。

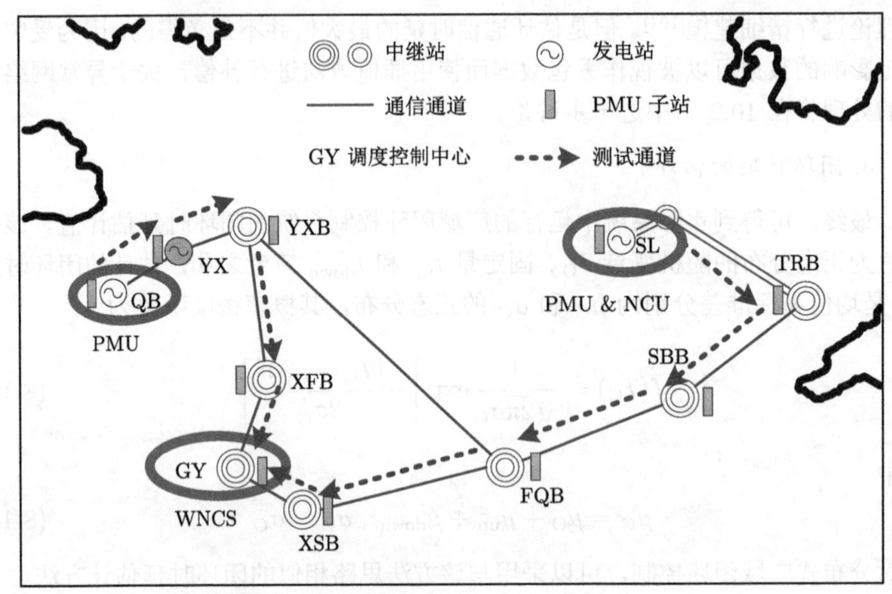

图 8.12　闭环时延测试中的贵州电网 WACS

2. 时标差测量法的原理

实际 WACS 中闭环时延的时标差测量法的原理如图 8.13 所示。WACS 中的 PMU 和 NCU 均通过 GPS 对时保持精确的同步。因此，闭环时延 T_C 可以由下式计算得到。

$$T_\mathrm{C} = t_\mathrm{NCU} - t_\mathrm{PMU} \tag{8-15}$$

式中，t_PMU 和 t_NCU 分别为 PMU 和 NCU 中针对同一控制周期的测量数据和控制数据所对应的时标。

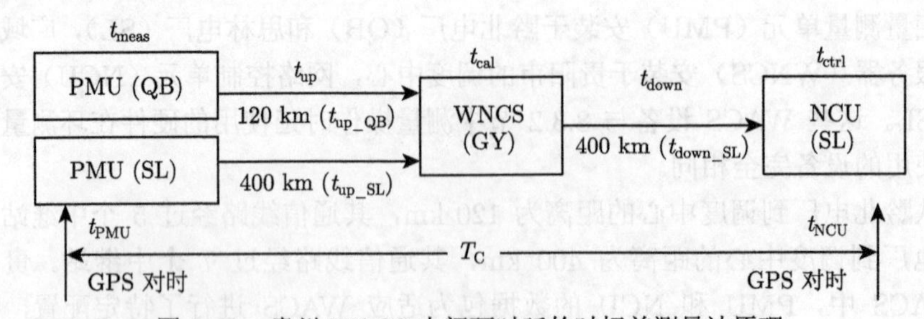

图 8.13　贵州 WACS 中闭环时延的时标差测量法原理

时标 t_PMU 是 PMU 采样的时刻，时标 t_NCU 是 NCU 完成所有操作之后的时刻，两者同时被记录在 NCU 中。此处记录的 t_PMU 是最新的同步数据对应的时标，是考虑了多个 PMU 的测量时延 t_{meas}、数据上行时延 t_{up} 及 WNCS 数据同步处理时延 t_{syn} 后的时标。因此，记录的数据中，一个 t_{NCU} 对应一个 t_{PMU}，而不是一个 t_{NCU} 对应多个 t_{PMU}，尽管测量数据来自多个不同的 PMU。在测量 T_{C} 时，保持 WACS 的运行，持续记录 t_{PMU} 和 t_{NCU} 即可计算得到一系列测量的 T_{C} 数据。

若将时标差测量法应用于 8.3.2 节中的 RTDS 硬件在环平台上，也可测得操作时延。但是，8.3.2 节中使用的波形对比测量法是从电网侧观测 WACS 的输出波形（RTDS 即为“电网”这一角色），而本小节的时标差测量法是从 WACS 设备侧测量闭环时延，这两种方法各有侧重，是同一问题从不同角度的解决方法，并且这两种测量方法得到的结果可互相校验。

8.5 贵州电网 WACS 闭环时延的实测结果

本节使用时标差测量法对贵州电网 WACS 的闭环时延进行了测量。测试分别在轻度和重度网络负荷条件下进行，分别对应使用了 2-Mbps 专用通道和 SPDnet 非专用通道。

8.5.1 2-Mbps 专用通道测试结果

在轻度网络负荷的条件下，实测的闭环时延 T_{C} 如图 8.14 所示，其中图 8.14(b) 为图 8.14(a) 中部分实测结果的放大。实测得到的闭环时延 T_{C} 的变化趋势为：T_{C} 缓慢增大，同时伴随着抖动；随后 T_{C} 跌落，后又缓慢增大，如此反复循环。T_{C} 的变化始终保持在约 $65 \sim 85$ ms 的范围内。

为研究 T_{C} 变化的原因，分别对 t_{PMU} 和 t_{NCU} 进行统计分析。设 Δt_{PMU} 为两个连续的 t_{PMU} 之间的时间间隔，Δt_{NCU} 为两个连续的 t_{NCU} 之间的时间间隔。Δt_{PMU} 和 Δt_{NCU} 的分布如图 8.15 所示。

图 8.15(a) 中，71.6 % 的 Δt_{PMU} 为 10 ms（即为 PMU 应有的数据发送间隔），这个比例远低于 8.1.2 节中单一 PMU 的数据发送间隔 Δt_{meas}（两个连续的 t_{meas} 的时间间隔）的统计结果，即 95 % 以上的 Δt_{meas} 分布在 10 ± 2 ms 以内；同时，几乎没有 Δt_{meas} 分布在 0 ms 或 20 ms。产生这种结果的原因是，Δt_{meas} 是针对单一 PMU 的，且仅考虑了测量时延 t_{meas}；而 Δt_{PMU} 受多个 PMU 的影响，其中包含了除测量时延 t_{meas} 以外的数据上行时延 t_{up} 和数据同步处理时延 t_{syn} 的影响。另外，T_{C} 抖动的幅值绝大部分为 10 ms，即为一个 PMU 数据更新间隔。若 WACS 同步处理的 PMU 数量更多，可能会导致更新间隔整数倍的抖动。由此可见，数据上行时延及数据同步处理将显著影响 T_{C} 的抖动。

从图 8.15(b) 中 Δt_{NCU} 的分布结果可见，有 39.3 % 的 Δt_{NCU} 为 11 ms 而不是理想的 10 ms。造成这种现象的原因是 NCU 的守时机制存在误差，NCU 的

本地时钟略快于标准的 GPS 时钟，导致记录的 t_{NCU} 会略大，这是实测的 T_{C} 会缓慢增大的原因。但是 NCU 的本地时钟是以固定的时间间隔与 GPS 标准时钟对时的，因而大部分 Δt_{NCU} 为 10ms，同时实测的 T_{C} 会周期性的跌落。

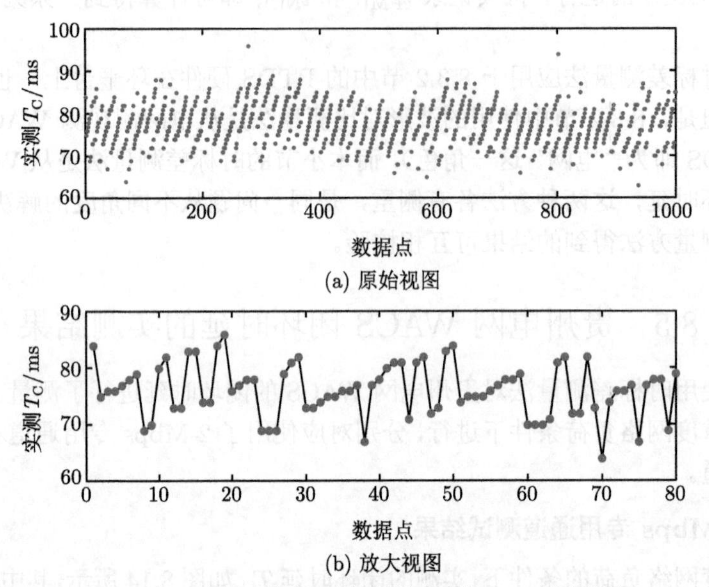

图 8.14 2-Mbps 专用通道下的闭环时延 T_{C} 实测结果

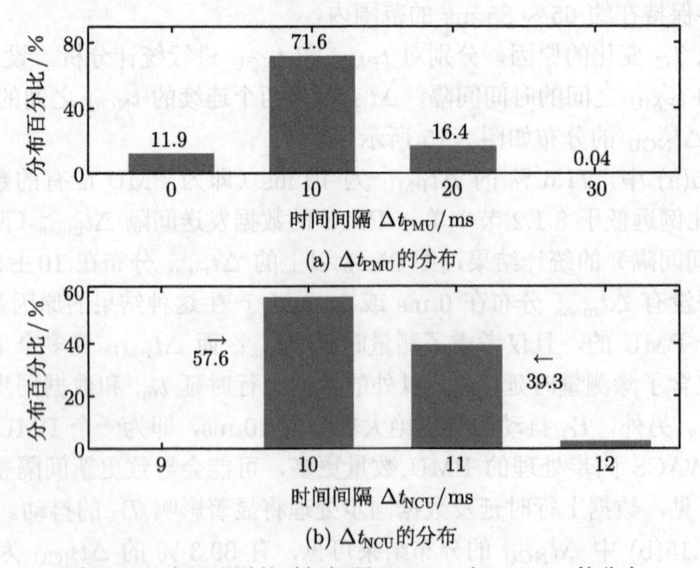

图 8.15 专用通道的时间间隔 Δt_{PMU} 和 Δt_{NCU} 的分布

为了研究 T_C 的分布特性，对实测的 T_C 进行统计分析，得到的结果如图 8.16 所示。可见所有的 T_C 分布均在 50 ~ 90 ms 的范围内，并没有大时延（$T_C >$ 100 (ms)）出现。使用正态分布对实测 T_C 的分布进行拟合（即拟合的正态分布的均值和标准差与实测 T_C 的均值和标准差相等），结果如图 8.16 所示，可见实测 T_C 明显呈正态分布。

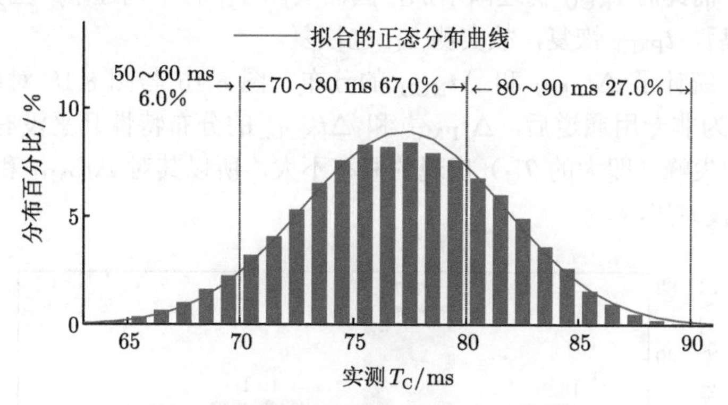

图 8.16 专用通道下实测的 T_C 的分布

8.5.2 SPDnet 非专用通道测试结果

在重度网络负荷的条件下，实测的闭环时延 T_C 如图 8.17 所示，其中图 8.17(b) 为 (a) 中部分实测结果的放大。实测得到的闭环时延 T_C 的变化趋势与 2-Mbps

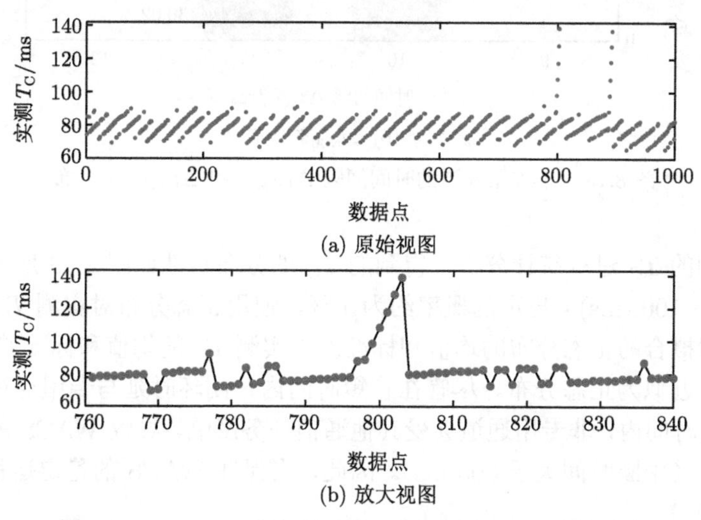

图 8.17 SPDnet 非专用通道下的闭环时延 T_C 实测结果

专用通道的实测 T_C 的相似，T_C 缓慢增大并抖动；T_C 跌落，后又缓慢增大，如此反复循环。但是，伴随着少量的突变抖动出现了很大的 T_C。

在非专用通道的条件下，这种小概率出现的很大的 T_C 是由通信时延的波动引起的。当这种大的通信时延产生后，将影响后续一系列的数据包。这种情况如图 8.17(b) 所示，在大通信时延的影响下，NCU 将收不到新的 PMU 数据包，故 t_{PMU} 不变；而此时 t_{NCU} 仍逐渐增加，因而实测 T_C 将单调递增。当大通信时延的影响结束后，t_{PMU} 恢复，故实测 T_C 也恢复。

图 8.18 统计了 Δt_{PMU} 和 Δt_{NCU} 的分布。图 8.15 与图 8.18 对比可见，由专用通道换为非专用通道后，Δt_{PMU} 和 Δt_{NCU} 的分布特性几乎没有受到影响。图 8.17 中的尖峰（即大的 T_C）出现的概率不大，所以其对 Δt_{PMU} 和 Δt_{NCU} 的分布也几乎没有影响。

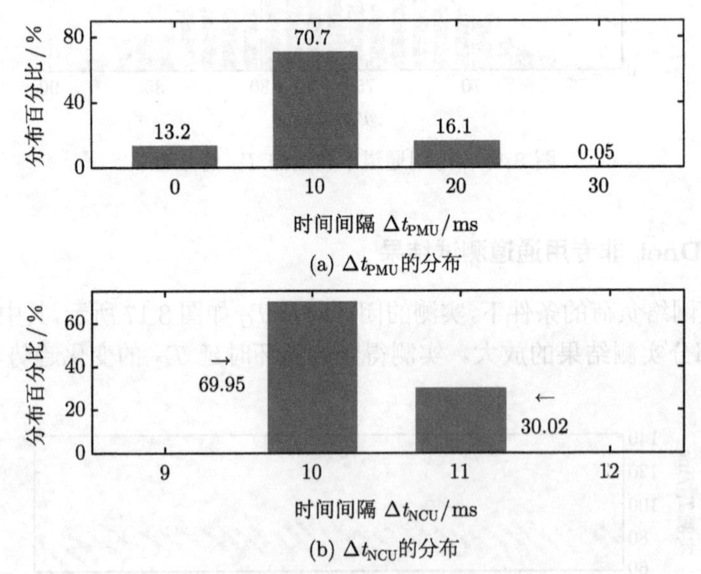

图 8.18 非专用通道的时间间隔 Δt_{PMU} 和 Δt_{NCU} 的分布

对实测的 T_C 进行统计分析，得到的 T_C 的分布特性如图 8.19 所示，其中大时延（$T_C > 100$ (ms)）出现的概率约为 1 %。使用正态分布对实测 T_C 的分布进行拟合（即拟合的正态分布的均值和标准差与实测 T_C 的均值和标准差相等），可见实测 T_C 近似为正态分布。尽管在较短时间内，闭环时延与专用通道的结果相似；但在长时间内，非专用通道会受其他通信任务影响，导致 WACS 的高频率通信短时中断（中断时间大于 500 ms）。因此，为保证 WACS 的稳定运行，有必要使用专用通道。

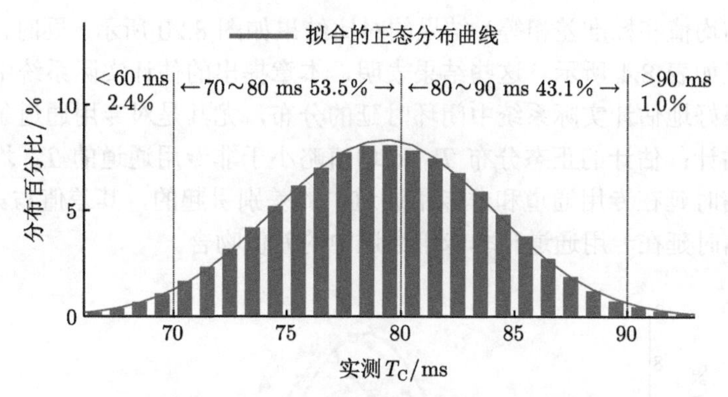

图 8.19 非专用通道下实测的 T_C 的分布

8.5.3 闭环时延的估计

为了验证本章提出的估计实际电力系统中的 WACS 闭环时延的方法，对闭环时延 T_C 进行估计。

（1）根据对黔北 QB 和思林 SL 通信通道的测试结果式 (8-6) 及线性估计模型式 (8-5) 计算可得到各通道的通信时延：

$$\begin{aligned}
&\mu_{up_QB} = T_{0_QB} + L_{PMU_QB}/R_{QB} = 4.28 + 114/112.03 = 5.30 \text{ ms} \\
&\mu_{up_SL} = T_{0_SL} + L_{PMU_SL}/R_{SL} = 11.25 + 114/60.13 = 13.15 \text{ ms} \\
&\mu_{down_SL} = T_{0_SL} + L_{NCU_SL}/R_{SL} = 11.25 + 36/60.13 = 11.85 \text{ ms}
\end{aligned} \tag{8-16}$$

式中，μ_{up_QB} 为 QB 通道数据上行时延的估计值；μ_{up_SL} 为 SL 通道数据上行时延的估计值；μ_{down_SL} 为 SL 通道控制下行时延的估计值；T_{0_QB} 和 T_{0_SL}，L_{PMU_QB}、L_{PMU_SL} 和 L_{NCU_SL}，以及 R_{QB} 和 R_{SL} 分别为 QB 和 SL 通道的线性估计模型的常数项、数据包大小及通道带宽参数。进而根据式 (8-12)，有

$$\begin{aligned}
&\mu_{up} = \max\{\mu_{up_QB}, \mu_{up_SL}\} = 13.15 \text{ ms} \\
&\mu_{down} = \mu_{down_SL} = 11.85 \text{ ms}
\end{aligned} \tag{8-17}$$

（2）直接使用实测得到的操作时延 T_O 的特性，如式 (8-9) 和式 (8-10) 所示。

（3）根据上述计算结果及式 (8-14)，得到的闭环时延 T_C 满足正态分布，其均值 μ_C 和标准差 σ_C 分别为

$$\mu_C = 76.34 \text{ ms}, \ \sigma_C = 4.36 \text{ ms} \tag{8-18}$$

上述估计的闭环时延正态分布曲线与 2-Mbps 专用通道和 SPDnet 非专用通道条件下实测闭环时延的正态分布拟合（即拟合正态分布的均值和标准差与实测

闭环时延的均值和标准差相等）结果的对比结果如图 8.20 所示。同时，统计分析的对比结果如表 8.4 所示。这些结果表明，本章提出的估计实际系统中闭环时延的方法能很好地估计实际系统中闭环时延的分布，尤其是对专用通道条件下的闭环时延的估计；估计的正态分布 T_C 的均值略小于非专用通道的 T_C 均值，该差别是由通信时延在专用通道和非专用通道中的差别引起的，其差值与第 8.2.3 中实测的通信时延在专用通道和非专用通道中的差值吻合。

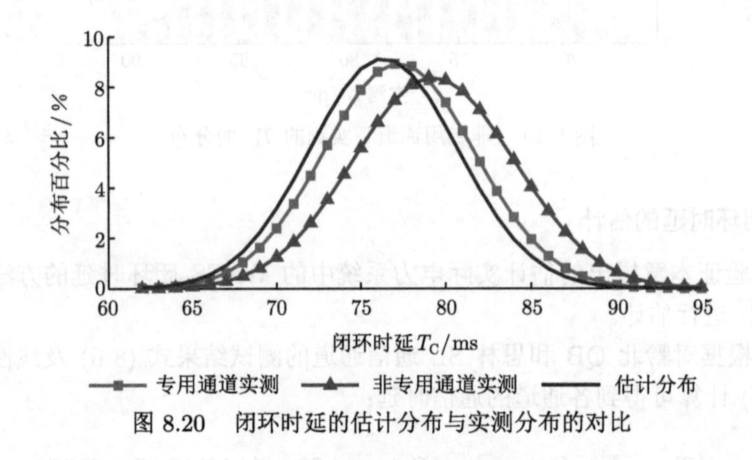

图 8.20　闭环时延的估计分布与实测分布的对比

表 8.4　闭环时延的统计结果

统计结果	均值 μ_C/ms	标准差 σ_C/ms
2-Mbps 专用通道实测	77.23	4.45
SPDnet 非专用通道实测	79.26	4.76
估计的正态分布	76.34	4.36

另外，估计得到的正态分布 T_C 的标准差均略小于实测的 T_C 的标准差，这是由估计 T_C 时使用实验室条件下的参数与实际系统的差异导致的。闭环时延的估计标准差 σ_C 与实验室条件下操作时延的标准差 σ_O 相同。在实验室的 RTDS 硬件在环测试平台中，通信时延非常小，即两个 PMU 的数据上行时延 t_{up} 几乎为零，对 WNCS 中的数据同步处理时延 t_{syn} 几乎没有影响。而在实际 WACS 中，来自多个 PMU 的数据上行时延 t_{up} 将对 WNCS 中的数据同步处理时延 t_{syn} 产生影响。尽管如此，估计得到的闭环时延的分布特性仍非常接近在实际系统中实测的闭环时延的分布。

第 9 章　广域闭环控制系统时延的数字仿真方法

广域闭环控制系统的相关研究通常需要进行电力系统的现场试验，而现场试验往往由于可能引起系统失稳进而造成严重的经济损失而难以实现，因而数字仿真代替现场试验是研究的主要途径。现有的研究表明，若 WAMS 时延为固定值，则该固定时延对广域控制器的影响可以完全补偿[86]，但实际 WACS 中的时延是具有分布性的[85]，需要在仿真分析中予以考虑。

常见的电力系统数字仿真软件，如 PSCAD、PSS/E、TSAT、BPA、MATLAB Simulink 等，可模拟如下两种时延。① 固定时延，简单通用但不能准确模拟时延的时变特性；② 不带时标信息的可变时延，可根据需求改变时延，但不能模拟异常网络状态，且由于缺乏时标信息而不能仿真 WAMS 时延或进行广域控制的时延补偿仿真。电力系统实时数字仿真器是实时的电磁暂态仿真器，以其高精确度且可实现硬件在环测试而得到业界高度认可，广域控制系统投运前需要经过 RTDS 硬件在环测试才能在实际电力系统中应用。RTDS 的内部时延仿真与其他数字软件仿真类似，尽管 RTDS 能使用其自带的 GTNET 板卡[192] 或通过功率放大器接入 WACS 等设备实现硬件在环仿真[194]，但实验室中难以搭建与实际通信网络拓扑规模相近的通信网络，导致其通信网络特性与实际相差甚远（参见 8.3.1 节）。

现有的广域动态监测及控制方法的仿真研究中对 WACS 时延的仿真主要有三种方法。① 分别评估多个固定时延对广域控制器的影响，最终得到控制性能随时延变化的特性[86,195]；② 实测时延的分布，以概率最大的一个固定时延代表分布特性，并仅考虑该固定时延[196,197]；③ 预估最大时延并只考虑这种极端情况下的控制器性能[95]。以上三种方法均是对固定时延的模拟，不能仿真实际网络特性，也不能研究时延分布特性的影响。文献 [198] 中使用电力通信同步仿真平台（electric power and communication synchronizing simulator，EPOCHS）对 IEC-61850 数字化变电站的通信进行了仿真研究；文献 [199] 提出了一种定步长电力系统与事件驱动通信系统混合仿真的方法，但两者都没有涉及对同步时标的考虑。还有的研究[200,201] 在仿真软件中的控制器外围增加了时延模块，由于时延模块仍由仿真软件提供，所以仿真的时延也避免不了仿真软件的缺点。

本章根据对前文针对广域测量系统 WAMS 中时延产生原因以及实测统计结果的分析，提出了一种广域闭环控制系统时延的数字仿真方法并给出了实现步骤。仿真过程将基于同步相量测量的电力系统任务分为软实时任务和硬实时任务，分别采用小步长子流程与大步长子流程同时进行模拟。小步长子流程以单位仿真步长间隔实时输出量测受时延影响的测量值；大步长子流程以 WAMS 测量步长输出量测受时延影响的测量值及其时标。本章在 RTDS 实时数字仿真硬件平台的 CBuilder 编程实现该时延仿真方法，并分别采用随机时延和实测时延进行 RTDS 试验，仿真结果验证了该方法的有效性。算例分析表明该方法可有效地仿真 WACS 时延及异常网络状态，这部分内容也可参见文献 [176]。这种 WACS 时延数字仿真方法适用于各种时延影响以及补偿方法的研究，为验证理论研究提供了试验方法。本章所提出的广域闭环控制系统时延的数字仿真方法具有如下三方面特点。

（1）既可以模拟按照特定分布生成的随机时延，也可以依据实测时延数据序列模拟时延，而当使用实测的时延数据序列时仿真的时延非常接近实际时延。

（2）通过设定时延数据的特定值分别对应丢包、粘包、通信失败等各种异常网络状态，可以实现对这些异常网络状态的仿真模拟。

（3）可同时得到受时延影响的数据及其对应的时标信息，并进一步实现对 WAMS 高级应用的仿真。

9.1 时延及异常网络状态的模拟方法

9.1.1 WAMS 时延的仿真原理

目前，WAMS 数据主要应用于电力系统广域动态安全监测 (软实时任务)[15] 和广域动态闭环控制 (硬实时任务)[12]。电力系统仿真系统每步仿真计算都是针对当前时刻的，现有的固定时延和可变时延仿真方法均有一个测量值缓冲数据序列，存放着一段时间内每个仿真步长的数据，并按照当前时刻已知的时延查找前一段时间的数值以仿真时延。WAMS 数据最重要的特点之一就是带同步时标，其时间参考系为测量时标，测量值受某一时延的影响，在之后的某一时刻可用，对仿真系统而言当前时刻的时延是未知的，需要逐一向前查找。为了将这种时延影响转化为仿真系统所采用的当前时刻参考系，仿真系统需要增加一个与测量值缓冲数据序列对应的时延缓冲数据序列，以供在当前时刻的仿真中查找前一段时间内哪个是可用数据，其他数据受时延影响而不可用，这两个序列均按 WAMS 测量步长为间隔进行数据操作以模拟 WAMS 功能。

本章提出的 WAMS 时延仿真方法的实现原理如图 9.1 所示。仿真系统通常采用定步长积分法求解，每步长的时间间隔为仿真步长 Δt；WAMS 为定间隔测量，该间隔为测量步长 ΔT，通常 $\Delta T = 10$ ms。图 9.1 中测量值及通信时延缓冲数据序列中数据的存放位置，即序列数组元素的指针与该元素的时标互相对应，也即图中的 i 与 $i \cdot \Delta T$ 是相对应的，通过操作数组元素的指针 i 即可实现对以当前时刻为基准的时延 $i \cdot \Delta T$ 的仿真。例如，仿真当前的绝对时标为 1226161226.085 s

（UTC 时间，下同），则此时 $j \cdot \Delta t = 0.005$ s，数组指针 $i = 5$ 对应的时标为 $i \cdot \Delta T = 0.050$ s，两个序列中指针 $i = 5$ 的元素的绝对时标为 1226161226.030 s。

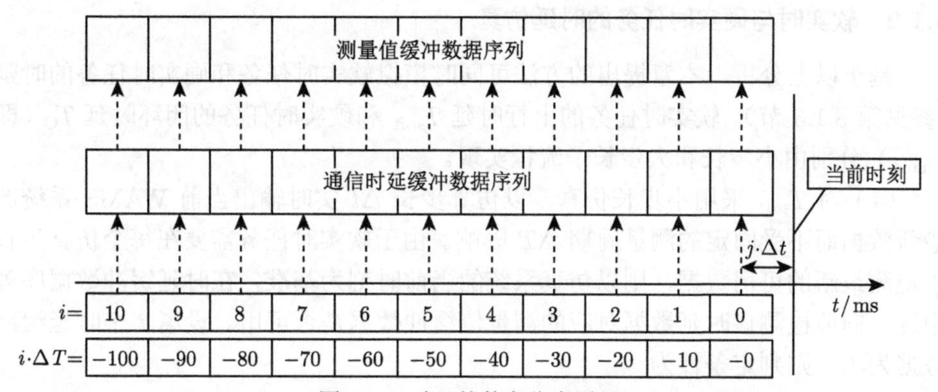

图 9.1 时延的数字仿真原理

设定仿真的最大时延为 $\Delta T_{\max}$，处理时延的最大循环次数为 N，则

$$N = \frac{\Delta T_{\max}}{\Delta T} \tag{9-1}$$

图 9.1 中变量 i 用于计数处理时延的循环次数，若设定仿真的最大时延为 200 ms，则 $N = 20$。

设定 WAMS 测量步长 ΔT 为系统仿真步长 Δt 的整数倍，设该倍数为 M：

$$M = \frac{\Delta T}{\Delta t} \tag{9-2}$$

M 在时延仿真中用于判断仿真是否到达一次 WAMS 测量周期。以 RTDS 为例，通常 $\Delta t = 50$ μs，则 $M = 200$。图 9.1 中，变量 j 用于计数以判断是否到达一次 WAMS 测量周期。

为模拟 WAMS 的特性，需要增加以 WAMS 的测量步长 ΔT 为间隔的操作，将这一流程定为大步长子流程，而以仿真步长执行的仿真为小步长子流程。每开始一次大步长子流程时，将当前测量值和一个与其对应的时延数据增加到测量值缓冲数据序列和时延缓冲数据序列中，该时延数据既可以依次取自实际 WAMS 中实测的时延数据序列（即已知的时延数据序列），也可以是一个依据给定分布特性随机生成的时延数据，因而时延仿真可实现对已知的时延或随机生成的时延的模拟。同时各量测信号可使用独立的时延数据以模仿不同的信道特性。考虑到 RTDS 的实时仿真特性（即不需要指定仿真的开始和结束时刻），模拟已知时延数据序列时需要循环使用时延数据序列。执行小步长子流程时则不需要执行上述更新缓冲数据的步骤。

9.1.2 软实时与硬实时任务的时延仿真

基于以上分析，本章提出的方法可同时模拟软实时任务和硬实时任务的时延（参见第 8.1.3 节）。软实时任务的上行时延 T_{soft} 和硬实时任务的闭环时延 T_{C}（即 T_{hard}）分别由小步长和大步长子流程实现。

（1）对 T_{soft} 采用小步长仿真，以仿真步长 Δt 实时输出当前 WAMS 系统的最新数据而不受固定的测量周期 ΔT 影响。由于软实时任务需要在每个仿真步长下检测最新的可用数据，则以仿真系统的当前时刻为基准，在时延缓冲数据序列中逐一向前检测该时延数据对应的测量值缓冲数据是否可用。设第 i 个时延缓冲数据为 t_i，则判定条件为

$$t = t_i - i \cdot \Delta T - j \cdot \Delta t \tag{9-3}$$

若 $t > 0$ 则该值受时延影响，到当前时刻为止仍不可用，若 $t < 0$ 则该值在当前时刻可用。i、j 即数组指针，代表着当前时刻可用测量值的时标。

（2）对 T_{C} 采用大步长仿真，以 WAMS 测量步长 ΔT 为周期，定间隔输出数据及对应的时标信息，供后续使用。由于硬实时任务只操作 WAMS 数据，则大步长仿真只在仿真进行到大步长子流程时执行，此时 $j = 0$，检测最新可用数据的判定条件由式 (9-3) 退化为

$$t = t_i - i \cdot \Delta T \tag{9-4}$$

对多个量测进行的大步长子流程可以输出多个受不同时延影响的测量值及其时标，在仿真系统的当前时刻，多个量测可用的测量值的时标并不相同。在大步长子流程结束后，时延仿真方法可以嵌入依据时标对多个测量值进行同步处理的方法以模拟该方法受时延的影响，其中具体的同步处理方法按照仿真需求实现，可进行灵活扩展。

9.1.3 异常网络状态的模拟

仿真中可设定时延数据的特定值（即特征数值）对应丢包、粘包、错序、通信失败等各种异常网络状态，进而对这些异常状态进行模拟及处理。模拟方法为，在检测第 i 个时延缓冲数据对应的测量值是否可用前，先判定是否与预设的异常网络状态对应的特征数值之一相等，若有相等的情况，则需要进行针对该异常状态的相应处理；若不是异常状态，才判定测量值是否可用。

（1）丢包：若一个测量值的时延很大，超过了仿真设定的最大时延时，会造成该数据丢包的现象。以设定时延数据序列中数值 0 对应丢包情况为例，在每步仿真开始前预处理时延数据，时延超过 $\Delta T_{\max}$ 的数据视为丢包，对应的时延数据被置为 0，当仿真中检测到 $t_i = 0$ 时，则对应数据丢包，处理方法为去掉该测量数据。

（2）粘包：若一个量测值的时延比较大，当下一次通信开始时该测量值还没有到达接收端，即出现“先发后至”情况时，这在实际 WAMS 通信中的表现为粘包，即多个不同时刻的数据包同时到达接收端。与其他异常网络状态不同，粘包状态不是由时间序列中的对应数值决定，而是融合在测量值缓冲数据是否可用的判断中。

（3）错序：错序与粘包相似，也是“先发后至”，但区别是，由于 WAMS 为保证数据可靠性而具有数据重发机制，错序的数据通常被当作错误数据而舍弃，而粘包数据仍然为有效数据。

（4）通信失败：通信失败即为连续丢包的情况。

9.2　时延仿真的实现流程

仿真系统中 WACS 时延的仿真及相应的 WACS 操作可通过编程实现，并作为一个控制元件嵌入到电力系统数字仿真中，在每次仿真计算结束后执行，小步长子流程与大步长子流程混合处理可仿真 WACS 时延对实时任务的影响。设定关注的 WAMS 量测共有 K 个，并依次标记为第 k 个，$k = 1, \cdots, K$。

9.2.1　基本流程

本章提出的 WAMS 时延仿真方法的流程图如图 9.2 所示，由以下几个步骤组成。

步骤 1：开始仿真步长的时延仿真计算。

步骤 2：对关注的 K 个 WAMS 量测分别执行小步长子流程，输出量测受时延影响的值。

步骤 3：若到达 WAMS 测量周期，则执行大步长子流程，否则结束当前步长的时延仿真。

步骤 4：输出大步长子流程得到的 K 个量测对应数据及时标，这些时标并不相同，在此嵌入依据时标对 K 个量测协调处理的方法可以模拟该方法受时延的影响。以模拟时延对计算广域控制规律的影响为例，控制器反馈信号通常为两母线频率差，但两个频率受时延影响后的数据不同步，则可根据时标信息先同步数据后再做差作为反馈，最终计算出当前的最新控制量。

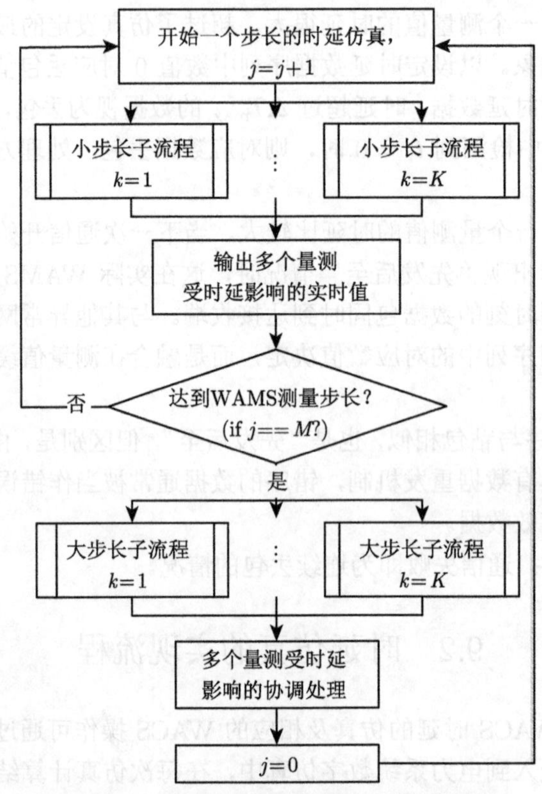

图 9.2 广域闭环控制系统时延的仿真流程

9.2.2 小步长子流程

对第 k 个量测执行小步长子流程以仿真步长实时输出该量测受时延影响的值，如图 9.3 所示。

步骤 1：根据变量 i 判断是否到达限定的处理时延的最大循环次数，若到达则结束小步长子流程，否则继续。

步骤 2：逐一判断测量值缓冲数据序列中的第 i 个受时延影响的测量值是否可用。记 t_i 为时延缓冲数据序列中读取第 k 个量测的第 i 个时延缓冲数据，首先判断是否为异常网络状态，若是异常状态则进行处理并进行下一次循环。

步骤 3：若不是异常状态，则继续判定该时刻受时延影响的测量值是否可用，判定条件为式 (9-3)，当循环至 $t<0$ 时，此时第 k 个量测的第 i 个测量值缓冲数据即为当前时刻可用的最新数据。

步骤 4：结束小步长子流程。

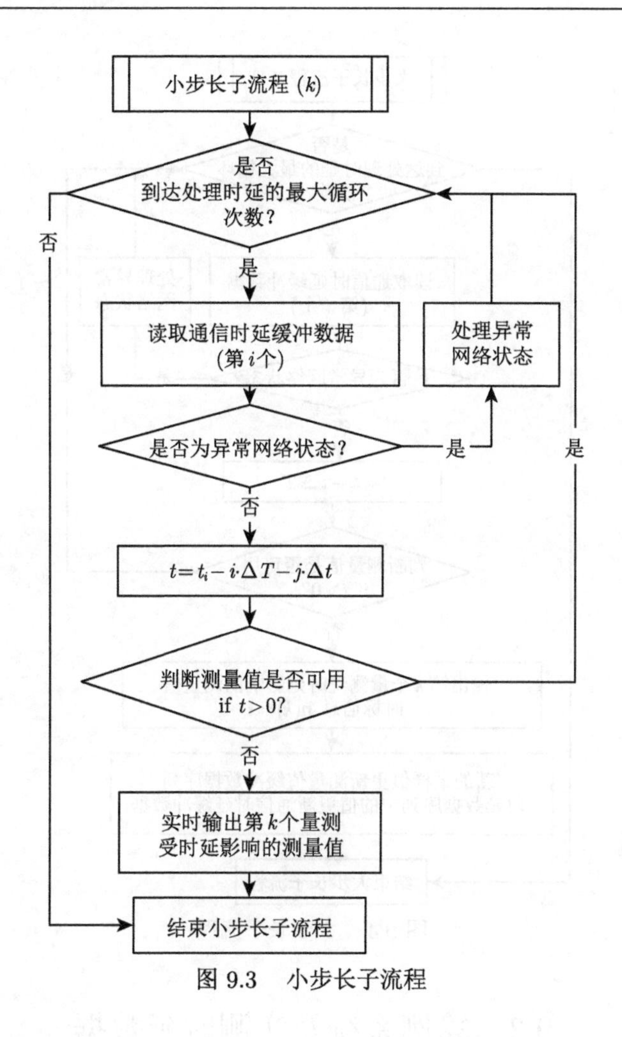

图 9.3 小步长子流程

9.2.3 大步长子流程

对第 k 个量测执行大步长子流程以 WAMS 测量步长输出量测受时延影响的值以及相应的时标，如图 9.4 所示。

步骤 1：同小步长子流程步骤 1、步骤 2。

步骤 2：同小步长子流程步骤 3，但判定条件变为公式 (9-4)，且记录变量 i 作为时标信息，此时第 k 个量测的第 i 个测量值缓冲数据即为当前时刻受时延影响的 WAMS 测量值，其时标信息，即 WAMS 数据库中数据对应的数组位置 $n(k)$ 代表数据的时标信息，$n(k)=i$，可由此同步同一时刻不同量测数据，一并输出测量值及其时标。

步骤 3：新的采样值更新测量值缓冲数据序列、新时延数据（取自时延数据序列或随机生成）更新时延缓冲数据，结束大步长子流程。

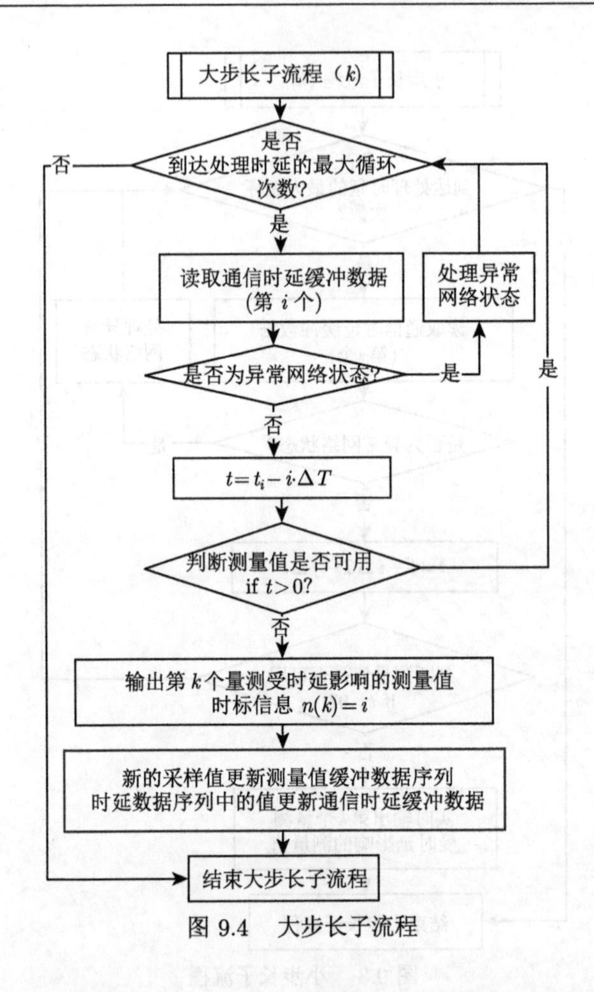

图 9.4　大步长子流程

9.3　算例系统及实测时延数据

本节对所提出的 WACS 时延数字仿真方法进行了 RTDS 嵌入式仿真验证。整个算例在 RTDS 中进行仿真，WACS 时延的仿真及实时任务作为一个器件由 CBuilder[192] 使用 C 语言编程实现。

算例使用的两区四机系统及其参数参见文献 [203]。在 8 号母线（区域联络线中点）上做 0.2 个周波的三相短路扰动，观测由区域 1（功率送端）送出的有功功率，该有功功率稳态值为 400 MW，扰动故障发生在第 0.75 s，仿真持续 10 s。设定观测的传输线有功功率受时延的影响，研究受时延影响的观测数据与不受时延影响的观测数据的差别以验证仿真结果。

使用的时延数据有实测的时延数据序列和随机生成的时延数据。

(1) 实测的时延数据为贵州电网 WAMS 系统中 A 电厂的上行时延（及软实

时任务的时延 T_{soft}），如图 9.5 所示，其中图 9.5(a) 为实测上行时延的数据点，图 9.5(b) 为实测上行时延的分布柱状图，该时延的范围主要在 37 ~ 41 ms，最大值为 187 ms，波动性较小但会出现 150 ms 以上的极限情况。

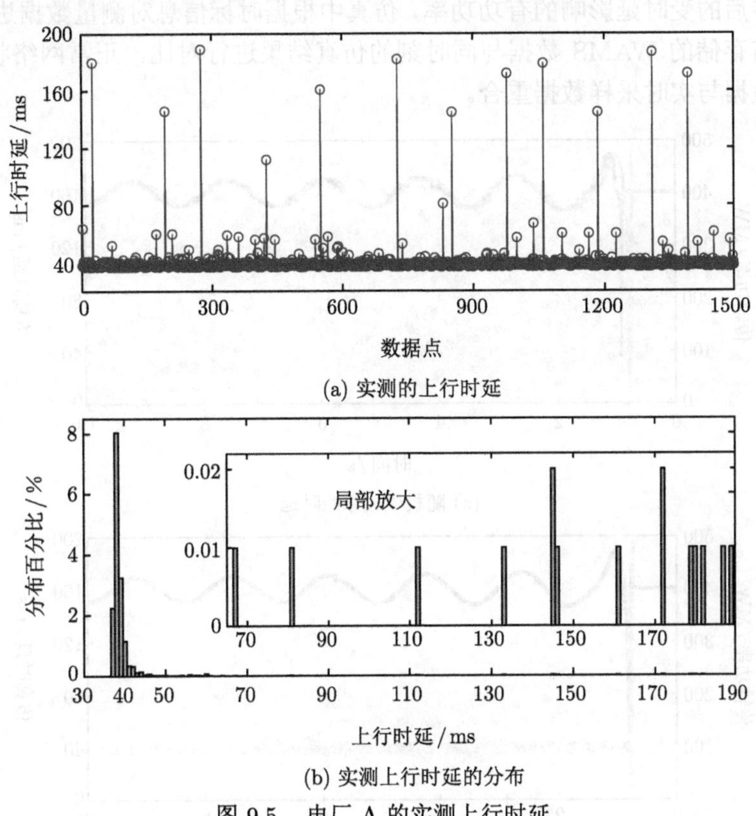

图 9.5 电厂 A 的实测上行时延

（2）随机数据序列是依据实际需求而设定的分布特性而生成的，此处示例性地假设时延的分布特性为正态分布，设定正态分布的平均值 $\mu = 80$ ms，标准差 $\sigma = 40$ ms。

9.4 仿真结果及分析

图 9.6 为传输有功功率随时间变化曲线及随机生成原始时延和实测原始时延的分布，两种原始时延的分布范围为 0 ~ 210 ms。两种时延数据序列中，时延超过 180 ms 的数据视为丢包；“先发后至”情况视为粘包。

图 9.7 和图 9.8 分别为传输有功功率随时间变化曲线及随机生成原始时延和实测原始时延的分布两种情况的放大。两图中传输的有功功率为 RTDS 的实测仿

真数据，软实时数据是提供给电力系统软实时任务的数据，即受时延影响的传输功率实时值，曲线上的空心圆标记是以 WAMS 测量步长间隔的实时采样数据。硬实时数据是提供给电力系统硬实时任务的数据，是使用仿真方法提供的时标信息进行同步后的受时延影响的有功功率，仿真中根据时标信息对测量数据进行存储，并最终将存储的 WAMS 数据与同时刻的仿真结果进行对比，正常网络状态下的硬实时数据与实时采样数据重合。

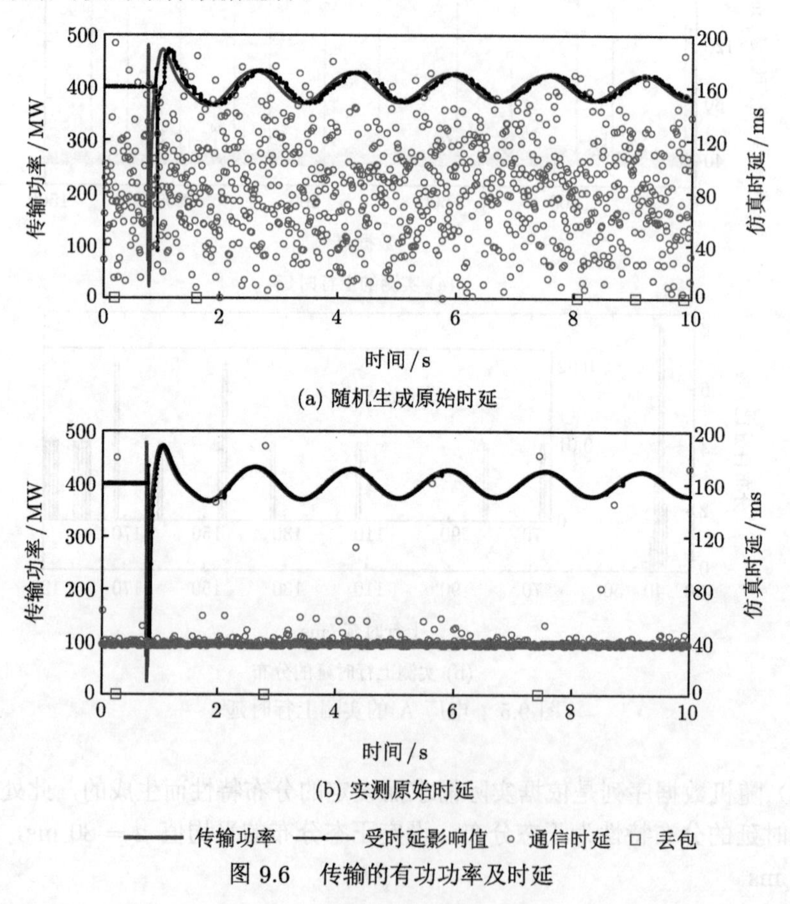

图 9.6 传输的有功功率及时延

图 9.7 中，A、E、F 点是未丢包和粘包的正常网络状态下的硬实时数据，与实时采样重合，证明本章提出的时延仿真方法可有效地仿真 WAMS 时延并准确进行 WAMS 的时标操作。B~C 的一系列数据点由于 B 点的时延非常大（约为 120 ms）而粘包，受时延影响值累积在一起，随机生成的时延数据标准差大导致软实时数据变化间隔不均匀。D 点的时延为 185 ms，被判断为丢包，软实时数据及硬实时数据没有相应数据点，时延仿真实现了对丢包的模拟。图 9.8 中，A 点的时延为 187 ms，被判断为丢包，B、C 两点由于 B 点时延大而粘包。

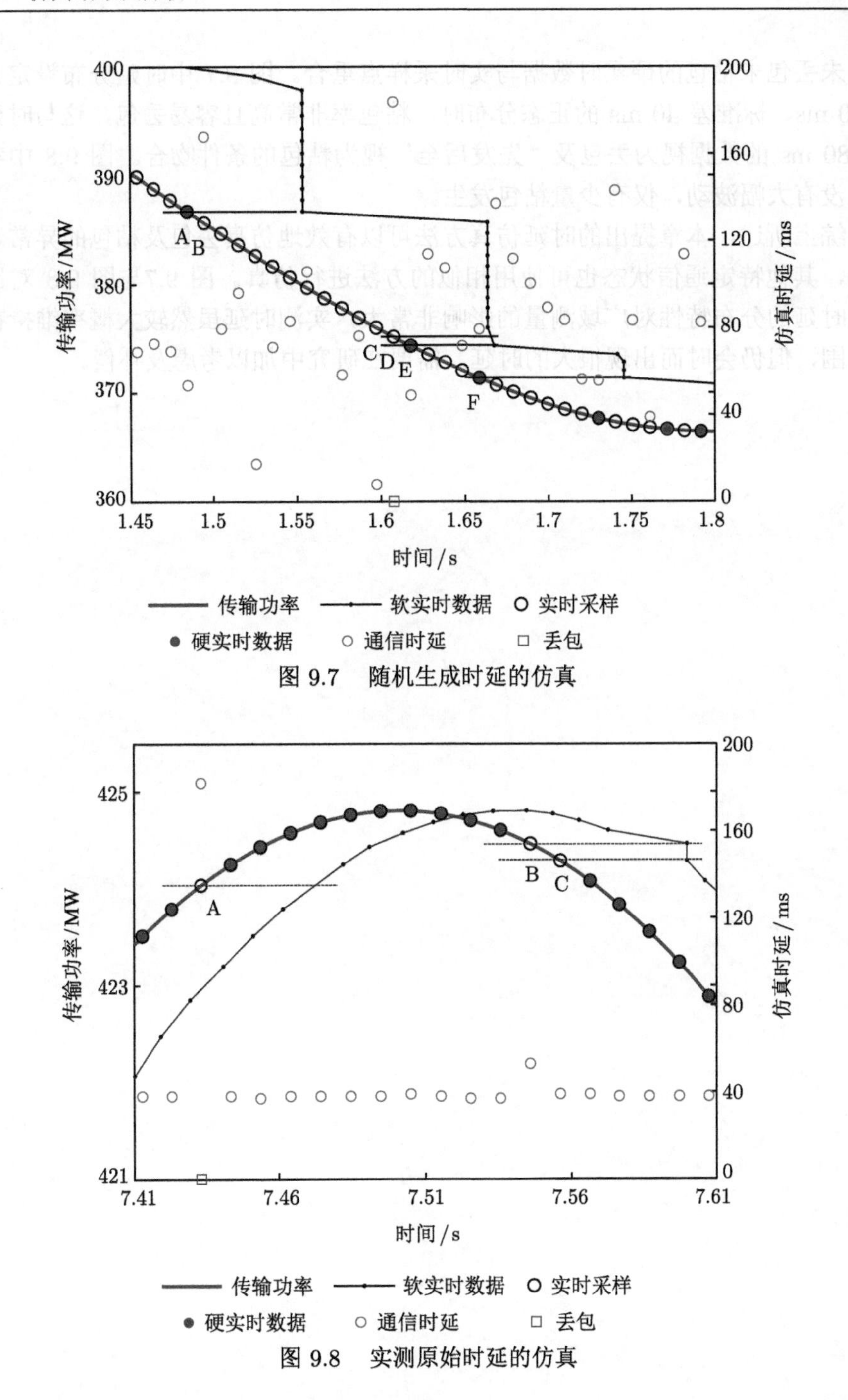

图 9.7 随机生成时延的仿真

图 9.8 实测原始时延的仿真

两图中均可见软实时数据的变化间隔随时延数据大小而改变，随机生成时延数据标准差大而变化间隔不均匀，实测时延数据标准差小而变化间隔几乎均匀。

同时未丢包未粘包的硬实时数据与实时采样点重合。图 9.7 中时延分布设定为均值 80 ms、标准差 40 ms 的正态分布时，粘包率非常高且容易丢包，这与时延超过 180 ms 的数据视为丢包及“先发后至”视为粘包的条件吻合。图 9.8 中实测时延没有大幅波动，仅有少量粘包发生。

综上所述，本章提出的时延仿真方法可以有效地仿真丢包及粘包的异常通信状态，其他特定通信状态也可使用相似的方法进行仿真。图 9.7与图 9.8 对比可见，时延的分布特性对广域测量的影响非常大，实测时延虽然较大概率维持在较小范围，但仍会时而出现很大的时延，需要在研究中加以考虑及补偿。

第 10 章 广域闭环控制系统时延的分层预测补偿

广域闭环控制系统中的测量信息与控制信息以高速通信网络为载体，在调度控制中心与各节点间双向传输，实现了实时的网络化闭环控制。作为信息网络化传输影响控制性能的主要因素，闭环控制系统的时延具有显著的随机分布性，同时，异常网络状态也将导致异常数据，时延与异常数据若得不到有效处理，则极有可能恶化控制性能，甚至导致系统不稳。

本章具体研究了 WACS 闭环时延的补偿方法，提出了与数据处理相结合的分层预测时延补偿方法。这种分层预测补偿方法将时延补偿与闭环控制系统中的数据处理相结合，在处理异常网络状态对数据影响的同时，使用增量自回归预测方法为控制策略提供近似的实时数据，并利用 WACS 中的测量数据与控制数据均带同步时标的特性实现了对随机分布性闭环时延的补偿。对广域控制规律而言，所有反馈及控制信息都是可实时获取与操作的，控制策略与时延补偿互相隔离而不受影响。最后，以在实测时延和随机时延条件下的 RTDS 仿真测试、硬件在环测试及现场试验对本章所提时延补偿算法进行验证。试验结果验证了分层预测补偿方法具有如下特点。

（1）分层预测补偿方法能有效补偿固定的或随机分布性的闭环时延，大幅度减小了时延对控制性能的影响。

（2）实现了闭环时延补偿与控制规律设计的分离，对于控制规律而言反馈信号可无时延地获取，控制信号也可无时延地下达。

（3）尽管在调度控制中心的集中式控制器中计算控制规律时，各控制通道的控制下行时延仍是未知的，但分层预测补偿方法仍能有效补偿各个通道各不相同的闭环时延。

（4）分层预测补偿方法的相位补偿特性与理想补偿特性完全吻合。

10.1 广域闭环控制系统的分层结构

电力系统广域闭环控制是典型的网络控制系统，主要设备包括安装于电力系统节点的相量测量单元 PMU、安装于控制点的网络控制单元 NCU 和安装于调度控制中心的广域网络控制服务器 WNCS，分别对应 NCS 的传感器、执行器和控制器。除以上主要设备外，搭载信息流的高速通信网络也是广域闭环控制的重要环节之一，PMU 至 WNCS 的数据上行通道与 WNCS 至 NCU 的控制下行通道均是以电力调度数据通信网为载体的 2-Mbps 专用通道。

为了在 WACS 系统的数据处理层面实现时延的补偿，首先对广域闭环控制系统中逐层实现的各项功能进行分类，得到其分层结构如图 10.1 所示。从底层向顶层依次包括硬件设备层、数据传输层、数据处理层和控制策略层，下层逐级为上层的基础，下层的影响逐级向上层传递。

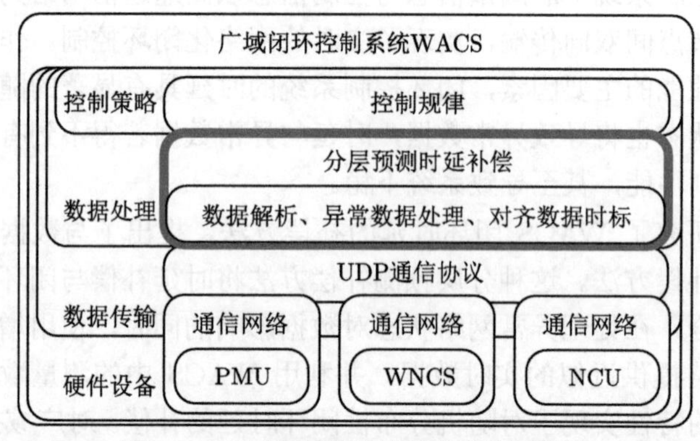

图 10.1　广域闭环控制系统的分层结构

本章提出的分层预测时延补偿方法处于数据处理层，将时延补偿方法与数据处理结合，通过对反馈信息的预测，为控制策略层的处理提供近似的实时数据，将闭环时延的影响限制在数据处理层以下。顶层的广域控制策略将不受时延影响，对于控制规律而言所有反馈及控制信息都是可实时操作的。

10.2　异常网络状态的补偿

广域闭环控制系统中上行测量数据和下行控制数据的传输均以电力系统高速通信网络（如 SPDnet）为载体。尽管电力系统高速通信网络是专用网络，但其使用的通信技术及通信设备与通常的互联网是类似的，同样存在异常网络状态，只是出现的概率远小于互联网。虽然异常网络状态出现的概率很低，但是由于电力系统广域闭环控制是严格的硬实时通信任务，所以异常网络状态将严重影响闭环控制系统的控制性能，甚至导致闭环控制系统引起电网的不稳定。

异常网络状态通常有丢包、粘包、错序和通信失败。根据如图 10.1 所示的广域闭环控制系统的分层结构，异常网络状态导致的数据异常处理处于数据处理层。异常网络状态可能导致数据包丢失，或在接收到数据包并解析以后得到的数据有异常，此时需要对异常数据进行补偿。在广域闭环控制中，针对受异常网络状态影响的数据，可以使用数据插值的方法进行补偿。

广域闭环控制中处理异常数据的数据插值方法有以下特点。

（1）在电力系统通信网络正常运行时，异常数据的比例很低，通常在很长一段数据中只有一个数据点缺失（如丢包、错序导致的异常数据）。

（2）广域闭环控制中使用的反馈信号通常具有较大的惯性，如发电机的功角、转速等，这种信号在短时间内不会出现突变，即相对于广域闭环控制的时间尺度来讲（通常为几十 ms），信号的变化是平滑的，不需要使用复杂的插值函数即可获得足够精度的插值数据。

（3）对数据的实时性要求高，因而插值算法的计算量要尽可能的小且稳定。

综上所示，最简单的线性插值算法（linear interpolation，LI）即可满足广域闭环控制中处理异常数据的要求。本章针对异常网络状态导致的异常数据均由线性插值方法进行补偿。线性插值的插值函数为

$$p(t) = y_0 + \frac{y_1 - y_0}{t_1 - t_0}(t - t_0) \tag{10-1}$$

式中，$p(t)$ 为插值函数；t_0 和 t_1 分别为两个有效数据的时标；y_0 和 y_1 分别为两个有效数据的值。设定需要插值的数据的时标为 t_i，值为 y_i，则 $y_i = p(t_i)$。

受异常网络状态影响的异常数据有两种，一种是应该接收到新数据包而没收到，这种异常数据之后没有新的有效数据点，这种情况下的异常数据被作为受时延影响而尚未获得的数据，由时延补偿方法进行处理；另一种是异常数据丢失或错序，这种异常数据后有最新的有效数据点，这种情况下的异常数据可使用线性插值方法进行补偿，线性插值均为内插值。针对丢包、粘包、错序和通信中断，具体的处理方法分别如下。

（1）丢包，直接根据前后的有效数据进行线性内插值。

（2）粘包，粘包解析出的数据仍为有效数据，不需要插值。

（3）错序，多个错序的数据中仅保留最新的一个数据点，其他数据按照丢包处理，使用线性内插值进行补偿。

（4）通信中断，没有最新的有效数据，由时延补偿方法进行补偿，当超出可补偿的最大时延后，暂停广域闭环控制系统的控制功能，当通信恢复后再恢复控制功能。

10.3 闭环时延的分层预测补偿

10.3.1 简化的广域闭环控制系统

为方便阐述闭环时延的分层预测补偿方法，将广域闭环控制系统简化为如图 10.2 所示的结构。

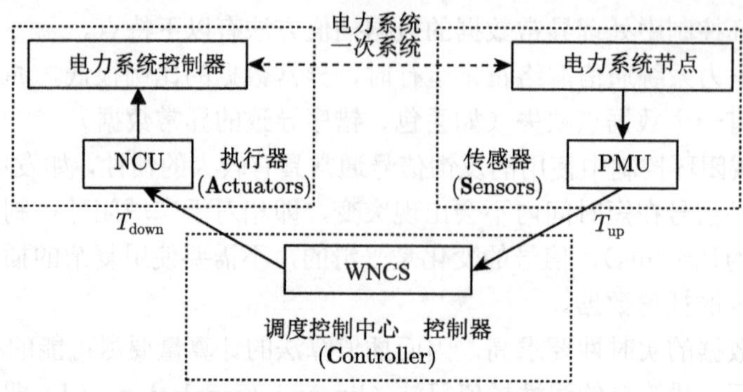

图 10.2 简化的广域闭环控制系统

以 S、C、A 分别标记传感器、控制器、执行器，做以下设定：① 若 PMU 采集数据的时刻为 t_{s}，则此时的测量数据 $x_{(\mathrm{s})}$ 带时标 t_{s}；② WNCS 获取 $x_{(\mathrm{s})}$，并计算控制规律后下发的时刻为 t_{c}；③ NCU 接收 t_{c} 时刻发出的控制指令并执行的时刻为 t_{a}。根据上述设定，则有如下结果。

（1）数据上行总时延 T_{up}：

$$T_{\mathrm{up}}=t_{\mathrm{meas}}+t_{\mathrm{up}}+t_{\mathrm{syn}}=t_{\mathrm{c}}-t_{\mathrm{s}} \tag{10-2}$$

当广域闭环控制的反馈信号有多个时，T_{up} 取所有反馈信号通道中最大的数据上行总时延。

（2）控制下行总时延 T_{down}：

$$T_{\mathrm{down}}=t_{\mathrm{down}}+t_{\mathrm{ctrl}}=t_{\mathrm{a}}-t_{\mathrm{c}} \tag{10-3}$$

（3）闭环时延 T_{C} 为数据上行总时延与控制下行总时延之和，有

$$T_{\mathrm{C}}=T_{\mathrm{up}}+T_{\mathrm{down}}=t_{\mathrm{a}}-t_{\mathrm{s}} \tag{10-4}$$

（4）设定闭环时延的最大值为 $\Delta T_{\max}$，凡是时延超过 $\Delta T_{\max}$ 的数据按丢包处理，即从 PMU 采样开始，NCU 最迟接收到控制数据的时刻为 $t_{\mathrm{a\_max}}$，则 $t_{\mathrm{a\_max}}=t_{\mathrm{s}}+\Delta T_{\max}$。最大闭环时延 $\Delta T_{\max}$ 由实际应用环境决定，尽管闭环时延具有分布特性，但绝大部分都不会大于 $\Delta T_{\max}$。

闭环时延 T_{C} 对广域控制的影响体现在：NCU 在时刻 t_{a} 施加至控制器的控制量的时标应为 t_{a}；但 WNCS 计算时标为 t_{a} 的控制量时，已知的只有时刻 t_{s} 及之前的 PMU 测量数据；若直接将由此计算得到的控制量施加至控制器，则会产生 T_{C} 的延迟。为此首先需要补充 t_{s} 至 t_{a} 时刻的缺失测量数据以补偿实时变化的 T_{C}。

10.3.2 分层预测补偿方法

分层预测时延补偿方法由 WNCS 和 NCU 中的操作共同实现。

1. WNCS 中的操作

首先不考虑网络通信的影响，假定无时延及数据丢失，在此条件下设计控制规律，得到其传递函数为 $G(s)$。分层预测补偿方法在 WNCS 中的执行步骤如图 10.3 的时序图所示。

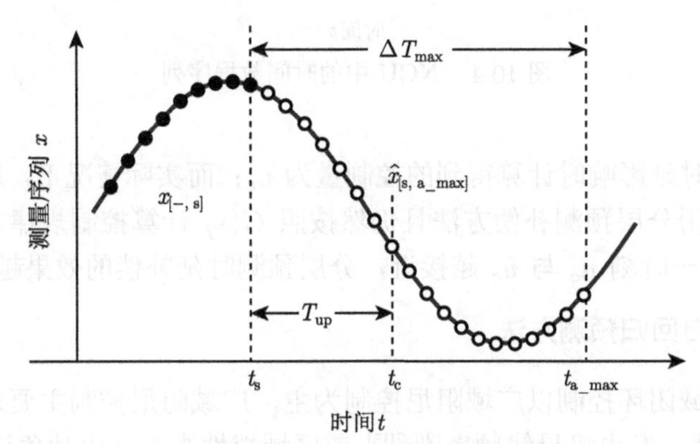

图 10.3 WNCS 中的时间数据序列

步骤 1：设时标为 t_s 的测量数据为 $x_{(s)}$，WNCS 获取 $x_{(s)}$ 的时刻为 t_c，此时 WNCS 不能预计当前计算的控制量到达 NCU 的时刻（即 t_a）。考虑最坏情况下闭环时延最大值 $\Delta T_{\max}$，为此需要时刻 t_s 至 $t_{a\_\max}$ 间的测量数据序列 $x_{[s,a\_\max]}$，以计算控制规律。

步骤 2：当前已知时刻 t_s 及之前的 PMU 测量数据序列 $x_{[-,s]}$，依据 $x_{[-,s]}$ 进行预测得到 $\hat{x}_{[s,a\_\max]}$ 以近似 $x_{[s,a\_\max]}$，预测方法将在第 10.3.3 节详述。

步骤 3：以 $x_{[-,s]}$ 及 $\hat{x}_{[s,a\_\max]}$ 组成的时刻 $t_{a\_\max}$ 前的测量数据序列作为输入，根据传递函数 $G(s)$ 计算得到预测控制量序列 $\hat{u}_{c[s,a\_\max]}$，以近似不受时延影响的控制量序列 $u_{c[s,a\_\max]}$，并将 $\hat{u}_{c[s,a\_\max]}$ 下发至 NCU。

2. NCU 中的操作

分层预测补偿方法在 NCU 中的执行步骤如图 10.4 所示。NCU 获取 WNCS 发送的预测控制量序列 $\hat{u}_{c[s,a\_\max]}$，从同步授时模块中获取的当前绝对时刻为 t_a，从 $\hat{u}_{c[s,a\_\max]}$ 中选取时标为 t_a 的预测控制量 $\hat{u}_{c(a)}$ 作为最终的控制输出，完成闭环控制。

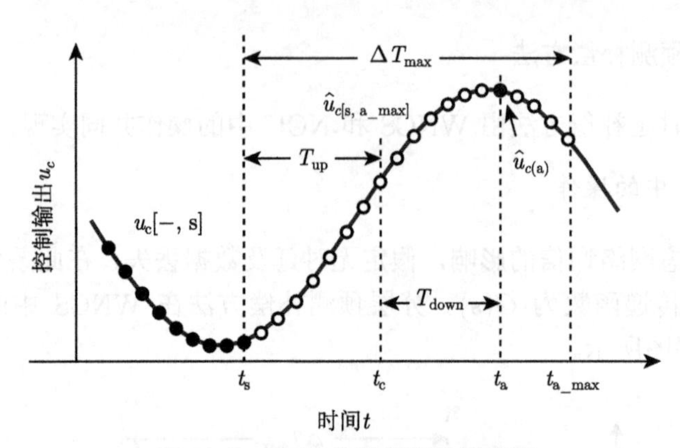

图 10.4　NCU 中的时间数据序列

若不考虑时延影响时计算得到的控制量为 u_c；而实际情况下，反馈信号将受时延影响，使用分层预测补偿方法且仍然按照 $G(s)$ 计算控制规律，得到最终控制量为 $\hat{u}_c$，同一时刻 u_c 与 $\hat{u}_c$ 越接近，分层预测时延补偿的效果越好。

10.3.3　增量自回归预测方法

目前的广域闭环控制以广域阻尼控制为主，广域阻尼控制主要选择区间联络线有功功率[204]、发电机母线频率[26,205] 或区域惯性中心（由功角计算得到）[206]作为反馈信号。对这三种量的预测方法已经有大量研究[207,208]，但适用于广域控制时延分层预测补偿的预测方法应具有以下特征：

（1）计算量小，实时性强。

（2）保证极短时间内的精度（即 $\Delta T_{\max}$，通常约为 150 ~ 200 ms）即可。

（3）为保证适应性及可靠性，预测应不依赖系统模型。测量序列预测方法需针对实际应用中反馈信号类型及最大闭环时延选取，以达到最佳的预测准确性及快速性。

由于自回归（auto regression, AR）预测算法[209] 计算量小且不依赖系统模型，其短期预测效果满足需求。本章在 AR 算法的基础上，提出了一种增量自回归预测算法，适用于分层预测时延补偿中的测量数据预测。以发电机转速为例，m 阶的转速增量 $\Delta\omega$ 自回归模型为

$$\Delta\omega(k+1)=\sum_{i=1}^{m}\alpha_i\Delta\omega(k-i+1)+\varepsilon(k) \tag{10-5}$$

式中，$\Delta\omega(k+1)$ 为第 $k+1$ 步的转速增量预测值；$\alpha_1,\alpha_2,\cdots,\alpha_{\mathrm{m}}$ 为自回归模型的系数；$\varepsilon(k)$ 表示模型误差。式 (10-5) 表示某一时刻的转速可以用之前依次 m

个时刻转速及模型误差的线性组合表示。为计算模型系数，取 n 组 m 个时刻的采样，则式 (10-5) 的矩阵形式为

$$\Delta\boldsymbol{\omega}(n)=\boldsymbol{W}(n)\boldsymbol{A}(m)+\boldsymbol{E}(n) \tag{10-6}$$

式中

$$\boldsymbol{W}(n)=\begin{bmatrix} \Delta\omega(0) & \Delta\omega(-1) & \cdots & \Delta\omega(1-m) \\ \Delta\omega(1) & \Delta\omega(0) & \cdots & \Delta\omega(2-m) \\ \vdots & \vdots & \ddots & \vdots \\ \Delta\omega(n-1) & \Delta\omega(n-2) & \cdots & \Delta\omega(n-m) \end{bmatrix}_{n\times m} \tag{10-7}$$

式中，$\Delta\boldsymbol{\omega}(n)=[\Delta\omega(1),\Delta\omega(2),\cdots,\Delta\omega(n)]_{n\times 1}^{\mathrm{T}}$ 为采样数据；m 为模型阶数；$\boldsymbol{A}(m)=[\alpha_1,\alpha_2,\cdots,\alpha_m]_{m\times 1}^{\mathrm{T}}$ 为模型系数；$\boldsymbol{E}(n)=[\varepsilon_1,\varepsilon_2,\cdots,\varepsilon_n]_{n\times 1}^{\mathrm{T}}$ 为误差向量；$\boldsymbol{W}(n)$ 为之前时刻转速数据矩阵。根据最小二乘法则，模型系数的表达式为

$$\boldsymbol{A}(m)=\left[\boldsymbol{W}^{\mathrm{T}}(n)\boldsymbol{W}(n)\right]^{-1}\boldsymbol{W}^{\mathrm{T}}(n)\Delta\boldsymbol{\omega}(n) \tag{10-8}$$

根据求解得到的 $\boldsymbol{A}(m)$ 即可计算第 $k+1$ 步的预测值：

$$\Delta\hat{\omega}(k+1)=\sum_{i=1}^{m}\alpha_i\Delta\omega(k-i+1) \tag{10-9}$$

在每次预测开始前，选取长度为 n 的数据窗计算 AR 模型系数。由于需要得到一个预测测量数据序列，则该序列中元素的表达式如式 (10-10) 所示，即预测序列元素为部分之前预测值和部分已知值的线性组合。

$$\Delta\hat{\omega}(k)=\sum_{j=1}^{\min(k-1,m)}\alpha_j\Delta\hat{\omega}(k-j)+\sum_{i=1}^{\max(m-k+1,0)}\alpha_i\Delta\omega(k-i) \tag{10-10}$$

在实际实现过程中，首先根据已知的转速数据 $\omega_{[-,\mathrm{s}]}$ 计算得到转速增量数据 $\Delta\omega_{[-,\mathrm{s}]}$；然后根据上述步骤，由 $\Delta\omega_{[-,\mathrm{s}]}$ 预测得到转速增量的预测值 $\Delta\hat{\omega}_{[\mathrm{s,a\_max}]}$；最后，由 $\Delta\hat{\omega}_{[\mathrm{s,a\_max}]}$ 和 $\omega_{[-,\mathrm{s}]}$ 进一步获得预测的转速数据序列 $\hat{\omega}_{[\mathrm{s,a\_max}]}$。

特别的，若 $m=2$，且直接取 $\alpha_1=2$，$\alpha_2=-1$，则有

$$\Delta\hat{\omega}(k+1)=2\Delta\omega(k)-\Delta\omega(k-1) \tag{10-11}$$

此时 AR 算法退化为简单的线性外插值预测方法。

10.4 分层预测时延补偿方法的特性研究

10.4.1 理想时延补偿的特性

广域闭环控制系统中理想的时延补偿环节的相位补偿值可以由下式计算得到。

$$\begin{aligned}\theta_{\text{Ideal}} &= 2\pi \cdot T_{\text{C}} \cdot f \ (\text{rad}) \\ \theta_{\text{Ideal}} &= 360 \cdot T_{\text{C}} \cdot f \ (°)\end{aligned} \tag{10-12}$$

式中，T_{C} 为闭环时延；f 为低频振荡的频率；θ_{Ideal} 为相应闭环时延 T_{C} 和频率 f 条件下的理想相位补偿值。即当 T_{C} 固定时，θ_{Ideal} 正比于 f；而当 f 固定时，θ_{Ideal} 正比于 T_{C}。

当广域闭环控制系统应用于实际电力系统中时，闭环时延 T_{C} 是变化的，同时振荡频率也随系统运行工况的变化而在一定范围内变化。图 10.5 为当 T_{C} 与 f 变化时，θ_{Ideal} 的变化值。

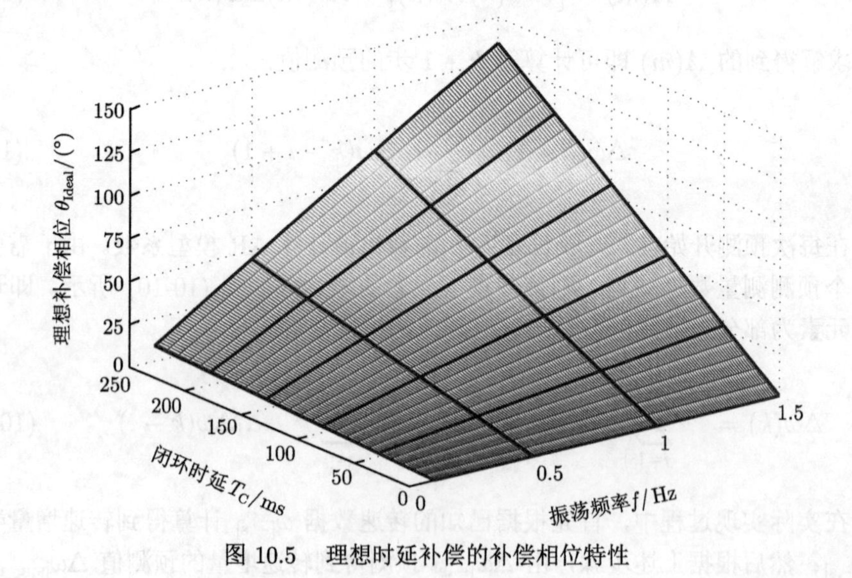

图 10.5 理想时延补偿的补偿相位特性

10.4.2 分段时延补偿的特性

为了对比研究分层预测时延补偿方法的特性，本小节引用了文献 [88] 中所述的分段时延补偿方法（adaptive time delay compensator，ATDC），所使用的时延补偿方法及所有参数均与文献 [88] 中的完全相同。

文献 [88] 中所提出的分段时延补偿方法 ATDC 的核心思想是，预先设定一系列超前补偿环节，每个超前补偿环节对应于一个闭环时延的区间，当实测到闭环时延时，根据闭环时延的值选择相应的超前补偿环节并补偿由闭环时延引起的控制器输出相位滞后。这种时延补偿方法是针对较长时间内的闭环时延补偿，其超前补偿环节的切换时间间隔为 5 s，在较短时间内可以看作是固定时延补偿。

ATDC 方法中的超前补偿环节传递函数为

$$H_{\mathrm{c}}(s,\tau)=K_{\mathrm{c}}(\tau)\frac{1+sT_{\mathrm{c1}}(\tau)}{1+sT_{\mathrm{c2}}(\tau)} \tag{10-13}$$

式中，各参数的含义如表 10.1 所示。设定时延补偿共分为 m 个区间，则 $i=1,2,\cdots,m$；$(\tau_{i-1},\tau_i]$ 为第 i 个时延区间；$\tau_{\mathrm{c}i}$ 为第 i 个区间对应的设计补偿时延；K_{c}、T_{c1} 及 T_{c2} 为传递函数参数。

如果广域闭环控制器是针对角频率为 ω 的振荡模式设计的，则根据式 (10-12)，时延 $\tau_{\mathrm{c}i}$ 引起的相位滞后为 $\varphi_{\mathrm{c}i}=\omega\tau_{\mathrm{c}i}$。补偿环节传递函数的 K_{c}、T_{c1} 由式 (10-14) 计算得到，而 T_{c2} 根据动态响应速度选择，通常选取 0.05 ~ 0.1 s 间的某一值。

$$\begin{aligned}T_{\mathrm{c1}}(\tau_{\mathrm{c}i})&=\frac{\tan\varphi_{\mathrm{c}i}+T_{\mathrm{c2}}(\tau_{\mathrm{c}i})\omega}{\omega-T_{\mathrm{c2}}(\tau_{\mathrm{c}i})\omega^2\tan\varphi_{\mathrm{c}i}}\\K_{\mathrm{c}}(\tau_{\mathrm{c}i})&=\frac{1}{|(T_{\mathrm{c1}}(\tau_{\mathrm{c}i})\cdot\mathrm{j}\omega+1)\,(T_{\mathrm{c2}}(\tau_{\mathrm{c}i})\cdot\mathrm{j}\omega+1)|}\end{aligned} \tag{10-14}$$

表 10.1　ATDC 方法超前补偿环节传递函数参数

编号	时延区间	设计的补偿相位 $\tau_{\mathrm{c}i}$	$K_{\mathrm{c}}(\tau)$	$T_{\mathrm{c1}}(\tau)$	$T_{\mathrm{c2}}(\tau)$
i	$(\tau_{i-1},\tau_i]$	$\tau_{\mathrm{c}i}=\dfrac{\tau_{i-1}+\tau_i}{2}$	$K_{\mathrm{c}}(\tau_{\mathrm{c}i})$	$T_{\mathrm{c1}}(\tau_{\mathrm{c}i})$	$T_{\mathrm{c2}}(\tau_{\mathrm{c}i})$

为了研究分段时延补偿 ATDC 方法的相位补偿特性，使用了适用于四机两区域系统实例中的 ATDC 参数[88]，该四机两区域系统是研究低频振荡问题的典型系统[203]，后文也将使用该系统进行算例研究。该四机两区域系统实例中的低频振荡频率为 0.6153 Hz，即 $\omega=3.8661$ (rad/s)。该 ATDC 补偿方法中，设定最大补偿的时延为 250 ms，补偿的相位分为 6 个区间，每个区间 10°，进而可计算得到每个补偿相位区间对应的补偿时延区间，并根据表 10.1 及式 (10-14) 计算得到各超前补偿环节的参数，结果如表 10.2 所示。

根据如式 (10-13) 所示的 ATDC 方法分段传递函数，可以得到 ATDC 方法的补偿相位 θ_{ATDC} 在不同频率 f 和闭环时延 T_{C} 条件下的变化特性，结果如图 10.6 所示。

表 10.2 ATDC 方法超前补偿环节参数的四机两区域系统实例

编号	滞后相位/(°)	时延区间/ms	τ_{ci}/ms	$K_c(\tau)$	$T_{c1}(\tau)$/s	$T_{c2}(\tau)$/s
1	(0, 10]	(0, 45.1]	22.6	0.973	0.095	0.07
2	(10, 20]	(45.1, 90.3]	67.7	0.896	0.150	0.07
3	(20, 30]	(90.3, 135.4]	112.9	0.792	0.218	0.07
4	(30, 40]	(135.4, 180.6]	158.0	0.664	0.310	0.07
5	(40, 50]	(180.6, 225.7]	203.2	0.517	0.451	0.07
6	(50, 55.4]	(225.7, 250]	237.9	0.391	0.635	0.07

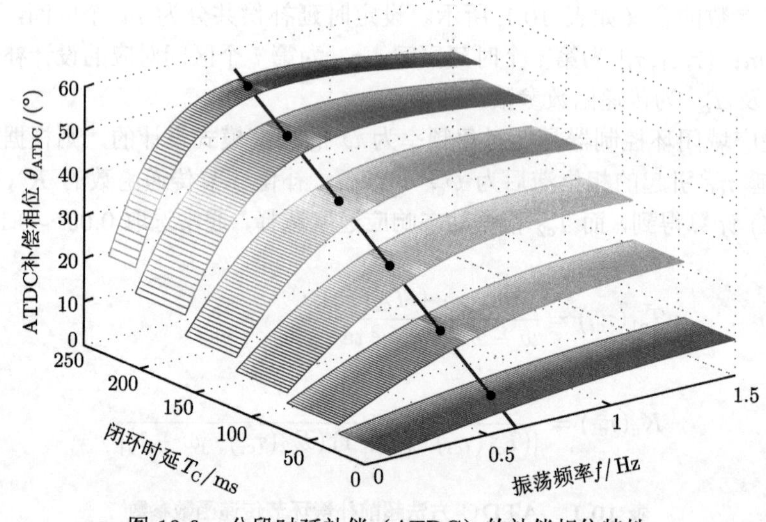

图 10.6 分段时延补偿（ATDC）的补偿相位特性

（1）由于 ATDC 方法是仅针对设计频率（0.6153 Hz）设计的，且各补偿时延区间是针对其中一个时延点 τ_{ci} 设计的（即图 10.6 中所示的由直线连接的数据点），所以只有该设计频率和设计时延点所对应的补偿相位是准确的，在其他时延和频率点上的相位补偿都是有误差的。

（2）振荡频率偏离设计频率时上述相位补偿的误差将变得非常大，典型的补偿点对应的 ATDC 与理想的补偿相位值对比结果如表 10.3 所示。例如当振荡频率为 1 Hz 且时延为 250 ms 时，ATDC 方法和理想的补偿相位分别为 52.2° 和 90°，而当振荡频率为 1.5 Hz 且时延为 250 ms 时，ATDC 方法和理想的补偿相位分别为 47.1° 和 135°。也就是说，ATDC 方法仅适用于振荡频率在设计频率附近时的情况，而在振荡频率偏离设计频率较大时根本不可用。

（3）ATDC 方法中处理变化的闭环时延的方法是用过切换不同的超前补偿环节实现的，这导致 ATDC 方法有以下难以避免的劣势。① 选择补偿环节需要先获取时延大小，这使得 ATDC 不能补偿未知的下行时延 T_{down}（见式 (10-3)）而只能应用于控制终端（即只适用于分散式控制）；② 超前环节的切换策略是根据过去一段时间内的时延平均值制定的，因而即使切换也是针对某一时延值而不是对应实时变化的时延，并不能保证时延补偿效果；③ 切换超前环节将对系统带来额外的扰动，而这显然是时延补偿方法应尽量避免的。

表 10.3 理想、ATDC 及 PHDC 的相位补偿特性对比

编号	补偿点		补偿相位值				
	频率 f/Hz	闭环时延 T_{C}/ms	$\theta_{\mathrm{Ideal}}/(^\circ)$	$\theta_{\mathrm{ATDC}}/(^\circ)$	$\theta_{\mathrm{PHDC}}/(^\circ)$ 线性预测	$\theta_{\mathrm{PHDC}}/(^\circ)$ m3n5①	$\theta_{\mathrm{PHDC}}/(^\circ)$ m10n20②
1	0.5	250	45.00	50.97	37.80	45.00	102.47
2	1	250	90.00	52.19	56.24	90.00	116.99
3	1.5	250	135.00	47.10	64.72	135.00	180.65
4	1.5	200	108.00	43.35	59.95	108.00	148.30
5	1.5	150	81.00	37.69	52.93	81.00	137.77
6	1.5	100	54.00	30.63	42.02	54.00	128.62
7	1.5	50	27.00	21.31	24.71	27.00	110.35

① “m3n5” 代表 AR 算法，$m=3$、$n=5$。

② “m10n20” 代表 AR 算法，$m=10$、$n=20$。

10.4.3 分层预测时延补偿的特性

为了研究本章所提出的分层预测时延补偿方法（prediction-based hierarchical delay compensation，PHDC）的相位补偿特性，分别计算了不同振荡频率 f 和闭环时延 T_{C} 条件下的 PHDC 相位补偿特性。计算采用扫频方法：首先分别生成不同振荡频率的正弦原始数据；然后使用 PHDC 方法分别补偿不同的时延，得到 PHDC 方法的实际数据；最后使用 Prony 分析方法[133,134] 分别计算原始数据与实际数据的相位，并将两者做差，得到 PHDC 方法的相位补偿特性。使用这种简单的扫频方法是出于以下考虑，PHDC 方法处理的数据为广域反馈信号，这类信号通常不会有剧烈的幅值突变和频率突变，因而扫频方法的结果可代表在实际应用中振荡频率和闭环时延都变化的情况下（在实际的低频振荡中振荡频率会发生小幅变化）PHDC 方法的相位补偿特性。

在下述特性分析中，测量序列的预测方法使用了第 10.3.3 节中的增量自回归方法（AR 算法），但是 AR 算法所取的参数分为三种，分别为 AR 算法退化为如式 (10-11) 所示的线性外插值预测算法；$m=3$、$n=5$ 的 AR 算法；$m=10$、$n=20$ 的 AR 算法。计算得到的 PHDC 方法的相位补偿特性分别如图 10.7～图 10.9 所示，而典型的补偿点对应的理想、ATDC 及 PHDC 的补偿相位值对比结果如表 10.3 所示。

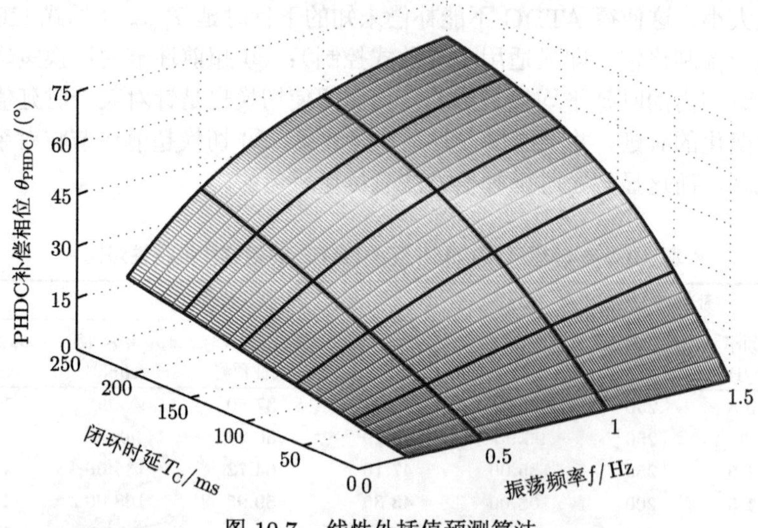

图 10.7　线性外插值预测算法

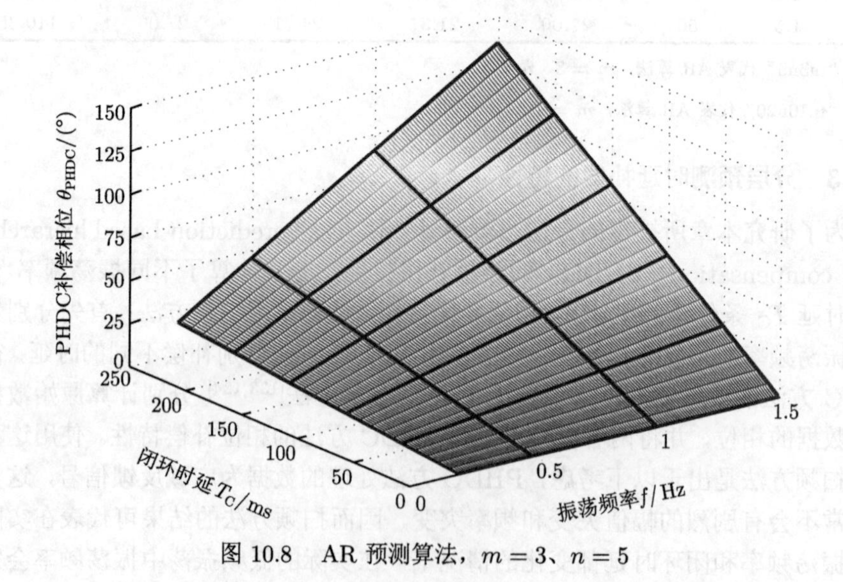

图 10.8　AR 预测算法，$m = 3$、$n = 5$

上述结果互相对比可得到如下结论。

（1）图 10.7 中，在 PHDC 方法采用线性外插值预测算法的条件下，当振荡频率小于 1 Hz 且时延较小时，PHDC 的相位补偿特性较接近理想相位补偿特性，可较有效地补偿时延影响；然而当频率大于 1 Hz 或时延较大时，补偿的相位开始显著小于理想值（表 10.3），这种 PHDC 方法开始变得不可用。产生这种现象的原因是线性外插值预测算法不容易处理振荡频率较高的信号。

（2）图 10.8 中，在 PHDC 方法采用 $m = 3$、$n = 5$ 的 AR 算法预测时，在频率为 0.1 ~ 1.5 Hz 及时延为 0 ~ 250 ms 的范围内，PHDC 的相位补偿特性均与如图 10.5 所示的理想特性完全吻合。如表 10.3 所示，即此时的 PHDC 方法适用于在上述范围内实时变化的振荡频率和闭环时延条件下的时延补偿，且相位补偿特性非常理想。这种 AR 算法可达到理想相位补偿特性的原因是，$m = 3$、$n = 5$ 较适应于 0.1 ~ 1.5 Hz 这一振荡频率变化范围及最大 250 ms 的预测长度。

（3）图 10.9 中，在 PHDC 方法采用 $m = 10$、$n = 20$ 的 AR 算法预测时，相位补偿特性与理想特性相比畸变严重而完全不可用，如表 10.3 所示。这是因为，与振荡频率和预测长度（250 ms）相比，计算 AR 系数的数据组数 n 及 AR 阶数 m 均过大，导致预测时引入了过多之前的信息而降低了预测精度，进而导致此时的 PHDC 方法不可用。

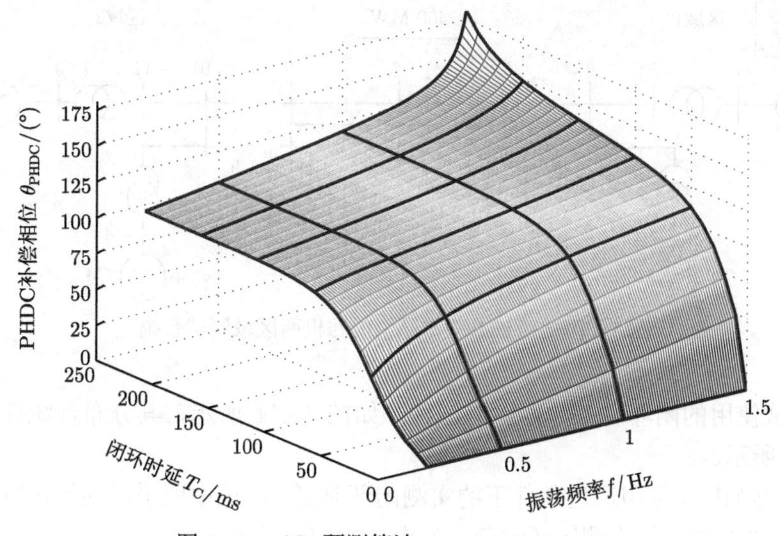

图 10.9　AR 预测算法，$m = 10$、$n = 20$

综上分析，采用 $m = 3$、$n = 5$ 的 AR 算法作为分层预测补偿方法中的测量序列预测方法可获得非常理想的相位补偿特性，下文所有算例研究中的分层预测补偿方法均采用 $m = 3$、$n = 5$ 的 AR 算法作为测量序列预测方法。

10.5　四机系统 RTDS 数值仿真测试

RTDS 数值仿真中使用了如图 10.10 所示的四机两区域系统，其参数如文献 [203] 所述。这是一个已广泛用于研究电力系统低频振荡的基准测试系统。本地振荡模式的阻尼由本地 PSS 提供，本地 PSS 使用本地发电机转速作为输入。

广域闭环控制系统为一个安装于同步发电机的附加励磁控制器，即 WPSS 控制器。WPSS 的输出与本地 PSS 的输出叠加后加至所选机组的励磁系统，以提供区域间模式的阻尼。测试系统中，G1 和 G3 安装了本地 PSS[203]，其输出限幅为 ±0.15 p.u.，G1 安装了 WPSS，其设计如文献 [205] 所述，使用 G1 与 G3 的转速差 ω_{13} 作为输入信号，其传递函数如式 (10-15) 所示。所有的测试故障均为 8 号母线发生三相短路 2 周波（即 33.33 ms）后切除。

$$G_{\mathrm{WPSS}}(s)=26\frac{10s}{1+10s}\left(\frac{1+0.324s}{1+0.212s}\right)^2 \tag{10-15}$$

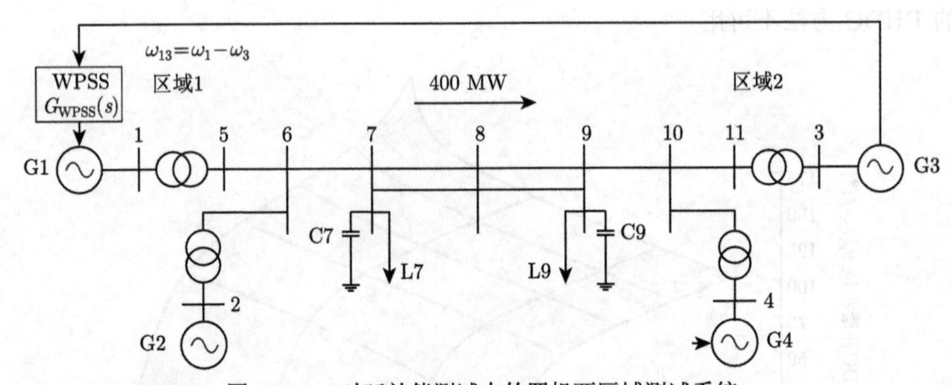

图 10.10　时延补偿测试中的四机两区域测试系统

测试使用的闭环时延数据分为三种，如图 10.11 所示，其分布性统计数据如表 10.4 所示。

（1）2-Mbps 专用通道条件下的实测闭环时延。测试中所采用的闭环时延序列取自第 8.5.1 节中的实测闭环时延，如图 10.11(a) 所示。

（2）SPDnet 非专用通道条件下的实测闭环时延。此处为了展示非专用通道中的大突变闭环时延的影响，测试中所采用的闭环时延数据序列如图 10.11(b) 所示，均截取自 8.5.2 节中的非专用通道条件下的实测闭环时延并进行了拼接，故其统计数据与 8.5.2 节中的有所不同。

（3）模拟的正态分布的闭环时延。测试中所采用的闭环时延序列由均值 $\mu=80$ ms、标准差 $\sigma=40$ ms 的正态分布产生。其中小于 40 ms 或大于 250 ms 的随机时延对应的数据被当作数据丢包进行处理，同时考虑粘包的影响。丢包和粘包的时延数据点如图 10.11(c) 所示，其中丢包率为 58.4 %，粘包率为 16.8 %，即受异常网络状态影响的数据占总数据的四分之三。

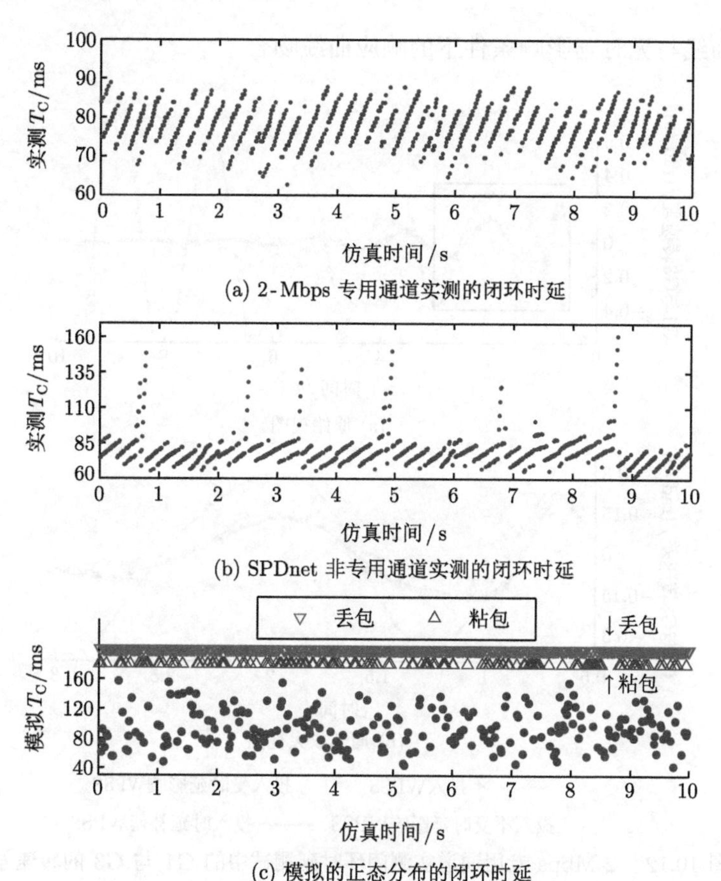

(a) 2-Mbps 专用通道实测的闭环时延

(b) SPDnet 非专用通道实测的闭环时延

(c) 模拟的正态分布的闭环时延

图 10.11 仿真测试中使用的闭环时延数据序列

表 10.4 仿真测试中使用的闭环时延数据的统计数据

闭环时延数据	均值/ms	标准差/ms	最大值/ms	最小值/ms
2-Mbps 专用通道	77.2	4.5	88.9	62.9
SPDnet 非专用通道	79.6	10.9	161.0	61.6
模拟的正态分布	82.0	38.9	210.6	30.8

10.5.1 2-Mbps 专用通道条件下的实测闭环时延的补偿测试

使用 2-Mbps 专用通道条件下的实测闭环时延时，对比下述四种情况下系统的响应，得到的 G1 与 G3 的转速差如图 10.12 所示。① 不投入 WPSS；② 投入受时延影响的 WPSS；③ 投入不受时延影响的 WPSS；④ 投入受时延影响但 PHDC 补偿后的 WPSS。测试结果可见，除不投 WPSS 时系统不稳定外，其他三种情况下系统稳定；受时延的影响，系统的振荡模式产生了变化；PHDC 补偿后的响应曲线与无时延影响条件下的响应曲线吻合。

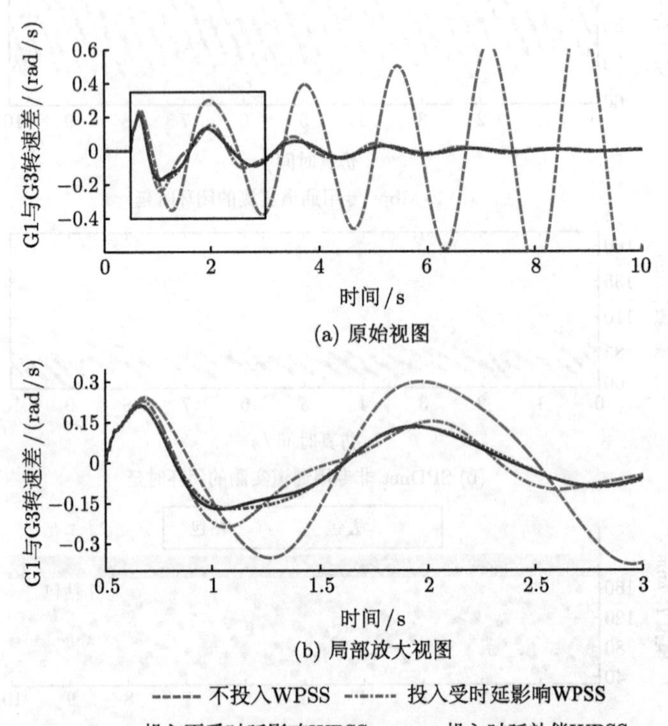

(a) 原始视图

(b) 局部放大视图

图 10.12 2-Mbps 专用通道实测闭环时延测试中的 G1 与 G3 的转速差

为检验分层预测补偿方法的效果，在投入不受时延影响的 WPSS 情况下，对比受时延影响的 WPSS 与受时延影响但分层预测补偿的 WPSS。这种测试条件下，受实测时延影响的 G1 与 G3 的转速差如图 10.13 所示。作为 WPSS 的输入信

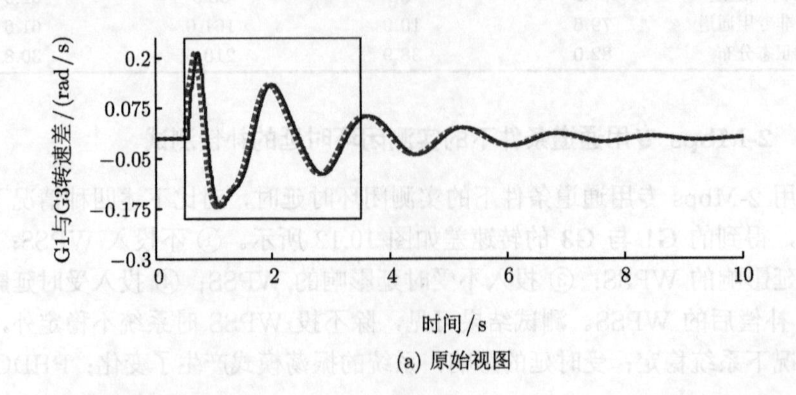

(a) 原始视图

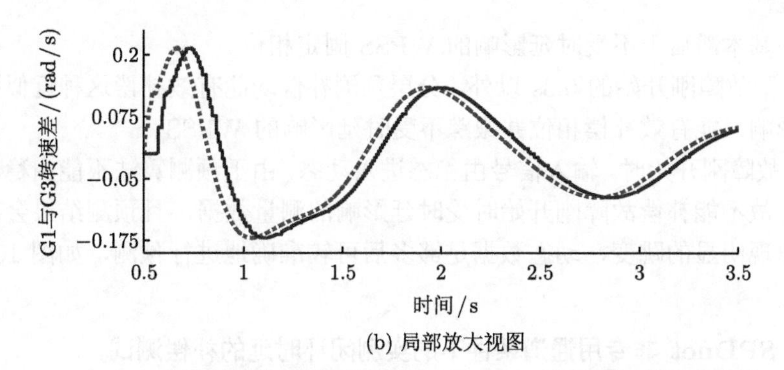

(b) 局部放大视图

不受时延影响的WPSS输入　受时延影响的WPSS输入

图 10.13　受 2-Mbps 专用通道实测时延影响的 G1 与 G3 的转速差（即 WPSS 的输入）

号，将影响 WPSS 的输出，WPSS 输出为图 10.14(a)，其局部放大为图 10.14(b)、(c)。由图 10.13、图 10.14 可得到如下结论。

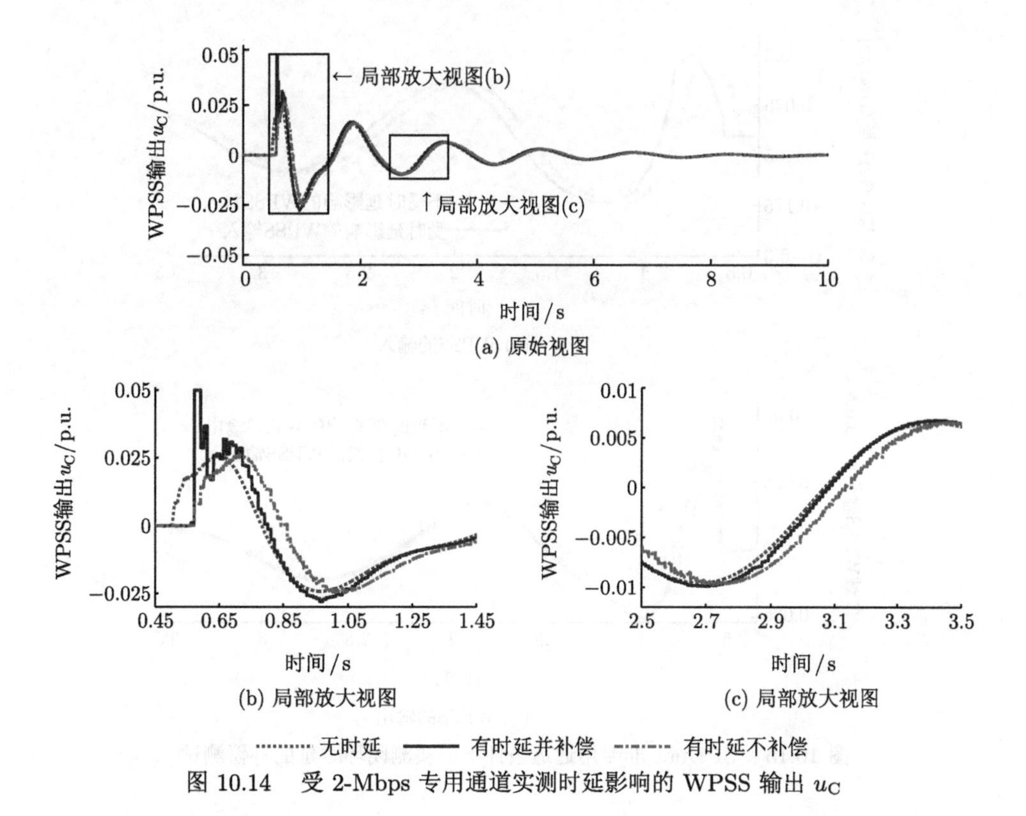

(b) 局部放大视图　(c) 局部放大视图

无时延　有时延并补偿　有时延不补偿

图 10.14　受 2-Mbps 专用通道实测时延影响的 WPSS 输出 u_C

（1）由于实测时延较稳定，故不补偿时延的 WPSS 输入、输出信号的变化趋势不变，基本滞后于不受时延影响的 WPSS 固定相位。

（2）除故障刚开始的 0.3s 以外，分层预测补偿均能有效补偿这种近似固定的时延的影响，能有效补偿相位并跟踪不受时延影响的 WPSS。

（3）故障刚开始时，输入信号由稳态进入动态，由于预测算法不能由稳态预测出动态，故不能补偿故障刚开始时受时延影响的测量数据，且预测结果会在第一个波峰出现明显的跳变，动态数据足够多后可较准确地进行预测，如图 10.14(b) 所示。

10.5.2 SPDnet 非专用通道条件下的实测闭环时延的补偿测试

SPDnet 非专用通道条件下的实测闭环时延的补偿测试与 10.5.1 节中的 2-Mbps 专用通道实测闭环时延条件下的测试相似。本小节仅在图 10.15 中展示 WPSS 的输入及输出的测试结果的局部放大图。因为图 10.15 中得到的测试结果与 10.5.1 节中测试结果非常相近，由此可见，PHDC 对大幅突变抖动的时延补偿非常有效。

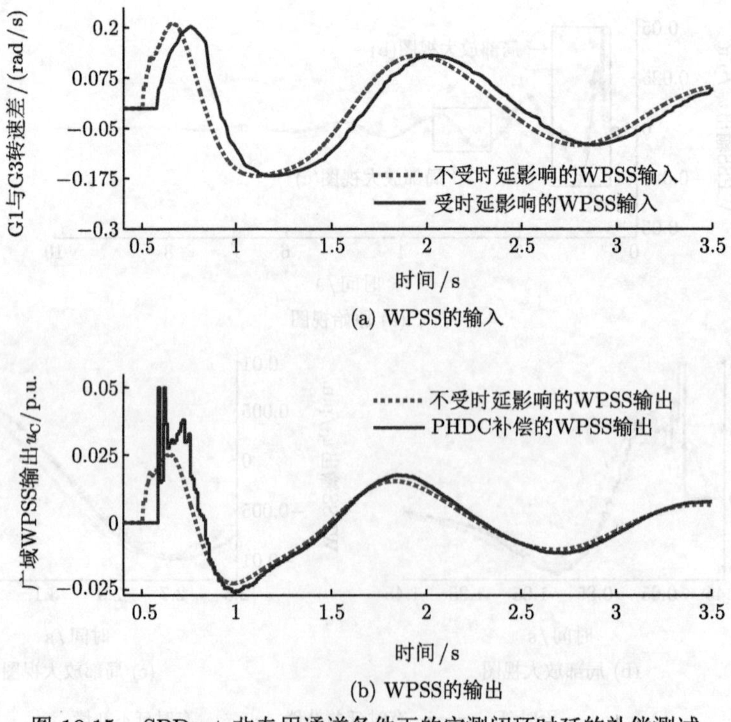

图 10.15 SPDnet 非专用通道条件下的实测闭环时延的补偿测试

但是需要注意的是，8.5.2 节中的实测结果表明，采用 SPDnet 非专用通道时，除了闭环时延将出现大幅的突变抖动外，还将产生短时的通信中断（超过 500 ms）。

尽管 PHDC 方法可以有效补偿突变抖动的闭环时延的影响，但通信中断对闭环控制的影响仍是难以克服的，故非专用通道在现阶段并不适于 WACS 闭环控制。尽管非专用通道中的时延抖动难以避免，但是如果通信中断问题得到有效解决，非专用通道与 PHDC 方法相结合将大幅降低 WACS 对通信系统的要求。

10.5.3 正态分布闭环时延的补偿测试

使用正态分布随机时延时，重复对比图 10.12 中四种情况下系统的响应，G1 与 G3 的转速差如图 10.16 所示。图中可见，不投 WPSS 时系统明显不稳，投入受时延影响的 WPSS 会导致系统出现高频振荡，其他两种情况下系统稳定，这与文献 [210] 中所述的该系统受分布性较大的时延影响时，时延均值稳定极限为 68 ms 的结论吻合。

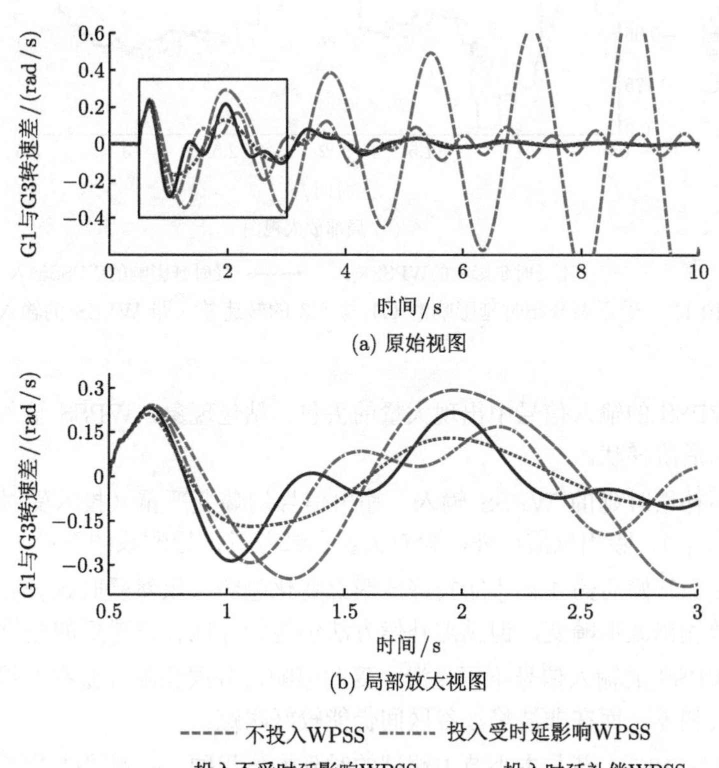

图 10.16 随机正态分布时延测试中的 G1 与 G3 的转速差

与之前的测试类似，图 10.17 为受正态分布时延影响的 G1 与 G3 的转速差（即 WPSS 的输入）、图 10.18 为是否采用时延补偿的 WPSS 输出曲线。在之前结论的基础上，由于测试中使用的正态分布随机时延的分布性大，将导致如下结果。

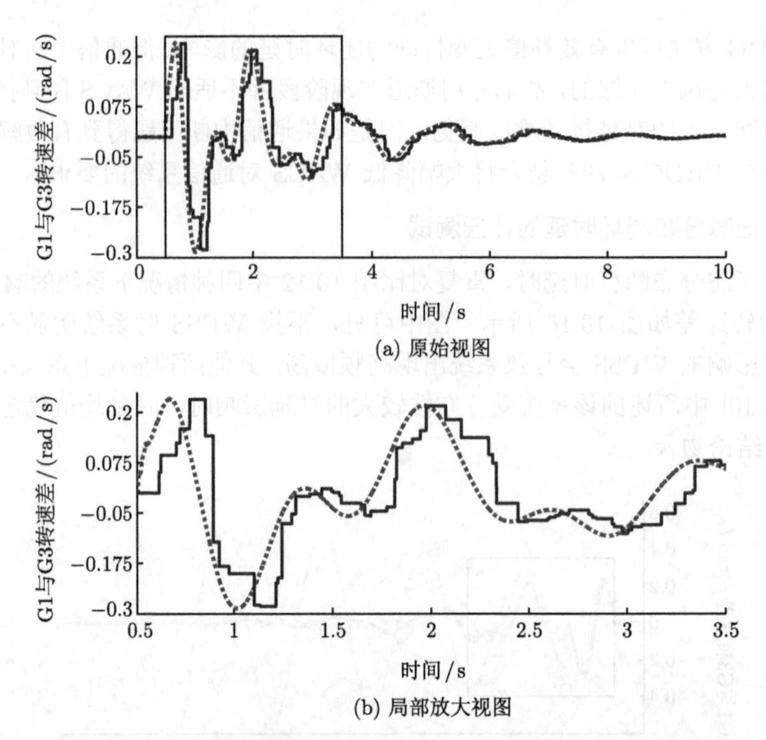

图 10.17 受正态分布时延影响的 G1 与 G3 的转速差（即 WPSS 的输入）

（1）WPSS 的输入信号中出现大量的丢包、粘包现象，WPSS 输入数据曲线成明显的滞后阶梯状。

（2）不补偿时延的 WPSS 输入、输出信号均畸变严重（投入受时延影响的 WPSS 条件下），除相位滞后外，含有大量高频分量，导致系统不稳。

（3）故障开始后约 1 s 才能较好地跟踪变化趋势，虽然受时延分布性很大的影响，导致输出波形畸变，但预测补偿方法仍能较好地补偿滞后的相位。

（4）WPSS 的输入信号不再光滑，受此影响，分层预测补偿在波峰和波谷的跟踪效果会稍差，而在非波峰波谷区间仍能较好跟踪。

（5）尽管 10.5.1 节与本小节中测试的时延均值相同，但测试结果差别非常大，可见闭环时延的分布性及异常数据将影响时延的补偿效果，因而需要对时延的分布特性进行精细建模。

综合对比两种时延下分层预测补偿方法的效果，当时延的分布性较小时效果很好，时延分布性较大时效果稍差，但两种情况下均能有效补偿时延的影响，实现 WPSS 的阻尼控制效果，保证系统稳定。

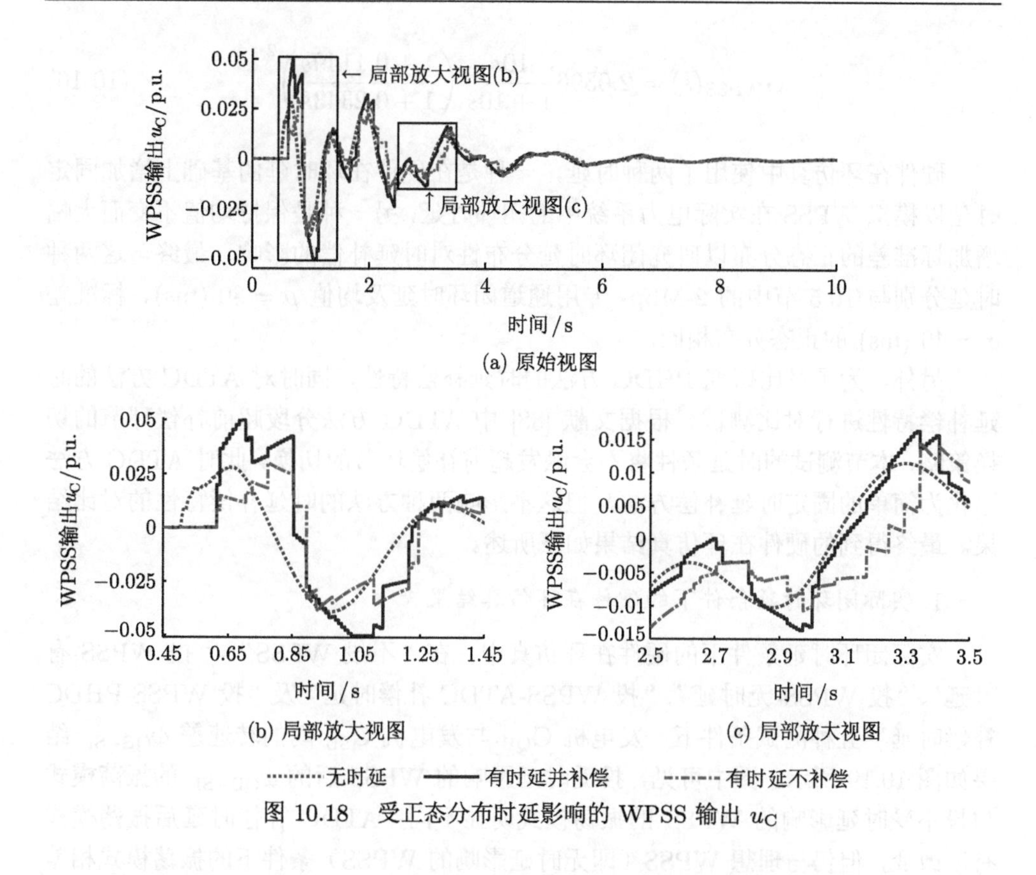

图 10.18 受正态分布时延影响的 WPSS 输出 u_C

10.6 贵州电网实际 WPSS 的时延补偿测试

本章所提出的基于预测的时延分层补偿方法应用在了贵州电网的 WACS 实例中——基于广域测量信息的电力系统稳定器应用实例（第 11 章所述）。为了研究这种时延补偿方法的特性，分别进行了贵州电网 RTDS 硬件在环仿真的时延补偿测试和在实际贵州电网中的时延补偿测试。

10.6.1 RTDS 硬件在环仿真中的时延补偿测试

本节测试中使用的 RTDS 硬件在环仿真平台如第 11.3 节中所述。其中，WPSS 控制器的广域信号来自黔北电厂，控制电厂是思林电厂，WPSS 的输入信号为黔北电厂的发电机 G_{QB} 与思林电厂的发电机 G_{SL} 间的功角差 δ_{QB-SL}。WPSS 控制器的传递函数如式 (10-16) 所示。测试的故障为施黎线 $N-1$ 故障，具体为施黎线的一回在黎平站端发生持续时间为 1 个周波（即 20 ms）的三相短路后切除掉。

$$G_{\mathrm{WPSS}}(s)=2.0396\frac{10s}{1+10s}\left(\frac{1+0.1149s}{1+0.2343s}\right)^2 \tag{10-16}$$

硬件在环仿真中使用了两种时延，一种是在硬件在环时延的基础上增加固定时延以模拟 WPSS 在实际电力系统中的闭环时延，另一种是保持均值不变而大幅增加标准差的正态分布以研究闭环时延分布性对时延补偿的影响。最终，这两种时延分别与 10.5 节中的 2-Mbps 专用通道闭环时延及均值 $\mu=80$ (ms)、标准差 $\sigma=40$ (ms) 的正态分布相同。

另外，为了对比研究 PHDC 方法的时延补偿特性，同时对 ATDC 方法的时延补偿特性进行对比测试。根据文献 [88] 中 ATDC 方法分段超前补偿环节的切换策略，本节测试的时延条件将不会触发超前补偿环节的切换，此时 ATDC 方法退化为简单的固定时延补偿方法，但这不影响两种方法的时延补偿特性的对比结果。最终得到的硬件在环仿真结果如下所述。

1. 实际闭环时延条件下的硬件在环仿真结果

实际闭环时延条件下的硬件在环仿真中，在“不投 WPSS”、“投 WPSS-有时延”、“投 WPSS-无时延”、“投 WPSS-ATDC 补偿时延”及“投 WPSS-PHDC 补偿时延”五种测试条件下，发电机 G_{QB} 与发电机 G_{SL} 间的转速差 ω_{QB-SL} 结果如图 10.19 所示。图中可见，投受时延影响的 WPSS 后的 ω_{QB-SL} 的振荡模式与投不受时延影响的 WPSS 的振荡模式明显不同；ATDC 补偿时延后振荡模式有所改变，但仍与理想 WPSS（即无时延影响的 WPSS）条件下的振荡模式相差较大；PHDC 补偿时延后的振荡模式几乎与理想 WPSS 条件下的振荡模式完全一致，证明了 PHDC 方法的有效性和优越性。

为了进一步对比研究 PHDC 方法的时延补偿特性，以下测试在不投 WPSS 的条件下进行。图 10.20 中所示为 WPSS 的输入信号——发电机 G_{QB} 与发电机

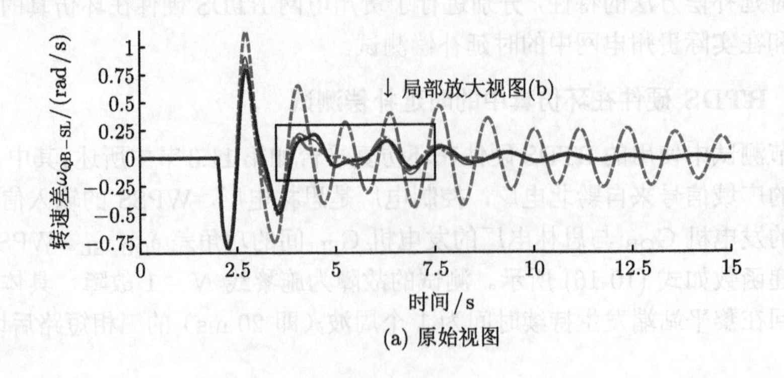

(a) 原始视图

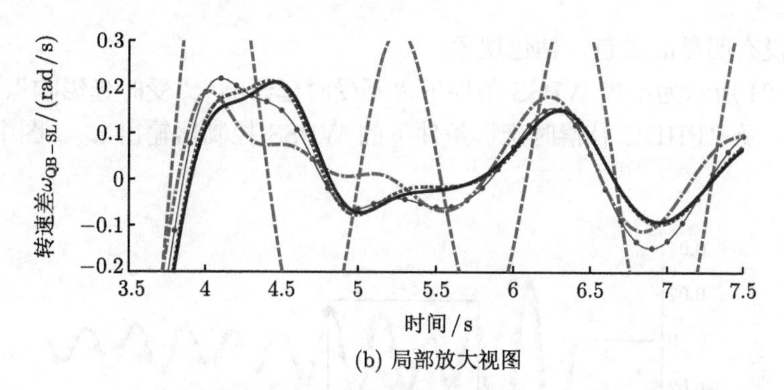

(b) 局部放大视图

不投WPSS 投WPSS-有时延 投WPSS-无时延 投WPSS-ATDC补偿时延 投WPSS-PHDC补偿时延

图 10.19　实际时延条件下的发电机 G_{QB} 与发电机 G_{SL} 的转速差 ω_{QB-SL}

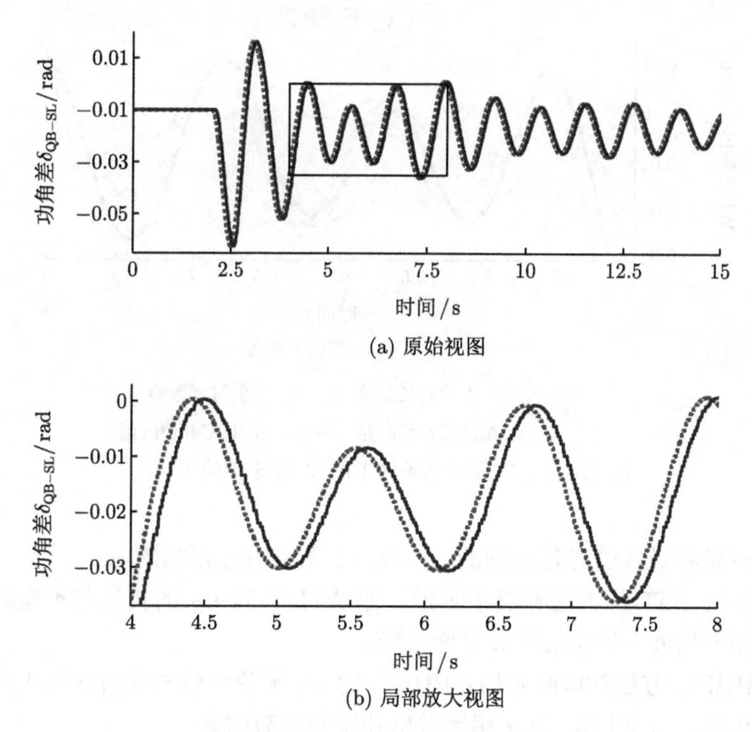

(a) 原始视图

(b) 局部放大视图

不受时延影响的WPSS输入 受时延影响的WPSS输入

图 10.20　实际时延条件下的 WPSS 的输入——G_{QB} 与 G_{SL} 的功角差 δ_{QB-SL}

G_{SL} 间的功角差 δ_{QB-SL} 在不受时延影响条件下与受时延影响条件下的对比示意图，可见受时延影响后的 δ_{QB-SL} 除滞后一定相位外，仍与不受时延影响的 δ_{QB-SL}

相近，且没有明显的丢包、粘包现象。

图 10.21 所示为不投 WPSS 条件下，“不受时延影响”、“受时延影响”、“ATDC 补偿时延”及“PHDC 补偿时延”条件下的 WPSS 控制器输出 u_C。图中可见如下结论。

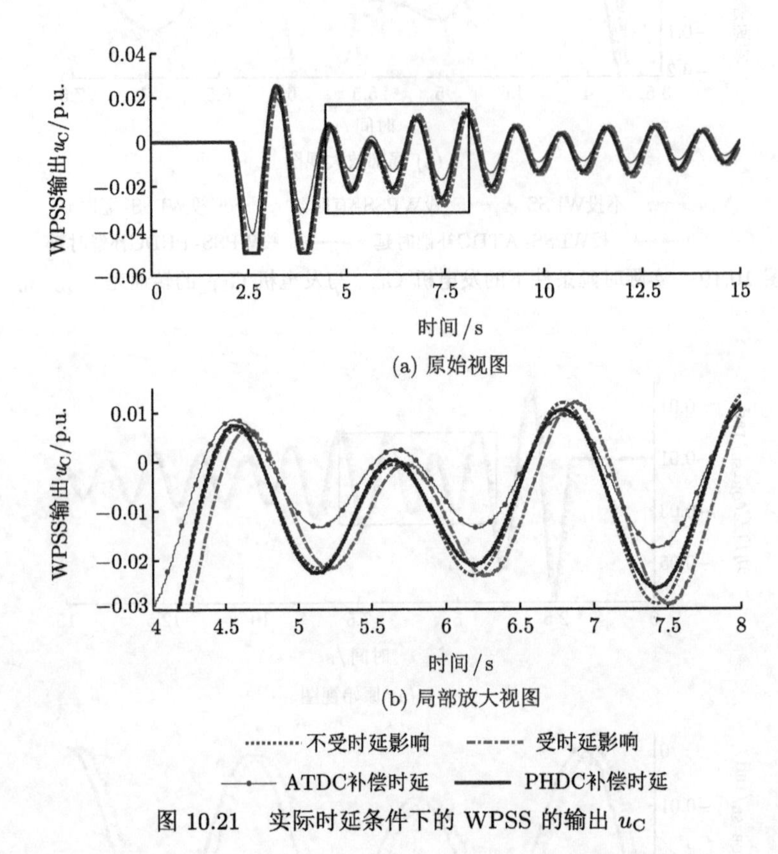

图 10.21　实际时延条件下的 WPSS 的输出 u_C

（1）时延将导致受时延影响的 u_C 滞后于不受时延影响的 u_C。

（2）尽管 ATDC 方法补偿了时延，即 ATDC 的 u_C 的相位与不受时延影响的 u_C 的相位相近，但幅值明显有所改变。

（3）PHDC 方法补偿时延后，PHDC 的 u_C 无论相位与幅值均与不受时延影响的 u_C 相近，与 ATDC 方法相比时延补偿的优势明显。

2. 正态分布时延条件下的硬件在环仿真结果

与上一小节类似，正态分布时延条件下的硬件在环仿真中，在“不投 WPSS”、“投 WPSS-有时延”、“投 WPSS-无时延”、“投 WPSS-ATDC 补偿时延”、“投 WPSS-PHDC 补偿时延”五种测试条件下，发电机 G_{QB} 与发电机 G_{SL} 间的转速

差 ω_{QB-SL} 结果如图 10.22 所示。得到的结论与上一小节中的相似，图中可见，投受时延影响的 WPSS 后的 ω_{QB-SL} 的振荡模式与投不受时延影响的 WPSS 的振荡模式明显不同；ATDC 补偿时延后振荡模式有所改变，但仍与理想 WPSS（即不受时延影响的 WPSS）条件下的振荡模式相差较大。不同的是，PHDC 补偿时延后的振荡模式与理想 WPSS 条件下的振荡模式有轻微差别，但仍好于 ATDC 方法，也同时证明了 PHDC 方法的有效性和优越性。

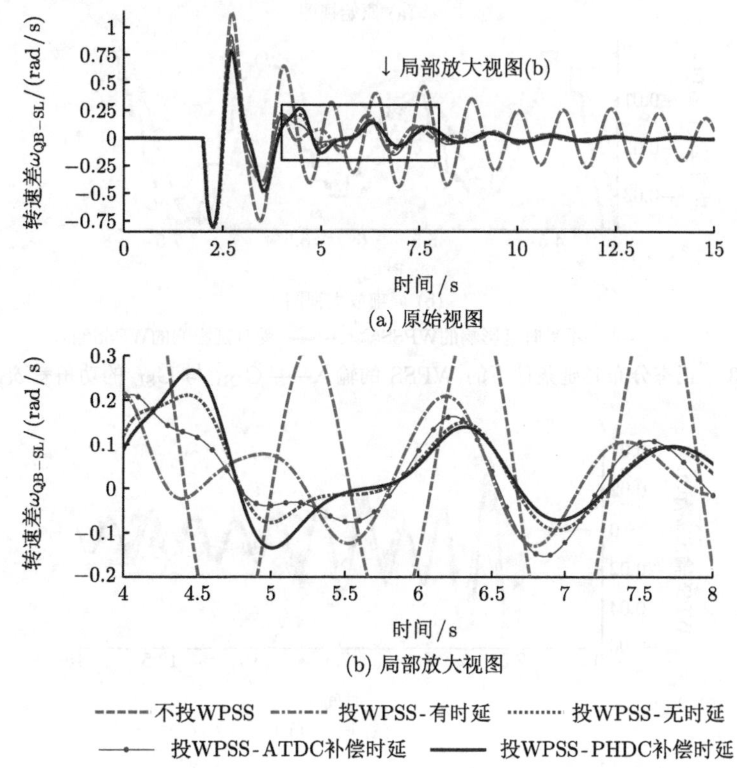

图 10.22 正态分布时延条件下的发电机 G_{QB} 与发电机 G_{SL} 的转速差 ω_{QB-SL}

在不投 WPSS 条件下的进一步测试结果如下。图 10.23 中所示为 WPSS 的输入信号功角差 δ_{QB-SL} 在不受时延影响条件下与受时延影响条件下的对比，可见受时延影响后的 δ_{QB-SL} 除相位滞后外，相当多的丢包、粘包导致了波形的畸变，输入数据中出现了明显的不均匀阶梯，即产生数据丢失及明显不均匀的数据延迟。

图 10.24 所示为不投 WPSS 条件下,“不受时延影响”、“受时延影响”、“ATDC 补偿时延”及“PHDC 补偿时延”条件下的 WPSS 控制器输出 u_C。图中可见如下结论。

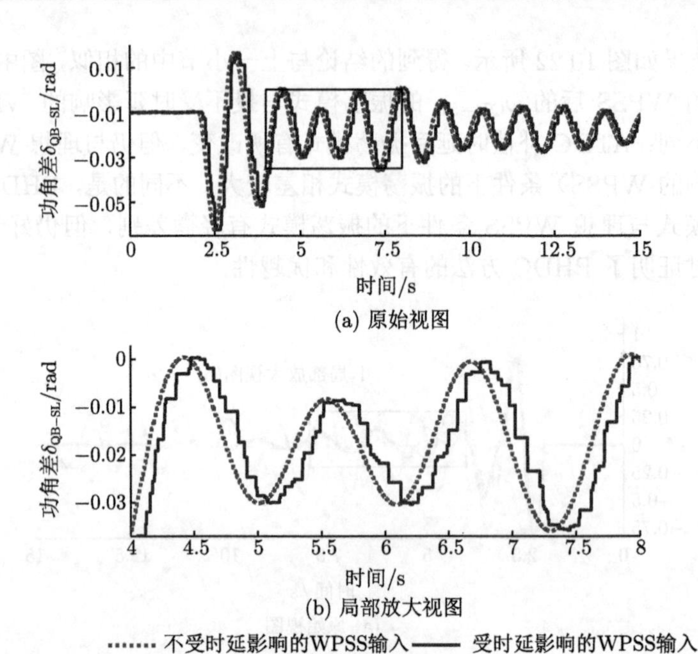

图 10.23　正态分布时延条件下的 WPSS 的输入——G_{QB} 与 G_{SL} 的功角差 δ_{QB-SL}

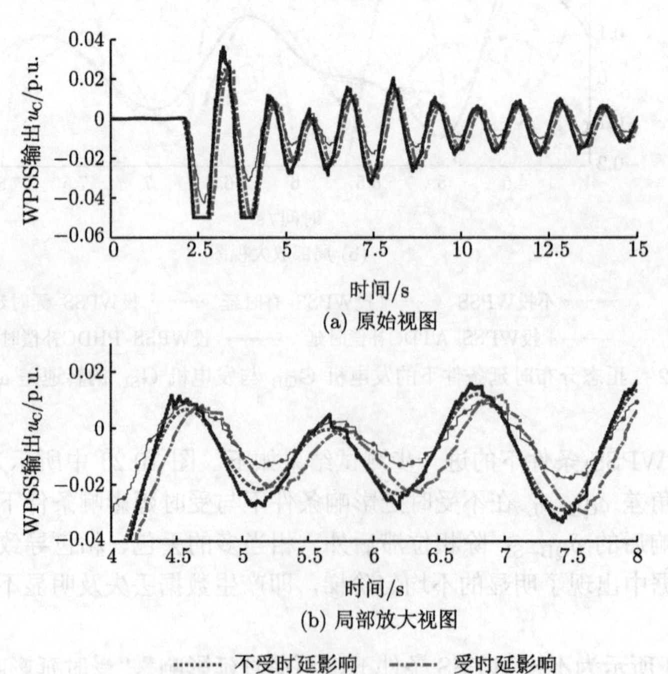

图 10.24　正态分布时延条件下的 WPSS 的输出 u_C

（1）时延导致受时延影响的 u 相位滞后的同时也使 u_C 产生了畸变。

（2）ATDC 方法补偿了时延后的 u_C 不仅相位与不受时延影响的 u_C 的相位有偏差，而且振荡模式也与理想 WPSS 相差较远。

（3）PHDC 方法补偿时延后，除波峰与波谷处出现小幅超调外，PHDC 的 u_C 无论相位与幅值均与不受时延影响的 u_C 吻合，与 ATDC 方法相比时延补偿的优势明显。

（4）此时，PHDC 方法在预测时由于时延的影响而缺失较多的测量数据信息导致不能准确预测出输入数据的波峰与波谷，这是 PHDC 的 u_C 在波峰与波谷处出现小幅超调的原因。

10.6.2 在实际电网中的时延补偿测试

实际贵州电网中的时延补偿测试方法如下。首先，记录电网中的一段扰动数据，其中包括 WNCS 中记录的带时标 PMU 数据及 NCU 中记录的带时标的控制器实际输出数据；然后，根据两个 PMU 带时标数据计算出不受时延影响条件下各时标对应的理想 WPSS 控制器输出；最后，对比根据时标信息对齐的理想控制器输出数据和实际控制器输出数据。

图 10.25 所示为贵州电网 WPSS 应用实例中根据上述方法记录的一段持续

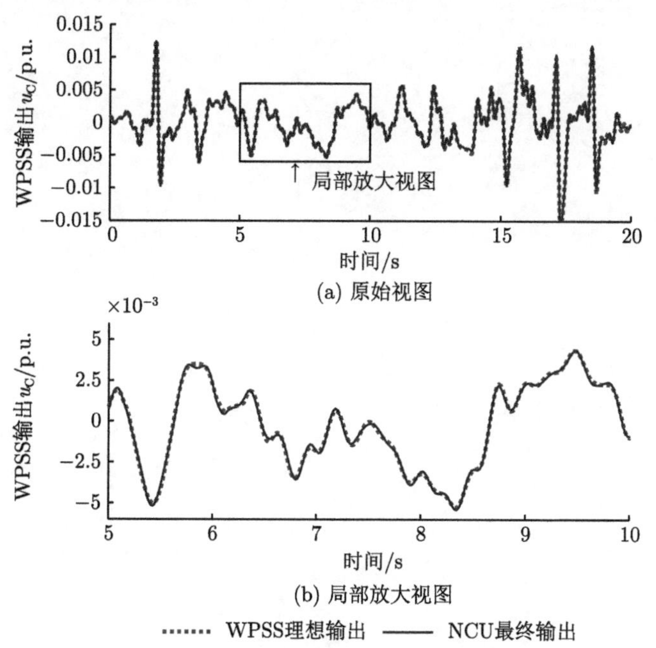

图 10.25 实际电网中的时延补偿测试

20 s 的扰动数据，图中控制器理想输出与实际输出的对比结果可见，与 RTDS 仿真及硬件在环测试的结果相同，当本章所提出的闭环时延分层预测补偿方法应用于实际电网中时，也可以有效补偿闭环时延的影响，NCU 的实际输出可以很好地跟踪 WPSS 控制器而不受时延影响的理想输出。

第 11 章 基于广域测量信息的电力系统稳定器应用实例

广域闭环控制系统在实际电力系统中应用时，将遇到各种实际问题。同时，WACS 在应用前，需要经过数字仿真、硬件在环仿真及实际系统闭环测试的层层检验。本章以贵州电网 WPSS 系统为 WACS 的实例，设计实现 WACS 的架构，解决 WACS 应用的实际问题，搭建贵州电网 WPSS 系统的 RTDS 硬件在环测试平台，最终完成 WPSS 系统在实际电网的闭环测试。第三部分的前几章节详细研究了广域闭环控制系统中的时延和网络影响问题并提出了解决方案，本章中的数字仿真方法和硬件在环测试平台是前文的研究基础，而贵州电网 WPSS 系统实例又是前几章研究的应用成果。

11.1 贵州电网 WPSS 闭环控制系统

11.1.1 贵州电网 WPSS 系统的架构

贵州电网 WPSS 闭环控制系统的架构设计思路来源于 MIMO 广域闭环控制系统的架构，以 WPSS 作为具体控制器形式实现了 WACS 在实际电力系统中的应用。尽管贵州电网 WPSS 系统中使用的反馈信号来自于观测电厂与控制电厂，且目前仅使用了一个控制电厂，但整个 WPSS 系统的架构是完全按照集中式 MIMO 广域闭环控制系统设计的，采用了安装于调度控制中心的广域控制服务器 WNCS 及安装于控制电厂的网络控制单元 NCU。贵州电网 WPSS 系统的架构如图 11.1 所示（其中控制器设计的相关内容将在 11.1.2 节介绍）。

（1）相量测量单元 PMU 安装在观测电厂（黔北电厂）和控制电厂（思林电厂），采用卫星对时机制实现同步测量，采用 GB/T 26865.2-2011 标准[132]（C37.118 规约[131] 的中国版本）规定的方式传输数据。应用实例中，黔北电厂及思林电厂均采用了 CSD-361 型 PMU，这种 PMU 的优点在于发送时延抖动很小，且不会发生粘包现象。除典型的电压、电流相量及有功、无功功率等模拟量外，应用实例中的 PMU 还测量了发电机的功角和转速（其中包括电气计算功角、转速和由转子间相脉冲测得的机械功角、转速）。

（2）广域网络控制服务器 WNCS 安装于贵阳市的调度控制中心，WNCS 的数据流以电力系统高速通信网络为载体，直接与 PMU 进行通信而不是通过已有的 WAMS 主站转发。同时，WNCS 与 PMU、WNCS 与 NCU 间通过 UDP 协议进行通信（未安装 WPSS 系统前，PMU 与 WAMS 主站间通过 TCP 协议进行通信）。由于 WNCS 仅需要普通的 RJ-45 以太网接口，故 WNCS 的平台为标准刀片式工业服务器。

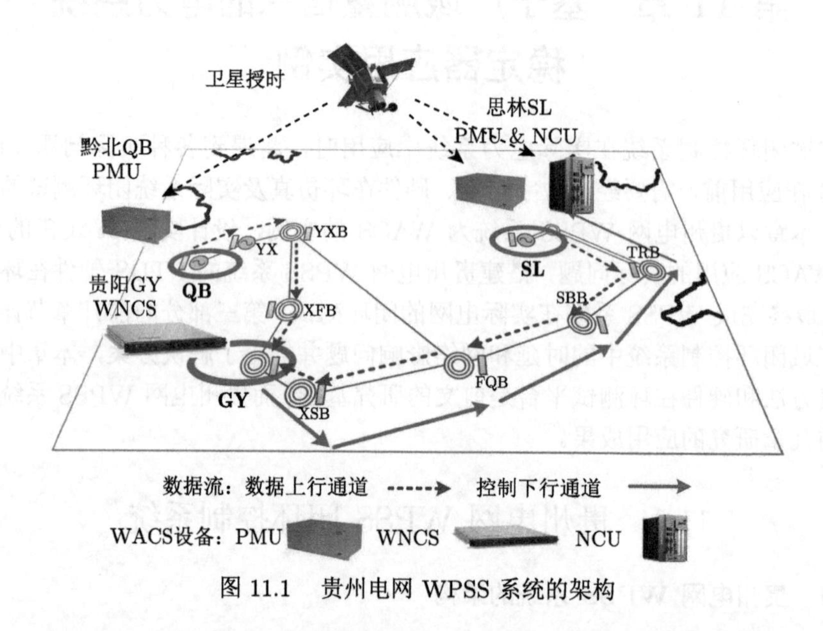

图 11.1　贵州电网 WPSS 系统的架构

（3）网络控制单元 NCU 安装在控制电厂（思林电厂），NCU 的主要功能有两个，一是根据授时信息选择输出的控制量，二是针对电力系统控制器（此处为同步发电机励磁控制器）的接口转换控制信号。在应用中，控制电厂的 PMU 均配备了相应的同步授时单元，NCU 采用了与 PMU 相同的授时方式；电力系统控制器的接口通常为模拟量接口或串口，思林电厂的 NCU 与 EXC-9000 型励磁控制器的接口为模拟量接口（参见第 11.2.3 节）。

（4）WPSS 系统的通信网络以 SPDnet 为载体，所有的通信均采用 2-Mbps 专用通道，因为第 8章的测试结果表明当前条件下非专用通道不能满足控制需求。

贵州电网 WPSS 闭环控制系统的控制过程如下。

（1）装设于观测电厂的 PMU 装置以固定间隔（每 10 ms，即上传频率为 100 Hz）通过电力系统高速通信网络以 UDP 协议向 WPSS 系统的广域控制服务器 WNCS 发送观测电厂及控制电厂的实时测量数据。

（2）广域控制服务器 WNCS 接收观测电厂及控制电厂 PMU 的测量数据后，根据时标对齐同步数据，若有异常数据则进行补偿，然后再计算 WPSS 控制器的控制规律。控制指令通过电力系统高速通信网络下发至安装于控制电厂的网络控制单元 NCU。另外，广域闭环控制系统中的时延补偿也在数据处理的同时进行，WNCS 下发的控制指令是一系列带时标的控制数据。

（3）网络控制单元 NCU 接收到 WNCS 下发的控制指令后，根据同步对时信息从中选择当前时刻对应的控制量，并将控制量转换为模拟量信号并输出到励磁控制器的相应接口，最终实现对被控发电机的附加励磁控制。

11.1.2 WPSS 控制器的设计

贵州电网 WPSS 系统中控制器的设计原理采用文献 [211] 中所述的留数矩阵设计方法和文献 [212] 中所述的基于几何指标的控制环选择及控制器设计方法，同时使用多信号 Prony 在线辨识方法[20] 辨识得到系统振荡模式。由于本章的主要研究内容不是 WPSS 控制器的设计方法，故此处仅简述 WPSS 控制器的设计结果。

贵州电网东部地区一直存在动态稳定问题，曾发生过功率振荡事故，故 WPSS 控制机组在贵州东部地区选取。思林电厂曾多次进行过励磁及本地 PSS 的参数校核试验，现场运行人员认为思林电厂在黔东地区有代表性。经过对贵州电网 BPA 模型的分析，发现在贵州东部参与的贵州省内电网振荡模式中，思林电厂往往作为能控性较好的机组出现，故选择思林电厂作为控制电厂。通过对南方电网 2011 丰大方式 BPA 模型的仿真分析，发现位于黔北地区的石垭子电厂有较好的能观性，考虑到石垭子电厂没有安装 PMU，则选择就近电厂替代石垭子电厂。考虑到闭环试验的可行性，四方公司的 PMU 更适合进行广域闭环控制，故优先选择安装有四方 PMU 的电厂，因而最终选择了黔北电厂作为观测电厂。

WPSS 基于已有的电力系统稳定器发展而来，与本地 PSS 的原理相类似，均为产生一个控制信号，通过励磁系统作用到发电机，以补偿负阻尼转矩。WPSS 的控制信号与本地 PSS 的信号直接叠加后送入励磁控制器。最终的 WPSS 控制器设计结果如下。黔北黔东地区间的贵州省内低频振荡模式的振荡频率为 0.81 Hz，WPSS 控制器反馈信号为黔北电厂 1 号发电机的功角 δ_{QB} 与思林电厂 1 号发电机的功角 δ_{SL} 的功角差 $\delta_{\mathrm{QB-SL}}$，控制输出为思林电厂 1 号发电机的附加励磁控制信号 u_{C}，WPSS 的传递函数框图如图 11.2 所示。其中，放大倍数 $K=1$，隔直环节 $K_{\mathrm{W}}=2.0396$ 及 $T_{\mathrm{W}}=10$ s，相位补偿环节 $T_1=T_3=0.1376$ s 及 $T_2=T_4=0.2806$ s，输出限幅 $u_{\max}=0.05$ p.u.，$u_{\min}=-0.05$ p.u.。第 11.4 节中的贵州电网 WPSS 系统在实际电网中的闭环试验采用了上述控制器参数。

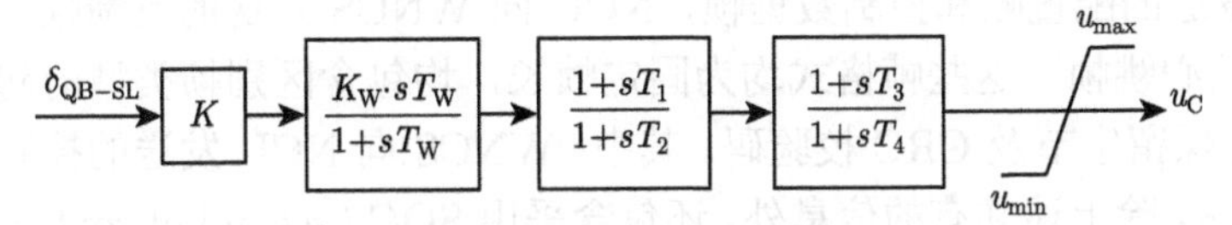

图 11.2　贵州电网 WPSS 系统广域控制器的传递函数框图

11.2 贵州电网 WPSS 系统的实现

11.2.1 实时操作系统和 UDP 协议

为了精确地（毫秒级）控制操作周期，WNCS 和 NCU 均采用了实时操作系统 RT-Linux。RT-Linux 是一种开源的实时多任务操作系统且支持多种硬件平台，相对于其他需要特定硬件平台支持的实时多任务操作系统（如 iRMX、AMX、VxWorks 等），RT-Linux 更具开放性和通用性优势。RT-Linux 实现实时任务的机制是，在标准 Linux 内核底层植入实时内核，实时内核处理由实时任务产生的中断，其线程优先级高于非实时内核，而非实时内核为实时内核提供服务。

目前电力系统中的广域测量系统主要采用 TCP 通信协议。TCP 协议是基于连接的，为保证通信可靠性而牺牲了部分快速性；UDP 协议是无连接的，采用广播形式发送数据，故时效性更好。广域闭环控制系统中，一方面，由于使用专用信道而没有带宽竞争，TCP 协议的保证通信可靠性的机制不是必要的；另一方面，个别无效数据可以由上层应用协议（如绝对时标、累加和校验等）检出并以插值方法解决。由于数据传输的时效性和连续性对广域闭环控制更重要，所以广域闭环控制系统采用了 UDP 协议。

11.2.2 控制下行规约

贵州电网 WPSS 系统的数据上行通道与 WAMS 相同，WNCS 与 PMU 间采用标准协议进行通信[132]。但是由于尚未有适用于广域闭环控制的控制下行规约，所以贵州电网 WPSS 系统采用了一套新设计的控制下行规约。在设计控制下行规约时，考虑到了以下因素。

（1）帧长度固定以保证通信数据量稳定不突变。

（2）采用心跳帧机制，NCU 以固定间隔向 WNCS 发送心跳帧以确保通信连接。

（3）WNCS 与 NCU 间双向通信；除 WNCS 向 NCU 发送控制数据外，NCU 也可向 WNCS 反馈信息。

（4）考虑兼容性和扩展性。

综上考虑，设计的广域闭环控制系统控制下行规约包括以下帧格式：WNCS 向 NCU 发送的配置帧和控制数据帧，NCU 向 WNCS 发送的反馈帧，以及确认通信状态的心跳帧。这些帧格式均为固定帧长，均包含区别帧类型的起始码、协议版本号、保留字节及 CRC 校验码。其中，WNCS 向 NCU 发送的控制数据帧如表 11.1 所示，除上述共有的信息外，还包含采用 SOC（second of century）格式的 UTC（coordinated universal time）时间和控制数据序列（其中控制数据为整数，代表输出的标幺值，例如范围为 $-5000\sim5000$ 时，代表标幺值 $-0.05\sim0.05$ p.u.，每个数据占 2 个字节)。其他类型帧依功能不同而数据格式略不同。

表 11.1 控制数据帧格式

字节	含义
1, 2	起始码，依次为“S”、“T”
3	协议版本号 Version
4	数据类型 Type，Type=0
5~8	SOC 格式的 UTC 时间
9, 10	UTC 时间的毫秒值
11~32	控制数据序列
33, 34	保留字节
35, 36	CRC 校验码

11.2.3 NCU 在电厂的安装

广域闭环控制系统需要将控制信号传送至电力系统节点的控制器。NCU 的功能之一就是将网络控制信号转换为适用于电力系统控制器的接口信号，因为电力系统控制器(如励磁控制器等)往往没有网络信号接口，同时也没有与 NCU 功能相对应的模块。

贵州电网 WPSS 系统中，WPSS 的输出与本地 PSS 输出叠加后作为附加励磁控制信号输入到 AVR（automatic voltage regulator）中。控制电厂（思林电厂）使用的励磁控制器型号为 EXC-9000 型，具有的模拟量白噪声测试输入端口，且该测试端口的信号叠加点与 WPSS 相同，输入为 $-5\sim5$ V 的弱电模拟信号，因而选择其作为 NCU 与励磁控制器的接口。EXC-9000 型励磁控制器的传递函数框图及输入信号(即 NCU 输出信号)叠加点如图 11.3 所示，图中“LPSS”代

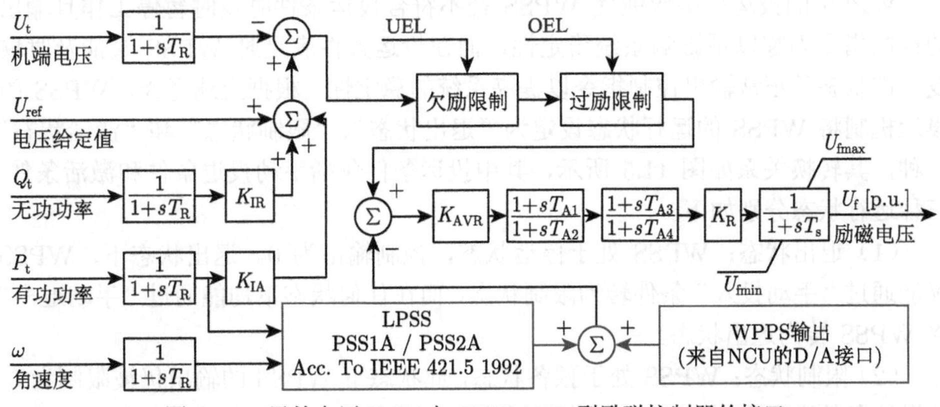

图 11.3 思林电厂 NCU 与 EXC-9000 型励磁控制器的接口

表本地 PSS。思林电厂 NCU 安装方案如图 11.4 所示。思林电厂共有 4 台发电机组，WPSS 安装于 1 号和 2 号机组。其中，NCU 与 PMU 共享同步授时装置，以实现 GPS 的精确对时，NCU 与励磁控制柜内的光纤交换机相连以连接到厂内网络并进一步连接到 SPDnet。

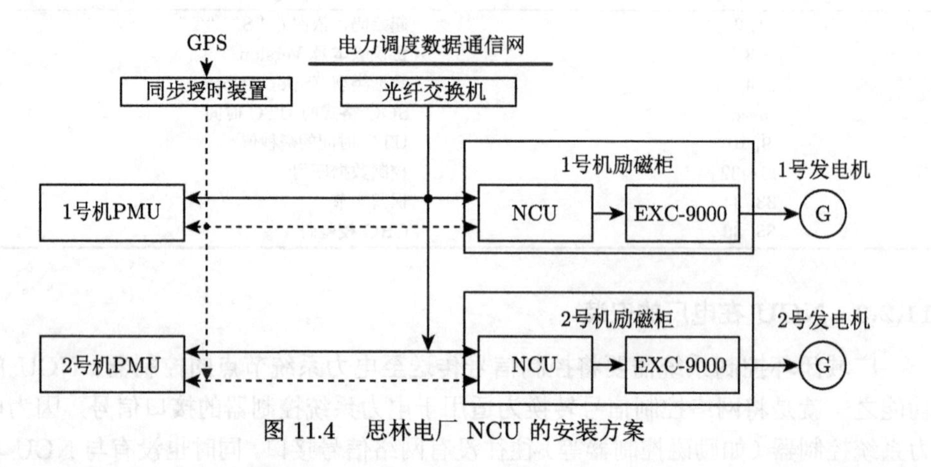

图 11.4 思林电厂 NCU 的安装方案

11.2.4 WPSS 的投运条件

WPSS 应用在实际电力系统中时，运行调度人员在关心控制效果的同时，也非常关注 WPSS 对系统运行状态变化的适应性，即什么运行状态可能导致 WPSS 的错误动作，以及如何在这些情况下及时停止 WPSS 的运行，这需要对 WPSS 的投运条件进行研究。本小节针对 WPSS 在实际电力系统中应用的需求提出了一套广域电力系统稳定器的投运机制，并应用于贵州电网 WPSS 系统中，这部分内容在作者发表的文献 [213] 中进行了详细论述，故本小节仅作简单介绍。

WPSS 的投运机制应能使 WPSS 在不符合投运条件时及时暂停工作且输出的控制指令为零以不影响系统稳定性，而在投运条件满足时 WPSS 又能及时恢复工作状态且正常输出控制指令以提高系统的稳定性。根据上述考虑，WPSS 的投运机制将 WPSS 的运行状态设定为“退出状态”、“限制状态”和“激活状态”三种，其转换关系如图 11.5 所示，其中投运条件包括手动投退条件和激活条件。三种运行状态分别如下。

（1）退出状态：WPSS 处于停运状态，控制输出为 0。退出状态下，WPSS 仅能通过“手动投入”条件转为限制状态；而在任何状态下均能通过“手动退出”将 WPSS 转为退出状态。

（2）限制状态：WPSS 处于预备状态，此状态下 WPSS 的输出仍被限制为 0。若激活条件满足，则 WPSS 转为激活状态；否则 WPSS 仍保持限制状态。

（3）激活状态：WPSS 被激活，正常输出控制量。WPSS 同时满足各项激活条件时，由限制状态转为激活状态；若有任一激活条件不满足时，WPSS 将转为限制状态而被限制控制输出。

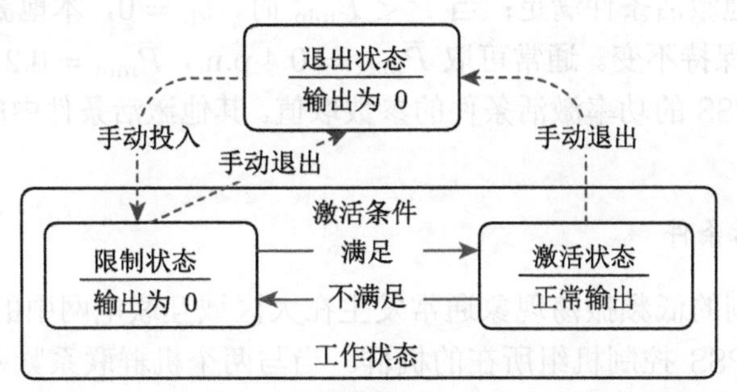

图 11.5 广域电力系统稳定器的运行状态及其转换关系

投运机制中的手动投退条件由硬件设备的物理开关“投/退”控制；而激活条件由广域闭环控制系统根据 WPSS 的输入数据实时计算，并依据激活条件决策逻辑判定是否满足。本小节中的激活条件采用了一种设定检测阈值且不依赖于系统模型的方法以决策 WPSS 的激活条件。激活条件细分为本地激活条件、全局激活条件和频率激活条件三个子激活条件，设定其判断结果分别为 b_{L}，b_{G} 和 b_{F}。三个子激活条件的判断过程相互独立，三个判断结果为“与”的关系。设 b 为 WPSS 的激活条件，则有

$$b = b_{\mathrm{L}} \wedge b_{\mathrm{G}} \wedge b_{\mathrm{F}} \tag{11-1}$$

式 (11-1) 表明，三个子激活条件同时满足的情况下 WPSS 才能处于激活状态，而若任一子激活条件不满足时 WPSS 将转为限制状态。此外，式 (11-1) 中还可加入新的子激活条件，同样与其他子激活条件为“与”的关系。

1. 本地激活条件

本地激活条件将在 WPSS 控制的机组调整出力时，保持 WPSS 处于限制状态以防止 WPSS 影响调整出力。如果 WPSS 在控制机组处于低功率出力状态时工作，WPSS 可能降低系统的稳定性，这是因为 WPSS 的运行点通常设计在控制机组的正常运行工况附近。其中本地功率与广域反馈信号类似，同样来自 WAMS。本地激活条件主要考虑 WPSS 不能影响控制机组本地的有功功率调节。本地功率激活条件 b_{L} 的滞回比较的逻辑为

$$b_{\mathrm{L}} = \begin{cases} 1, & \overline{P} > \overline{P}_{\max} \\ 0, & \overline{P} < \overline{P}_{\min} \\ b_{\mathrm{L}}, & \overline{P}_{\min} < \overline{P} < \overline{P}_{\max} \end{cases} \tag{11-2}$$

式中，$\overline{P}$ 为本地有功功率标幺值（功率基值为控制机组的额定容量）；$\overline{P}_{\max}$ 和 $\overline{P}_{\min}$ 分别为本地激活条件的上限和下限。在滞回比较式 (11-2) 中，当 $\overline{P} > \overline{P}_{\max}$ 时, $b_{\mathrm{L}} = 1$，本地激活条件满足；当 $\overline{P} < \overline{P}_{\min}$ 时，$b_{\mathrm{L}} = 0$，本地激活条件不满足；除此以外 b_{L} 将保持不变。通常可取 $\overline{P}_{\max} = 0.4$ p.u.，$\overline{P}_{\min} = 0.2$ p.u.，其取值可直接参考本地 PSS 的功率激活条件的参数取值。其他激活条件中的滞回比较与此类似。

2. 全局激活条件

WPSS 控制的低频振荡现象通常发生在大区域互联电网中的两个机群之间，其中之一是 WPSS 控制机组所在的机群。当与两个机群联系紧密的发电机组出力正常改变时，将导致区域间潮流的改变。全局激活条件将防止 WPSS 影响区域间潮流的正常改变。WPSS 的运行点通常设计在相关机群的某一运行工况附近，当运行工况改变时，WPSS 可能导致系统不稳定。WPSS 的反馈信号反映了两个区域间的振荡关系，当区域间潮流改变时，反馈信号的稳态值也将变化。当反馈信号持续变化时，即单调增加或减小时，WPSS 应暂停控制。

为检测系统是否处于运行工况正常改变的状态，对 WPSS 的反馈信号分别进行长滤波和短滤波处理，长滤波的结果体现了反馈信号长期的稳态值，短滤波的结果体现了反馈信号的瞬时变化值。两者之差的绝对值 R_{abs} 反映了系统状态瞬时变化偏离稳态的程度，若 R_{abs} 过大则表示系统正处于运行点改变的状态。用于判断 b_{G} 的滞回比较如式 (11-3) 所示，其中 $R_{\max}$ 和 $R_{\min}$ 分别为全局激活条件的上限和下限。

$$b_{\mathrm{G}} = \begin{cases} 1, & R_{\mathrm{abs}} < R_{\min} \\ 0, & R_{\mathrm{abs}} > R_{\max} \\ b_{\mathrm{G}}, & R_{\min} < R_{\mathrm{abs}} < R_{\max} \end{cases} \tag{11-3}$$

在实际工程应用中，长滤波时间常数 T_{L} 和短滤波时间常数 T_{S} 通常可取为 $T_{\mathrm{L}} = 60$ s、$T_{\mathrm{S}} = 3$ s。另外，阈值参数 $R_{\max}$ 和 $R_{\min}$ 的取值与系统特性相关，其取值方法可参考控制器的输出限幅，即如果设计的振荡频率下 WPSS 控制器的动态放大倍数为 K，输出限幅为 $\pm\sigma$ p.u.，则建议选择 $R_{\max} = 2\sigma/K$ 和 $R_{\min} = 0.4\sigma/K$。也就是说，如果 WPSS 输出限幅为 ± 0.05 p.u.，则建议选择 $R_{\max} \approx 0.1/K$，$R_{\min} \approx 0.02/K$。

3. 频率激活条件

频率激活条件主要考虑 WPSS 应只在关心的频率区间内起控制作用，而对其他频率的振荡不响应。WPSS 控制器（相位超前/滞后环节）通常是针对某一频率设计的，如果系统振荡的频率与设计频率偏差很大，则 WPSS 补偿的相位也会有很大的偏差，这种情况下 WPSS 的控制性能将显著降低甚至引起系统不稳。另外，强迫扰动也可能引起系统振荡频率偏离 WPSS 设计频率，在这种情况下 WPSS 也应暂停工作。

WPSS 的设计频率通常在 $0.5 \sim 1$ Hz，设定频率激活条件范围的下限阈值为 f_{L}，上限阈值为 f_{H}。由此，频率激活条件 b_{F} 设定为：在长度为 ΔT 的动态时间窗内，反馈信号振荡的频率大于 f_{H} 或小于 f_{L} 则不满足频率激活条件，此时 $b_{\mathrm{F}}=0$；直到振荡平息后频率激活条件重新满足，$b_{\mathrm{F}}=1$。频率激活条件中使用过零监测并计数的方法粗略估计振荡频率，进而实现对频率激活条件的判断。

频率激活条件 b_{F} 由式 (11-4) 所示的滞回比较决定，其中 n_{H} 和 n_{L} 分别为 f_{H} 和 f_{L} 所对应的上限计数和下限计数，$n_{\mathrm{H}}=\Delta T f_{\mathrm{H}}$，$n_{\mathrm{L}}=\Delta T f_{\mathrm{L}}$。式 (11-4) 表明，当粗略估计的振荡频率超出 $[f_{\mathrm{L}}, f_{\mathrm{H}}]$ 范围时，则频率激活条件不满足，$b_{\mathrm{F}}=0$；当反馈信号在 ΔT 或更长时间内处于 $[-V_{\min}, V_{\min}]$ 时，则没有检测到振荡，频率激活条件重新满足，$b_{\mathrm{F}}=1$。

$$
b_{\mathrm{F}}=\begin{cases}1, & n=0 \\ 0, & n>n_{\mathrm{H}},\ n<n_{\mathrm{L}}\ \&\ b_{\mathrm{F}}=1 \\ b_{\mathrm{F}}, & \text{其他}\end{cases} \tag{11-4}
$$

11.3 贵州电网 WPSS 系统的 RTDS 硬件在环仿真试验平台

贵州电网 WPSS 系统在完成研发后需要经过一系列测试，在实际电力系统中应用前，需要经过 RTDS 硬件在环测试。本小节主要介绍用于测试贵州电网 WPSS 系统的 RTDS 硬件在环测试平台，如图 11.6 所示。

贵州电网 WPSS 系统的硬件在环测试平台中使用的测试系统是贵州电网的简化模型，其中包含母线 104 个，发电机 39 台。这一简化模型包含了贵州电网主要的发电机和 220 kV 及以上的所有母线。简化模型的单线图如图 11.7 所示，其中只展示了 500 kV 及以上的母线和与 WPSS 系统相关的发电机，其他的母线及发电机在虚线框表示的地区内，分别为北部、东部、中部、西北部和西南部五个地区。另外，贵州电网的三个 HVDC 换流站被建模为恒定有功功率负荷，而与贵州电网互联的两个电网（分别为云南电网和广东电网）被分别建模为有单台发电机及 ZIP 负荷的等效母线。

硬件在环测试平台中的 RTDS 系统[192] 主要包括 GPC 运算卡（giga-processor card），GT 模拟量输入卡 GTAI（GT analogue iutput card）、GT 模拟量输出卡 GTAO（GT analogue output card）和其他功能性模块板卡，为了实现电力系统实

际设备的接入，RTDS 系统还配备了电压和电流功率放大器[193]。除了上述 RTDS 系统外，硬件在环测试平台中的接口设备及 WACS 设备均与贵州电网 WPSS 系统在实际现场中所使用的设备完全相同，其中的接口设备包括 CSS-365A 型相量测量单元 PMU（对应控制系统中的传感器）和 EXC9000 型励磁控制器 AVR（automatic voltage regulator），WACS 设备包括网络控制服务器 WNCS 和网络控制单元 NCU（分别对应控制系统中的控制器和执行器）。WNCS 使用了标准机架式服务器及 RT-Linux 为平台，NCU 使用了标准工控机（带 PCI 接口的模拟量输入输出板卡）及 RT-Linux 平台。

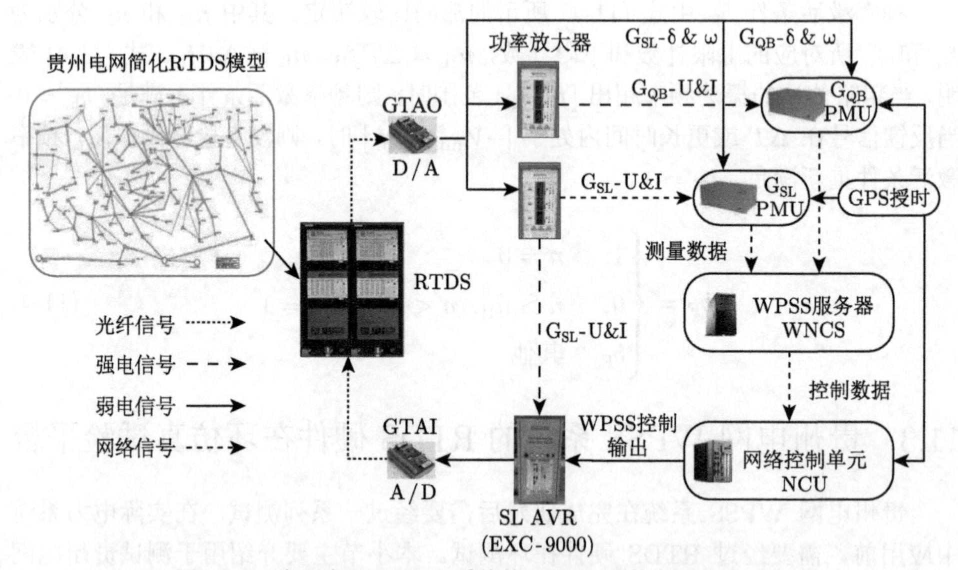

图 11.6 贵州电网 WPSS 系统的 RTDS 硬件在环仿真平台

在图 11.6 所示的硬件在环测试平台中，RTDS 完成对贵州电网简化系统的仿真，并将仿真结果经过功率放大器放大至电力系统标准二次电压电流信号（由弱电信号转为强电信号）；PMU 测量强电的电压和电流信号，并直接由 GTAO 获取发电机功角和转速信号，然后将测量数据以标准规约[132] 发送至 WNCS；WNCS 完成控制数据计算并通过局域网络下发至 NCU；NCU 获取控制数据后根据 GPS 授时信息得到最终的 WPSS 控制指令，并将其转化为模拟量信号输入至 AVR。整个过程中，所有的硬件设备的运行状态均与实际应用时完全相同。

另外，根据前文针对时延的研究结果，在需要研究实际系统中闭环时延的影响时，可在 WNCS 接收到 PMU 数据及向 NCU 发送数据时，分别增加类似第 9 章所述的时延模拟环节，以分别模拟通信网络中的通信上行时延和控制下行时延。

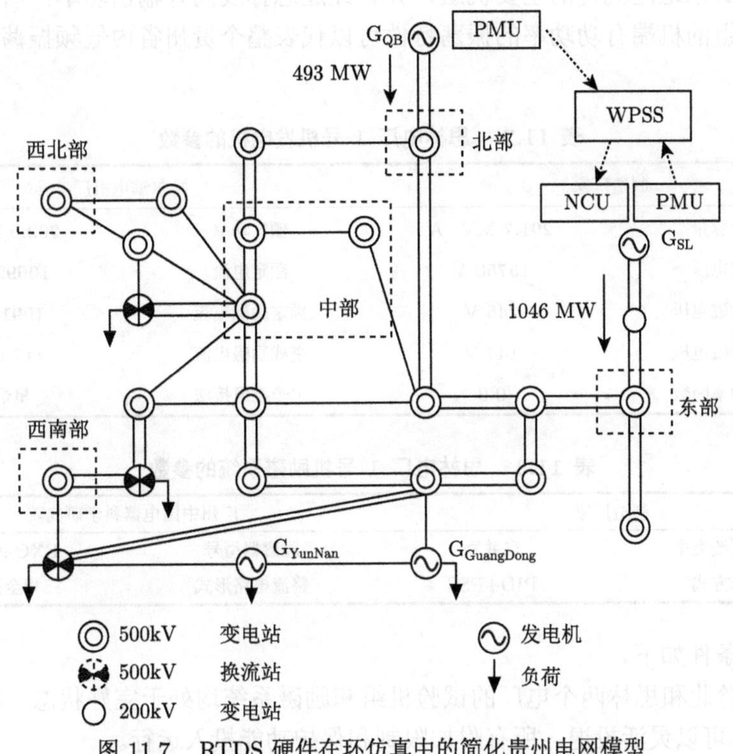

图 11.7 RTDS 硬件在环仿真中的简化贵州电网模型

11.4 贵州电网 WPSS 系统的现场试验

11.4.1 试验系统概况

2014 年 3 月 29 日贵州电力试验研究院在清华大学、武汉大学、广州电器科学研究院及思林发电厂的配合下进行了 WPSS 闭环控制系统的现场验证试验。本试验通过在思林电厂 1 号机上进行电压阶跃试验以及对 220 kV 思孙 II 回线路进行切合操作，观察 WPSS 抑制 1 号机功率振荡的阻尼效果，验证了 WPSS 对贵州北部与贵州东部地区间的功率区间振荡阻尼效果。

试验中的发电机及励磁系统参数分别如表 11.2 和表 11.3 所示。本节中的试验结果由 PMDR-200 型电量记录仪测得并作图，设备采样率为 2 kbit/s，记录的模拟量分别为发电机定子电压 U_{ab}（图中标记 Uab）、定子电流 I_j（图中标记 Ij）、励磁电压 U_f（图中标记 Uf）、励磁电流 I_f（图中标记 If）、有功功率 P（图中标记 P）、无功功率 Q（图中标记 Q）。试验结果分析中尤其对思林电厂发电机机端有功功率的振荡特性进行了研究，这是因为思林电厂发电机组是参与贵州省内振荡模式的黔东地区机群的主要机组，并且经过思孙线向外输出功率，所以思林电厂发电机组的机端有功功率的振荡特性可以代表整个贵州省内低频振荡模式的振荡特性。

表 11.2　思林电厂 1 号机发电机的参数

制造厂家		哈尔滨电机厂	
额定容量	291.7 MV · A	额定功率	262.5 MW
额定电压	15750 V	额定电流	10692 A
额定励磁电压	245 V	额定励磁电流	1991 A
空载励磁电压	144 V	空载励磁电流	1170 A
额定功率因数	0.9	定子绕组接法	星形

表 11.3　思林电厂 1 号机励磁系统的参数

制造厂家		广州中国电器科学研究院	
励磁系统类型	自并励	励磁器型号	EXC-9000
调节方式	PID+PSS	整流电路形式	三相全控桥

试验条件如下。

（1）黔北和思林两个电厂的试验机组和励磁系统均处于完好状态，励磁调节器的 PSS 可以灵活投退，所有附加限制和保护功能投入运行。

（2）与试验机组有关的继电保护投入运行。

（3）思林电厂安排能熟练操作励磁调节器的工作人员及励磁器生产厂家人员。

（4）试验中需要用到的 PMU 主站、子站及主站和子站间通道均工作正常，清华大学、武汉大学及中调的试验人员在 PMU 主站作好试验准备。

（5）思林电厂装备 WPSS 的机组出力在 0.8 倍额定出力。思林电厂总出力约为 400 MW，思孙线三回线路均正常运行。同时保证思孙线 $N-2$ 系统稳定。

（6）思林电厂进行励磁调节器阶跃试验操作，需要中试工作人员参与试验。

11.4.2　机端电压阶跃试验

1. 试验项目

思林电厂 1 号机励磁阶跃扰动试验

2. 试验步骤

（1）系统正常运行状态，且所有保护预防工作预备，具备试验条件。

（2）首先不投入 WPSS 闭环控制系统。

（3）开始记录数据，思林电厂 1 号机励磁正阶跃 2 %（后负阶跃 2 % 恢复原值），完成不投入 WPSS 下的励磁阶跃扰动试验。

（4）投入 WPSS 闭环控制系统，直到系统平稳。

（5）开始记录试验数据，思林电厂 1 号机励磁正阶跃 2 %（后负阶跃 2 % 恢复原值），完成投入 WPSS 下的励磁阶跃扰动试验。

（6）退出 WPSS，恢复系统正常运行状态。

在投入励磁调节器中本地 PSS 的条件下，进行了带负载发电机 2 % 电压阶跃试验，试验时 1 号发电机有功功率约 200 MW。试验分别在不投入 WPSS 和投入 WPSS 的条件下进行，其试验波形分别如图 11.8 和图 11.9 所示。从试验结果来看，相对于整个贵州电网而言，思林电厂 1 号机的 2 % 电压阶跃引起的扰动功率较小，故引起的功率振荡以思林电厂本地模式为主。贵州北部与贵州东部地区间的功率振荡较小，是思林电厂 1 号机本地 PSS 主要动作的振荡模式。WPSS 针对的贵州省内振荡模式不明显，在本地 PSS 的作用下，系统振荡时间也很短（扰动时长 1 s 左右），因而 WPSS 的抑制作用不明显。

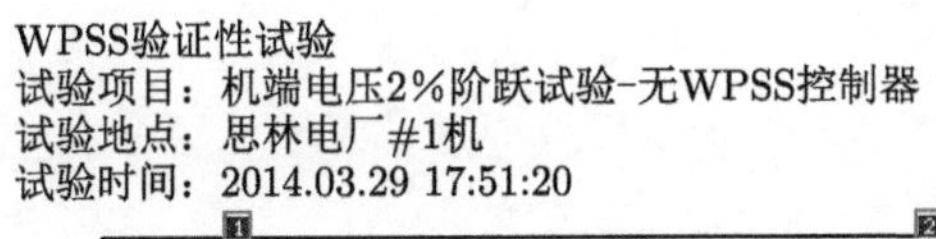

WPSS验证性试验
试验项目：机端电压2%阶跃试验-无WPSS控制器
试验地点：思林电厂#1机
试验时间：2014.03.29 17:51:20

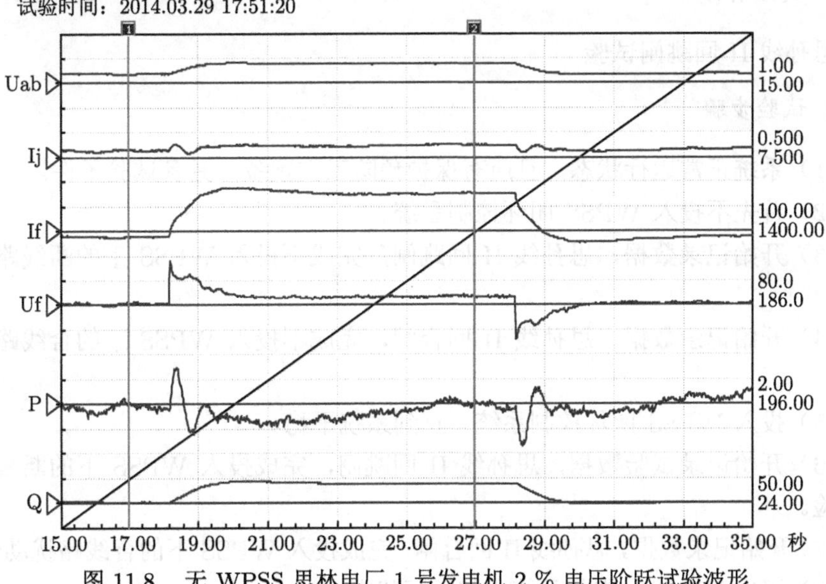

图 11.8 无 WPSS 思林电厂 1 号发电机 2 % 电压阶跃试验波形

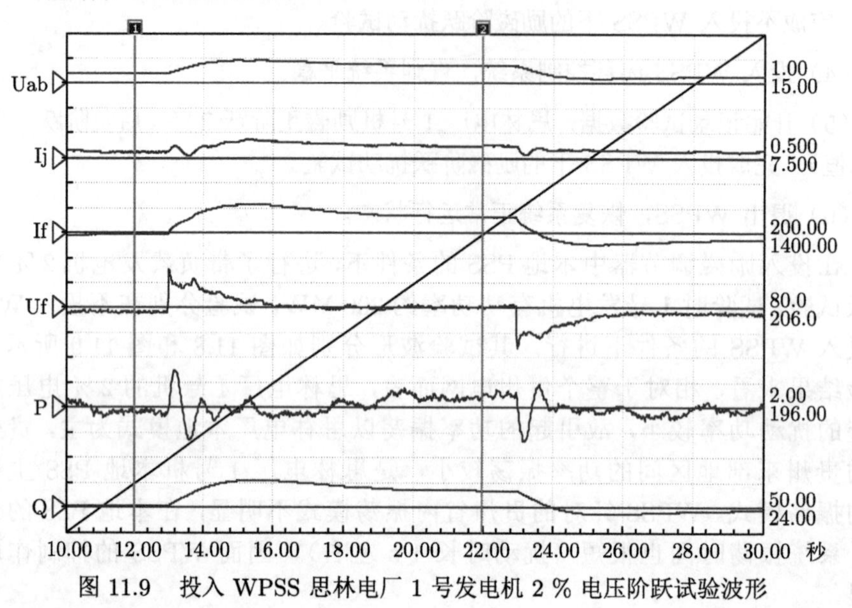

图 11.9 投入 WPSS 思林电厂 1 号发电机 2 % 电压阶跃试验波形

11.4.3 拉合思林线 II 回试验

1. 试验项目

思孙线 II 回跳闸试验

2. 试验步骤

（1）系统正常运行状态，且所有保护预防工作预备，具备试验条件。

（2）首先不投入 WPSS 闭环控制系统。

（3）开始记录数据，思孙线 II 回跳闸，完成不投入 WPSS 下的断线路扰动试验。

（4）开始记录数据，思孙线 II 回合闸，完成不投入 WPSS 下的合线路扰动试验。

（5）投入 WPSS 闭环控制系统，直到系统平稳。

（6）开始记录试验数据，思孙线 II 回跳闸，完成投入 WPSS 下的断线路扰动试验。

（7）开始记录数据，思孙线 II 回合闸，完成投入 WPSS 下的合线路扰动试验。

（8）退出 WPSS，恢复系统正常运行状态。

思林电厂 220 kV 思孙三回线路均正常运行，1 号机和 3 号机并网运行，全厂总功率约 400 MW，其中 1 号机功率约 250 MW，发电机本地 PSS 保持投入。分别在不投 WPSS 和投入 WPSS 的条件下，进行拉合 220 kV 思孙 II 回线路的试验。试验时录取 1 号机的各种电气参量，比较发电机有功功率的波动情况，从而评估 WPSS 对贵州省内区间振荡模式的阻尼效果。图 11.10 和图 11.11 分别为不投 WPSS 和投入 WPSS 条件下拉（断）思孙 II 回线路开关时的试验波形。由于扰动过程很短，有功功率的波动幅度很小，所以两次试验中有功波动都只有一个波，但从波动幅值上可见投入 WPSS 的波动幅值要更小一些，图 11.10 中不投 WPSS 时有功波动的峰峰值为 4.14 MW，而图 11.11 中投入 WPSS 后有功波动的峰峰值为 3.28 MW。投入 WPSS 前的波形中切线路后发电机定子电流、励磁电流里看得到明显的波动过程，而投入 WPSS 后则基本上看不到这些波动过程。另外从试验前后有功曲线上的毛刺来看，投入 WPSS 后的波形比投入 WPSS 前的波形更光滑一些，说明 WPSS 在抑制微小有功波动过程中发挥了一些作用。

图 11.12 和图 11.13 分别为不投 WPSS 和投入 WPSS 条件下合思孙 II 回线路开关时的有功扰动波形。对比图 11.12 和图 11.13 可以看出，在未投 WPSS 的条件下发电机有功至少有两个明显的波过程，整个波动过程约 3 s；而投入 WPSS 后有功波动仅一个波，波动过程减短到 1 s 以内。

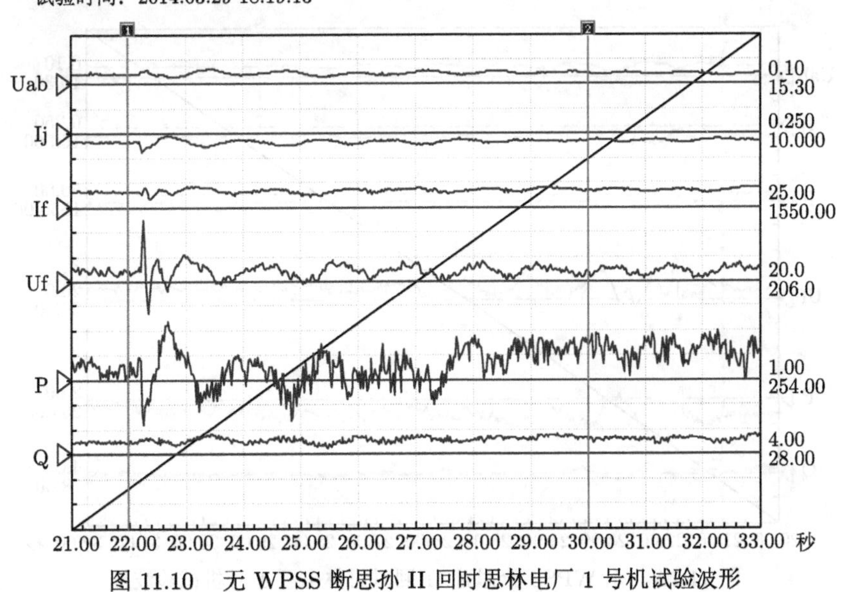

图 11.10 无 WPSS 断思孙 II 回时思林电厂 1 号机试验波形

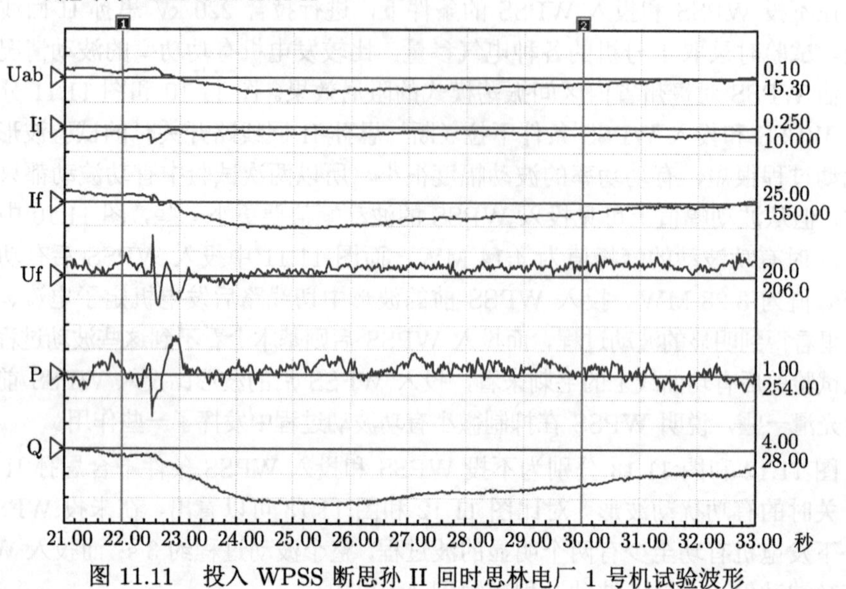

图 11.11　投入 WPSS 断思孙 II 回时思林电厂 1 号机试验波形

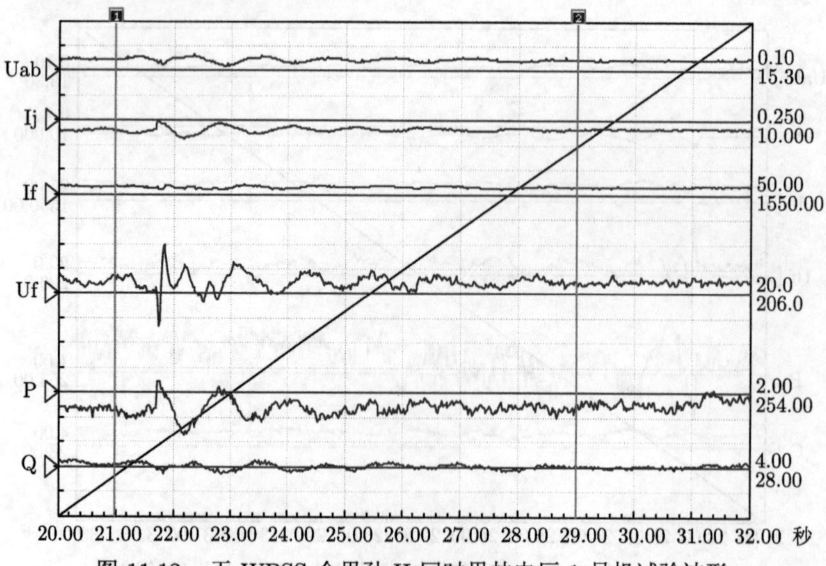

图 11.12　无 WPSS 合思孙 II 回时思林电厂 1 号机试验波形

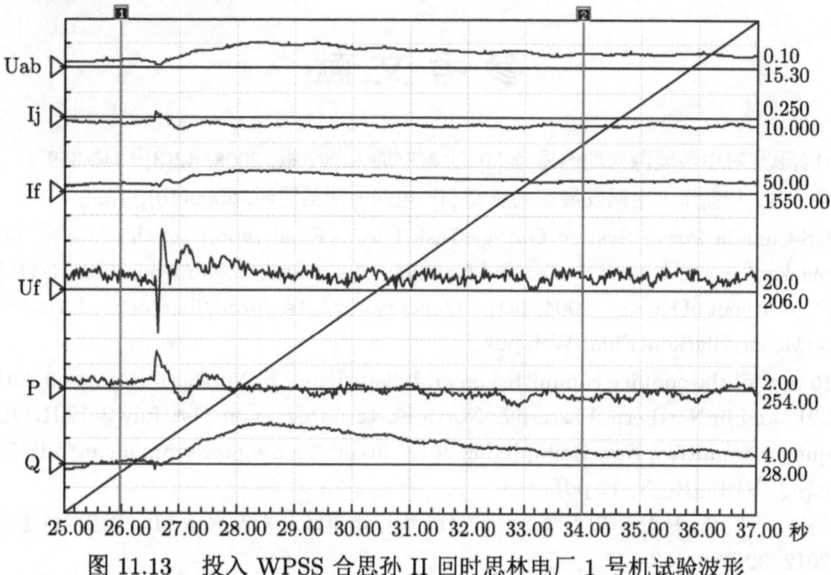

图 11.13 投入 WPSS 合思孙 II 回时思林电厂 1 号机试验波形

为了研究 WPSS 对低频振荡的抑制作用，选取思林电厂 1 号机有功功率的波动波形进行 Prony 分析，辨识其振荡模态。其中进行辨识的数据是从故障开始的 5 s 间的数据，最终计算得到模态分析结果如表 11.4 所示。表中可见，当断思孙 II 回时，投 WPSS 的省内模式阻尼比由 0.23 增加到 0.88；当合思孙 II 回时，投入 WPSS 后有功功率的振荡中不含省内振荡模式。

表 11.4 思林电厂 1 号发电机有功功率波动的 Prony 辨识结果

试验项目	断思孙 II 回		合思孙 II 回	
WPSS 状态	不投 WPSS	投 WPSS	不投 WPSS	投 WPSS
省内模式（频率/阻尼比）	0.78 Hz/0.23	0.75 Hz/0.88	0.83 Hz/0.58	无此模式

参考文献

[1] 江泽民. 对中国能源问题的思考 [J]. 上海交通大学学报, 2008, 42(3): 345-359.

[2] 印永华. 特高压大电网发展规划研究 [J]. 电网与清洁能源, 2009(10): 1-3.

[3] US-Canada Power System Outage Task Force. Final report on the August 14, 2003 blackout in the United States and Canada: causes and recommendations[R/OL]. U.S. Department of Energy, 2004. http: //energy.gov/sites/prod/files/oeprod/DocumentsandMedia/BlackoutFinal-Web.pdf.

[4] Report of the enquiry committee on grid disturbance in Northern Region on 30th July 2012 and in Northern, Eastern & North-Eastern Region on 31st July 2012[R/OL]. Enquiry Committee, New Delhi, India, 2012. http: //www.powermin.nic.in/pdf/GRID_ENQ_REP_16_8_12.pdf.

[5] 汤涌, 卜广全, 易俊. 印度 “7.30”,“7.31” 大停电事故分析及启示 [J]. 中国电机工程学报, 2012, 32(25): 167-174.

[6] Romero J J. Blackouts illuminate India's power problems[J]. IEEE Spectrum, 2012, 49(10): 11-12.

[7] Martin K E, Benmouyal G, Adamiak M, et al. IEEE standard for synchrophasors for power systems[J]. IEEE Transactions on Power Delivery, 1998, 13(1): 73-77.

[8] Phadke A, de Moraes R. The wide world of wide-area measurement[J]. IEEE Power and Energy Mag., 2008, 6(5): 52-65.

[9] de La Ree J, Centeno V, Thorp J S, et al. Synchronized phasor measurement applications in power systems[J]. IEEE Transactions on Smart Grid, 2010, 1(1): 20-27.

[10] Xie X, Xin Y, Xiao J, et al. WAMS applications in Chinese power systems[J]. IEEE Power and Energy Magazine, 2006, 4(1): 54-63.

[11] Cai J, Huang Z, Hauer J, et al. Current status and experience of WAMS implementation in North America[C]//Transmission and Distribution Conf. and Exhibition: Asia and Pacific. IEEE/PES, 2005: 1-7.

[12] Kamwa I, Beland J, Trudel G, et al. Wide-area monitoring and control at Hydro-Quebec: past, present and future[C]//PES General Meeting. IEEE/PES, 2006: 12.

[13] Leirbukt A, Gjerde J, Korba P, et al. Wide area monitoring experiences in Norway[C]//Power Systems Conference and Exposition. IEEE/PES, 2006: 353-360.

[14] Zhang Y, Markham P, Tao X, et al. Wide-area frequency monitoring network (FNET) architecture and applications[J]. IEEE Transaction on Smart Grid, 2010, 1(2): 159-167.

[15] Yang Q, Bi T, Wu J. WAMS implementation in China and the challenges for bulk

power system protection[C]//Power Engineering Society General Meeting. IEEE, 2007: 1-6.

[16] 程云峰, 张欣然, 陆超. 广域测量技术在电力系统中的应用研究进展 [J]. 电力系统保护与控制, 2014, 42(4): 145-153.

[17] 倪敬敏, 沈沉, 陈乾. 基于慢同调的自适应主动解列控制 (三): 实用方案设计 [J]. 中国电机工程学报, 2014, 34(31): 5597-5609.

[18] 段刚, 严亚勤, 谢晓冬, 等. 广域相量测量技术发展现状与展望 [J]. 电力系统自动化, 2015, 39(1): 73-80.

[19] Federal Energy Regulatory Commission and the North American Electric Reliability Corporation. Arizona-Southern California Outages on September 8, 2011: Causes and Recommendations[R/OL]. 2012. http: //www.ferc.gov/legal/staff-reports/04-27-2012-ferc-nerc-report.pdf.

[20] Yuan Y, Sun Y, Cheng L, et al. Power system low frequency oscillation monitoring and analysis based on multi-signal online identification[J]. Science China Technological Sciences, 2010, 53 (9): 2589-2596.

[21] Chen G, Cheng L, Sun Y, et al. Implementation of Guizhou Power Grid wide-area security defense system platform[C]//International Conference on Power System Technology (POWERCON). IEEE, 2010: 1-7.

[22] Kamwa I, Grondin R, Hebert Y. Wide-area measurement based stabilizing control of large power systems - a decentralized/hierarchical approach[J]. IEEE Transaction on Power Systems, 2001, 16(1): 136-153.

[23] Chaudhuri B, Majumder R, Pal B C. Wide-area measurement-based stabilizing control of power system considering signal transmission delay[J]. IEEE Transaction on Power Systems, 2004, 19(4): 1971-1979.

[24] 汤涌. 基于响应的电力系统广域安全稳定控制 [J]. 中国电机工程学报, 2014, 34(29): 5041- 5050.

[25] 韩英铎, 吴小辰, 吴京涛. 电力系统广域稳定控制技术及工程实验 [J]. 南方电网技术, 2007 (1): 1-8.

[26] 谢小荣, 肖晋宇, 童陆园, 等. 采用广域测量信号的互联电网区间阻尼控制 [J]. 电力系统自动化, 2004, 28(2): 37-40.

[27] 薛禹胜. 时空协调的大停电防御框架（一）从孤立防线到综合防御 [J]. 电力系统自动化, 2006, 30(1): 8-16.

[28] 薛禹胜. 时空协调的大停电防御框架（二）广域信息, 在线量化分析和自适应优化控制 [J]. 电力系统自动化, 2006, 30(2): 1-10.

[29] Jiang H, Lin J, Song Y, et al. Demand side frequency control scheme in an isolated wind power system for industrial aluminum smelting production[J]. IEEE Transactions on Power Systems, 2013, 29(2): 844-853.

[30] 张放, 程林, 黎雄, 等. 广域闭环控制系统时延的测量及建模 (二): 闭环时延 [J]. 中国电机工程学报, 2015, 35(23): 5995-6002.

[31] 刘灏, 许苏迪, 毕天姝, 等. 基于同步相量数据的间谐波还原算法 [J]. 电力自动化设备, 2019, 39(1): 153-160.

[32] 谢小荣, 王银, 刘华坤, 等. 电力系统次同步和超同步谐波相量的检测方法 [J]. 电力系统自动化, 2016, 40(21): 189-194.

[33] 贺静波. 基于在线辨识的交直流混合电网广域自适应阻尼控制研究 [D]. 北京: 清华大学, 2009.

[34] Taylor C W, Erickson D C, Martin K E, et al. WACS-wide-area stability and voltage control system: R&D and online demonstration[J]. Proceedings of the IEEE, 2005, 93(5): 892-906.

[35] Leirbukt A, Uhlen K, Palsson M T, et al. Voltage monitoring and control for enhanced utilization of power grids[C]//Power Systems Conference and Exposition: volume 1. IEEE/PES, 2004: 342-347.

[36] Begovic M, Novosel D, Karlsson D, et al. Wide-area protection and emergency control[J]. 2005, 93(5): 876-891.

[37] 薛禹胜. 时空协调的大停电防御框架（三）各道防线内部的优化和不同防线之间的协调 [J]. 电力系统自动化, 2006, 30(3): 1-10.

[38] Zhang F, Sun Y, Cheng L, et al. Networked control system based wide-area power system stabilizer application in Guizhou Power Grid[C]//PES General Meeting | Conference Exposition. IEEE/PES, 2014: 1-5.

[39] Zhong Z, Xu C, Billian B J, et al. Power system frequency monitoring network (FNET) implementation[J]. IEEE Transactions on Power Systems, 2005, 20(4): 1914-1921.

[40] Meier A V, Culler D, Mceachern A, et al. Micro-synchrophasors for distribution systems[C]// Innovative Smart Grid Technologies Conference. Washington DC, USA, 2014: 1-5.

[41] 王宾, 孙华东, 张道农. 配电网信息共享与同步相量测量应用技术评述 [J]. 2015, 35(51): 1-7.

[42] 王印峰, 陆超, 李依泽, 等. 一种配电网高精度快响应同步相量算法及其实现 [J]. 电网技术, 2019, 43(3): 753-760.

[43] 严正, 孔祥瑞, 徐潇源, 等. 微型同步相量测量单元在智能配电网运行状态估计中的应用 [J]. 上海交通大学学报, 2018(10): 1195-1205.

[44] 饶宏, 李立涅, 郭晓斌, 等. 我国能源技术革命形势及方向分析 [J]. 中国工程科学, 2018, 20(3): 9-16.

[45] Ning J, Wang J, Gao W, et al. A wavelet-based data compression technique for smart grid[J]. IEEE Transactions on Smart Grid, 2011, 2(1): 212-218.

[46] Cheng L, Ji X, Zhang F, et al. Wavelet-based data compression for wide-area measurement data of oscillations[J]. Journal of Modern Power Systems and Clean Energy, 2018, 6(6): 1128-1140.

[47] Huang S J, Jou M J. Application of arithmetic coding for electric power disturbance data compression with wavelet packet enhancement[J]. IEEE Transactions on Power

Systems, 2004, 19 (3): 1334-1341.

[48] Khan J, Bhuiyan S M, Murphy G, et al. Embedded-zerotree-wavelet-based data denoising and compression for smart grid[J]. IEEE Transactions on Industry Applications, 2015, 51(5): 4190-4200.

[49] Gadde P H, Biswal M, Brahma S, et al. Efficient compression of PMU data in WAMS[J]. IEEE Transactions on Smart Grid, 2016, 7(5): 2406-2413.

[50] de Souza J C S, Assis T M L, Pal B C. Data compression in smart distribution systems via singular value decomposition[J]. IEEE Transactions on Smart Grid, 2017, 8(1): 275-284.

[51] Wang Y, Chen Q, Kang C, et al. Sparse and redundant representation-based smart meter data compression and pattern extraction[J]. IEEE Transactions on Power Systems, 2016, 32(3): 2142-2151.

[52] Zhang F, Cheng L, Li X, et al. Application of a real-time data compression and adapted protocol technique for WAMS[J]. IEEE Transactions on Power Systems, 2015, 30(2): 653-662.

[53] Cui M, Wang J, Tan J, et al. A novel event detection method using PMU data with high precision [J]. IEEE Transactions on Power Systems, 2019, 34(1): 454-466.

[54] Tcheou M P, Lovisolo L, Ribeiro M V, et al. The compression of electric signal waveforms for smart grids: state of the art and future trends[J]. IEEE Transaction on Smart Grid, 2014, 5(1): 291-302.

[55] Cormane J, Nascimento F A d O. Spectral shape estimation in data compression for smart grid monitoring[J]. IEEE Transactions on Smart Grid, 2016, 7(3): 1214-1221.

[56] 张昊, 刘沛. 基于双正交小波的电力系统故障录波数据压缩 [J]. 电网技术, 2000, 24(11): 41-43.

[57] 刘志刚, 钱清泉. 基于多小波的电力系统故障暂态数据压缩研究 [J]. 中国电机工程学报, 2003, 23(10): 22-26.

[58] 黄纯, 杨帅雄, 梁勇超, 等. 电力系统故障录波数据实用压缩方法 [J]. 电力自动化设备, 2014, 34(6): 162-167.

[59] Tate J E. Preprocessing and Golomb-Rice encoding for lossless compression of phasor angle data[J]. IEEE Transactions on Smart Grid, 2016, 7(2): 718-729.

[60] Abuadbba A, Khalil I, Yu X. Gaussian approximation-based lossless compression of smart meter readings[J]. IEEE Transactions on Smart Grid, 2018, 9(5): 5047-5056.

[61] 齐文斌, 李东平, 杨东, 等. 广域测量系统数据在线无损压缩算法 [J]. 电网技术, 2008, 32(8): 86-90.

[62] Klump R, Agarwal P, Tate J E, et al. Lossless compression of synchronized phasor measurements [C]//IEEE PES General Meeting. IEEE, 2010: 1-7.

[63] 聂晓波, 詹庆才, 段刚, 等. 跨调度中心 WAMS 动态数据的新型互联互通方案及关键技术 [J]. 电网技术, 2014, 38(10): 2839-2844.

[64] Hsieh C, Huang S. Disturbance data compression of a power system using the Huffman

coding approach with wavelet transform enhancement[J]. IEE Proceedings-Generation, Transmission and Distribution, 2003, 150(1): 7-14.

[65] Phadke A G, Thorp J S. Synchronized phasor measurements and their applications: volume 1 [M]. New York, NY: Springer Science, 2008: 49-78.

[66] Rauhala T, Gole A M, Järventausta P. Detection of subsynchronous torsional oscillation frequencies using phasor measurement[J]. IEEE Transactions on Power Delivery, 2016, 31(1): 11-19.

[67] Xie X, Zhan Y, Liu H, et al. Improved synchrophasor measurement to capture sub/super- synchronous dynamics in power systems with renewable generation[J]. IET Renewable Power Generation, 2019, 13(1): 49-56.

[68] Liu H, Li J, Li J, et al. Synchronised measurement devices for power systems with high penetration of inverter-based renewable power generators[J]. IET Renewable Power Generation, 2019, 13(1): 40-48.

[69] Liu H, Bi T, Chang X, et al. Impacts of subsynchronous and supersynchronous frequency components on synchrophasor measurements[J]. Journal of Modern Power Systems and Clean Energy, 2016, 4(3): 362-369.

[70] Bi T, Liu H, Feng Q, et al. Dynamic phasor model-based synchrophasor estimation algorithm for M-class PMU[J]. IEEE Transactions on Power Delivery, 2015, 30(3): 1162-1171.

[71] Liu H, Bi T, Yang Q. The evaluation of phasor measurement units and their dynamic behavior analysis[J]. IEEE Transactions on Instrumentation & Measurement, 2013, 62(6): 1479-1485.

[72] 王茂海, 高洵, 王蓓, 等. 基于广域测量系统的次同步振荡在线监测预警方法 [J]. 电力系统自动化, 2011, 35(6): 98-102.

[73] Xie X, Liu H, Wang Y, et al. Measurement of sub-and supersynchronous phasors in power systems with high penetration of renewables[C]//Innovative Smart Grid Technologies Conference (ISGT), IEEE Power & Energy Society. IEEE, 2016: 1-5.

[74] Liu H, Bi T, Li J, et al. Inter-harmonics monitoring method based on PMUs[J]. IET Generation, Transmission & Distribution, 2017, 11(18): 4414-4421.

[75] Liu H, Xu S, Bi T, et al. Sub/super-synchronous harmonics measurement method based on PMUs[J]. The Journal of Engineering, 2017, 2017(13): 1232-1236.

[76] Zhang F, Cheng L, Gao W, et al. Synchrophasors-based identification for subsynchronous oscillations in power systems[J]. IEEE Transactions on Smart Grid, 2019, 10(2): 2224-2233.

[77] Yang X, Zhang J, Xie X, et al. Interpolated DFT-based identification of sub-synchronous oscillation parameters using synchrophasor data[J]. IEEE Transactions on Smart Grid, 2020, 11(3): 2662-2675.

[78] Wang L, Xie X, Jiang Q, et al. Investigation of SSR in practical DFIG-based wind farms connected to a series-compensated power system[J]. IEEE Transactions on

Power Systems, 2015, 30(5): 2772-2779.

[79] Shu D, Xie X, Rao H, et al. Sub-and super-synchronous interactions between STATCOMs and weak AC/DC transmissions with series compensations[J]. IEEE Transactions on Power Electronics, 2017, 33(9): 7424-7437.

[80] Stahlhut J W, Browne T J, Heydt G T, et al. Latency viewed as a stochastic process and its impact on wide area power system control signals[J]. IEEE Transaction on Power Systems, 2008, 23(1): 84-91.

[81] Naduvathuparambil B, Valenti M, Feliachi A. Communication delays in wide area measurement systems[C]//System Theory, 2002. Proceedings of the Thirty-Fourth Southeastern Symposium on. 2002: 118-122.

[82] Taylor C W, Venkatasubramanian M V, Chen Y. Wide-area stability and voltage control[C]// Proc. VII Symp. Specialties Electr. Oper. Expansion Planning. 2000: 21-26.

[83] 严登俊, 袁洪, 高维忠, 等. 利用以太网和 ATM 技术实现电网运行状态实时监测 [J]. 电力系统自动化, 2003, 27(10): 67-70.

[84] 胡志祥, 谢小荣, 童陆园. 广域阻尼控制延迟特性分析及其多项式拟合补偿 [J]. 电力系统自动化, 2006, 29(20): 29-34.

[85] 胡志祥, 谢小荣, 肖晋宇, 等. 广域测量系统的延迟分析及其测试 [J]. 电力系统自动化, 2004, 28(15): 39-43.

[86] 袁野, 程林, 孙元章, 等. 广域阻尼控制的时滞影响分析及时滞补偿设计 [J]. 电力系统自动化, 2006, 30(14): 6-9.

[87] 陈刚, 程林, 张放, 等. WPSS 输入反馈时延的自适应分段补偿设计 [J]. 电力系统自动化, 2013, 37(14): 25-31.

[88] Cheng L, Chen G, Gao W, et al. Adaptive time delay compensator (ATDC) design for wide-area power system stabilizer[J]. IEEE Transaction on Smart Grid, 2014, 5(6): 2957-2966.

[89] 陈刚, 张华, 程林, 等. 改进的 WPSS 分段时延补偿方法 [J]. 电力自动化设备, 2014, 43(12): 76-82.

[90] 刘志雄, 黎雄, 孙元章, 等. 广域 PSS 闭环控制工程中可变时滞及其处理 [J]. 电力系统自动化, 2013, 37(10): 54-59.

[91] 刘志雄, 孙元章, 黎雄, 等. 广域电力系统稳定器阻尼控制系统综述及工程应用展望 [J]. 电力系统自动化, 2014, 38(9): 152-183.

[92] 古丽扎提 · 海拉提, 王杰. 广义 Hamilton 多机电力系统的广域时滞阻尼控制 [J]. 中国电机工程学报, 2014, 34(34): 6199-6208.

[93] 罗珂, 吕红丽, 霍春岭, 等. 基于 LMI 的时滞电力系统双层广域阻尼控制 [J]. 电力系统保护与控制, 2013, 41(24): 16-22.

[94] 江全元, 张鹏翔, 曹一家, 等. 计及反馈信号时滞影响的广域 FACTS 阻尼控制 [J]. 中国电机工程学报, 2006, 26(7): 82-88.

[95] 肖晋宇, 谢小荣, 胡志祥, 等. 基于在线辨识的电力系统广域阻尼控制 [J]. 电力系统自动

化, 2005, 28(23): 22-27.
[96] 黄柳强, 郭剑波, 孙华东, 等. 多 FACTS 广域抗时滞协调控制 [J]. 电力自动化设备, 2014, 34(1): 37-42.
[97] 王成山, 石颉. 考虑时间延迟影响的电力系统稳定器设计 [J]. 中国电机工程学报, 2007, 27(10): 1-6.
[98] 袁野, 程林, 孙元章. 考虑时延影响的互联电网区间阻尼控制 [J]. 电力系统自动化, 2007, 31(8): 12-16.
[99] 石颉, 王成山. 考虑广域信息时延影响的 H∞ 阻尼控制器 [J]. 中国电机工程学报, 2008, 28 (1): 30-34.
[100] 姚伟, 文劲宇, 孙海顺, 等. 考虑通信延迟的分散网络化预测负荷频率控制 [J]. 中国电机工程学报, 2013, 33(1): 84-92.
[101] 姚伟. 时滞电力系统稳定性分析与网络预测控制研究 [D]. 武汉: 华中科技大学, 2010.
[102] Walsh G C, Ye H, Bushnell L G. Stability analysis of networked control systems[J]. IEEE Transactions on Control Systems Technology, 2002, 10(3): 438-446.
[103] Altman E, Başar T, Srikant R. Congestion control as a stochastic control problem with action delays[J/OL]. Automatica, 1999, 35(12): 1937-1950. http: //www.sciencedirect.com/science/article/pii/S0005109899001272.
[104] Huang C, Li F, Zhou D, et al. Data quality issues for synchrophasor applications Part I: a review [J]. Journal of Modern Power Systems and Clean Energy, 2016, 4(3): 342-352.
[105] Santoso S, Powers E J, Grady W. Power quality disturbance data compression using wavelet transform methods[J]. IEEE Transactions on Power Delivery, 1997, 12(3): 1250-1257.
[106] Littler T B, Morrow D. Wavelets for the analysis and compression of power system disturbances [J]. IEEE Transactions on Power Delivery, 1999, 14(2): 358-364.
[107] Khan J, Bhuiyan S, Murphy G, et al. PMU data analysis in smart grid using WPD[C]//2014 IEEE PES T&D Conference and Exposition. Chicago, USA: IEEE, 2014: 1-5.
[108] Khan J, Bhuiyan S, Murphy G, et al. Data denoising and compression for smart grid communication[J]. IEEE Transactions on Signal and Information Processing Over Networks, 2016, 2 (2): 200-214.
[109] Yan C, Liu J, Yang Q. A real-time data compression and reconstruction method based on lifting scheme[C]//2005/2006 IEEE/PES Transmission and Distribution Conference and Exhibition. Dallas, USA: IEEE, 2006: 863-867.
[110] 闫常友, 杨奇逊, 刘万顺. 基于提升格式的实时数据压缩和重构算法 [J]. 中国电机工程学报, 2005, 25(9): 6-10.
[111] 费铭薇, 乐全明, 张沛超, 等. 电力系统故障录波数据压缩与重构小波基选择 [J]. 电力系统自动化, 2005, 29(17): 64-67+97.
[112] 何正友, 钱清泉, 刘志刚. 一种基于优化小波基的电力系统故障暂态数据压缩方法 [J]. 中

国电机工程学报, 2002, 22(6): 2-6.

[113] Panda G, Dash P, Pradhan A, et al. Data compression of power quality events using the slantlet transform[J]. IEEE Transaction on Power Delivery, 2002, 17(2): 662-667.

[114] 刘志刚, 何正友, 钱清泉. 基于最优预处理方法的多小波故障数据压缩方案 [J]. 电网技术, 2005, 29(11): 40-43.

[115] Hamid E Y, Kawasaki Z I. Wavelet-based data compression of power system disturbances using the minimum description length criterion[J]. IEEE Transaction on Power Delivery, 2002, 17(2): 460-466.

[116] 乐全明, 费铭薇, 张沛超, 等. 超高压电网故障录波数据自适应压缩新方法 [J]. 电力系统自动化, 2006, 30(21): 61-65.

[117] Ji X, Zhang F, Cheng L, et al. A wavelet-based universal data compression method for different types of signals in power systems[C]//2017 IEEE PES General Meeting. Chicago, USA: IEEE, 2017: 1-5.

[118] Donoho D L. Denoising by soft-thresholding[J]. IEEE Transactions on Information Theory, 1995, 41(3): 613-627.

[119] 国家电网公司. Q/GDW 1131-2014 电力系统实时动态监测系统技术规范 [S]. 2015.

[120] Misiti M, Misiti Y, Oppenheim G, et al. Wavelet toolbox user's guide[EB/OL]. (2017-03-15) [2017-09-06]. https: //www.mathworks.com/help/pdf_doc/wavelet/wavelet_ug.pdf.

[121] Zhang L, Liu Y. Bulk power system low frequency oscillation suppression by FACTS/ESS[C]// 2004 IEEE PES Power Systems Conference and Exposition. New York, USA: IEEE, 2004: 219-226.

[122] Lu H, Zhou H. Distributed real-time database platform study of DMS[C]//Transmission and Distribution Conference and Exhibition: Asia and Pacific. IEEE/PES, 2005: 1-7.

[123] Bristol E. Swinging door trending: adaptive trend recording[C]//ISA National Conf. Proc. 1990: 749-753.

[124] Feng X, Cheng C, Liu C, et al. An improved process data compression algorithm[C]// Proceedings of the 4th World Congress on Intelligent Control and Automation: volume 3. IEEE, 2002: 2190-2193.

[125] Wang L, Xie X. Implementation of data compression algorithm based on SILAB[C]// International Conference on Anti-Counterfeiting Security and Identification in Communication (ASID). IEEE, 2010: 165-168.

[126] Chen G, Li L. An optimized algorithm for lossy compression of real-time data[C]// International Conference on Intelligent Computing and Intelligent Systems (ICIS): volume 2. 2010: 187-191.

[127] Ibrahim W R A, Morcos M M. Novel data compression technique for power waveforms using adaptive fuzzy logic[J]. IEEE Transactions on Power Delivery, 2005, 20(3): 2136-2143.

[128] Watson M J, Liakopoulos A, Brzakovic D, et al. A practical assessment of process

data compression techniques[J]. Industrial & Engineering Chemistry Research, 1998, 37(1): 267-274.

[129] 彭春华, 林中达. PI 实时数据库及其在电厂 SIS 系统中的应用 [J]. 工业控制计算机, 2003, 16(6): 28-30.

[130] 王正风, 黄太贵, 葛斐, 等. PI 数据库在广域测量系统中的应用 [J]. 电气应用, 2008, 27(5): 66-67.

[131] IEEE standard for synchrophasor data transfer for power systems: IEEE Std C37.118. 2-2011 (Revision of IEEE Std C37.118-2005)[S]. Piscataway, NJ: IEEE, 2011: 1-61.

[132] 中国国家标准化管理委员会. GB/T 26865.2-2011 电力系统实时动态监测系统第 2 部分: 数据传输协议 [M]. 北京: 中国标准出版社, 2011.

[133] Hauer J F, Demeure C, Scharf L. Initial results in Prony analysis of power system response signals[J]. IEEE Transaction on Power Systems, 1990, 5(1): 80-89.

[134] Sanchez-Gasca J J, Chow J H. Performance comparison of three identification methods for the analysis of electromechanical oscillations[J]. IEEE Transaction on Power Systems, 1999, 14 (3): 995-1002.

[135] 肖晋宇, 谢小荣, 胡志祥, 等. 电力系统低频振荡在线辨识的改进 Prony 算法 [J]. 清华大学学报: 自然科学版, 2004, 44(7): 883-887.

[136] IEEE standard for synchrophasor measurements for power systems: IEEE Std C37.118. 1-2011 (Revision of IEEE Std C37.118-2005).[S]. Piscataway, NJ: IEEE, 2011: 1-61.

[137] Zhang F, Wang X, Yan Y, et al. A synchrophasor data compression technique with iteration- enhanced phasor principal component analysis[J]. IEEE Transactions on Smart Grid, 2021, 12 (3): 2365-2377.

[138] Yan Y, Wang X, Zhang F, et al. Synchronous phasor data compression based on swing door trending in WAMS[C]//2020 IEEE Power & Energy Society General Meeting (PESGM). IEEE, 2020: 1-5.

[139] Zhang F. Phasor measurement data recorded during low frequency oscillation and short circuit incidents in actual power systems[M/OL]. IEEE Dataport, 2020. http://dx.doi.org/10.21227/1x 22-r651.

[140] Zhang F, Wang X, He J, et al. Phasor data compression with principal components analysis in polar coordinates for subsynchronous oscillations[C]//2019 IEEE Power & Energy Society General Meeting (PESGM). IEEE, 2019: 1-5.

[141] Ren W, Yardley T, Nahrstedt K. ISAAC: intelligent synchrophasor data real-time compression framework for WAMS[C]//2017 IEEE International Conference on Smart Grid Communications (SmartGridComm). IEEE, 2017: 430-436.

[142] Mehra R, Bhatt N, Kazi F, et al. Analysis of PCA based compression and denoising of smart grid data under normal and fault conditions[C]//2013 IEEE International Conference on Electronics, Computing and Communication Technologies. IEEE, 2013: 1-6.

[143] Horel J D. Complex principal component analysis: Theory and examples[J]. Journal

of Climate and Applied Meteorology, 1984, 23(12): 1660-1673.

[144] Field A. Discovering statistics using IBM SPSS statistics, 5th Edition[M]. London: Sage, 2018.

[145] Jolliffe I T. Principal component analysis (2nd edition)[M]. USA, NY: Springer-Verlag, 2002.

[146] Lee G, Shin Y J. Multiscale PMU data compression based on wide-area event detection[C]// 2017 IEEE International Conference on Smart Grid Communications (SmartGridComm). IEEE, 2017: 437-442.

[147] Phadke A G, Bi T. Phasor measurement units, WAMS, and their applications in protection and control of power systems[J]. Journal of Modern Power System and Clean Energy, 2018, 6(4): 619-629.

[148] Xie X, Zhang X, Liu H, et al. Characteristic analysis of subsynchronous resonance in practical wind farms connected to series-compensated transmissions[J]. IEEE Transactions on Energy Conversion, 2017, 32(3): 1117-1126.

[149] Liu W, Xie X, Shair J, et al. Frequency-coupled impedance model-based subsynchronous interaction analysis for direct-drive wind turbines connected to a weak AC grid[J]. IET Renewable Power Generation, 2019, 13(16): 2966-2976.

[150] Liu H, Xie X, He J, et al. Subsynchronous interaction between direct-drive PMSG based wind farms and weak AC networks[J]. IEEE Transactions on Power Systems, 2017, 32(6): 4708-4720.

[151] Wang L, Peng J, You Y, et al. Iterative approach to impedance model for small-signal stability analysis[J]. IET Renewable Power Generation, 2019, 13(1): 78-85.

[152] Xie X, Zhan Y, Liu H, et al. Wide-area monitoring and early-warning of subsynchronous oscillation in power systems with high-penetration of renewables[J]. International Journal of Electrical Power & Energy Systems, 2019, 108: 31-39.

[153] Mahish P, Pradhan A K. Mitigating subsynchronous resonance using synchrophasor data based control of wind farms[J]. IEEE Transactions on Power Delivery, 2020, 35(1): 364-376.

[154] Xie X, Zhan Y, Shair J, et al. Identifying the source of subsynchronous control interaction via wide-area monitoring of sub/super-synchronous power flows[J]. IEEE Transactions on Power Delivery, 2020, 35(5): 2177-2185.

[155] Wang Y, Jiang X, Xie X, et al. Identifying sources of subsynchronous resonance using wide-area phasor measurements[J]. IEEE Transactions on Power Delivery, 2021, 36(5): 3242-3254.

[156] 王茂海, 高洵, 王蓓, 等. 基于广域测量系统的次同步振荡在线监测预警方法 [J]. 电力系统自动化, 2011, 35(6): 98-102.

[157] 张敏, 沈健, 侯明国. 相量测量单元实现次同步振荡在线辨识和告警的探讨 [J]. 电力系统自动化, 2016, 40(16): 143-146+152.

[158] Ghafari C, Almasalma H, Raison B, et al. Phasors estimation at offnominal frequencies

through an Enhanced-SVA method with a fixed sampling clock[J]. IEEE Transactions on Power Delivery, 2017, 32(4): 1766-1775.

[159] Akke M, Thorp J S. Sample value adjustment improves phasor estimation at off-nominal frequencies[J]. IEEE Transactions on Power Delivery, 2010, 25(4): 2255-2263.

[160] Maharjan S, Peng J C H, Martinez J E, et al. Improved sample value adjustment for synchrophasor estimation at off-nominal power system conditions[J]. IEEE Transactions on Power Delivery, 2017, 32(1): 33-44.

[161] Wang M, Sun Y. A practical method to improve phasor and power measurement accuracy of DFT algorithm[J]. IEEE Transactions on Power Delivery, 2006, 21(3): 1054-1062.

[162] Khalilinia H, Venkatasubramanian V. Subsynchronous resonance monitoring using ambient high speed sensor data[J]. IEEE Transactions on Power Systems, 2016, 31(2): 1073-1083.

[163] Zhang P, Bi T, Xiao S, et al. An online measurement approach of generators' torsional mechanical damping coefficients for subsynchronous oscillation analysis[J]. IEEE Transactions on Power Systems, 2015, 30(2): 585-592.

[164] 马宁宁, 谢小荣, 贺静波, 等. 高比例新能源和电力电子设备电力系统的宽频振荡研究综述 [J]. 中国电机工程学报, 2020, 40(15): 4720-4732.

[165] Xie X, Zhan Y, Shair J, et al. Identifying the source of subsynchronous control interaction via wide-area monitoring of sub/super-synchronous power flows[J]. IEEE Transaction on Power Delivery, 2019, 35(5): 2177-2185.

[166] Kay S M, Marple S L. Spectrum analysis-a modern perspective[J]. Proc. IEEE, 1981, 69(11): 1380-1419.

[167] Pierre J W, Trudnowski D J, Donnelly M K. Initial results in electromechanical mode identification from ambient data[J]. IEEE Transactions on Power Systems, 1997, 12(3): 1245-1251.

[168] Brigham E O. The fast Fourier transform[M]. Englewood Cliffs, NJ: Prentice-Hall, Inc., 1974.

[169] Liu H, Qi Y, Zhao J, et al. Data-driven subsynchronous oscillation identification using field synchrophasor measurements[J]. IEEE Transactions on Power Delivery, 2022, 37(1): 165-175.

[170] Li Y, Fan L, Miao Z. Replicating real-world wind farm SSR events[J]. IEEE Transactions on Power Delivery, 2020, 35(1): 339-348.

[171] 马钺, 蔡东升, 黄琦. 基于 Rife-Vincent 窗和同步相量测量数据的风电次同步振荡参数辨识 [J]. 中国电机工程学报, 2021, 41(3): 790-803.

[172] 王杨, 晁苗苗, 谢小荣, 等. 基于同步相量数据的次同步振荡参数辨识与实测验证 [J]. 中国电机工程学报, 2022, 42(3): 899-909.

[173] Wang Y, Jiang X, Xie X, et al. Identifying sources of subsynchronous resonance using wide-area phasor measurements[J]. IEEE Transactions on Power Delivery, 2021, 36(5):

3242-3254.

[174] 马宁宁, 谢小荣, 亢朋朋, 等. 高比例风电并网系统次同步振荡的广域监测与分析 [J]. 中国电机工程, 2021, 41(1): 65-74+398.

[175] Chow J H, Ghiocel S G. An adaptive wide-area power system damping controller using synchrophasor data[M]//Control and Optimization Methods for Electric Smart Grids. New York: Springer, 2012: 327-342.

[176] 张放, 程林, 黎雄, 等. 广域测量系统时延的数字仿真方法及实时数字仿真器实现 [J]. 电力系统自动化, 2013, 37(17): 99-105.

[177] 宋济, 王平, 朱坤. 数据延时对电网广域监视控制系统控制应用的影响分析 [J]. 电气应用, 2012(9): 22-26.

[178] 吴京涛, 黄志刚, 韩英铎, 等. 同步相量测量算法与实测误差估计 [J]. 清华大学学报: 自然科学版, 2001(5): 147-150.

[179] 毕天姝, 刘灏, 杨奇逊. PMU 算法动态性能及其测试系统 [J]. 电力系统自动化, 2014, 38(1): 62-67.

[180] 胡玉岚, 毕天姝, 王帆. PMU 动态量测系统误差特征分析和辨识 [J]. 武汉大学学报: 工学版, 2014, 47(5): 654-659.

[181] IEEE standard for synchrophasor measurements for power systems – amendment 1: Modification of selected performance requirements: IEEE Std C37.118.1a-2014 (Amendment to IEEE Std C37.118.1-2011)[S]. Piscataway: IEEE, 2014: 1-25.

[182] 王茂海, 赵玉江, 齐霞, 等. 电网实际运行环境中相量测量装置性能在线评价方法 [J]. 电力系统保护与控制, 2015, 43(6): 86-92.

[183] 贺春, 任春梅. 相量测量单元综合矢量误差指标分析 [J]. 电力系统自动化, 2012, 36(4): 110-113.

[184] Altuve H J, Diaz I, De La O Serna J. A new digital filter for phasor computation. II. Evaluation [power system protection][J]. IEEE Transaction on Power Systems, 1998, 13(3): 1032-1037.

[185] Roscoe A J, Abdulhadi I F, Burt G M. Filters for M class phasor measurement units[C]//IEEE International Workshop on Applied Measurements for Power Systems (AMPS). IEEE, 2012: 1-6.

[186] Roscoe A, Abdulhadi I F, Burt G. P and M class phasor measurement unit algorithms using adaptive cascaded filters[J]. IEEE Transaction on Power Delivery, 2013, 28(3): 1447-1459.

[187] Dotta D, Chow J H. Second harmonic filtering in phasor measurement estimation[J]. IEEE Transaction on Power Delivery, 2013, 28(2): 1240-1241.

[188] 罗建裕, 王小英, 鲁庭瑞, 等. 基于广域测量技术的电网实时动态监测系统应用 [J]. 电力系统自动化, 2004, 27(24): 78-80.

[189] 吴文传, 张伯明. 调度自动化系统实时数据库模型的研究与实现 [J]. 电网技术, 2001, 25(9): 28-32.

[190] 贾智平, 李明. 基于 Internet 的电力监控组态软件的关键技术 [J]. 电力系统自动化, 2002,

26(16): 62-65.

[191] Kleinrock L. Queueing systems, volume 1: theory[M]. New York, NY, USA: Wiley-Interscience, 1975.

[192] RTDS technologies. RTDS manual [CP/OL]. [2012-11][M]. http: //www.rtds.com/software/rscad/rscad.html.

[193] 北京博电新力电气股份有限公司. PA30B 数字仿真功率放大器使用手册 [CP/OL]. [2013-5-1][M]. http: //www.ponovo.cn/a/chanpinzhongxin/iannenzhiliangzhili/pa01/2013/0128/368.html.

[194] 毕天姝, 余浩, 张道农. 基于 RTDS 的广域保护与控制通用测试系统 [J]. 电力科学与技术学报, 2011, 26(2): 4-9.

[195] Ali M H, Murata T, Tamura J. Influence of communication delay on the performance of fuzzy logic-controlled braking resistor against transient stability[J]. IEEE Transactions on Control Systems Technology, 2008, 16(6): 1232-1241.

[196] Wang J, Fu C, Zhang Y. Design of WAMS-based multiple HVDC damping control system[J]. IEEE Transaction on Smart Grid, 2011, 2(2): 363-374.

[197] 胡楠, 李兴源, 杨毅强, 等. 考虑时变时滞影响的直流广域阻尼自适应控制 [J]. 电网技术, 2014, 38(2): 281-288.

[198] 黄忠胜, 王晓茹, 童晓阳. 基于 EPOCHS 的数字化变电站通信网络仿真分析 [J]. 电力系统自动化, 2009(21): 77-81.

[199] Lin H, Sambamoorthy S, Shukla S, et al. Power system and communication network cosimulation for smart grid applications[C]//Innovative Smart Grid Technologies (ISGT). IEEE/PES, 2011: 1-6.

[200] Yao W, Jiang L, Wu Q, et al. Design of wide-area damping controllers based on networked predictive control considering communication delays[C]//Power and Energy Society General Meeting. IEEE, 2010: 1-8.

[201] Wang S, Gao W, Wang J, et al. Synchronized sampling technology-based compensation for network effects in WAMS communication[J]. IEEE Transaction on Smart Grid, 2012, 3(2): 837-845.

[202] Wang S, Meng X, Chen T. Wide-area control of power systems through delayed network communication[J]. IEEE Transactions on Control Systems Technology, 2012, 20(2): 495-503.

[203] Kundur P. Power system stability and control[M]. New York: McGraw-hill, 1994.

[204] 杨晓东, 房大中, 刘长胜, 等. 阻尼联络线低频振荡的 SVC 自适应模糊控制器研究 [J]. 中国电机工程学报, 2003, 23(1): 55-59.

[205] Aboul-Ela M E, Sallam A, McCalley J, et al. Damping controller design for power system oscillations using global signals[J]. IEEE Transaction on Power Systems, 1996, 11(2): 767-773.

[206] 兰洲, 朱浩骏, 甘德强, 等. 基于惯量中心动态信号的交直流互联系统稳定控制 [J]. 电网技术, 2007, 31(6): 14-18.

[207] 滕林, 刘万顺, 李贵存, 等. 电力系统暂态稳定实时紧急控制的研究 [J]. 中国电机工程学报, 2003, 23(1): 64-69.

[208] 毛安家, 郭志忠, 张学松. 一种基于广域测量系统过程量测数据的快速暂态稳定预估方法 [J]. 中国电机工程学报, 2006, 26(17): 38-43.

[209] 陈章潮. 用时间序列预测电力系统负荷 [J]. 电力系统自动化, 1982, 4: 002.

[210] Yao W, Jiang L, Wu Q, et al. Delay-dependent stability analysis of the power system with a wide-area damping controller embedded[J]. IEEE Transaction on Power Systems, 2011, 26(1): 233-240.

[211] 袁野. 基于留数矩阵的电网低频振荡在线监测与广域控制研究 [D]. 北京: 清华大学, 2010.

[212] 陈刚. 基于广域测量系统的电网低频振荡闭环控制研究 [D]. 北京: 清华大学, 2013.

[213] 张放, 黎雄, 孙元章, 等. 采用广域反馈信号的电力系统稳定器投运条件 [J]. 电力系统自动化, 2014, 38(3): 143-149.

[207] [illegible], 等. 电力系统[illegible]研究[J]. 中国电机工程学报, 2008, 28(1): 64-69.

[208] [illegible][J]. 中国电机工程学报, 2006, 26(17): 38-43.

[209] [illegible][J]. 电力系统自动化, 1982, 4: 002.

[210] Yao W, Jiang L, Wu Q, et al. Delay-dependent stability analysis of the power system with a wide-area damping controller embedded[J]. IEEE Transaction on Power Systems, 2011, 26(1): 233-240.

[211] [illegible]研究[D]. 北京: 清华大学, 2010.

[212] [illegible]研究[D]. 北京: 清华大学, 2013.

[213] [illegible][J]. 电力系统自动化, 2011, 35(3): 143-14[illegible].